住房和城乡建设领域"十四五"热点培训教材

现代机场工程建设指南

唐际宇　编著

U0286481

中国建筑工业出版社

图书在版编目（CIP）数据

现代机场工程建设指南/唐际宇编著. —北京：
中国建筑工业出版社，2021.12
住房和城乡建设领域"十四五"热点培训教材
ISBN 978-7-112-26681-4

Ⅰ.①现… Ⅱ.①唐… Ⅲ.①机场建设-指南 Ⅳ.
①V351-62

中国版本图书馆 CIP 数据核字（2021）第 208590 号

本书对机场总体规划设计、审批、计划管控、专业工程全过程管理及专项施工管理等环节进行了全面阐述。共为 3 篇 18 个章节，其中第一篇为机场总体规划设计、审批及计划管控，包括绪论、机场工程总体规划与设计、四型机场建设、机场工程规划建设与报批、机场工程建设与运营筹备总进度计划管理；第二篇为机场专业工程全过程管理，包括减隔震工程、空间钢结构工程、幕墙工程、屋面工程、虹吸雨水、电梯工程、行李处理系统、飞行区工程；第三篇为机场工程专项施工管理，包括结构健康监测、智慧工地、飞行区数字化施工、BIM＋GIS 应用、不停航施工管理。

本书可供从事机场建设和管理的科研人员和工程技术人员使用，也可以供院校师生的阅读和参考。

责任编辑：司 汉 李 阳
责任校对：姜小莲

住房和城乡建设领域"十四五"热点培训教材
现代机场工程建设指南
唐际宇 编著
*
中国建筑工业出版社出版、发行（北京海淀三里河路 9 号）
各地新华书店、建筑书店经销
北京科地亚盟排版公司制版
北京建筑工业印刷厂印刷
*
开本：787 毫米×1092 毫米 1/16 印张：29¾ 字数：545 千字
2021 年 12 月第一版 2021 年 12 月第一次印刷
定价：89.00 元
ISBN 978-7-112-26681-4
（38174）

前言

机场工程作为现代交通枢纽的重要组成部分，在促进国家和地方经济发展中发挥着越来越重要的作用。近二十年来，我国机场工程迎来了大发展、大建设的高峰期。即使是这样，根据我国社会和经济发展的需要，现有机场的布局、规模仍然难以满足当前和未来的需求。在未来二十年，我国民航将继续迎来较为高速地增长，机场工程建设方兴未艾。

在中国未来的机场建设中，将在以下几个方向得到强化和发展：

(1) 向四型机场方向发展和实践；

(2) 机场实现数字化、智能化建设；

(3) 机场成为交通综合枢纽；

(4) 建设成为空港 CBD；

(5) 向机场群方向发展。

本书结合作者参与建设的昆明长水国际机场 T1 航站楼、南宁吴圩国际机场 T2 航站楼和乌鲁木齐地窝堡国际机场北区改扩建工程 PPP 项目 A 标段三个项目的工程实践，对机场总体规划设计、审批、计划管控、专业工程全过程管理及专项施工管理等环节进行了全面阐述，希望对类似工程的实施起到一定的借鉴意义。

本书的特点：

1. 来源于工程实践。本著作以大型机场工程为实践载体，基于实践经验的总结与提炼。

2. 全过程、系统地阐述机场建设。系统、全面地阐述了机场工程从规划设计、程序审批、计划管控，到专业工程管理及专项施工管理，有助于工程技术、管理人员系统把握机场工程建设的全流程、全专业。

3. 系统、全面地阐述专业工程全过程管理。对机场工程 8 个极为重要的专业工程从工程重点、深化设计、加工制作、安装施工、工程检测、行业及专业公司分析及工程招标等方面，进行了全面介绍和分析。

4. 介绍了当前最新的前沿技术。针对四型机场要求，介绍了结构健康监测、智慧工地建设、飞行区数字化施工及 BIM＋GIS 的最新施工监控和信息技术。

5. 结合工程案例介绍了机场工程建设与运营筹备总进度计划管理。为确保工程按计划投运，系统介绍了机场建设运筹一体化，将建设和运筹进行高度融合，以实现建设与运营无缝对接，是当前机场建设的关键和痛点。

在机场建设过程中及本书在编写过程中，得到了编者同事的全力支持和协助，也得到了专业公司的鼎力支持，在此作者表示诚挚感谢。同时，在机场建设过程中，得到各级行业主管部门、机场建设指挥部、设计单位及检测机构等的大力支持和帮助，在本书出版过程中得到了相关人员的帮助，作者一并表示衷心感谢。

由于编者水平有限，很多施工技术和研究尚在探索实践当中，本书难免存在不足和疏漏，敬请读者多提宝贵意见。

目录

✈ 第一篇
机场总体规划
设计、审批及计划管控

第一章 绪 论

1.1 机场类别与功能划分

1.1.1 机场类别

根据《运输机场总体规划规范》MH/T 5002 规定，民用机场按照航线性质可分为国际机场和国内机场；按其在全国民航和区域经济中的功能定位可分为国际枢纽机场、区域枢纽机场、干线机场和支线机场；按照其航空业务量规模可分为超大型机场、大型机场、中型机场和小型机场。其中：

（1）超大型机场：旅客吞吐量占全民航旅客吞吐总量的占比份额大于（含）4%的机场；

（2）大型机场：旅客吞吐量占全民航旅客吞吐总量的占比份额小于 4%，大于（含）1.5%的机场；

（3）中型机场：旅客吞吐量占全民航旅客吞吐总量的占比份额小于 1.5%，大于（含）0.2%或旅客吞吐量大于 300 万人次（以小者为准）的机场；

（4）小型机场：旅客吞吐量占全民航旅客吞吐总量的占比份额小于 0.2%或旅客吞吐量小于 300 万人次（以小者为准）的机场。

1.1.2 机场功能划分

民用机场主要设施包括：跑道及滑行道、航站楼、机坪、货运设施、空管设施、目视助航设施、机场供油设施、机务维修设施、应急救援设施、安全保卫设施、机场生产辅助及综合保障设施、机场地面交通设施、机场公用设施等。

民用机场的主要功能分区包括：飞行区、航站区、货运区、机务维修区、工作区等。

按照城乡用地分类和代码，机场用地属于区域交通设施用地的 H24（机场用地）。机场用地共分为 8 大类、30 小类，机场用地分类和代码见表 1-1。

机场用地分类和代码   表 1-1

类别代码		类别名称	内容
A		飞行区用地	分为跑滑系统用地（A1）、飞行区空管用地（A2）、飞行区助航灯光用地（A3）、飞行区围界及交通用地（A4）、飞行区附属用地（A5），不包括站坪、货机坪、维修机坪、公务机坪等用地
	A1	跑滑系统用地	跑道端安全区、升降带、滑行带、专用隔离机位、专用除冰机位，以及上述设施之间的空余场地，不包括机位滑行通道用地
	A2	飞行区空管用地	飞行区内航向台、下滑台、指点标台、全向信标台、气象观测场等设施和场地保护范围，以及独立地段的塔台、机坪管制设施等，位于 A1 以内的用地不计入
	A3	飞行区助航灯光用地	飞行区内助航灯光设施（含灯光站）和进近灯光场地保护范围，位于 A1、A2 以内的用地不计入
	A4	飞行区围界及交通用地	飞行区围界、通道口、围场路、空侧服务道路，以及车辆停放、加油、充电设施，位于 A1、A2、A3、P、C、M 以内的用地不计入
	A5	飞行区附属用地	飞行区内航空加油站、消防设施、排水设施、场务用房、特种车库、边角地等，位于 A1、A2、A3、A4 以内的用地不计入
P		航站区用地	分为航站楼用地（P1）、站坪用地（P2）、航站区交通用地（P3）、航站区附属用地（P4）、公务机用地（P5）
	P1	航站楼用地	航站楼及合建、贴建用房的用地
	P2	站坪用地	站坪机位、机位滑行通道、飞机推出等待位、空侧服务道路、地面保障设备（GSE）停放区等空侧场地
	P3	航站区交通用地	航站区道路系统、轨道系统、停车设施等用地
	P4	航站区附属用地	航站区内塔台、机坪管制设施、旅客过夜用房、综合服务设施、公用设施等用地，以及航站区公共绿地，位于 P1、P2、P3、P5 以内的用地不计入
	P5	公务机用地	公务机楼、公务机坪、FBO 基地、专机保障设施等用地
C		货运用地	分为一级货运设施用地（C1）、二级货运设施用地（C2）、货机坪用地（C3）
	C1	一级货运设施用地	一级货运站（库）及配套的作业场坪、装卸车位、停车场、小区道路、海关围网及卡口等用地
	C2	二级货运设施用地	二级货运站（库）、装卸车位、停车场、小区道路、海关围网及卡口等用地，位于 C1 以内的用地不计入
	C3	货机坪用地	货运区内的货机位、机位滑行通道、空侧服务道路、GSE 停放区、飞行区围界及通道口等用地
M		机务维修用地	分为维修机库及陆侧用地（M1）、维修机坪用地（M2）
	M1	维修机库及陆侧用地	维修机库及其陆侧的维修车间、库房、公用设施、停车场、小区道路等用地
	M2	维修机坪用地	机务维修区内的维修机位、机位滑行通道、试车坪、清洗坪、空侧服务道路、GSE 停放区、飞行区围界及通道口等用地

续表

类别代码		类别名称	内容
B		生产保障用地	分为行政办公用地（B1）、综合业务用地（B2）、综合服务用地（B3）、运行保障用地（B4）、生活服务用地（B5）
	B1	行政办公用地	民航行业监管、公安、海关、口岸办、武警、民航空管等政府部门、军事单位、事业单位的用地
	B2	综合业务用地	机场管理机构、航空公司、油料公司等企业的行政办公用房、技术业务用房及配套设施用地，位于B1以内的用地不计入
	B3	综合服务用地	旅客过夜用房、商业、商务等用地，位于B2、B5以内的用地不计入
	B4	运行保障用地	信息及运行指挥中心、航空食品、地面服务、场务等运行保障单位的用房及配套设施用地
	B5	生活服务用地	值（倒）班宿舍、备勤用房、职工食堂及配套的餐饮、便利店等用地
U		公用设施用地	分为供应设施用地（U1）、环保设施用地（U2）、其他公用设施用地（U3），位于A、P、C、M内的用地不计入
	U1	供应设施用地	机场陆侧供水、供电、燃气、供热、制冷、供油和通信等设施用地
	U2	环保设施用地	机场陆侧污水、再生水、垃圾处理设施等用地
	U3	其他公用设施用地	机场陆侧应急救援、防洪防涝等设施，以及公用设施施工、养护、维修用地，位于U1、U2内的用地不计入
S		综合交通用地	分为公共道路用地（S1）、轨道用地（S2）、其他交通用地（S3），位于A、P内的用地不计入
	S1	公共道路用地	包括进场路、场区道路系统用地
	S2	轨道用地	陆侧单独布置的机场对外轨道系统、场区旅客捷运系统用地
	S3	其他交通用地	飞行区、航站区、货运区以外集中设置的停车设施等用地
G		环境及其他用地	分为公共绿地（G1）、防护绿地（G2）、水体用地（G3）、其他用地（G4），位于A、P内的用地不计入
	G1	公共绿地	向公众开放的集中绿地及广场
	G2	防护绿地	卫生隔离、安全防护绿地、苗圃等
	G3	水体用地	机场陆侧的自然水系、排水沟渠、调蓄水池、雨水泵站、大面积景观水体等用地
	G4	其他用地	未明确功能用地、场外通导台站用地、高大边坡用地、其他通用航空用地、民航教育培训机构用地等

注：1 在同一张图纸中，应按大类或小类一种分类方法进行绘制。
2 地块类别应按土地使用的主导功能确定，地块范围应按用地红线计算。
3 机场用地规划图的图形填充颜色采用真彩色。

1.1.3 航站区指标

航站区指标按照影响旅客航站楼规模的机场年旅客吞吐量的数值进行划分。见表 1-2。航站区指标按规划目标年旅客吞吐量范围确定。

航站区指标   表 1-2

指标	年旅客吞吐量（用"P"表示，万人次）
1	$P < 50$
2	$50 \leqslant P < 200$
3	$200 \leqslant P < 1000$
4	$1000 \leqslant P < 2000$
5	$2000 \leqslant P < 4000$
6	$4000 \leqslant P < 8000$
7	$P \geqslant 8000$

1.2 机场工程的特点

1. 综合立体交通枢纽

机场是跨区域的集多种交通方式于一体的综合交通枢纽，机场与城市运行协同，航空与多种交通方式融合。机场将不再是单纯的客运枢纽，同时也将成为货运枢纽，将航空港与高铁、城际铁路、城市轨道及公交系统等交通连接网络一并推进，形成以机场为枢纽的综合交通运输网络，已经成为机场发展的重要方向。

2. 社会经济发展的重要动力

经济运行总要伴随物资、人员、信息和资金的流动，其中物资和人员的流动依靠交通运输完成，人员的流动常常伴有资金、信息和知识的流动，物资的流动也伴有资金、信息甚至知识的流动，因此交通运输是经济运行的基础。现代经济的快速运行，要求运输越来越快，因此航空运输作为最快捷的交通模式，越来越受欢迎，已成为人们出行经常选择的运输方式，而经济全球化和信息化的特征更加依赖航空运输的发展。一个国家或地区的经济越发达，它的航空运输系统也越发达。与其他交通方式相比，航空运输以最快的速度促进地区间交流，促进更高效生产方式的实现，提供更多的就业机会。

航空运输业的发展为经济的发展创造了条件，因而促进了经济的发展，同时航空运输业的发展又受到经济发展水平的制约。虽然国民经济的增长可带来航空运输业的更高速增长，但国民经济运行的不平稳也会带来航空运输的大波动，经济危机将带来航空运输的大滑坡，因此经济运行的风险将直接带给航空运输经营风险。

民航运输业在产生效益的同时，对促进资源开发有很大帮助，必然会带动周围的经济发展，促使在机场周围形成生产、技术、资本、贸易、人口的聚集，产生了具备多功能的经济区域。机场工程建设对促进地区经济的发展、对第三产业的带动以及提供就业岗位、促进小城镇的发展等所产生的综合效益十分明显，对国内生产总值（GDP）的贡献十分突出，所以说航空业的发展对社会经济发展有着非凡的重要意义。

3. 承载的功能日益重要

如今的众多机场区域，已不单单承载交通功能，城市功能也已经开始出现，并且逐步发展成为城市功能完善、配套设施齐全的空港新城。而空港新城同时肩负着发展高端产业和引领区域产业转型升级的"双重使命"。

空港经济是依托枢纽机场的综合优势，发展具有航空指向性的产业，形成产业生态圈。无论是形成微型的产业生态圈，还是形成了航空都市，其本质应该属于产业经济范畴。因此，空港经济的发展与区域经济发展存在着密切的关联关系。空港经济具有外向型经济特点，是区域经济与全球价值网络相连的纽带：一方面，空港经济的发展需要区域经济的支撑，无论是区域内的基础设施支撑，还是服务支撑、人才支撑，在空港经济发展中都扮演着重要的角色；另一方面，区域经济也需要从临空产业中获得知识溢出和能量扩散，从而优化区域经济结构，提升发展潜力。主要体现在空港经济的良性发展，能聚集诸如航空总部、高端制造研发中心等知识高度聚集的产业形态。

空港经济正成为未来全球经济发展的重要形态和主导模式，空港园区日益成为一个特色经济活动高度集中的区域，成为开放型经济发展的风向标和前沿阵地。航空港依托国际机场及航空口岸和综合保税区，以发展空港经济为核心，将在吸引高端要素资源集聚，推动产业结构多元化、产业层次高端化、产业分工合理化等方面发挥重要作用，成为培育新兴产业的制高点以及引领区域经济转型升级的重要引擎。

4. 涉及的相关方极为复杂

机场工程的建设全过程涉及立项审批、投融资、建设验收及投运等环节，既涉及国家层面，也涉及地方政府；既涉及军方，也涉及民航管理部门，相比于一般民用建筑复杂得多。特别是大型机场在项目审批阶段，机场的选址、立项需中央军委批准，以及国家发改委、民航局、生态环境部等部门审批。其用地、人防、水土、规划等需要得到地方政府及城市规划、交通、环保、文物、自然资源、地震、供电、供水及水利等部门的书面意见。建设过程中，需报地区民航管理局和地方住建局、质量安全主管部门备案、监督。验收过程同样需得到以上部门的支持和批准。同时，在财政和审计方面，涉及国家发改委、民航局、地方财政、审计等部门。对于参与机场建设的相关方面，包括设计咨询、设计单位、勘察、监理、造价咨询、施工总包、专业分包、设备及材料供应商等诸多单位。

5. 规划、立项及建设周期长

机场工程因涉及面宽、审批单位多、工程体量浩大、建设内容复杂，从项目规划、启动、选址、立项，到项目设计、招标投标、建设及投运，时间少则5年，多则10~15年。如成都天府国际机场（简称"新机场"），2007年就启动了前期研究，2011年11月四川省正式启动新机场选址工作，2013年6月中国民航局正式批复新机场选址，2015年1月国务院和中央军委批复同意新机场立项，2016年4月国家发改委正式批复新机场项目可研报告。2016年5月新机场正式开工，2020年12月新机场校飞成功，2021年3月新机场试飞完成，2021年6月新机场投入运行。新机场项目经历前后长达15年时间。

6. 规模巨大、社会关注、要求极高

由于机场赋予的功能远不仅限于航空运输，其已成为城市立体综合交通的枢纽中心，要成为临空经济区及航空城的核心动力，更成为区域经济发展的引擎，因此，机场规划建设的规模越来越大，赋予的功能越来越多。同时，由于中国国民经济的良性、快速发展，对航空业的需求增长不断加大，机场规划的规模也远超以前。据统计，2019年，国内（不含中国香港、中国台北），客流量超4000万的机场共有10个城市，2000万~4000万的机场共有14个城市。按照年均增长8%的速度，未来10年，超过4000万的机场将超过30个城市。因此，机场的新建、改扩建将迎来新的一波建设高潮。若按照满足4000万的客流量，航站楼的建设规模将不低于50万 m^2，机场跑道数量达到3~5条，建设规模巨大。

机场作为一个城市的窗口，投资规模巨大，牵动各级政府，也必然引起社会各界和媒体的高度关注，其建设的标准、质量安全目标等方面也是极高的。

7. 建设运营模式多元化

由政府或机场管理公司投资主导，采用施工总承包发包是机场建设的最常见的模

式。但随着投资规模的剧增，融资压力极大，地方财政投入能力受限，导致机场管理公司资金不足，由此引入社会资本参与机场建设和运营成为一种新的模式。如乌鲁木齐地窝堡国际机场北区改扩建工程航站区、飞行区、交通中心及配套项目等部分采用了 PPP 模式；北京大兴国际机场的停车设施、旅客过夜用房、办公配套设施、商业设施等经营性配套设施采用了转让经营权的建设投资模式，离港系统、无线专网、充电站等设备设施项目采用了 BOT 模式。这些投资建设运营方式实现了建设模式的多元化，拓宽了投资渠道，加快了机场的建设步伐。

1.3　机场工程的组成

大型机场工程按投资主体通常划分为机场主体工程、民航配套工程和场外配套工程等，如图 1-1 所示。

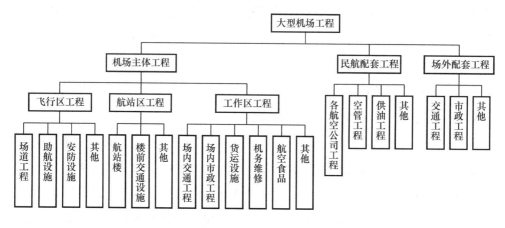

图 1-1　机场工程的组成

1. 机场主体工程

（1）飞行区工程包括跑道系统、滑行道系统、停机坪、助航设施、排水系统、机坪管制、消防急救和安防等工程。

（2）航站区工程包括航站楼、楼前交通设施（各类地上地下交通站、停车场等）、机电设备系统、弱电信息系统等工程。

（3）工作区（公共区）工程主要为场内综合配套工程，包括场内道路系统、供电供气、供水排水、供冷供热、排污处理、通信、景观绿化、货运设施、航空食品、机务维修、旅客过夜用房以及各类行政办公、生产和生活辅助设施等工程。

2. 民航配套工程

包括各航空公司工程（含航空公司货运设施、航空食品配餐和机务维修等）、空管工程和供油工程等。

3. 场外配套工程

服务于机场的各类场外配套工程包括交通工程（道路、轨道交通等）、市政工程（供电、供气、供水、排水和通信等）等。

1.4 机场工程建设模式

机场工程建设模式主要有两种，一种是传统的总承包发包模式，即由政府主导或机场管理公司主导，成立机场建设指挥部，进行施工总承包发包；另一种是近年兴起的 PPP（Public Private Partnership）"政府与社会资本合作"新型建设模式。

1.4.1 施工总承包发包模式

机场工程采用施工总承包是目前最常用的发包模式，其项目建设方一般为政府方或机场管理公司，由其组建机场建设指挥部，指挥长一般由机场管理公司主要领导或政府领导担任。由省、市政府领导担任指挥长职务，其主要便于地方各级政府及政府主管部门的协调，加快项目审批和征迁等工作，利于工程问题解决和快速推进。指挥部下设工程、设计、合同、财务、综合等若干职能部门。分别对各单位工程、专业工程等进行施工招标，选择施工和供应单位。此模式招标、管理协调工作量大，对指挥部人员的数量、素质提出了很高的要求，以满足工程管理的需要。其管理架构如图 1-2 所示。

1.4.2 PPP 合作模式

采用 PPP 合作模式，主要由地方政府或地方政府相关委办局作为实施单位。主要程序包括物有所值评价、财政承受能力论证、PPP 实施方案（简称"两评一案"）。实施方案包括土地供应方式、项目法人身份、合作单位产生方式等内容。方案需要经政府的财政、发改、规划、建设等相关部门联审，并由政府相关会议审定。

当下我国推行的政府与社会资本方合作（PPP）模式，是适应推动城镇化健康发展、发挥市场起决定性作用、加快转变政府职能、建立现代财政制度要求的一次变革，具有缓解融资平台债务高、公共供给效率低、私营资本进入难等问题的特点，同时也是推行政府向社会力量购买服务、发展混合所有制等一系列重要改革政策的良好载体。如图 1-2 所示。

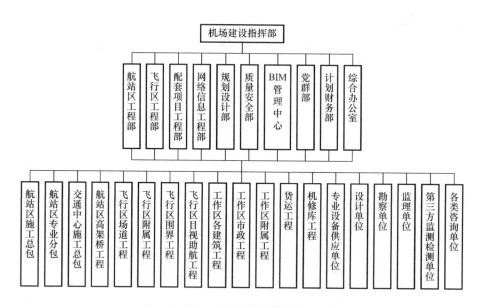

图 1-2 施工总承包发包模式管理架构

较为典型采用 PPP 合作模式的机场建设案例有乌鲁木齐地窝堡国际机场北区改扩建工程，本项目是全国首例采用 PPP 模式实施的大型枢纽机场项目。运作采用 BOT 模式，合作期为 28 年，其中 4 年为建设期，运营期为 24 年。为实现 PPP 模式和民航业务特点的有机结合，按照项目工程专业和运营功能特点，将本项目划分为 A、B、C 三个部分，其中 A、B 部分均采用 PPP 模式建设。

（1）A 部分为机场运营核心部分，建设内容主要包括：航站楼、飞行区工程（含南区飞行区改造）以及配套的附属工程等，概算投资约 202.8 亿元，资本金比例 56.89%。

（2）B 部分为机场配套服务设施，建设内容主要包括：征收工程、交通中心、停车场、能源中心、高架道路、安检业务用房以及配套的附属工程等，概算投资约 88 亿元，资本金比例 56.89%。

（3）C 部分建设内容主要包括：征收工程、货运区、维修机库、配餐航食及政府前期已实施部分，概算投资约为 127.07 亿元，由政府采用传统模式全额投资建设。

乌鲁木齐市人民政府授权市建设局为本项目的实施机构，通过公开招标方式，确定社会投资人为中建联合体，由市建设局委托乌鲁木齐市临空开发建设投资集团有限公司实施管理。本项目在对机场运营业务梳理分析的基础上，在保障机场安全运行的前提下，引入市场机制，提高机场运行效率和经济效益，有效转移项目市场风险。本项目的运作，为国内大型枢纽机场开创一种全新的建设管理模式。其中 A 部分项目承包合同模式如图 1-3 所示。

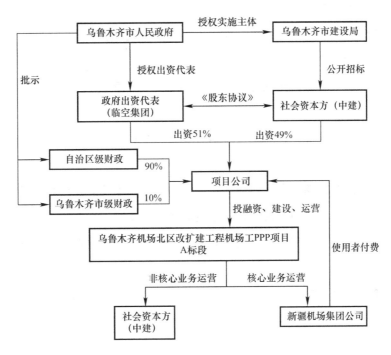

图 1-3   乌鲁木齐地窝堡国际机场北区改扩建工程机场工 PPP 项目承包合同模式

1.4.3   类 "BOT" 模式

机场管理机构推出的广义 PPP 项目，虽然机场当局基本都是国有企业，但不符合 PPP 当中 "政府方" 的身份要求，只能参照 PPP 的理念和模式，推出类 "BOT" 合作项目。如北京大兴国际机场停车楼、综合服务楼采用了类 "BOT" 模式。

机场设定的项目合作方案，如果不经过地方政府部门参与，难以在土地供应方式、项目法人身份、施工单位产生方式等建设关键环节上实现 "PPP 项目" 的政策诉求。

在机场建设中吸引社会资本更多的是针对部分配套设施，其应具备一定的经营前景。项目市场化程度高，引入专业投资人及运营商能显著提升项目经营业绩。同时，投资人应对所投资设施的运营收费标准有话语权，至少应该有参与定价的权利。

按前述特征进行项目遴选，机场适宜吸引社会资本投融资的项目大致可分为以下三类：

（1）经营性配套设施

停车设施、旅客过夜用房、办公配套设施、商业设施等。

（2）民航生产设施

机务维修设施、货运物流设施、航食设施、公务机设施等。

（3）新老基础设施

冷暖供应、垃圾处理、光伏、加油充电站等传统市政基础设施；5G、通信专网、融合设施等新基建。

机场项目吸引社会资本目前主要有两种主要模式：

（1）经营权转让模式

主要适用于涉及土建和房产的项目。机场为项目建设法人，土地和项目产权归属机场。机场转让一定年限的经营权，并通过向社会资本收取经营权初始费和经营权年费，分别解决建设期资金需求和锁定运营期收入；社会资本通过一定年限的经营，获取投资回报。

该模式本质上是由机场为社会资本提供"定制化建设＋长期租赁"服务；"定制化建设"的三个层次：

1）机场主导建设，社会资本可提出设计变更意见；

2）机场委托社会资本实施建设管理工作；

3）投资人和施工总包单位"两招并一招"。

（2）BOT 模式

主要适用于不涉及土建和房产的项目。机场提供场地和资源，投资人作为投资主体，独立完成投资建设和安装。此类项目无需办理产权，社会资本方拥有设施所有权，经营期满后设施可以回归机场管理机构。

北京大兴国际机场离港系统、无线专网、充电站等设备设施项目采用该模式。

1.4.4　新建设模式的意义

吸引社会资本参与机场建设投资可以有效助推机场高质量发展，并对缓解融资压力、降低经营风险具有显著效果。北京大兴国际机场预计吸引社会资本超过 60 亿元，同时每年给机场带来可观的租金收益。乌鲁木齐地窝堡国际机场北区改扩建工程吸引社会资本超过 290 亿元，极大缓解了地方财政压力。

招商引入专业投资人，实现经营性资源的"投资-建设-经营"全链条一体化，大幅提升商业资源价值。同时，对存量资产经营转型起到积极的推动作用。首都机场集团有限公司采取社会化招商方式先后推动机场宾馆、机场停车设施等项目的转型，取得突出成效。

项目的经营价值往往是在策划定位和规划设计阶段就已确定，越早引入投资人对项目越有利。在项目用地规划条件稳定后尽早开展招商，以便使投资人有条件主导开展项目设计，从而让投资人的经营理念充分体现在建设方案当中，提升项目价值。如不具备上述条件，机场自身也要加大在项目策划定位阶段的投入力度，提升项目商业价值。

积极争取政策支持，提升合作模式"吸引力"。

（1）灵活争取土地政策

机场用地多为划拨地，如果没有得到地方政府的专门授权，机场无法把土地出租或作价入股到社会资本设立的项目公司当中。可考虑部分经营性用地以"协议出让"方式获取或者申请划拨土地授权经营。

（2）授予社会资本建设主导权

北京大兴国际机场部分项目允许投资人提出设计变更，部分项目由投资人主导设计，但建设管理由机场负责，存在拆改大、建设理念不一致等问题。本着"谁出资、谁负责"的原则，在项目法人难以变更的情况下，可由投资人主导建设管理或者采取"两招并一招"方式，真正实现投资建设运营一体化。

（3）给予融资支持

"经营权转让"模式下，项目土地、资产均属于机场，投资人的融资渠道受到较大限制。机场可创新招商项目交易架构，为投资人融资提供协助。

1.5　机场工程发展方向

国际航空电讯集团公司（SITA）基于独特的见解、推动行业发展的力量和新兴技术，揭示了十项大胆的预测，这些预测或将塑造未来旅客在机场的出行方式。在过去的十年中，随着生物识别安全技术、手机值机和行李跟踪技术的引入，机场体验发生了巨大变化。在未来的十年中，随着数字原生旅客和从业人员引入变革性技术（从飞行出租车到能独立思考的机场），变革速度将呈指数级增长。

1. 安全将融入无摩擦旅程

在接下来的十年中，通过安检可能将意味着只需沿着一条走廊行走。不需要再脱下外套、鞋子和皮带，或将小瓶装进小袋子，也不再需要排长队。旅客及其行李通过自动检查站时将被自动识别。硬检查点将被传感器通道取代，使物理文件检查变得过时。

2. 旅客将控制自己的数字身份

在未来的机场，人工智能专家将利用旅客的数字身份，对风险进行持续评估。这些数据的敏感元素将仅由政府使用，政府将使用自动化协作系统来批准（或在某些情况下不批准）旅程的各个步骤。出于安全目的，航空公司将不再负责处理旅客数据。

3. 分散行程步骤

一切都会有标签：人、箱包和货物。无论使用哪种运输方式，旅客的整个旅程都会被跟踪。这意味着可以在飞行之前进行旅行授权和海关检查，从而节省在机场的时间。而且，在旅客方便的地方（例如火车站）都将提供远程行李托运和收集。

4. 机场将高度连接

高度连接机场的新时代将由越来越便宜的传感器、越来越少的专用硬件和新数据湖驱动，由5G以上的设备赋能。这些数据将通过软件定义的网络进行捕获、整理和分析，以提高机场的效率，并为乘客提供更好的体验。

5. 机场将能独立思考

人工智能（AI）算法将成为效率的关键，而先进的AI则成为机场的秘密武器。机场将使用数字孪生（Digital Twin）技术为所有利益相关者进行实时运营，提高运营效率，改善旅客体验。数字孪生是一种先进的计算机模拟，可以从整个机场和航空公司运营中获取数据，以可视化、模拟和预测接下来会发生什么。

6. 合作至关重要

在每一次旅程中，都有10个以上不同的实体负责使旅客的旅程成为现实。收集所有数据是使这一旅程变得无缝的唯一方法，需要在机场工作的每个人（机场本身、航空公司、政府机构、地勤人员、餐馆和商店）之间的密切协作。我们还需要整个互联机场生态系统的协作。整个网络将使用信任框架共享运营数据，而利益相关者将共享基本运营的单一真实来源。这将使机场更加高效，例如数字化周转管理，集中精力使飞机尽快恢复飞行。在这方面，诸如区块链之类的技术在促进信息的安全交换方面有巨大潜力。

7. 机场将高度自动化

机场的高速移动连接将是关键任务性能的核心。机场将越来越多地利用实时性和自动化服务以及自助服务来提高一切的效率。联网的、自动化的、自动驾驶的车辆和机器人将在整个机场变得司空见惯。自动化还将使资产的共享和使用更加有效。从行李到飞机拖拽的各种物体将通过 5G 网络连接从而提供大量数据，呈现机场运营的实时、预测性和历史性视图。

8. 机场将适应旅客的需求

个性化将是关键，不仅在机场，还要在整个旅程的任何时候为旅客提供他们想要的东西。例如，机场提供的豪华轿车服务，包括在家中、办公室或酒店办理行李托运，以及为经常出行的旅客提供快速审批和便利。

9. 移动成为随需应变的服务

机场将成为巨大的飞行"停车换乘"中心，提供各种运输选择。到 2030 年，将出现诸如空中出租车之类的创新，提供往返于机场的更高效的运输。他们甚至可能进入短途航线竞争，真正为所有人提供空中旅行。

10. 在机场做的每件事都会有一个 API

由于未来的旅客将是数字原住民，那么运营机场的人也得是数字原住民。这种技术环境将导致机场的复杂性被切分为一组数据服务，这些数据服务可以作为应用程序编程接口（API）共享。它将提供一个有利于协作和创新的生态系统，让每个人都更容易使用。例如，人工智能和新的语法将使人们能够提出针对特定行业的人类视角的要求，例如"在 B34 登机口是否有一个粉红色的手提袋?"或"到达大厅 A 排的队太长，需要更多出租车"等。

在即将到来的"十四五"规划中，民航发展将继续深入，并迎来新的建设高峰。在中国未来的机场建设中，将在以下几个方向得到强化和发展：

1. 向 "四型机场" 方向发展和实践

民航局大力推进"四型机场"建设，要求以"智慧机场"为引领，带动"平安机场、绿色机场、人文机场"全面建设发展。聚焦智慧引领，推进机场智能化基础设施布局，推进数据共享与协同。融入新基建，积极利用"5G＋云大物智移"技术，构建数字化的采集体系、网络化的传输体系和智能化的应用体系，打造"5G＋智慧机场"。

2. 机场数字化、智能化建设

近年，国家部委出台的一系列文件，给机场规划建设指明了发展方向、提出明确要求，为"十四五"时期及未来的工程建设积累了丰富经验。

在机场运行方面，全国大部分机场已经或正在部署基于 A-CDM 系统的航班协同运行保障系统打造"运控大脑"。在安全运行方面，视频监控系统将向数字化、高清化、标准化、智能化发展；安防系统实现有效集成，提升机场安全管控的能力和水平。在服务方面，实现全流程自助服务，规模部署自助设备，刷脸登机、快速安检等创新应用，实现行李全流程跟踪。

同时，机场将以工程设计、建设、运营全生命周期管理 BIM 应用为目标，以标准化管理为抓手，以 BIM 标准体系为主要技术框架，努力打造一个统一开放的机场设计信息化应用平台。实现全阶段、全专业、全业务、全参与的实施 BIM 技术，探索并落实有机场建设行业特色的全生命周期 BIM 应用路线。

全面应用 BIM 正向设计，并实现基于 BIM＋GIS＋IoT 的管理运行，如图 1-4 所示。

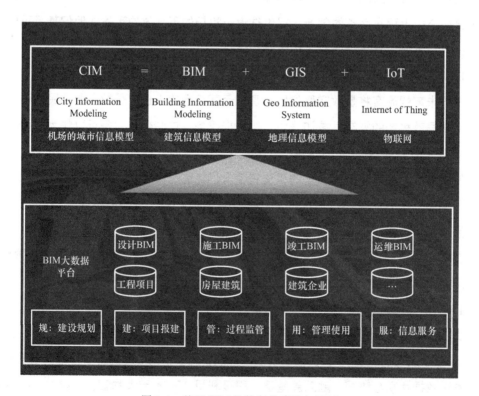

图 1-4　基于 BIM 的数字化建设与运行

3. 机场成为交通综合枢纽

机场将成为集航空、高铁、城际铁路、城市轨道、水上客运、公路及公交等多种交通方式于一体的综合枢纽。同时，成为交通、货运的双枢纽，如图1-5所示。

未来机场将不再是单纯的客运枢纽，也将成为货运枢纽。通过与地方政府的深度合作，在场区用地、道路设置、轨道引入等方面进行精心规划，实现真正意义上的"空铁、空路"联运，满足航空货物快速运输的需求。通过建设支线、干线机场与枢纽机场的快速货运通路，实现各机场间货运的无缝连接，将是未来机场的重要发展趋势。

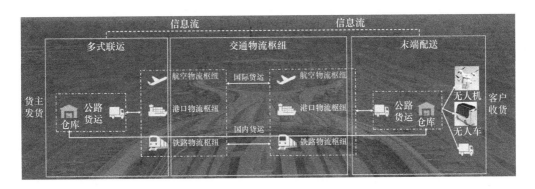

图1-5 机场交通、货运双枢纽

4. 建设成为空港CBD

"航空城"或城市副中心是未来发展方向，将有效带动整个空港区域的经济与产业发展。建设临空经济示范区，实现港城一体化的空港CBD，打造集会议、展览、商务、酒店、文旅、总部等一体的临空综合体。临空经济示范区是增强全球资源配置能力的重要载体，也是推动经济高质量发展新的动力源和增长极，承担着城市未来发展的重要使命。空港经济区应形成以飞机维修制造、跨境电商、航空物流、航空总部商务、通用航空、飞机租赁等临空产业为支撑，数字经济、产业创新融合的多元化发展格局。

5. 向机场群方向发展

机场将向机场群合作联营的方向发展。"十三五"规划提出，将京津冀、长三角和珠三角城市群建设成为世界级城市群。合理的分工定位是打造世界级机场群的前提。世界上成熟的机场群，一般是由大型国际航空枢纽、中型区域枢纽、小型运输机场等组成的布局完善、分工合理、定位清晰的机场体系。各机场差异化定位、适度错位经营，是机场群协同发展的关键。需要民航管理当局与地方政府加强沟通，积极协调各方利益关系，引导机场群形成功能分工合理、市场定位清晰的发展格局，促进枢纽、干线和支线机场有机衔接，客货运输全面协调发展，从而提升机场群整体功能和效率，更好地满足城市群发展对航空运输的巨大需求。

第二章 机场工程总体规划与设计

2.1 概 述

2.1.1 机场总体规划的目的

机场工程总体规划是对构成机场的飞行区、航站区、工作区及配套工程等功能区，以及跑道、滑行道、航站楼、空管设施、目视助航设施、机场供油设施、应急救援设施、安全保卫设施、机场生产辅助及综合保障设施、机场地面交通设施、机场公用设施等，按照国家相关的政策和技术规定、规划布置的原则要求，进行全面规划、合理安排，使其各有关部分成为一个有利于机场运行和区域发展的有机整体。

机场工程总体规划是机场分期建设的指导书和宏伟蓝图，是新建机场场址确定后总体布置方案的具体形式，是实现机场战略定位的规范性文件。科学合理的机场工程总体规划，能够使机场持续长久的健康发展，从而带动区域社会经济的和谐发展。

2.1.2 机场总体规划的原则

机场工程总体规划应符合国家、民航行业的发展规划，应与机场管理机构的发展战略相适应、协调。遵循"统一规划、分期建设，功能分区为主、行政区划为辅"的原则。近期规划重点解决涉及机场发展的现实问题，远期规划侧重于引导和控制。适应机场运行和管理的需要，既要适度超前，又要量力而行，同时预留好发展空间，做到安全高效、容量平衡、发展灵活。总体规划不仅需要适应机场定位、满足机场发展，还需要统筹民航与军航、民航与其他运输方式，需要综合考虑与国民经济、社会发展规划、城市总体规划、土地利用规划等相关规划的衔接，综合考虑机场噪声、净空、电磁环境等因素与周边地区的相互影响。

制定机场工程总体规划时，应当贯彻"以人为本、资源节约、环境友好、绿色低碳"的理念，应当做到因地制宜、合理布局、减少拆迁、节约集约用地、节能环保、经济适用。遵循新时代民航高质量发展战略，满足平安、绿色、智慧、人文"四型机场"的相关要求。同时，机场工程总体规划应符合《运输机场总体规划规范》MH／T 5002 的相关规定和要求。

2.1.3 航空业务量预测

机场总体规划应以航空业务量预测为基础。航空业务量预测时，应对所在地区做大量的调查研究，在宏观上检查该机场所在地区或在全国航空网中的作用，考虑经济、旅游、人口、综合交通等影响因素，并结合机场定位，参考民用航空的长远规划，使总体规划更有包容性。"一市多场"的城市或多机场系统的地区，宜对机场的分工定位和发展战略、整个城市或地区的航空市场分析及各机场航空业务量预测开展专题研究。

航空业务量预测年限分为近期和远期，近期为 10 年，远期为 30 年，并按最近的 5 年取整。例如，当前年份 2016 年，近期取 2025 年，远期取 2045 年；当前年份 2018 年，近期取 2030 年，远期取 2050 年。当机场因各方面因素制约，预计改扩建或新建周期超过 5 年时，可将近远期目标年延后 5 年；当机场预计在 30 年之内将达到终端规模时，远期应按终端规模进行规划；当机场预计在远期之后仍有更多运输需求和发展空间时，宜提出远景预测和规划。

机场航空业务量至少用三种方法进行预测。航空业务量预测可采用以下方法：趋势外推法、指数平滑法、波布加门公式法、计量经济模型法、灰色系统模型法、人均航空出行量分析法、类比法、递减法、市场分析法、专家调查法及综合分析判断法，以及其他有关的预测方法。在选用预测方法时，应根据预测期限、机场所在地具体条件，选用合适的方法，并同时采用多种方法进行对比，增强其可信度。当具备下列条件时，应采用定量的预测方法：(1) 有较长年份（不少于 5～10 年）的社会经济及交通统计或航空业务量的资料；(2) 历史资料能形成可靠的规律或发展趋势；(3) 对所选用的影响因素能量化。

当进行远期规划时，宜采用类比法、专家调查法及综合分析判断法。无机场地区新建机场，航空业务量预测宜采用类比法、市场界定法、市场份额分析法、专家调查法及综合分析判断法。基本参数预测应以年度需求基本预测值转换成高峰期的旅客、货邮吞吐量及飞行架次，以此确定机场各种设施的规模。高峰期是指小时、日和月，高峰期的需求通常超过平均值，一般用典型值，而不用绝对高峰值。参数预测要以机场现有运行数据的分析为基础，应对机场现有近 5 年的运行数据进行分析，主要分析机场现状的客运、货运的国内及国际比例、机型组合、全年、高峰月、高峰日、高峰小时的运行特征、航空公司份额、航线分布等。新建机场宜采用类比经验数推算。典型高峰小时、高峰日、高峰月旅客吞吐量、货邮吞吐量及飞机起降架次应划分出国际、国内的到达、出发、经停和中转数量。小型机场高峰日、高峰小时的预测，可按航班数量预测，不宜通过集中率或万分率预测。基本参数预测的项目有：旅客航站楼面积、机坪机位数（门位数）、停车场（或停车楼）面积以及机场货运站规模。

机场旅客航站楼面积应考虑年旅客吞吐量规模（旅客航站区指标），根据典型高峰小时旅客吞吐量及有关参数进行预测；机场每机平均载客数应根据机型分类、各种机型数量及比例、飞机平均客座率等进行预测；机场机坪机位数应根据机场典型高峰小时起降架次及飞机停留时间等进行预测，并包括客机坪机位数及货机坪机位数；机场总机位数，应保证过夜机位需求，考虑备降需求；机场停车场（或停车楼）面积应根据轨道交通承运比例、机场地面交通量预测值确定；货运站规模应根据机场货运量预测及货机高峰小时起降架次及机型组合数确定。

2.2　机场飞行区规划

2.2.1　机场总平面规划

机场总平面规划要统筹规划机场各功能分区、合理布置机场主要设施。应满足机场发展、航空业务量需求和使用要求，进行多方案比选研究。按照"统一规划、分期建设、适度超前、滚动发展"的原则，合理制定机场近、远期规划。近期规划立足于指导近期建设，方案要经济合理、安全高效、可实施性强。远期规划立足于对未来发展的控制和引导，要留有一定的灵活性与弹性。改扩建机场的总平面规划要综合考虑规划目标、现状条件、经济效益、社会效益等多方面进行方案比选，提出合理可行的总平面规划方案。

机场总平面规划应结合周边地形地貌、地物和地质条件等，因地制宜，合理布局机场各功能分区，节省投资、节约土地等资源。合理使用土地，减少对周围地区环境的不利影响，与外围城市规划相互协调，促进机场和邻近地区的统筹发展。

跑道构型、航站区布局和进场交通格局决定了机场构型，新建机场的总平面规划要先根据机场发展战略、规划目标、区位条件和实际情况等分析研究机场构型。

机场总平面规划的核心是处理好各功能分区之间的关系，因地制宜、整体协调、系统合理，让各功能区形成一个均衡、高效的有机整体。飞行区规划应统筹考虑机场空域、气象、净空、外围城市规划和地形地质等条件，既应满足容量需求，确保飞机运行安全顺畅，还应为航站区等其他区域的发展规划留有空间。航站区规划要满足机场发展和使用需求，以人为本、方便旅客，布局紧凑、发展灵活，统筹考虑与飞行区、综合交通系统等的关系，提高空、陆侧运行效率。超大型机场、大型机场或多跑道机场的飞行区和旅客航站区较为复杂，两者规划布置需有机结合、紧密衔接。航站区的规划要与飞行区相适应，确保机坪运行顺畅，飞机滑行短捷；跑道构型、主要滑行道的布置要与航站区方案相协调，尽量集约紧凑、安全高效。

货运区与航站区之间空侧联系紧密，陆侧相对独立。货运区与航站区之间应有便捷的空侧连接，货运规模大的机场还应考虑货机坪与跑滑系统的连通便捷，货运区陆侧交通要与外部集疏运交通体系统筹规划、高效衔接，做到远近结合、客货兼顾、适当分流。货运区、机务维修区、工作区的规划布置既与飞行区、旅客航站区等相协调，还应与机场外围城市规划、临空产业规划等相呼应，场内、场外规划协调统一。机场进出场交通、轨道交通等应与外围城市综合交通系统统一规划、紧密衔接。航站区楼前交通集聚，应考虑各种交通方式与航站楼之间便捷、舒适的换乘与衔接，保障机场内各功能区之间顺畅的交通联系。做到机场内部、外部交通衔接顺畅、协调统一，努力构建高效快捷、绿色低碳的机场综合交通集疏运体系。

机场主要设施的布置需结合飞行区、航站区和工作区等的规划统筹考虑。机场管制塔台或机坪塔台的布置要结合飞行区跑道构型、航站区布置、机坪布局、航站楼高度等统筹考虑，满足使用要求。航空配餐、运行指挥、航空加油站等与空侧运行联系紧密的设施，宜与飞行区紧密结合布置。飞行区消防站宜靠近跑道或滑行道中部位置布置，并应满足驰救时间要求。急救室、急救站的位置设置应保证急救车出车的顺畅和便捷，并满足应急救护驰救时间要求。机场公用设施宜尽可能靠近所服务的负荷中心布置。机场污水处理站宜结合地形地貌、风向、外围市政管线等综合考虑。

以重庆江北国际机场为例。现有征地面积：3.7 万亩，共三条跑道，分别为 3200m、3600m、3800m。现有三座航站楼：T1、T2、T3A，共 73 万 m^2，停机坪 178 个停机位。航空货站：25 万 m^2，GTC（地面交通中心）：35 万 m^2。保障能力为年旅客吞吐量 4500 万人次、货邮吞吐量 110 万 t、飞机起降 37 万架次。如图 2-1 所示。

图 2-1　重庆江北国际机场

　　根据重庆江北国际机场总体规划，如图 2-2 和图 2-3 所示。规划面积：36.6km²；总体布局：南客北货、四条跑道、108 万 m² 航站楼、40 万 m² 货库；设计保障能力：旅客 8000 万人次、货邮 300 万 t，飞机起降 55.5 万架次。

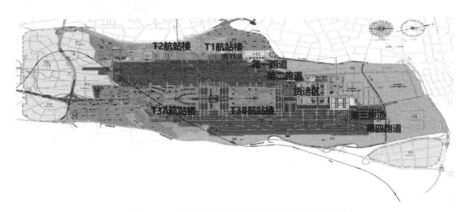

图 2-2　重庆江北国际机场总体规划平面图

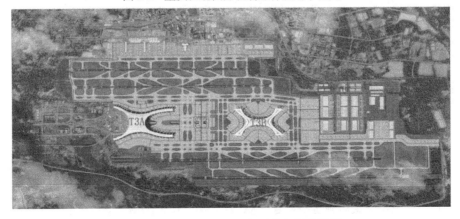

图 2-3　重庆江北国际机场总体规划效果图

重庆江北国际机场按照"统一规划、分步实施"的原则实施机场建设工程,于1990年1月建成通航至今,已经历四次大型建设。见表2-1。

重庆江北国际机场分期建设一览表　　　　　　　　　　表 2-1

序号	建成时间	内容	实物照片
1	1990 年 1 月	机场建成通航	
2	2004 年 12 月	航站区及配套设施扩建 工程建成投用	
3	2010 年 12 月	第二跑道及配套设施 扩建工程建成投用	
4	2017 年 8 月	T3A 东航站区及第三跑道 建设工程建成投用	
5	2024 年	T3B 航站楼及第四跑道 工程计划建成投用	

T3B 工程按照满足年旅客吞吐量 8000 万人次、年货邮吞吐量 120 万 t(2030 年)、飞机起降 58 万架次设计。主要建设内容包括机场工程、空管工程及油料工程等。

机场工程主要建设内容包括：

(1) 在第三跑道东侧 380m 处新建一条长 3400m、宽 45m 的第四跑道；

(2) 新建 35 万 m² 的 T3B 卫星厅，148 个机位（103C42E3F）的站坪；

(3) 改造 T1 和 T3A 航站楼；

(4) 新建 13 万 m² 的停车楼；

(5) 3.74 万 m² 的国际货运设施；

(6) 2.17km 的捷运系统；

(7) 机务维修、消防救援等辅助生产生活设施；

(8) 配套建设供电、给水排水、供冷等设施。

机场工程总投资 211.2 亿元，2020 年 11 月开工建设，计划 2024 年建成。

2.2.2　飞行区规划

飞行区的规划必须结合地形地貌、周围环境、土地使用及远期航空业务量预测的要求进行，应满足近期使用及远期设计机型运行特性、尺寸、重量以及风力负荷、净空条件、机型组合和运行架次的要求，且与机场空域、空中交通管制设施以及目视助航设施的规划协调一致。研究机场其他各功能区和设施布局的合理性，特别是旅客航站区、货运区和机务维修区，对飞行区各组成部分的规划应注意彼此之间的有机协调，近期规划要考虑远期发展的可能。飞行区指标及各组成部分的平面尺寸与间距以及机场净空要求应符合《民用机场飞行区技术标准》MH 5001 的规定。对于大型或超大型机场在进行飞行区规划时，可采用计算机模拟仿真方法对不同规划方案进行比选分析。

1. 飞行区容量

飞行区容量是机场设施服务于航空器架次运行的能力，主要表现为跑道容量、滑行道容量、机位容量等。飞行区容量接近饱和时，应进行机场飞行区改建或扩建工程。影响飞行区容量的因素包括飞行区几何构形、机场可使用空域、空中交通管制程序、使用该机场的机型组合以及天气条件等。其中，飞行区几何构形中的跑道是决定机场飞行区容量的关键。飞行区容量需要结合航空业务量预测确定近、远期跑道需求量和机位需求量。对于近期目标年旅客吞吐量预测超过 2500 万人次（或年起降预测量超过 20 万架次）的机场，进行飞行区地面运行模拟仿真研究。对于两条（含）以上跑道的机场在进行跑道构型方案比选时，宜开展飞行区地面运行模拟仿真研究。飞行区地面运行模拟仿真得出的评估指标应包括：进、离港航班的地面延误时间、航班地面滑行时间、跑道起降架次、机位使用频次等。结合实际需求，对重点参数指标应进行详细评估分析，并给出结论性意见。

2. 跑道的位置和方位

跑道的位置和方向应以影响机场飞行安全、运营高效与环境噪声等重要的因素为前提综合确定，应根据机场净空条件、风力负荷、运行的类别、与城市和相邻机场之间的关系、现场的地形和地貌、工程地质和水文地质情况、噪声影响等各项因素进行综合分析确定。机场的跑道条数和方位应使飞机的机场利用率不少于95%。地形条件复杂的支线机场跑道位置和方位确定应以机场净空条件为首要因素。跑道主次降比例差异较大时，应协调航站区与飞行区的相对位置。

3. 跑道的数量及构形

规划跑道的数量及构形应满足机场远期飞机年起降架次和高峰小时飞机起降的需要。规划跑道构形应考虑跑道使用模式，提高跑道容量。机场年起降架次和高峰小时起降架次接近机场现有跑道容量时，应规划增加跑道。单条跑道机场年起降架次超过10万架次时，宜规划增加跑道；两条跑道的机场年起降架次超过20万时，宜规划增加跑道；两条以上跑道的机场宜结合航空业务量的实际增长态势和航空管制技术的更新增加跑道。两条及两条以上跑道的机场跑道构形宜结合运行条件采用平行布局。特殊情况考虑流向、流量和效率时，可考虑增加侧向跑道。同时，跑道数量和构形的确定需考虑远景发展的情形。

4. 跑道长度的规划

跑道长度的规划应根据机场规划、设计机型、预测航程以及当地气温、跑道标高、地形限制等条件计算确定。新建机场的跑道长度规划宜结合机场定位研究确定，扩建机场的跑道长度规划宜结合机场周边环境研究确定。具体航程未确定时，跑道长度的规划应按机场规划设计机型的最大起飞重量、飞机的性能特性及当地条件计算确定。机场设计机型的着陆长度大于起飞长度或跑道主要用于着陆时，跑道长度按机场设计机型的着陆重量、性能特性和当地条件计算确定。机场净空障碍物限制面应按照远期规划跑道构形控制。

5. 平行跑道间距的规划

平行跑道之间的最小间距应根据跑道类型（仪表或非仪表跑道）、运行方式以及当地地形等各种因素综合确定。同时按仪表飞行规则飞行，平行跑道中线最小间距应为：独立平行进近：1035m；非独立平行进近：915m；独立平行离场：760m；分开的平行运行：760m。对分开的平行运行所规定的最小间距应为：当跑道入口错开，而进近是向着较近的跑道入口时，则两条跑道入口每错开150m，其间距可减少30m，但减少后的间距应不小于300m；当跑道入口错开，而进近是向着较远的跑道入口时，则两条跑道入口每错开150m，其间距应增加30m。因场地等条件限制时，可设置近距平行跑道，其中线间隔宜为300～500m。同时按非仪表飞行规则飞行，平行跑道中线最小间距应为：飞行区指标Ⅰ为3或4时：210m；飞行区指标Ⅰ为2时：150m；飞行区指标Ⅰ为1时：120m。多跑道运行机场的规划主跑道间距应根据机场远期航空业务量预测、跑道运行方式、航站区构型等因素研究确定。

6. 滑行道系统的规划原则

滑行道系统应包括：入口滑行道；出口滑行道（含快速出口滑行道）；平行与双平行滑行道；旁通、相交或联络滑行道；穿越滑行道；绕行滑行道；机坪滑行道与机位滑行通道。滑行道系统规划应立足飞行区、航站区、货运区以及各机坪之间飞机滑行需要，宜简洁顺畅。规划的滑行道系统应满足规划的跑道系统近期、远期的飞机起降架次需求量。

7. 滑行道系统的规划

若年需求量小于2万起降架次时，对于单条跑道的滑行道系统，宜设置连接跑道与站坪的一条或两条直角进、出口滑行道和跑道两端的调头坪。必要时，跑道中部地段再增加1～2个调头坪；若年需求量超过2万起降架次时，单条跑道宜设置部分平行滑行道。同时，在它与跑道和站坪间布置相应的进口和出口滑行道；若年需求量达到4万起降架次或者典型高峰小时达到16起降架次时，单条跑道应设置与跑道等长的平行滑行道，跑道两端的滑行道以及跑道中部地段的2～3条出口滑行道；若年需求量达到7万起降架次或者典型高峰小时达到26起降架次时，单条跑道每一方向各应设置不少于2条快速出口滑行道，跑道两端宜布置至少2条旁通滑行道。当飞行区年起降架次达到7万架次时，有必要设置一定数量的快速出口滑行道减少到达飞机的跑道占用时间；同时，对于出发飞机，有必要在跑道端利用旁通道减少起飞排队飞机的等待时间和调整飞机的起飞顺序，提高跑道运行效率。若旁通道周边临近机坪，可结合实际情况增设2～3个飞机等待位置。跑道长度大于3200m（高原机场除外）的机场，宜结合下滑台位置增设1条跑道入口滑行道。若年需求量超过7万起降架次或者典型高峰小时超过26起降架次时，根据旅客航站区构形需要，宜设置第二条平行滑行道,双平行滑行道之间应布置若干联络滑行道。

两条或两条以上跑道的机场,应结合航站区构型和地面运转的需要,在合适位置安排跑道与跑道连接的联络滑行道。对于两条远距离平行跑道,应规划不少于 2 条独立的联络滑行道,位置宜结合航站区构型和跑道构型研究确定。当多跑道运行机场为减小跑道侵入风险设置绕行滑行道时,应结合运行方案,考虑遮蔽设施。多跑道系统设置穿越滑行道时,宜减少横向跨越跑道,避免干扰导航设备。穿越滑行道应避开使用中的下滑台保护区范围。

8. 机坪规划

应根据机场性质、航空业务量规模、基地航空公司机队规划及驻场飞机数量等因素,以及日常周转机位、缓压机位、功能性机位分类规划机坪设施。日常周转机位包括客机位、货机位以及公务机机位;缓压机位包括过夜机位、备降机位、专机保障机位以及航班大面积延误时保障机位,其中过夜机位要考虑基地航空公司的驻场飞机数量;功能机位包括:维修机位、试车机位、清洗机位、隔离机位、除冰机位等。旅客航站楼周边宜尽可能多规划客机位;货机位规划宜邻近货站,周边预留一定货物操作空间;公务机机位规划宜考虑与其他机位组合使用的条件;维修机位宜结合机务维修区区位规划;试车机位宜规划在机务维修区;清洗机位宜规划在机位分布中心区域的远机位;除冰机位应规划在飞机机位上或设置在沿滑行道通向供起飞用的跑道的特定位置处,宜考虑不同机位同时作业的运行条件,适应不同时段机型数量和机型组合。

机坪规划应考虑机型的现状、未来发展趋势及功能定位,根据机场不同时段的飞机的运行数量及机型组合研究确定机位容量,兼顾机坪使用效率及灵活性。规划机坪宜减少对滑行道系统运行影响,机坪运作区域应相对独立于滑行道运行区域,减少彼此干扰。高峰时段跑滑系统繁忙的机场,可结合滑行道位置,在机位后方规划设置独立于滑行线路的顶推区域。机位布局与周边机位滑行道数量应统筹考虑。

9. 飞行区交通设施

机坪服务车道应满足服务车辆在航站区近、远机位之间,航站区与货运区之间交互,规划车道宽度应考虑不同车型需求。当区域之间服务车辆交通流量较大时,宜考虑设置分离立交模式。年货邮吞吐量大于 30 万 t 的机场,宜考虑专用货运通道;年货邮吞吐量大于 100 万 t 且货运区位于机场不同区位,应考虑专用货运通道。若机场航站区或货运区位于跑道两侧时,围场路宜局部加宽,兼顾服务车道或货运通道功能。

2.2.3　机场目视助航设施规划

目视助航设施包括助航灯光设施和机坪助航设施。目视助航设施规划应与机场气象条件、飞行区规划、飞行程序相适应，并适当考虑机场周围的地形地貌和环境。当需要采用目视地面信号同飞行中的航空器进行通信时，应规划信号场地。信号场地必须是一块至少 9m 见方的平整水平面，且应从 300m 高度、水平面 10°以上所有方位角上均能看到。

1. 助航灯光设施

助航灯光系统规划应满足机场近远期规划，从土建空间、管线路由和供电系统容量上要有适当的预留。进近灯光的规划由气象条件、无线电导航设施的配置标准、进近灯光带地势和飞行天气标准等因素确定，助航灯光系统中进近灯光地段在可行情况下应规划维修道路。进近灯光场地范围内，除必要的导航设施外，不允许有高出灯光面的物体存在。进近灯光的场地范围应符合《民用机场飞行区技术标准》MH 5001 的规定。灯光站的规划应根据跑道长度、灯光负荷的大小、灯光系统的复杂程度等因素确定，单跑道助航灯光系统宜规划一座灯光站，最多不应超过两座。从节约集约土地考虑，在较少数量的灯光站能满足可靠性要求时，应尽量减少对土地的占用，从供电可靠性来讲两座灯光站已完全满足相关规范要求。两条及以上跑道在规划时，按非独立运行的，灯光站的规划按单跑道考虑。此外，灯光站应规划机场中心变电站供电专线。

2. 机坪助航设施

机坪应规划照明设施，宜采用固定式照明设施。固定式照明设施具有照明效果好、价格低廉、便于维护等优点，对于自滑进顶推出机位也便于设置。对于"自滑进自滑出"机位，只能设置在机位之间，则会增加机坪面积，此时可采用移动照明设施，其优点是便于移动，不占用机坪面积，但照明效果要差一些。机场交通密度为"高"的机场，其客机坪应规划地面电源设施、货机坪宜规划地面电源设施。交通密度为"高"的机场，地面设施使用率较高，减少燃油消耗和温室气体排放，环保效果更明显；交通密度为"中"或"低"的机场使用率较低，经济性比较差。地面电源设施包括飞机地面电源设施和工频电源设施，飞机地面电源设施可采用固定式或移动式。旅客航站区指标为 5、6 的机场，近机位宜规划目视停靠引导系统。机场交通密度为"高"的机场，其客机坪应规划地面空调设施。同时，机坪助航设施应规划供电电源，宜就近供电。

2.3 航站区规划

航站区是旅客进行空侧、陆侧交通转换、衔接的场所。航站区要结合机场整体规划，合理规划航站楼、站坪、交通设施等，满足机场发展和使用需求，为旅客提供高效优质的服务。航站区的规划应遵循绿色环保、以人为本的原则，提高空、陆侧运行效率，规划引导公共交通发展，方便旅客，便捷高效。航站区的规划应结合地形地貌，统筹考虑与飞行区、货运区等其他功能区和陆侧综合交通系统的关系，因地制宜、紧凑布局、集约用地。航站区的规划应结合机场近远期发展需求，统一规划、分期建设、发展灵活。航站楼的规划设计要流程顺畅、理念先进，注重功能为主、经济适用，反映地方人文风貌、美观大方。

2.3.1 航站区规划

航站区的布局及构型与机场发展战略、区位条件、跑道构型、综合交通系统和发展历史密切相关，主要包括尽端式、贯穿式、主楼带卫星模式和混合式等，应结合机场区位、使用需求、分期发展、交通条件、市场特点、运行效率、技术经济等因素综合分析。

当机场规划有多个航站区或多个航站楼时，应研究多个航站区或航站楼的功能和使用划分，合理规划各航站区或航站楼之间的空、陆侧交通联系。中、小型机场或单跑道机场，航站区多位于跑道的一侧，超大、大型机场或多跑道机场，航站区多位于两条远距跑道的中间。航站区的规划要结合跑道运行方式、跑道间距和滑行道规划等合理布置，既要满足近远期发展需求，提高空侧运行效率，减少飞机滑行距离，又要集约紧凑布置，节约土地资源。

航站区空侧规划应确保飞机与相关车辆的地面运行安全、顺畅、高效以及飞机停靠的灵活性。航站区楼前交通集聚，应考虑各种交通方式与航站楼之间便捷、舒适的换乘与衔接，地面交通运行顺畅，车辆停放有序。还应保障航站区与机场其他功能区之间的顺畅联系。

结合机场定位、发展战略和当地航空市场等，研究低成本航空、公务和通用航空等发展的可能，可在航站区规划中统筹考虑。对于可位于航站区内的机场管制塔台、机坪塔台、动力公用设施和综合服务设施等需结合航站区整体规划统一考虑，既满足其功能需要，也要与航站区整体格局协调统一。

2.3.2　航站楼

航站楼分为主楼与候机区；航站楼的平面构型可选用前列式、指廊式、卫星式和混合式；航站楼的剖面形式可选用一层式、一层半式、两层式、两层半式、多层式。多航站楼的数量与定位宜根据机场定位、分期建设构想、目标年划定、国际与国内旅客运力比例、各航空公司的份额等因素来确定。应通过分析衔接需求，在空陆侧为多航站楼规划适当的衔接方式。

航站楼的功能面积可按其性质与作用，根据预测的年旅客吞吐量和典型高峰小时旅客数进行粗略估算，见表 2-2 和表 2-3。

（1）航站楼的功能面积指服务于旅客流程、配套设备机房、与航站楼运行直接相关的办公以及适当的商业所占的建筑面积，不含屋面挑檐面积、登机桥固定端面积、设备管廊面积、幕墙构造面积、与结构或设备相关的特殊面积、非航站楼运行直接相关的办公面积以及大规模的商业面积。与结构或设备相关的特殊面积指在特殊条件下产生的特殊结构形式或选用了特殊设备所产生的面积，比如：隔震层。

（2）当按年旅客吞吐量估算航站楼的功能面积时：

1）年旅客量大，采用较低值；反之，年旅客量小，采用较高值。

2）年旅客量大于 4000 万的机场应专门研究设计方案以确定航站楼面积。

按年旅客吞吐量估算航站楼的功能面积　　　　　表 2-2

类别	每百万旅客所需功能面积（m²）
国际旅客指标	12000～16000
国内旅客指标	7000～10000

按典型高峰小时旅客数估算航站楼的功能面积　　　　　表 2-3

旅客航站区指标	类别	
	国内旅客指标	国际旅客指标
1	20	—
2、3	20～26	28～35
4、5	26～30	35～40
6	专门研究设计方案确定航站楼功能面积	

（3）旅客进出港流程：

1）出发流程：国内出发、国际出发。

2）到达流程：国内到达、国际到达。

3）当中转流程旅客量达到足够数量时，应设置相应的空侧中转流程：国内中转国内、国内中转国际、国际中转国际、国际中转国内；在小型机场，如果中转旅客数量非常少可以不提供空侧中转服务。少量的中转旅客可以按照普通到达、出发旅客处理，虽然降低了服务水平，但是节约了土建、设备设施和人员成本。

4）特殊流程：专门为某种特殊航线设置的特殊流程。

旅客流程应该尽量短而直接，尽量少转换楼层，以减少旅客在航站楼内的步行距离。主要功能区之间（如：停车场与办票/行李提取大厅、办票/行李提取大厅与候机厅）最大步行距离宜为300m；超过300m时，应为旅客提供便利的机械辅助设施。空侧安检边界与远端卫星厅或者指廊末端的距离超过750m时，宜考虑设置旅客捷运系统（APM）设施。

旅客处理设施与旅客服务设施：国内旅客处理设施包括旅客值机手续以及交运托运行李的办理、旅客人身以及手提行李安全检查、行李处理设施、候机区等。国际旅客处理设施除上述设施，还应包括边防检查、海关检查以及检验检疫。旅客服务设施包括（但不局限于）零售商业、餐饮、VIP休息室、卫生间、母婴室、行李打包与寄存、问讯柜台、电话与网络、银行与货币兑换、邮局、票务服务及医疗服务等。行李处理各功能区的位置宜根据航站楼所采用集中式或分散式方案而相应变化，最大限度地满足航空公司的运行和使用要求。当离港行李装载区、到达行李装卸区等功能区不与旅客和交运行李主处理区在同一建筑物内时，规划中应根据所处理的行李量考虑合适的行李交通运输方式和相应通道。

（4）公共卫生防疫专项设计

2020年初开始爆发的新型冠状肺炎病毒（COVID-19）席卷全球，病毒不断蔓延至各国并产生变异，引发全球性的公共卫生事件，导致数亿人感染，上数百万人因此死亡，造成巨大的生命和经济损失。机场作为对内对外的重要交通枢纽，直接面对国内外疫情的冲击。因此，机场航站楼的设计必须考虑传染性疾病的交叉感染的可能，从建筑布局、管道系统和管理服务等方面进行专项规划设计。

1）国际出发、到达及中转流程

国际出发、到达流程必须严格分开，特别是国际到达，应设置专门的封闭通道，避免与其他旅客交叉。在海关检疫入口设置专门的测温装置，并留有足够的排队空间。

中转联程区域配置必要海关业务用房，卫生检疫区域配置负压隔离单元，国际转国内联程应按照：卫生检疫→海关→边检→安检的顺序设置。

2）空气和污水处理

国际办票大厅、安检空调、国际候机、国际到达通道应采用全空气系统，设置各自独立的空调机组；国际到达边防区宜设置独立的吊顶辐射板空调和新风系统。

国际进出境卫生检疫区用于医学处置的业务的用房，应增设负压排风系统。

在出入境处的负压隔离室设置了独立的排污系统，并进行消毒杀菌处理后，排至室外污水排放系统。污水在室外污水管网汇集后统一排至航站区的污水处理厂处置。

3）隔离区域

应设计预留用于当发生突发公共卫生事件时，大量受感染人群的临时隔离处置区域。应在卫生检疫前端，增加流调区和采样室、洗消室和更衣室。

国际到达区应设置有症状旅客专用通道和专用电梯，设置专门的医学排查室。以上区域均为负压隔离区域。

航站楼建筑高度不应超过机场障碍物限制面以及塔台视线通视的要求。航站楼外观设计应从实际功能出发，在满足功能的前提下尽量减少整体高度，避免单纯为突出造型而设计过高、过大的建筑体，以实现对建筑材料、能源以及消防设施的节约。根据机场定位，在总体规划中可为低成本航空规划运营场所，可建设低成本航站楼（低成本航站楼，是指专门服务于低成本航空运输，并与其采用的商业模式相适应的航站楼），也可与全服务航空共同使用航站楼设施。低成本航空在客源定位、商业模式等方面有别于全服务航空。

2.3.3 站坪

站坪是指航站楼周边用于日常周转的客机位，包括近机位和远机位。站坪机位数应按照典型高峰小时飞机起降架次、机型组合、飞机占用机位时间、机位利用系数等进行测算。旅客航站区指标为2的机场站坪机位数不应少于2个。规划站坪机位中近机位比例不宜低于70%，可根据近机位数量、机型组合、典型飞机尺寸等测算近机位的站坪岸线长度，航站楼方案应满足规划的站坪岸线长度的需求。结合航站楼方案、滑行道系统方案，合理设置站坪机位滑行通道，整体规划空侧服务车道，确保站坪机位进出顺畅，滑行线路短捷、安全高效，车辆运行安全有序。站坪机位的机型组合应满足机场使用需求，结合发展考虑机型组合的灵活性。站坪规划应考虑特种车辆停放、地面服务设备停放及相关设施的布置。站坪机位、机位滑行通道、服务车道等的规划布置应满足《民用机场飞行区技术标准》MH 5001 的有关要求。

2.3.4 旅客航站区交通设施规划

旅客航站区交通设施规划应根据陆侧各种交通方式在机场综合交通系统中的交通定位和服务标准，合理布置各种交通设施的位置和与航站楼的换乘通道。机场航站楼与各种公共交通模式之间的良好连通性是减少道路拥堵以及减少停车占地，方便机场用户完成旅程的一个重要因素。在规划过程中，须考虑到各种机场用户群的需求。机场长期用户可很快从他们的角度制定出最有效的出行方式，而首次用户将重点放在保证适当的时间到达航站楼，不耽误他们的航班。交通设施与航站楼的衔接应便于旅客寻路，减少旅客换层和步行距离，提高换乘的舒适度和安全性。若步行距离超过750m 时，宜规划摆渡巴士或旅客捷运系统。易于使用和寻路在充分发挥各种交通方式的潜力方面是非常重要的，在到达目的地之前进行多个交通模式的转换会显著降低用户选择该模式的可能性。

当旅客航站区指标为 4 及 4 以上，并设有两个以上航站楼（或区）时，应合理规划各航站楼（或区）之间的空、陆侧衔接通道。航站区的交通组织规划应根据各种交通设施的布局，统筹考虑，合理安排，以满足以下交通需求：

(1) 航站楼与机场停车设施；

(2) 航站楼与楼前车道边；

(3) 航站楼与出租车、机场巴士、私人汽车等不同交通类型；

(4) 航站楼与机场轨道站；

(5) 航站楼与机场办公区、货运区、驻场单位；

(6) 航站楼与酒店、娱乐服务设施。

通常也可将各种轨道站、停车楼等交通设施独立于航站楼集中设置，这种布局方法需重点考虑往返于航站楼的通道和旅客换乘的舒适度。

2.4 工作区及配套工程

2.4.1 货运区规划

机场货运区的规划应结合国家物流产业规划要求、所属地的物流产业导向、所在机场的货运发展定位，根据所在机场总体规划和机场综合交通规划等进行。影响货运区规划因素较多，运输方式、货物类型、航空货运的经营方式、制度、货运区布局、货运建筑物平面以及各种货运处理设备等变化和发展空间较大，上述因素对货运区位置、布局及规划均有较大影响，为此，在近期内，对货运区的规划，充分注意灵活性和可扩建性是特别重要的。应按照所在机场航空货运量近、远期的预测，结合航空货运设施运营模式及操作流程制定，并充分考虑灵活性和可扩建性。同时，应基于航空物流产业链需求，体现航空物流快捷、高效、优质、安全等特点，对航空物流所涉及的飞机停放、地面处理、分拣、仓储、配送等功能相关区域进行统一规划。规划的范围应包括货机坪、航空货物地面处理区及相关延伸区域。

机场货运区按作业性质及与飞行区的联系分为两种类型：机场货运站区型、机场物流园区型。机场货运站区型为传统型货运区，主要包括航空货物地面处理设施及相关配套设施；机场物流园区型为根据航空货运产业链延伸，集上下游运输、地面处理及货运集散、配送、流通加工等功能于一体的航空货运区，包括机场货运站区及机场物流园区。机场物流园区是机场货运站区的延伸与补充，宜临近货运站区布置，主要作业性质是提供空运货物的集散、运输、配送、仓储、信息处理、流通加工等物流服务。国际机场内设置的国际物流园区受海关及联检部门监管，除上述物流服务功能外，还宜具备办理海关、联检手续，货物查验及相关处理等功能。货运规模较小机场，机场货运站区及物流园区可适度整合，功能统一在货运站区实现。

机场货运区规划应考虑所在机场货运发展定位、货运规模。货运规模较大的机场特别是货运枢纽型机场货运区规划应做专题研究，还应考虑航空货运作业配套的行政办公、商业及生产服务设施用地。当涉及与场外物流园区、自贸区、综保区、保税区等机场货运相关区域的联系时，机场货运区规划在机场货运区区位、货运交通组织、货运监管、机场安全管理等方面应统筹考虑。货运区的位置与机场货运区总体定位、与货源地关系、与周边物流设施及区域的关系、与周边主要交通联系息息相关，同时，应考虑货运区与机坪的联系。近期货运区规划应考虑与远期规划货运区的衔接。近年来，我国电子商务物流、冷链物流和快件业务发展迅速，市场较大的区域相关机场货运区规划中可适度考虑快件分拣中心、冷链物流仓库等设施的规划和设置。机场货运区规划应结合机场综合交通规划，考虑航空货运多式联运问题，多式联运包括空陆联运、空铁联运、空海联运、空水联运。机场应考虑机场区位情况及其他类型交通规划情况，在货运区规划中考虑多种不同交通方式衔接的可能性，以灵活选择货物运输方式、扩大货物运输覆盖范围、提高运输效率、降低成本。

1. 规划原则

机场货运区应根据货运流程、货物流量特性、货物类型和处理方式等因素进行规划，并应以快捷、安全运行为基本要求，以方便货物装卸作业、缩短飞机经停时间、提高货物载运率和设施利用率为前提。

货运流程的基本原理是：

（1）一般流程为：出港流程：收货—存放—组装配货—装机；进港流程：卸机—分解理货—存放—发货；中转流程：卸机—（分解）理货—存放—（组装）配货—装机；

（2）货机的装卸在货运区的货机坪上进行；客机货舱的装卸，一般在航站区站坪上进行；

（3）飞机装卸货物以及货物在飞机与飞机间的转运，应尽可能流畅，地面运输距离尽可能最短；

（4）货运区的存储面积，应得到最大的利用；

（5）有条件的机场应考虑大集装箱的使用，包括进出货运航站与机坪上飞机的装卸；

（6）货物本身的流程和货运文件的流程应在规划货运站中同时考虑；基本前提是文件办理不应限制货物的流动，也不应允许货物处理失去控制。

机场货运区规划应与机场总平面中其他区域相协调，并考虑货运量增长和引入新的货物处理方式的可能。近期货运区规划应考虑与远期规划货运区的衔接。货运量较大的机场货运区宜独立设置，应充分考虑货物交通流量，合理地组织货流和人流，在机场内实现客、货分流，避免运输繁忙的货流与人流交叉。航空货物按区域分为国际货物、国内货物及港澳台货物；按流向分为出港流程、进港流程、中转流程。按货物性质分为普货、快件、邮件、特殊货物；按运输方式分为客机运输货物、全货机运输货物。机场货运区规划中应充分考虑上述不同类型货物的处理需求，国际区域、国内区域宜分开设置，以实现独立监管。进港、出港货物处理区宜分开设置。特殊货物包括民航允许承运的危险品货物、对温度有特殊要求的冷链物流货物、贵重物品、动植物等。客机运输货物含客货一体机运输货物机场。

机场货运区规划应考虑货机坪、机场货运站区、机场物流园区的关系，合理划分各功能区域界面，科学设置各区域联络道路及区域卡口、围界。在规划机场货运区时，应考虑：参与机场货运运营的航空公司类型；货运设施运营商的预计年航空货运业务；客机腹舱载运货物及全货机载运货物相对密度；货运业务主要运输机型；国际货运区域监管要求及与国内货运区的业务关系；机场安全保卫要求等。

机场货运区的区域位置应考虑空侧与飞行区，陆侧与机场周边快速道路快速衔接的可能，以提高货物运输效率。在规划货运区时，还应考虑货运夜间作业对周边环境的影响。

2. 货运站区型机场货运区规划

航空货运站区位于机场空、陆侧之间，是机场货运区的核心，主要作业性质是衔接航空与公路转运两种运输方式。货运站区外围应考虑扩展性，保障货运站区与机场物流园区及场外区域的快速连接。

货运站区一般应包括货运站作业用房、货运站业务用房、空侧及陆侧装卸场、空侧待运坪、集装器坪、特种车辆停放场地、停车场及空陆侧卡口设施等。快件、邮件业务量较高的机场可设置独立的快件、邮件转运或分拣设施。如有航空危险品运输需求，应设置危险品库。国际货运区应设置检验检疫熏蒸用房。货运站区根据需要安排车辆设备的维修设施、辅助生产等设施。航空货运站区内货运站作业用房设施类型包括公共服务型货运站、基地航空公司货运站、转运中心、邮件分拣中心、代理拼装用房等。货运站区规划应考虑不同类型设施的作业需求，区别考虑。

规划应考虑不同航空货物的种类和在存放及运输方面的特殊要求，应设有冷库、贵重物品库、动物库等特种货物处理设施；对危险品的仓储，应单独建设，并应与其他建筑物保持一定的安全距离。货运站区应满足货运流程和保证货运服务中最低时限的要求，并应有办理收发货、安检、计量、存放、装卸分解、飞机装卸所需的有关设施和作业面积。货运站作业用房一般由普通货物作业区、特种货物作业区、邮件处理区、24 h货物存放区及业务用房等组成。货运站内进港、出港区应分别设置。货运站应配备货物安检计量设备，满足机场安防要求。

货运站区规模应根据其设施性质、运作模式、预测的目标年货运量、客机及货机机型组合、作业时间、停放时间、货物处理方式等计算。货运站相关设施面积计算可参照表2-4执行。当货运站房采用自动化立体作业模式处理时，处理效率可适当提高。

货运设施规模参考指标   表 2-4

序号	项目名称	货物在站处理时间/设施性质	单位	采用数值
1	货运站作业用房	3～24h	t/(m²·年)	8～15
		24～48h	t/(m²·年)	7～10
		48h以上	t/(m²·年)	5～8
2	货运站作业用房		m²	货运站作业用房面积×0.15～0.20
3	快件转运中心	区域转运中心	t/(m²·年)	6～7
		地区转运中心	t/(m²·年)	5～6
4	转运中心业务用房		m²	货运站作业用房面积×0.15～0.20
5	邮政处理用房		m²	5～7
6	停车场		m²	高峰小时装卸货车辆×每车装卸货平均作业时间×65
7	集中控制坪（板/箱堆放及待运区）			货运站房建筑面积×0.6～1.1

注：货运站业务用房为营业厅、货运站业务保障、航空公司、海关、联检驻货运站现场办公用房；不含货代中心、海关联检查验设施、单独设置的危险品库及其他货运配套用房。货运站区用地的规模可在其建筑物基础底面积的基础上增加 2.5～3 的系数（不含货机坪）。

3. 物流园区型机场货运区规划

物流园区型机场货运区除包括机场货运站区外，还包括货运代理使用的物流仓储设施、保税仓库、海关监管仓库、交易商务用房、驻场货运服务商与管理部门业务用房等。上述物流园区类设施位于货运站区外围，物流园区型货运区功能多样，设施类别涵盖厂房、物流仓库及办公等，在规划中应合理考虑各区域之间的关系，科学规划各区域规模及交通联系。采用国际货运大通关模式的机场国际物流园区应通过围界、卡口的设置，实现货运站区与外围保税仓库、监管仓库等设施的一体化监管。当采用国际货运大通关模式时，应在物流园区内统一考虑海关监管及查验设施。

2.4.2 机务维修区规划

机场的机务维修区应根据民航局制定的飞机维修设施建设和发展规划、航空公司的维修规划、机型与机队规模、维修等级和维修的项目内容，并结合机场的近、远期发展等情况，统一规划。

机务维修区按机务维修性质分为三类维修等级：

（1）航线维护级：指只在机坪进行维护，承担日检和周检工作内容。其工作主要有：飞机航前、航后检查，每日或过夜检查，过境维护及飞行前后的检查，起飞、落地、过境的检查以及加油、排除故障等。维修区的位置应位于空侧、并距离运营机坪较近的位置，可通过设置若干机务现场维修工作点来实现。

（2）定检维修级：指飞机需停场入库进行的维修和检修，承担飞机定检周期维修工作内容。其在承担航线维护基础上，可按不同机型的维修方案规定承担一般维修机库内的定期维修。

（3）基地维修级：指承担飞机定检周期内对其各个系统进行全面检查、装修和特种维修工作内容的维修级别。其在承担航线维护级和定检维修级的基础上，可按不同机型的维修方案规定，承担结构检修以及附件翻修的定期维修等内容，是飞机维修中最高级别的维修。基地维修级承担的维修内容包括定检维修级和航线维护级维修内容、定检维修级承担的维修内容包括航线维护级维修的内容。

目前维修分类有几种不同的方法，可按照维修目的与时机、维修范围和深度及场所、维修内容和维修性质来划分，综合上述几种分类方法，不从开展维修的单位（如航空公司、第三方、机场等）角度考虑，而是根据维修性质出发，来确定维修等级分类。根据维修等级确定维修内容，根据维修内容确定维修规模，进而确定机务设施的总体规划。这种从维修性质出发分类的方法能更好地体现出机务维修规划中的特点，基本反映了机务的特性，可以涵盖和规范、控制现有的机务维修设施规划，所以以此确定为机场总体规划中机务维修分类的三个等级。

定检维修级和基地维修级规划位置：宜位于空陆侧相结合的区域或与机场空侧有相连通道的区域，宜与飞行区、航站区和货运区有便捷的联系；维修区与航站区相连的维修联络滑行通道宜避开飞机正常运行的主滑行通道，以有利于维修飞机的进出；维修区应根据年服务飞机架次数、维修机型、维修等级、维修内容、维修性质、维修工作量、停场周期、占用机库时间等参数进行机库规模及相关设施的规划；维修机坪宜规划布置在机库前部，方便飞机的检修。若规划有试车坪，宜布置在离机库较近的位置，试车坪的布置应注意飞机气流的方向和噪声控制。维修机库的大门朝向宜避开机场全年最大频率的风向。按航空器维修及生产工艺，机库、车间清洗航空器及零部件的各类污水、废液及表面处理、实验室污水、污物应按照环保要求予以处理、净化，达到标准后再排放。

2.4.3 机场消防和救援设施规划

机场消防设施的规划应综合考虑各单体建筑的消防需求，确保方案合理成熟、投资经济高效。机场消防设施的规划应符合《民用航空运输机场飞行区消防设施》

MH/T 7015 及《建筑设计防火规范》GB 50016 的规定；机场消防站的消防车辆、设施装备及通信报警系统规划应符合《民用航空运输机场消防站装备配备》MH/T 7002 的规定；机场应急救护设施的规划应符合《民用运输机场应急救护设施设备配备》GB 18040 的规定。

1. 消防站

机场消防保障等级为 3 级以上（含 3 级）的机场应规划消防站；等级为 3 级以下的机场应设置消防车库及消防员值勤室。消防站位置的规划应首先满足对飞行区飞机失事和事故消防救援的要求，并同时兼顾机场其他区域。消防站的规划应首先满足空侧消防需求，陆侧消防需求可优先考虑依托空侧消防设施或附近城镇消防体系解决，如空侧消防设施或城镇消防体系无条件解决时，可按《城市消防站建设标准》建标 152 中的规定自行建设陆侧消防站。

消防站应设在消防车辆进入跑道区域最直接、转弯最少的位置，并满足消防车辆能在规定的驰救时间内到达事故地点的要求。当消防站位置达不到规定的驰救时间要求时，应增设消防分站。消防站的设置宜靠近跑道中部设置，并应尽量使消防车车库大门面向跑道，主消防车出车通道直通跑道，使消防车辆迅速、顺利地进入跑道区域；当单个消防站需要保护两条跑道，且位于两条跑道之间时，可通过设置直接连通车库和各跑道的"T"字形出车通道，使主消防车辆以最少的转弯次数进入各跑道。

2. 应急救援

机场应规划设置固定的应急指挥中心，小型机场的应急指挥中心可与航管楼或其他建筑的指挥中心合建。应急指挥中心的位置应考虑进出飞行区和机坪的交通通畅，应设有必要的监控报警及通信设备。

机场应急救援所需的设备、车辆、物资储备等设施的用房应规划在能迅速接近机场飞行区、旅客航站区的位置。急救室、急救站的位置应设在旅客流量集中区域，并满足应急救护驰救时间要求。应急救护设施的规模应符合国家标准《民用运输机场应急救护设施设备配备》GB 18040 的规定。应急救护设施在平时可兼作机场医疗服务。医疗设施的通道宜规划至旅客航站区空侧。机场应配置用于应急救援现场指挥的车辆、与机场所使用航空器最大机型相匹配的残损航空器搬移设备以及相应的车辆库房。

2.4.4 机场综合交通系统规划

机场综合交通系统规划包括机场内部交通系统规划与外部交通系统规划，内部与外部系统规划应协调一致，以保障机场综合交通系统的有效性。遵循"方便快捷、绿色环保、客货分离、公交优先、适度超前"的原则，根据机场交通需求，结合机场发展战略、区域交通规划、机场服务区域的特点，因地制宜地开展机场综合交通系统规划工作。由于各个机场的规模、跑道构型、航站楼布局、外部交通条件差异很大，规划设计人员需针对机场和所服务区域的具体特点以及机场用户（包括航空旅客、机场员工等）的交通需求进行规划，在投资成本、运营成本、建设周期、系统服务水平、用户需求等方面做到平衡。机场综合交通系统的容量应与机场航站楼、飞行区、货运站等主要设施的容量相匹配，并具备较高的服务水平。根据机场不同用户的特点和需求，提出机场交通发展战略，按照机场规划年限的交通预测，合理规划各种交通设施，分阶段有序实施。机场综合交通系统的规划需要与机场规划部门、机场运行部门、地方规划部门、地方交通部门等进行协调。机场规划人员对机场的外部环境要有透彻的了解，与机场外部交通规划进行深入的沟通协调，确保机场总体规划与外部交通规划相互兼容。机场交通发展战略包括交通发展目标、交通方式及结构等内容，制定一个有前瞻性、合理可行的战略，对于大型机场尤为重要。

1. 交通调研与预测

旅客航站区指标为 4 及 4 以上的机场在制定机场总体规划时，应对交通特征、交通分布、出行方式以及现有交通设施负荷度等进行调研，必要时由机场当局组织专项交通调查。

（1）机场交通调研及专项交通调查通常包括以下内容：

交通起讫点的空间分布；交通结构比例（轨道、巴士、小汽车、出租车及网约车等）；机场巴士的线路、车次、车型及乘客数；车道边资源分配和车辆停留时间；机场进场路高峰日通行车辆数、车型及时间分布；轨道运营时间、车次、机场站高峰日进出站人数及时间分布；出港旅客提前到达时间；运营车辆（巴士、出租车）在机场内的行驶路线；停车位数量、停放时间及收费统计；货运设施周边道路的车流量及车型统计；员工数量、排班及交通方式；高峰时段机场道路交通运行情况；旅客对出行方式和换乘选择的偏好；相关的城市交通设施的负荷度及运营特征。

（2）机场交通调查的对象包括旅客、迎送人员、工作人员等。数据采集宜选在机场高峰日，尽量在同一天的同一时间收集所需数据。

（3）机场交通预测应对机场交通发展战略、交通分布、旅客出行习惯、城市交通系统等进行综合分析，结合轨道线网的配置情况，合理预测各种交通方式的分担比例，并具有一定的包容性。航空旅客通常对时间效率、方便程度更为敏感，偏向于选择小汽车交通。轨道交通能够承担的份额，更多取决于轨道线网的辐射范围和服务水平（比如准时快速、换乘少、乘坐舒适），轨道和机场大巴的服务对象有一定的重合。

（4）机场交通预测应根据交通调研的成果，对机场规划年限的高峰日交通量、高峰小时交通量进行预测，综合考虑机场航班情况、区域交通特征、非机场交通等因素，合理选择规划参数和模型，确定各种交通设施的规模。

2. 机场与外部交通系统

（1）机场与城市或区域道路网规划应满足机场的远期需求，以容纳预期的交通流量。

依据机场的交通需求、服务标准和距离，合理选择进出场道路的等级。旅客航站区指标为 4 及 4 以上时，应规划机场高速公路或城市快速路衔接城市中心区，尽可能规划为机场专用道路，减少过境和借道的车流。合理组织机场与城市间的客运、货运交通。旅客航站区指标为 4 及 4 以上的机场，应尽量避免进场道路交通客、货混行。统筹考虑机场综合交通规划对周边地区交通发展的调整和带动，促进机场与周边地区的交通系统衔接顺畅、容量匹配。

（2）机场与城市或区域轨道网规划要求：旅客航站区指标为 5 及 5 以上的机场，应规划建设轨道交通系统衔接主要客源地。机场轨道线可以采用城市轨道普线、城市轨道专线、现代有轨电车或城际铁路，应综合考虑机场定位、客流量、客源构成、线路距离、时间目标、市场覆盖、服务水平和票价等因素，合理确定其性质，尽量使旅客换乘便捷、乘用舒适。

（3）规划高速铁路（客运专线）进入机场，应专题论证。大型机场的交通发展战略应鼓励发展轨道交通，减少小汽车使用、缓解道路拥堵、方便员工通勤。但只有在轨道交通成为所在城市的骨干运输方式后，才能发挥对机场的集疏运作用。机场当局、地方政府、铁路部门等应根据城市轨道网、城际铁路网的现状及规划，结合机场和区域的交通发展战略，研究机场引入轨道的必要性，分析轨道在机场陆侧交通中的份额和作用，比较各种轨道交通方式的适用性，确定机场轨道线的规划性质，并尽早纳入相关部门的专项规划，统筹实施。

3. 机场道路系统规划

机场道路系统规划应能保障机场客、货车流和人流的安全畅通，为布设工程管线和其他设施提供空间，满足机场救灾和避难的要求。与机场用地布局规划相协调，综合考虑交通需求及线网布局，合理确定道路红线宽度、道路断面形式、主要交叉点的衔接方式。旅客航站区指标为 4 及 4 以上的机场，机场道路系统应将客运与货运交通分开，避免客货混行。应满足机场规划年限道路高峰小时交通量的运行需求，预留远期发展的空间。

机场道路系统由进场路、航站区道路系统、场区道路系统三部分组成。进场路是旅客进出机场的主通道，将航站楼前道路系统衔接至机场规划红线或者外围主干路网。航站区道路系统位于航站楼前，主要服务于旅客车辆，将进出场车流引导至航站楼、停车设施的各个区域，通常采用定向循环、无冲突点的交通组织模式。场区道路系统覆盖机场的其他区域，主要服务于货运车辆、生产保障车辆、员工通勤等，一般采用棋盘状路网布局。

进场路容量应满足高峰日道路交通单向高峰小时的交通需求，并达到较高的道路服务水平。结合航站楼布局和外部道路条件，合理规划进场路的数量和位置，使交通顺畅有序、容易辨识。旅客航站区指标为 4 及 4 以上的机场，进场路与场区道路系统不应采用平面交叉的形式。进场路进入机场时，宜尽早将非旅客车流分离出来。旅客航站区指标为 5 及 5 以上的机场，若机场巴士、旅游巴士占比较大时，可规划巴士专用车道。

航站区道路系统通常包括车道边、循环道路和辅助道路。规划多个航站楼的航站区，应按照航站楼容量、分工及建设时序，统筹规划航站楼前道路系统，分阶段实施，合理设置机场巴士、出租车、小汽车的交通流线，实现各个航站楼的有效衔接，同时避免各航站楼的车流相互干扰。依据航站楼方案，规划车道边的分层、长度和车道数量，合理分配车道边资源，体现公交优先的原则，妥善处理人车交叉的矛盾，提高车道边周转效率。按照车道边和各种停车设施的布局，循环道路应有序组织各种车流进行分流、合流，为驾驶人员决策留有足够的距离，并提供车辆容错流线。辅助道路应满足航站楼后勤保障和航站区其他设施的交通需求。

旅客航站区指标为 4 及 4 以上的机场，场区道路系统宜分为主干道、次干道和支路三个等级，合理组织路网结构。年货运吞吐量超过 10 万 t 的机场，宜规划单独的货运车辆通道，衔接场外道路网。按照场区交通需求，统一规划与外部道路网的出入口。地势平坦、人员密集的场区道路，宜配套规划非机动车道。

4. 机场轨道系统规划

机场对外轨道系统规划应合理确定机场轨道系统的组成和规划性质，纳入机场总体规划统筹考虑。与机场建设和运营相协调，规划机场内轨道线的路由和敷设方式、站点位置和车站布局，尽可能减少不同轨道系统之间的非航空换乘客流。同时，轨道系统的车辆段不应设在机场内。机场轨道系统分为对外轨道系统和机场陆侧的旅客捷运系统，空侧旅客捷运系统被认为是一种航站楼内部的交通工具。

机场对外轨道系统通道的规划应综合考虑机场布局和用地条件，通道选择应降低对机场用地空间完整性的影响。轨道通道下穿飞行区、航站楼时，应对振动、逃生、通风、限速等问题进行必要的论证。

机场对外轨道系统车站的规划根据航站楼布局合理确定轨道车站的数量和位置，车站与航站楼应衔接便捷，从轨道站厅至航站楼的步行距离不宜超过100m。机场轨道站不应制约航站区的发展，并应考虑与远期设施的衔接。机场轨道车站可以规划为单独的车站设施，也可与其他设施整合建设。城市轨道可在机场工作区设站，满足员工通勤的需求。机场内如设置铁路车站，其位置和场站布局应专题论证。

当每小时多于3000名旅客在机场内需要进行不少于0.75km的移动时，或可以显著地解决陆侧道路及旅客服务设施拥堵问题，应规划旅客捷运系统。旅客捷运系统（APM）是一种交通形式，通常用于机场内部长距离、高密度、大规模地运送旅客。各机场常见的是一种无人驾驶自动运行的车辆，使用橡胶轮胎，采用2节左右编组，在固定的轨道上频繁往返；近年又有一种新的系统在伦敦希思罗机场的陆侧得到应用，被称为个人捷运系统（PRT）。如图2-4所示。

图2-4 伦敦希思罗机场使用的
个人捷运系统（PRT）

5. 机场停车系统规划

机场停车系统规划应综合考虑服务对象、停车设施类型、车辆种类、停车需求并结合停车政策、道路网的特征等因素确定。注重行人安全性，有利于车辆行驶，容易辨识。停车设施的收费区应设置足够数量的通道，提供充足的车辆排队空间，避免与道路交通冲突，不干扰停车场内的交通循环。停车设施应靠近主要服务对象。当规划远距停车场时，应同步规划转运设施。

机场停车设施按照功能和性质，可细分为航站楼前停车场、远距停车场、代客泊车停车场、即时迎客停车区、机场外停车场、员工停车场、租赁汽车停车场、出租车和巴士停车场、非机动车停车场等不同类型。应根据机场停车需求、停车政策及实际运行需要，选择适当的分类方法，合理规划。公共停车设施与航站楼外墙的距离不应小于 50m，停车位到航站楼的最大步行距离不宜超过 300m。出租车迎客区应靠近航站楼，若出租车空间不足宜按出租车迎客区、出租车蓄车区分开设置，出租车蓄车区可远离航站楼。巴士停车场宜靠近航站楼设置，进出通道宜与车道边直接相连。航站楼前停车场的布置和规模应保证高周转量。

2.5　主要技术经济指标

机场规划应列出各功能区近、远期工程的下列主要技术经济指标：

（1）机场性质。对机场的功能、定位、类型等方面内容的综合概括。

（2）目标年旅客吞吐量、货运吞吐量、飞机起降架次。

（3）飞行区指标、旅客航站区指标。

（4）跑道的数量、方位及长度。

（5）跑道运行类别、助航灯光类别。

（6）旅客航站楼面积。

（7）机位数。机位数包括站坪机位数、货机坪机位数、维修机坪机位数、除冰坪机位数、隔离机位数、可用于备降需求的机位数等。

（8）机场场内用地面积。指：机场围界以内用地，包括跑道端外的进近灯光带用地；不包括第（16）项用地。

（9）飞行区用地面积。包括：跑道系统、升降带、跑道端安全地区、停止道和滑行道系统用地。具体计算时，飞行区外侧（即背向航站区的一侧）边界，计算到该侧围界。飞行区内侧（即朝航站区一侧）边界上分三种情况：无平行滑行道段及有平行滑行道但无相邻的停机坪段，计算到该侧围界；无平行滑行道但有通往站坪、停机坪的联络滑行道段，计算到该侧升降带边缘；有平行滑行道并与站坪、停机坪相邻部分，计算到平行滑行道与站坪、停机坪两边缘的平分线。

（10）旅客航站区用地面积。包括：站坪、旅客航站楼、站前车道边、停车设施和站前地面交通以及相应的辅助设施所占用的土地面积。具体应按下列规定计算：空侧一边按第（9）项办法与飞行区划分用地界限；航站楼侧边计算到进入飞行区的围栏通道口；陆侧一边计算到进场主路进入航站区地面交通设施的路口。

（11）除飞行区、旅客航站区外的各功能区用地面积。除飞行区、旅客航站区外的各功能区（指可能规划为小区的，如行政办公区、后勤保障区、驻场单位区、航空公司区等）的用地，视分区情况，按道路网划分的街区用地计算。其中：城市型道路，计算到路面宽度边缘；公路型道路，计算到道路路肩边缘。

（12）第（11）项各分区内的建筑物、构筑物用地面积。

（13）第（11）项各分区内的建筑高度、建筑系数（％）、容积率（％）。其中，

$$建筑系数 = \frac{建筑物用地 + 构筑物用地 + 露天场地用地}{该分区用地} \times 100\%$$

$$容积率 = \frac{总建筑面积}{该分区用地} \times 100\%$$

（14）绿化占地面积、陆侧绿地率（％）。

（15）机场地面交通流量、道路宽度、停车场面积。

（16）机场场外各工程用地面积。机场场外工程用地，主要包括：各导航通信地段及道路、管线用地；场外排水设施及应有的其他设施用地；场外卸油站及铁路专用线。储油库（中转油库）区及道路、输油管线和附属设施用地；售票服务点、城市航站楼、市内招待所用地；其他场外工程用地。

机场规划主要技术经济指标表。机场规划近期、远期主要技术经济指标应汇总于表 2-5，未包括的技术经济指标应有文字表述。

主要技术经济指标表 表 2-5

序号	项目名称	单位	数量		备注
			近期	远期	
一	航空业务量指标				
1	年旅客吞吐量	万人次			
2	货运吞吐量	万吨			
3	飞机起降架次	架次			
二	飞行区及航站区指标				
1	飞行区指标				
2	航站区指标				
三	机场跑道指标				
1	跑道数量	条			
2	跑道方位				
3	跑道长度	m			
四	跑道运行及助航灯光类别				
1	跑道运行类型				

续表

序号	项目名称	单位	数量		备注
			近期	远期	
2	助航灯光类型				
五	旅客航站楼面积	m²			
六	机位数	个			
七	规划总用地	公顷			
1	机场内用地面积	公顷			
2	机场外用地面积	公顷			
八	飞行区用地面积	公顷			
九	旅客航站区用地面积	公顷			
十	旅客航站区用地面积	公顷			
十一	功能区指标				除飞行区、旅客航站区外的各功能区，各区分列
1	功能区用地面积	公顷			
2	建筑物用地面积	公顷			
3	构筑物用地面积	公顷			
4	建筑系数	%			
5	容积率	%			
6	建筑高度	m			
7	绿地率	%			
8	停车场面积	m²			

第三章 四型机场建设

3.1 概 述

3.1.1 四型机场提出的背景

一段时期以来，机场行业依靠大量基础设施建设的投入，在产业发展速度与规模上取得了一定成绩，但是许多深层次的矛盾并没有得到很好的解决。并且正在逐步显现，制约了行业的发展，这主要体现在几个方面：

1. 与民航发展需求增量的矛盾

在我国吞吐量排名前 50 位的机场，有 30 个已经处于饱和甚至超饱和状态。通过对世界最繁忙的前 30 位机场进行单跑道起降架次和吞吐量承载率进行重新排序，我国有关机场的单跑道承载率已到达极限；如果按照这种排序，我国的深圳宝安国际机场、昆明长水国际机场、西安咸阳国际机场、上海虹桥国际机场、厦门高崎国际机场等均可排入世界前 15 位，这与美国等国家的机场情况有显著差别。我国主要机场长期处于饱和甚至超饱和运行状态，不仅无法支撑中国民航未来的发展需要，甚至难以保障当前条件下机场的长期运行安全和运行效率。如图 3-1 所示。

2. 与机场运行安全的矛盾

"机场运行安全形势总体保持了平稳可控的态势，但是安全主要矛盾尚未根本缓解。"

从 2010 年至今，全行业共发生不安全事件 100463 起，事故征候 3183 起，其中，机场范围内发生的不安全事件占比 53.1%，事故征候占比 85.4%。

2017 年的机场不安全事件数和事故征候数，以及一般事件万时率和事故征候万时率等指标更是达到历年峰值。

大型机场的机坪刮碰、外来物损伤航空器、轮胎扎伤、鸟击和净空破坏事件仍然没有得到有效遏制；中小机场在跑道安全等重大安全风险方面的不安全事件和事故征候发生率显著高于全国机场平均水平，行业安全基础亟待进一步夯实。如图 3-2 所示。

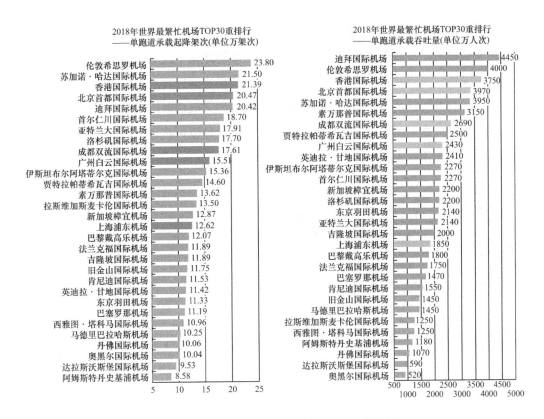

图 3-1　2018 年世界最繁忙机场 TOP30 重排行

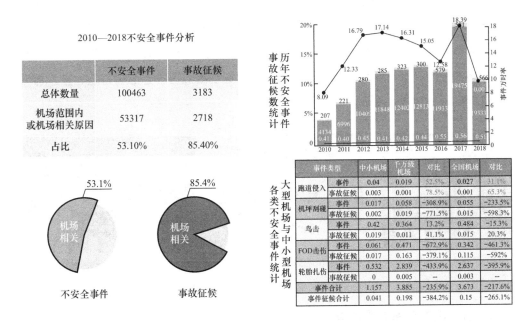

图 3-2　近年机场不安全事件统计

49

3. 与城市规划建设的矛盾

由于机场的产业辐射和带动作用，各地空港经济区建设发展日益繁荣。但随着城市的建设发展，城市正在逐步包围机场，频繁造成机场运行发展与城市规划建设的冲突。其中，有些机场的总体规划制定不科学，有些地方政府对规划落实不严肃，导致机场噪声影响问题、机场净空破坏问题、城市违规建设侵占机场中长期规划用地等问题陆续发生。如图 3-3 所示。

（a）机场发展与城市建设冲突　　　　　　　（b）机场净空破坏事件

图 3-3　机场与城市规划建设的矛盾

4. 与旅客出行需求的矛盾

在机场服务方面，旅客反映的值机排队、安检拥堵、行李传送慢等问题长期未能得到根本解决。在出行效率方面，受机场保障资源和运行效率的制约，旅客高效乘机出行的需求无法满足。在航站楼结构设计方面，过于追求外观造型，忽视了旅客乘机、中转的便捷度。在机场空间布局方面，未能重视给旅客营造温馨舒适、艺术雅致的环境空间。如图 3-4 所示。

（a）乘机环境体验差　　　　　（b）乘机流程拥堵　　　　　（c）中转换乘距离远

图 3-4　机场旅客出行需求不足

5. 与环境生态保护的矛盾

由于机场存在大量地面服务设施设备，特别是一些大型特种设备，能源消耗较大。同时，航站楼内旅客流与货物流集中，行业又普遍采用玻璃幕墙设计，造成航站楼用电量较大。机场地面运行效率不高，带来大量的航空器地面碳排放，与民航绿色发展的要求还存在一定差距。随着我国经济社会发展进入新时代，人民群众对机场的运营和服务有了更高要求。如图 3-5 所示。

航站楼能量消耗大

航空器地面碳排放严重

机坪保障设备数量多

大型设备能耗高

图 3-5　机场与环境生态保护的矛盾

上述矛盾充分表明，传统的单一依靠加强基础设施建设，依靠挤压早已饱和的运行资源的发展模式已难以适应行业发展的需要。这就需要我们转变发展方式，转向注重质量、效率、效益的质优式发展，正确处理好安全与发展、安全与效益、安全与正常、安全与服务的关系。在这样的时代背景下，民航局提出实施新时代民航高质量发展战略，建设"平安、绿色、智慧、人文"四型机场。

建立"平安、绿色、智慧、人文"的四型机场体系，是民航局创新发展理念，打造集内在品质和外在品味于一体的现代化民用机场的总体要求，是新时代民航高质量发展的新要求，也是建设民航强国的重要支撑。

四型机场是规划建设科学有序、安全根基扎实牢固、资源保障可靠有力、业务运行协同经济、航旅服务优质便捷、交通衔接顺畅高效、信息系统集成共享、环境友好绿色低碳的现代化机场，代表着未来机场建设方向。

民航局于 2020 年 1 月出台《中国民航四型机场建设行动纲要（2020—2035 年）》（简称《行动纲要》），这是四型机场建设的纲领性文件，明确了四型机场内涵，从行业发展角度为四型机场建设提供了指导思路和实施路径。2020 年 12 月发布的《四型机场建设导则》侧重于框架体系的构建，完整梳理了具体建设要点，是贯彻《行动纲要》的具体实施指南，用于指导国内各机场开展四型机场建设，适用于新建（迁建）、改建、扩建及运营的民用运输机场（含军民合用机场中的民用部分）。

3.1.2　四型机场的总体要求

四型机场是以"平安、绿色、智慧、人文"为核心，依靠科技进步、改革创新和协同共享，通过全过程、全要素、全方位优化，实现安全运行保障有力、生产管理精细智能、旅客出行便捷高效、环境生态绿色和谐，充分体现新时代高质量发展要求的机场。其中，"平安"是基本要求，"绿色"是基本特征，"智慧"是基本品质，"人文"是基本功能。

平安机场建设应围绕空防安全、治安安全、运行安全和消防安全等民航安全的基本要求，贯彻执行"安全第一、预防为主、综合治理"的安全方针，着力航空安全防范、业务平稳运行、应急管理、快速恢复四种安全能力建设；绿色机场建设应重点围绕资源节约、低碳减排、环境友好、运行高效等内容开展；智慧机场建设应实现全场业务网联化、可视化、协同化、智能化、个性化、精细化，为平安、绿色、人文机场建设提供技术支持、搭建技术平台；人文机场建设应围绕文化彰显和人文关怀两个层面，着力于理念、形象、空间、服务四个系统的建设。

3.1.3　四型机场的建设目标

四型机场的建设目标是对机场从规划、设计、施工到运营进行全方位优化，提升机场治理体系和治理能力现代化水平，打造一个规划建设科学有序、安全根基扎实牢固、资源保障可靠有力、业务运行协同经济、航旅服务优质便捷、交通衔接顺畅高效、信息系统集成共享、环境友好绿色低碳，符合新时代民航高质量发展要求，满足人民群众美好出行需求的现代化机场。

具体而言：

（1）建设平安机场，是要在机场全范围内，突出空防安全、治安安全、运行安全和消防安全，实现公共环境安全稳定、运行状态平稳有序、应急处置及时有效。

（2）建设绿色机场，是在机场全生命周期内，突出节能减排和可持续发展，提供舒适、环保的航空旅行环境和安全、高效的生产运行环境，实现与区域环境的协同相容。

（3）建设智慧机场，是在机场全业务链条内，突出创新，实现生产运行高效一体，安全管理全面可控，航旅服务个性定制，交通枢纽高效联动，商业生态精准互动。

（4）建设人文机场，是在机场全用户活动范围内，突出人文体验，弘扬中国精神，彰显特色文化，体现人本关怀，实现与社会不同群体的和谐发展。

3.2 建设要点

3.2.1 平安机场

1. 一般要求

平安机场建设应围绕空防安全、治安安全、运行安全和消防安全等民航安全的基本要求，贯彻执行"安全第一、预防为主、综合治理"的安全方针，运用系统安全理念，强化信息技术支撑，丰富人防、物防、技防等防范手段，加强安全风险评估，完善安全保障体系，全面提升安全综合管理能力。

2. 基本框架

平安机场建设应以安全组织与制度体系为基础，从事前主动防御和事中、事后快速响应两个维度，着力航空安全防范、业务平稳运行、应急管理、快速恢复四种安全能力建设。其中，航空安全防范聚焦空防安全和治安安全，通过筑牢整个机场的安全防范体系，确保公共环境安全稳定；业务平稳运行聚焦运行安全，通过对影响机场正常生产运行的重点因素进行系统治理，确保整个机场系统运行的平稳有序；应急管理通过建立必要的应急机制，适时采取一系列必要措施，确保机场应对突发事件的及时有效；恢复能力聚焦设施设备的冗余设计和业务连续性管理，确保机场关键业务的持续运行。机场可通过上述四种安全能力建设，开展平安机场实践，基本框架如图3-6所示。

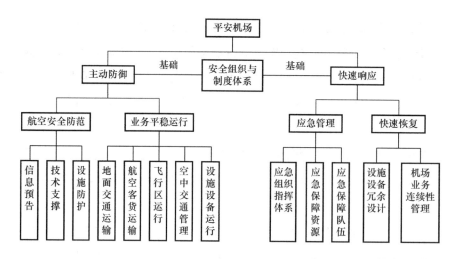

图 3-6　平安机场建设参考框架

3. 主动防御

（1）机场应通过多种主动防御措施，着力提升机场的航空安全防范能力和业务平稳运行。

（2）在航空安全防范能力提升方面，机场应前移安防关口，通过全面采集安全数据突出信息支撑和预警，依托科技创新强化技术的主动侦测，关注物理设施的安防设计提高抗损能力，由外及内构筑多层级、立体化、全方位的安全防范体系。

1）针对信息预警，机场应建立综合的管理平台和安防相关的动态管理数据库，宜与国家安全、口岸等实现相关信息沟通与数据共享，获取可疑人员和重要涉稳信息，开展信息的综合分析及安全态势预测，从而在旅客购票、进出港等过程中实现预先性、针对性的风险识别和防范。

2）针对技术支撑，机场应综合应用生物识别、智能视频分析、电子围栏、探测仪等多种技术防范手段，对航站区、飞行区等机场不同区域的要害设施和重点目标（含航空器）进行全覆盖、立体式的智能防护。

3）针对设施防护，机场应在进场路、航站区（楼）、飞行区等不同层级的入口及空陆侧交界处设置相应的安全保卫设施，并开展安全防范能力评估，根据需要可适当高于相应的设施设备标准。

（3）在业务平稳运行能力提升方面，机场应结合实际，重点关注航站区的地面交通运输和航空客货运输、飞行区运行、空中交通管理、机场设施设备运行等。

1）针对地面交通运输，机场应简化进、离场道路交通流线，优化场区道路标识标牌，加强道路交通安全管理，尽可能实现人车分流、客货分流，确保道路运输安全。

2）针对航空客货运输，机场应充分考虑客货运输业务链条上各相关单位的需求，统筹资源、效率、便捷等因素和要求，确保极端天气等复杂运行环境和公共安全事件突发条件下，机场客货进出港组织地平稳有序。

3）针对飞行区运行，机场应对机坪运行管理、净空管理、无人机管理、外来物（FOD）防范、鸟击防范、跑道侵入防范、不停航施工管理等对机坪运行安全、航空器飞行安全有重大影响的因素，采取多种有效手段，进行系统、有效管控。

4）针对空中交通管理，机场宜会同空管单位共同构建安全高效、空地运行一体的现代空中指挥管理机制；强化空域资源意识，加大基础设施投入，加强空域资源开发利用；推广应用通信、导航、气象服务的新模式。

5）针对设施设备运行，机场宜对各类设施设备实行全生命周期管理；利用物联网、传感技术等实现重点设施设备的运行状态监控、日常数据采集及智能诊断报警；加强运维人员的技能培训，增强设施设备耐久性和可靠性，保证各类设施设备在机场运行期间始终处于适用状态。

4. 快速响应

（1）机场应通过应急管理能力建设、恢复能力建设来实现机场的快速响应。

（2）在应急管理能力提升方面，机场应结合实际，构建高效的突发事件应急管理体系，适时修订机场的各项应急预案，强化应急事件信息的监测预警和辅助决策，重点突出应急组织指挥体系建设、应急保障资源配置、应急保障队伍建设等，确保机场能够及时有效地进行突发事件响应和处置。

1）针对应急组织指挥体系，机场应整合各类应急保障单位，强化与军方、地方等协作支援单位的应急会商及联动联络机制，建立及时响应、协同合作、运行高效的应急组织指挥体系。

2）针对应急保障资源，机场应优化整合各类科技资源，加强消防、救护、抢险、卫生防疫、安保等先进应急保障设施设备的配备，建立机场各类应急保障资源的储备制度及动态管理机制，提高机场的应急保障水平。

3）针对应急处置队伍，机场应建立并健全消防、救护、抢险、卫生防疫、安保等应急处置人员的培训体系，结合实际可建立应急救援实训基地，定期开展相关应急演练，并注重应急演练的评估、改进、提升，提高机场的应急处置水平。

（3）在恢复能力提升方面，机场应突出设施设备的冗余设计和机场业务的连续性管理等。

机场应适当提高设施设备的冗余度，充分考虑进出场道路、能源保障设施、弱电信息系统等重要生产保障设施设备的备份。

机场应加强关键业务的连续性管理，注重业务连续性计划的制定及培训，强化机场各单位的协同，确保突发事件发生后，机场能够快速恢复生产运行，实现生产的连续和正常。

5. 安全组织与制度体系建设

安全组织与制度体系是平安机场建设的基础，机场应结合实际，以安全管理体系（SMS）和航空安保管理体系（SeMS）为核心，建立、运行并维护科学、高效的安全制度体系，健全安全管理的组织架构，提升安全人员的防范能力，强化安全风险管理和绩效管理，不断务实机场安全生产的基础。

针对组织架构，机场应树立"大安全"理念，将机场安保、安全链条的各运行主体、各业务单元纳入安全管理组织架构，明确机场各运行保障单位的安全管理职责，落实安全生产责任制，通过协同决策系统等技术手段强化机场各运行主体的信息共享和运行协同，建立权责明晰、管理高效的安全管理组织架构和运行机制，实现机场安全的一体化管理。

针对人员防范，机场应树立"全员安全"理念，倡导积极的安全组织文化，强化机场从业人员的安全教育培训，增强安全责任意识和遵章守纪意识；加强重点岗位人员的背景调查和安全管理人员配备，突出特殊工种作业人员的资质能力建设和岗位操作技能提升。

针对风险管理，机场应积极构建风险管理长效机制，将风险管理的理念运用到机场的日常生产运行中，积极探索应用新的技术手段和科学的技术管理方法，加强风险源的识别、评估、控制和监测，持续健全安全风险管理和隐患排查治理的双重机制。

针对绩效管理，机场应建立一整套适用于衡量安全状态、验证安全管理体系实施效能的安全绩效指标体系，通过对各项安全绩效指标的评估、分析，实现机场空防安全、治安安全、运行安全和消防安全的自我完善和持续改进，提高机场的安全管理水平。

3.2.2 绿色机场

1. 一般要求

绿色机场建设应秉持绿色发展理念，科学规划设计，绿色施工建设，系统运行实践；节约利用资源，加强综合管控，提高资源利用率；优化能源结构，提升运行效率，减少机场碳排放；加大环境治理，注重环境优化，强化机场与区域环境相容性；增强机场绿色发展的内生动力，最终实现机场与区域可持续协同发展。

2. 基本框架

绿色机场建设应重点围绕资源节约、低碳减排、环境友好、运行高效等内容开展。其中：资源节约，聚焦土地集约、节能、节水、节材，强调减少资源消耗量，提高资源利用率；低碳减排，聚焦低碳建设和管理，强调优化能源结构和配置新能源设施，提升碳排放管理水平；环境友好，聚焦环境治理和优化，强调在实现基本环境治理的基础上，重点优化环境；运行高效，聚焦航空器和地面交通运行，强调减少机场运行对环境的影响。各机场可从专业类别、功能区域、过程阶段等维度采取相应的具体措施，开展绿色机场实践，绿色机场建设参考基本框架如图 3-7 所示。

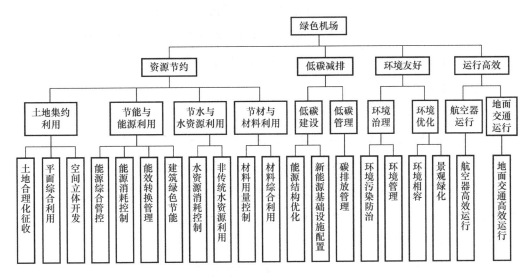

图 3-7 绿色机场建设参考框架

3. 资源节约

(1) 土地集约利用

土地集约利用包括土地合理征收、平面综合利用、空间立体开发等。

1) 针对土地合理征收，机场应结合发展需要，综合分析土地利用规模、土地利用结构、土地利用强度及土地利用效益，科学合理规划土地利用范围。

2) 针对平面综合利用，机场应在土地红线范围内，注重土地集约利用，从平面规划、建筑构型、功能设施集合等方面实施控制。

3）针对空间立体开发，机场应注重地上空间的利用、地下空间的开发，从竖向设计、建筑空间利用等方面实施控制。

（2）节能与能源利用

节能与能源利用包括能源综合管控、能源消耗控制、能效转换管理、建筑绿色节能等。

1）针对能源综合管控，机场应注重能源供给端的综合供配，宜建设智慧能源管控平台，保证机场能源系统与生产运行系统联调联动，实现多能互补、能源合理供给和"源、网、荷、储"平衡配置。

2）针对能源消耗控制，机场应明确各区域能源消耗控制目标，完善计量系统，提倡实现分项计量，建立绿色绩效管理机制。

3）针对能效转换管理，机场应提高能效转换效率，应用节能高效的空调供暖设备系统、电力供应设备系统、机电设备系统、生活热水设备系统等。

4）针对建筑绿色节能，机场新建建筑应符合绿色建筑及绿色航站楼相关标准，提倡对老旧建筑进行绿色节能改造，实现建筑节能低碳。

（3）节水与水资源利用

节水与水资源利用包括水资源消耗控制、非传统水资源利用等。

1）针对水资源消耗控制，机场应采取有效措施，合理降低水资源消耗量，从人均日生活用水量、管网漏损防控和节水设施设备应用等多维度实施控制。

2）针对非传统水资源利用，机场应加大非传统水资源在景观、绿化、洗车、冲厕等非生产性和非饮用性用途中的利用比例，可因地制宜选择中水、雨水等。

（4）节材与材料利用

节材与材料利用包括材料用量控制、材料综合利用等。

1）针对材料用量控制，机场应在设计、施工、运营等环节中，通过科学设计，合理采用新材料、新工艺、新技术等方法节约材料用量。

2）针对材料综合利用，机场应重点加大装配式建筑及建材应用，推广废旧材料再生和综合利用，提高建筑垃圾再利用水平等。

4. 低碳减排

（1）低碳建设

低碳建设包括能源结构优化、新能源基础设施配置等。

1）针对能源结构优化，机场应着力推动能源消费结构优化升级，提高能源利用效率，鼓励使用太阳能、地热能等清洁能源，积极购买消费"绿电"，搭建清洁低碳、安全高效的现代能源结构。

2）针对新能源基础设施配置，机场应完善基础设施建设，提升机场终端清洁化水平，持续推进机场运行保障设施设备"油改电"，推广使用飞机辅助动力装置（APU）替代设备、新能源车，因地制宜地开展机场区域分布式能源、微电网设施建设，以及优先使用低能耗产品等。

（2）低碳管理

机场应采取碳排放清单编制、碳排放核算和核查、开展碳排放审计等措施，摸清机场碳排放设施设备和结构，以此制定分阶段碳减排目标和实施计划，实现碳排放的有效管控。

5. 环境友好

（1）环境治理

环境治理包括环境污染防治、环境管理等。

1）针对环境污染防治，机场应充分考虑环保要求，在废气、废水、噪声、固体废弃物治理等方面，应用环保工艺流程，优先选用环保材料，设置相应的处理设施设备，着力实施污水处理、油污分离、除冰液收集与无害化处理、垃圾分类与无害化处理等方面的措施，严格落实环保标准要求，减少污染物排放。

2）针对环境管理，机场应重视环境影响评价工作，围绕环境保护目标，建立环境管控体系，通过环境监测与反馈平台，加大对污染排放物和噪声的监测，对机场环境现状及存在问题进行动态管理，并实施科学合理的改善措施。

（2）环境优化

环境优化包括环境相容、景观绿化等。

1）针对环境相容，机场应结合所在地区的气候、资源、生态环境、社会发展水平以及净空环境、电磁环境、噪声影响等，因地制宜开展机场环境相容性规划和实施工作。

2）针对景观绿化，机场应优先选择本土、适生植物，结合机场鸟防要求，优化植物搭配方式，提高场区绿化面积，结合海绵城市建设理念，因地制宜采取雨水收集利用等措施，改善区域环境质量，提升机场区域内景观绿化价值。

6. 运行高效

（1）航空器运行

机场应在规划建设阶段，结合空地运行环境，科学选择跑滑构型，优化航空器滑行路线，系统规划航站楼及站坪布局，合理确定塔台选址，为航空器提供高效运行的基础设施条件。

机场应会同各方大力推进协同系统的建设及应用，发挥机场协同决策机制作用，协调释放空域容量，优化飞行程序和系统流程，合理配置地面保障资源，提升服务保障能力，特别是复杂天气保障水平，提高航班正常率，保证航空器高效运行。

（2）地面交通运行

机场应合理规划地面保障车辆交通路线，减少车辆行驶距离，提高运行效率。统筹做好场内交通衔接，利用快捷运输方式，实现多航站楼间及航站楼与停车设施间的高效互通。

机场应会同政府管理部门，科学规划建设综合集疏运交通体系，提高机场公共交通服务能力，实现进离场交通与市内交通的运行高效、有效衔接和便捷换乘，合理构建便捷环保、经济适用的绿色交通体系。

3.2.3 智慧机场

1. 一般要求

（1）智慧机场建设应基于先进管理理念，充分利用前沿新技术，优化生产运营，提高机场容量与运行效率，提升旅客体验和服务品质，构建信息枢纽，实现全场业务网联化、可视化、协同化、智能化、个性化、精细化。

网联化需注重全面互联、数据集成、实时交互；可视化需注重信息可视、场面可视、流程可视；协同化需注重信息共享、资源统筹、协作高效；智能化需注重态势感知、分析预判、辅助决策；个性化需注重按需配置、定制服务、多元体验；精细化需注重管控细致、过程透明、效率最优。

（2）智慧机场建设应做好信息安全保障工作，建立健全信息安全保障体系，通过访问控制、安全漏洞检查、加密传输、数据备份等安全防护措施，加强关键业务系统的硬件、软件和数据保护，防止系统受到攻击和数据泄漏，确保信息系统连续、可靠、稳定运行。

（3）智慧机场建设应在具体业务设计中，充分考虑平安、绿色、人文机场建设需求，提供技术支持，搭建技术平台。

1）在平安机场支持方面，应通过引入智能感知设备，丰富安全数据采集，通过视频分析、光电监测、生物识别等加强安全事件预警与追踪，通过网络通信安全、数据交互与分析提高安全等级，实现多方协同的联动安保模式和态势感知的主动安防模式。

2）在绿色机场支持方面，应主要聚焦于能源管控和环境监测，通过物联网、大数据、智能分析等技术进行数据采集和数据综合分析判断，做到最优化能源调配和环境数据监测，实现能源业务的精细管理和环境质量的实时感知。

3）在人文机场支持方面，应主要关注提升旅客服务品质，通过应用自助设施设备、智能服务终端、区块链、5G、生物识别、虚拟现实（VR）、增强现实（AR）等新技术与设备，为旅客提供便捷化、智慧化、个性化、多元化的服务体验和人文展示。

2. 基本框架

智慧机场建设可围绕机场信息化建设标准体系、IT服务管理体系和基础设施层、数字平台层、业务管理层、生产运行层、用户体验层等方面展开，搭建开放、共享、融合、互通的信息化基础平台。其中，信息化建设标准体系和IT服务管理体系明确标准规范和执行依据，基础设施层构建基础技术资源；数字平台层建立信息化技术应用的服务环境；业务管理层形成业务流与数据流的双向融合；生产运行层提供基础系统运行和数据服务；用户体验层搭建丰富便捷、界面友好的交互接口。各机场可在此基础上进行多方位、各层级的拓展和延伸，智慧机场全量化建设参考基本框架如图3-8所示。

针对运行航班架次、航站楼运行体量、旅客吞吐量等不同指标界定的大型和中小型机场，其所参考的智慧机场建设框架应该有所区别，大型机场在满足基本运行需求的基础上，追求品质化发展，中小型机场则以满足基本运行为主，结合自身需求，追求特色化发展。

3. 两个支撑体系

（1）信息化建设标准体系

机场应建立健全满足实际需求的信息化建设标准体系，为智慧机场建设提供规范可行的标准、依据和规范，实现信息内容、数据交换、技术要求和安全保障的标准化，具体包括机场信息化建设规范、机场信息化运营管理规范和信息安全保障规范等。

（2）IT服务管理体系

机场应建立完善的IT服务管理体系，为智慧机场建设提供安全可靠的信息化服务和管理规范,包括机场 IT 服务管理条例等。

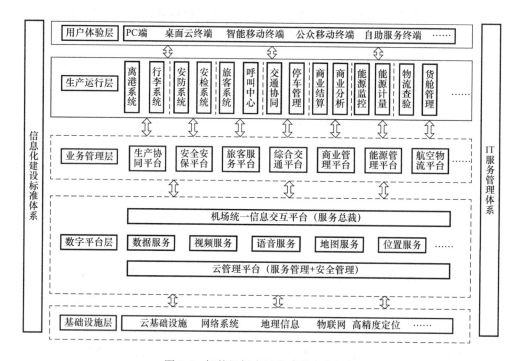

图 3-8　智慧机场全量化建设参考框架

4. 五个层级

(1) 基础设施层

机场应结合实际建设云基础设施、网络系统、地理信息系统、物联网、高精度定位系统、各类传感设备等关键基础设施,为智慧机场建设提供基础物理通信链路、数据存储交换设备、可视化管理平台、空间定位、探测感知等基础技术资源。

(2) 数字平台层

机场应结合实际,建立云管理平台和统一信息交互平台,有效整合配置各种 IT 资源和各类数据,以适应管理模式为目标,对 IT 运维服务全过程进行体系化管理,满足人工智能、物联网、大数据、区块链、智能视频分析、融合通信、建筑信息模型 (BIM)、地理信息服务等新技术应用的技术要求和服务需求。

(3) 业务管理层

机场应结合实际,面向主要业务,选择建设生产协同、安全安保、旅客服务、综合交通、商业管理、能源管理、航空物流等平台。

1) 生产协同平台:以机场为中心,整合空管、地面服务、航空公司、油料公司、城市交通等相关单位信息，实现运行环境态势同步感知与预测，航班监控协调，运行异常预警协调，地面资源管理与作业环节监控，运行保障人员管理、航班里程碑节点监控，运行标准符合度监管，航班保障，站坪指挥调度，指挥中心全景可视化监管，生产数据交换与统一资源调度分配等功能，形成全方位信息导向、立体式业务交互、高效式联动机制的生产能力。

2）安全安保平台：整合安全防范相关业务系统，通过采用智能安防技术和建设相关应用系统，实现安防事件智能捕获与定位预警，安防系统异常情况自动报警，安防事件智能协同控制，可视化空防安全、生产安全与环境安全管理，安防区域人员智能查验与音视频报警智能管理等功能，形成事前预防、事中处置、事后分析的多层次、智能化、主动式安防体系。

3）旅客服务平台：以旅客进出港服务全流程为主线，以旅客出行体验提升为核心，通过采集感知现场运行保障的各项资源信息，主动向保障单位和旅客推送相关信息和服务，实现应急预警提醒与大面积延误信息协同，群体事件预警报警与投诉监控分析处置，航站区旅客关注信息推送与旅客个性化场景推荐，航站区全景可视化与场景切换，运行数据自动推送与可视化展示、智慧航班信息显示与引导等功能。

4）综合交通平台：以航空港为中心，衔接城际、高铁、地铁、出租、机场大巴、私人乘用车辆等多种交通组织形式，为用户提供透明、个性化推动、实时交互的综合交通信息服务，实现航延期间交通生产信息决策分析与实时协同，旅客无缝交通换乘信息推送与路径导航，个性化客服引导与地空综合交通导向等功能。

5）商业管理平台：以整合旅客、商家等机场商业相关系统为基础，打造机场商业智能化、个性化、多元化的服务管理平台，实现购物智能引导与无感便捷支付，新零售购物体验与"门对门"物流服务，广告多媒介发布与客群偏好大数据感知，店面智能物业与安全管理，客流与商家运营状况智能感知分析，航线消费行为与商业收益数据分析等功能。

6）能源管理平台：以与生产运行、旅客服务数据的深层次联动为基础，以物联化技术和自动控制技术为支撑，整合机场水、电、气、暖等能源相关系统，实现机场能耗的实时感知、智能控制、源荷平衡等功能。

7）航空物流平台：以货代、货检、货运、货管、货通、货验等一体化物流信息共享为目标，完成"机场-空港-城市"航空物流大数据对接，打通全流程物流信息链路，实现物流信息录入实时协同共享、货运安检查验信息协同共享、货舱管理信息与航班状态信息联动、物流与查验可视化监管等功能。

（4）生产运行层

机场应在生产运行层建立相应的业务系统，为各平台提供相应的系统运行和数据服务。机场结合实际，除建设离港、航显、安防、门禁等传统系统，满足基础运行外，还应实现机场复杂事件管理、资源智能分配、设施设备 BIM 可视化运维管理、行李追踪、信用安检和便捷通关等功能。

（5）用户体验层

机场应结合实际，为旅客、业务管理人员等机场用户提供丰富便捷、界面友好的操作终端，包括桌面云终端、智能移动终端、公众移动终端、自助服务终端、AR／VR 设备、机器人等。

3.2.4 人文机场

1. 一般要求

人文机场建设应始终坚持以人为本，以旅客、驻场单位、员工、政府管理部门等需求为出发点，践行真情服务，弘扬人文精神，彰显文化自信，塑造品牌形象，坚持和传递社会正能量，培育和弘扬核心价值观，使机场成为中华优秀传统文化和社会主义核心价值观理念的承载者和传播者。

2. 基本框架

人文机场建设应围绕文化彰显和人文关怀两个层面，着力于理念、形象、空间、服务四个系统的建设。其中，理念系统是机场文化彰显的核心，强调其统一性，对人文机场建设具有导向和规范作用；形象系统是理念系统在文化层面的视觉化表现形式，强调其特色性；空间系统是人本关怀在空间体验和功能设施的具体表现形式，强调其舒适性和便捷性；服务系统是人文机场建设的重中之重，是人本关怀在服务行为、服务设施、服务产品上的表现形式，强调其规范化、人本化和多样化。各机场可结合实际，从主题理念、文化表达、空间环境、功能规划、服务行为、服务设施、服务产品等方面开展人文机场建设，基本框架如图 3-9 所示。

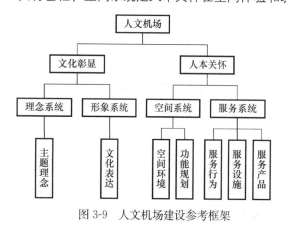

图 3-9 人文机场建设参考框架

3. 主题理念

（1）机场应结合所在地区的文化背景，通过文化元素的梳理、提炼、转译，形成统一的文化主题和文化元素，注重整体文化风貌的系统性。

（2）机场应坚持品牌引领，形成统一的文化品牌理念和系统性的文化品牌宣传策划，用于指导机场全生命周期的品牌形象塑造和宣传。

4. 文化表达

（1）针对文化元素的选取，机场应注重行业文化、地域文化的表达和核心价值理念的传递，宣扬时代精神和当代民航精神。

（2）针对文化元素的表达方式，机场可借助新技术、新平台等，通过视觉、听觉、触觉等多感官表达，注重唤醒文化符号的生命力，强调文化的综合体验。

（3）针对文化元素的表达载体，机场应注重多样态的文化表达，结合机场实际，可通过航站楼等标志性建筑形象、建筑装饰、景观小品、标志标识、人文项目等全方位呈现。

5. 空间环境

（1）机场应结合旅客心理感受和高峰小时人流量等因素，重点优化建筑空间结构、平面布局等，提高空间环境的舒适度。

（2）机场应重点优化建筑室内光环境、声环境、视觉环境、温湿度及空气质量等，增强旅客的环境体验。

6. 功能规划

（1）交通流线方面，机场应充分利用竖向空间科学规划各类流线，避免主要交通流线平面交织，减少旅客进离场判断次数，优化航站区的上下客区、交通标志标识及城市慢行系统等功能设施，提高交通流线的顺畅性。

（2）旅客流程方面，机场应注重旅客的流程体验，缩短步行距离，减少换层次数，着力提高中转效率和地面交通换乘效率，加强航班信息的交互共享和设施设备的自助化，提高旅客流程的便捷性。

（3）机坪作业保障方面，机场应统筹优化各类保障流程，科学规划机坪生产服务设施的位置布局，关注近机位比例及周转利用效率，提高机坪作业保障的便利性。

7. 服务行为

（1）机场应加强基础服务的规范管理，倡导真情服务文化，建立人员准入制度，注重业务技能培训，规范人员仪容、仪表、行为、态度、语言表达等，体现当代民航精神风貌。

（2）机场应加强不正常航班、涉疫情航班等特殊航班的服务保障工作，建立信息的响应、联动、报告等管理机制，健全相关的处置预案和流程，保证物资设备的有效供应，提升人员应对突发事件的能力。

（3）机场应加强旅客意见的收集、反馈及投诉管理，对外公布服务质量监督热线，加强与航空公司等相关方联动，建立有效的综合服务质量信息收集渠道，规范服务投诉的回应时间和效果，提升旅客满意度。

8. 服务设施

（1）机场应结合工业化设计相关理论，对楼内功能服务设施、旅客流程服务设施、地面的交通服务设施、公众信息系统设施等开展人机工学设计，对楼内的空调风口、广播终端、航显终端、标志标识等功能设施设备进行美学设计。

（2）机场应大力推广全流程自助和"无纸化出行"服务，积极探索人工智能、生物识别等新技术应用，结合实际提高自助设备的使用比例，提高旅客出行效率和航旅舒适度。

（3）机场应充分考虑公共卫生事件的常态化防控需要，完善相应的通风、卫生、清洁、消毒、处理等设施设备，在空调新风系统设计中应充分考虑公共卫生安全的功能需求。

（4）机场应充分考虑老年人、残疾人、孕妇、带小孩旅客等特殊人群的人性化需求，注重母婴室、第三卫生间等无障碍服务设施的配置和优化。

（5）机场应结合实际解决驻场单位员工在生产、生活方面的全方位需求，如住宿、餐饮、办公、休息、停车等需求。

9. 服务产品

（1）机场应加强创新型服务产品开发，聚焦旅客全流程需求，兼顾个性化服务特点，提供接送机、行李寄存与托运、行李全流程跟踪、跨航司中转行李直挂等航空延伸性服务产品和文化体验类服务产品，提高机场的服务质量。

（2）机场应结合商业规划，充分考虑旅客多元化、差异化的消费需求，提供休闲、娱乐、文创等体验式商业业态和同城优质多样的商业服务。

3.3 实施步骤

3.3.1 基本过程

（1）四型机场建设应在明确具体建设目标的基础上，自上而下将目标层层分解，

第三章
四型机场建设

对四型机场的框架体系、建设任务、实施路径等进行规划设计。

(2) 四型机场建设的基本过程包括需求分析、总体设计、落地实施、评估提升等，四型机场建设过程框架，如图 3-10 所示。

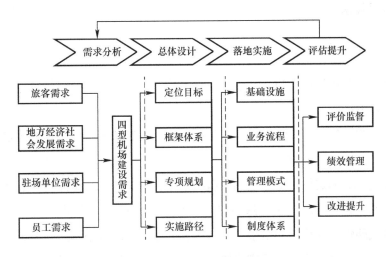

图 3-10　四型机场建设过程框架

(3) 四型机场建设应坚持需求导向和问题导向。首先，通过归纳、演绎、梳理，形成四型机场的具体建设需求；其次，开展四型机场的总体设计，明确定位目标，构建框架体系，研究专项规划，确定实施路径；再次，结合总体设计成果，分阶段、分版块开展实施落地；最后，在整体实施过程中持续跟进，评估完善，实现四型机场的闭环管理和持续提升。

3.3.2　需求分析

(1) 机场应深入调研分析，准确理解服务对象在机场特定场景下的潜在需求，并转化为完整的四型机场需求定义，从而明确四型机场建设的核心内容。

(2) 机场开展需求分析的群体，包括旅客、驻场单位、员工、政府管理部门等服务对象。

(3) 机场可通过资料分析、调研访谈等形式，综合分析行业、地方政府的发展战略、专项规划，航空公司、空管、油料公司等驻场单位的战略规划、运行需求，机场的发展形势、资源环境等，纳入四型机场建设需求。

(4) 机场可通过市场调研、现场观察、意见征集等形式，了解旅客、员工、周边社区居民等的需求信息，包括旅客出行习惯、消费习惯、心理状态、员工生活、机场运行对社区居民影响等。

(5) 机场应结合现有业务流程,围绕基础设施、生产运行、旅客服务、航空安全、商业运营、环境生态等方面,梳理当前运行过程中存在的问题及改进方向,纳入四型机场建设需求。

3.3.3 总体设计

(1) 总体设计应以四型机场建设需求为依据,包括机场定位目标、框架体系、专项规划、实施路径等。

(2) 四型机场的总体设计应与国家战略规划、民航战略规划、地方经济社会发展规划、机场总体规划协调统一。

(3) 四型机场的定位目标应包括四型机场的指导思想、基本原则、总体目标、阶段目标等。其中,指导思想应从四型机场的理论支撑基础、主要建设方向等方面提出,应具有战略性、纲领性和引领性;基本原则应以解决机场发展问题为出发点,结合机场基础设施建设、机场发展模式转变、生产运行保障、客货服务体验、机场管理创新、行业制度完善等方面的基础条件及实际需求确定;总体目标和阶段目标应是明确的、可衡量的、可达成的、有明确时限的,阶段目标宜明确各个阶段的主要任务、建设内容和建设成果,并根据实际建设情况对阶段目标实时进行调整。

(4) 机场应结合实际,基本需求分析和建设目标分析结果,从技术实现角度,以结构化形式,从规划建设、安全保障、生产运行、旅客服务、交通管理、信息管理、环境保护等多维角度,覆盖机场全业务链条、全生产要素,搭建四型机场的框架体系结构。

(5) 机场应按照确定的框架体系,以体现地域特色、突出业务重点、指导基础建设为出发点,开展课题研究,形成各类专项规划,并梳理明确四型机场的设计要点。

(6) 机场应坚持全生命周期建设原则,明确四型机场在规划、设计、施工、运营等不同阶段和不同业务板块的工作任务及重点清单,形成四型机场分阶段、分板块实施路径。

(7) 机场应吸收行业内外先进理论与经验,全面研究融合,增加总体设计的前瞻性和可操作性。

3.3.4 落地实施

(1) 机场应结合总体设计阶段的研究成果,通过设计要求、指导手册等形式,按照基础设施、业务流程、管理模式、制度体系等板块，推进研究成果落地。

（2）基础设施方面，机场应确保将总体设计阶段成果融入基础设施建设，包括航站楼、飞行区等物理层面的基础设施和机场公共基础网络、数据资源等虚拟层面的基础设施；机场应提出四型机场建设重点工程，并明确工程属性、目标任务、实施周期、成本效益、资金投入、阶段建设目标等，设计各工程项目的建设运营模式、实施阶段计划和风险保障措施，确保四型机场建设顺利推进；对于新建（迁建）、改建、扩建机场，明确四型机场在其基础设施方面的建设要点，在机场建设的预可行性研究、可行性研究和初步设计阶段中应有相关专家参与；对于运营机场，在不影响机场整体正常运营的条件下，可对物理设施分阶段进行更新改造。

（3）业务流程方面，机场应依据现有的业务流程和需求分析，结合机场总体设计阶段成果，对机场全业务流程链条进行优化设计，包括旅客进出港流程、货物进出港流程、航空器滑行流线、车辆进出场流线、工作人员流线等。

（4）管理模式方面，机场应结合实际，调整优化安保、能源、机坪运行等业务的组织架构、运行机制、职责分工等内容，建立权责明晰、管理高效、协同联动的管理模式，进一步提高机场业务的管理效能。

（5）制度体系方面，机场应结合自身规模和发展需要，注重四型机场实践经验的总结提升，在遵循、实施现有国家、行业及地方标准的基础上，规划、设计可支撑机场自身建设与发展的规章标准、制度手册等，并适时修编，为确保四型机场建设实践提供完备的制度支撑。

（6）在四型机场建设中，机场应从经济适用性角度重点关注新技术、新设备、新工艺、新材料的推广应用，并综合评估应用效果，可适时采用先行先试的方式开展。

3.4　四型机场建设思考

1. 提前筹划资源协同

前期应开展系统研究，要有"站在未来看未来"的超前意识，思考机场发展的趋势；同时要统筹机场、驻场单位、行业、地方政府等多方主体，协同内外部资源，确保理念能够落地。

2. 以我为主把握主动

设计是机场建设的重要环节，对工程建设的功能定位、规模、质量、成本等具有决定性作用；因此要始终把握设计的主动权，从理念上引导设计单位，将业主方的设计理念、机场的实际需求进行全程落实。

3. 破除局限统一认识

四型机场不是大型机场的专利，中小机场可通过四型机场建设弥补安全、服务上的短板；不是新技术堆砌，而应综合配置人力、管理、技术等软硬件资源；不是机场的单打独斗，涉及机场、航空公司等各运行单位，以及地方政府相关配套部门。

4. 系统策划阶段推进

四型机场是全生命周期建设，不可能"一步到位，一蹴而就"，需要在规划设计、建设施工、运营管理不同阶段分阶段落实，做好研究与应用的衔接，注重落地实施与反馈提升。

第四章 机场工程规划建设与报批

4.1 概　　述

　　机场建设项目的全寿命周期分为前期工作、工程建设、竣工验收和运营使用四个阶段。前期报批流程可分为立项阶段、规划报建阶段和用地审批阶段三部分；工程建设阶段包括招标审核、质量监督备案、不停航施工报批等内容；竣工验收阶段主要包括飞行校验程序、机场试飞、民用航空设备开放与运行报批、机场无线电频率呼号申请及行业验收等内容。在民用机场建设报批实际中，项目法人单位向政府审批部门报批的事项大多集中在前期工作阶段，且报批的难点也集中于此。

　　机场工程规划建设报批存在以下几个特点：

1. 报批程序多

　　报批程序涵盖机场建设项目全寿命周期，涉及立项、规划、报建、用地、监督、验收、使用许可等各个环节，主管机构包括军方、国家发改委、民航局及地方各级政府、主管部门等数十个单位，报批各类流程繁多且复杂。

2. 审批时间长

　　很多流程从文件编制到地方各级主管部门审批，从地区民航管理局到民航局，审批时限流程走完多达一年以上，是非常普遍的情况。

　　比如，在立项阶段，项目法人主要有三项报批工作。按文件规定，评审单位出具报告和民航管理部门作出总体规划审批许可决定的时间是 40 个工作日，其中未包括报告编制、专家评审报告和征求意见等时间。在预可行性研究报批中，根据实际报批经验，项目法人从预可行性研究上报到取得行政许可决定，需 6 个月以上时间。另外，在可行性研究报批前，项目法人需要办理规划选址申请、用地预审、环保审批、社会稳定性风险评估及节能审查评估等手续，涉及自然资源部、地方环保局等较多的政府部门，办理时限相对较长。

　　在规划报建阶段，一般从立项后的项目报建开始，到建设工程规划许可证申领为止。涉及地方自然资源局、地方建设局、民航管理部门和环保、消防、交通、民防、气象、卫生、绿化、抗震、防雷等专业管理部门。根据实际报批经验，规划报建阶段至少有 50 个批文，持续时间至少 9 个月，且建设工程设计方案审核和扩初设计审查占时最多。

在用地审批阶段，用地审批是从立项阶段土地预审开始，到规划报建阶段建设工程规划申领前的用地批准书取得为止。由于机场建设用地性质一般是划拨类用地，用地审批阶段审批事项主要有土地预审、用地规划许可、划拨审批、供地方案审批、用地划拨决定书和建设用地批准书等，按规定各自的审批时限大致为 1~2 个月。除了与前述两个阶段的审批事项有先后关系外，用地审批各项事项之间也有先后串联的关系。用地审批是一个耗时相对较长、工作较难开展的阶段。

3. 审批要求高

每个审批流程按照主管部门的要求，都有严格的申请条件和材料要求，很多材料需要通过专业的评审和论证，主管部门对于容缺办理极其严格，甚至不允许。因此，审批环节中出现的各类问题解决起来极其棘手，对工程的推进带来很大的阻力。

造成各类报批手续特别是前期审批手续进度缓慢的原因，主要有项目单位和行政审批两方面的原因。

（1）项目单位方面

1）材料准备不充分，报批质量不高。项目单位报批人员对审批要求理解不够充分，往往不能将耗时多的审批事项提前准备，且报批材料来回补充修改，无法做到一次到位。

2）内部流程多，决策时间长。项目单位内部决策程序较长，影响报批手续办理。如，对某重大工程的设计方案可行性，项目单位领导层意见不统一，为此以研讨会和专家论证等形式进行深入论证，过程中需花费不少时间。

3）协调机制弱，牵头单位协调难度大。尤其是大中型民用机场建设，往往工程构成复杂，涉及多家驻场单位。由于缺乏有效的协调机制，各方都站在自身利益的角度，较少考虑项目顺利推进的长远利益和合作共赢的可能性，造成横向协调困难，项目推进缓慢。如果项目法人的主管领导仅仅是企业身份，很难协调省市两级政府和相关部门，工作推动难度极大。

（2）行政审批方面

1）服务意识不强。首先是信息告知不到位。由于审批部门本身的处室或委办较多，有些窗口只具有受理和初步咨询的功能，当遇到疑难问题时，申请人需要多次往返在受理窗口和处室之间，消耗了许多时间。另外，审批的每个环节基本都需要几天时间，若某个环节存在疑问，申请人可能无法及时被告知，只有询问后才知材料已被"积压"多时。其次是审批质量不高。审批部门更多从部门自身利益考虑，表现为更多的对部门及上级主管负责，较少顾及项目单位和社会公众的利益，部门之间的目标互相冲突，甚至为达到目的不惜违背审批事项设立的初衷。

2）审批事项多且关联性强。建设项目前期审批涉及批文多，同时审批事项相互间关联性强。有些审批事项办理前必须完成若干个二级前置事项，正如传统的流水作业，只有在一个工作线上按顺序完成规定的几个工序后，产品才能流入下一个工作线。另外，有些审批事项的流程和内容设置不够合理。如，一个需要防雷审查的项目，从设计方案审查到施工图审查，都会涉及防雷审查的事项，但防雷要求在设计规范有明确，按常理应由质量监督站进行监管和检查即可。

3）涉及部门多且并联审批效果不明显。一个建设项目的前期审批涉及规划等十几个政府部门和若干个关联单位，由于审批方式是逐级审批、层层把关，容易出现找不准审批部门，或者不知是由市级还是区级部门审批的情况。另外，由于各部门协同不足，多部门需要重复提交材料和多次征询等问题较普遍。对此，目前已有不少地方政府为此还专门成立行政服务中心，将各部门、各审批事项集中在一个平台上，但实际效果不明显。

因此，对于机场规划建设报批手续要予以高度重视，设置专门的部门和人员负责办理，法人单位主管领导要主动与各级主管部门加强沟通协调，才能确保各项报批流程按照建设总体进度要求顺利办理，以保障工程推进。

4.2　机场工程建设程序

4.2.1　机场工程总体建设程序

机场工程建设程序分为前期阶段、设计阶段、实施阶段、验收阶段及开放运行五个阶段。如图 4-1 所示。

4.2.2　机场选址报批程序

(1) 拟选场址由省、自治区、直辖市人民政府主管部门向民航局提出审查申请，并同时提交选址报告。

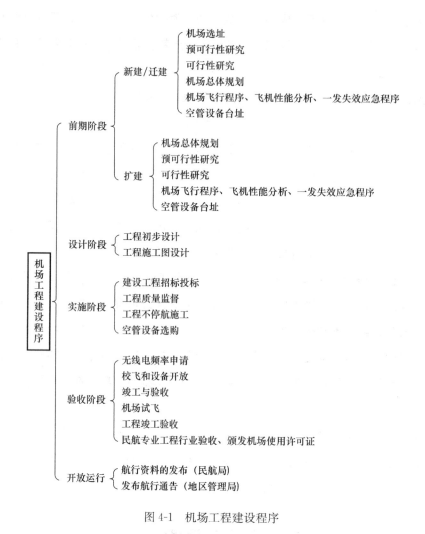

图 4-1　机场工程建设程序

（2）民航局机场司书面委托通过公开招标投标确定的具有（国家发改委颁发的）工程咨询民航专业资质的评审单位对选址报告进行评审，并组织各有关司局进行会商。

（3）评审单位收到委托后，对申请单位提交材料内容的完整性和深度进行审核，组织有关单位和专家进行现场踏勘，对选址报告进行评审，征求地方人民政府及其有关部门（包括：城乡规划、交通、市政、环保、气象、国土资源、地震、无线电管理、供电、通信、水利等）及航油供应部门的意见和建议，并在审查会结束后向申请单位和编制单位提交专家书面意见。选址报告存在重大技术问题的，评审单位根据需要组织开展专题论证，并形成评审意见。

（4）申请单位和编制单位根据专家意见（评审意见）及会商意见对选址报告进行修改和完善，评审单位对修改后的选址报告进行复核。复核合格后，出具评审报告并连同选址报告审定稿一并报机场司。

（5）收到评审报告后，民航局做出准予许可或不予许可决定。准予许可的，出具批复意见。不予许可的，出具不予许可通知书。

机场选址报批程序如图 4-2 所示。

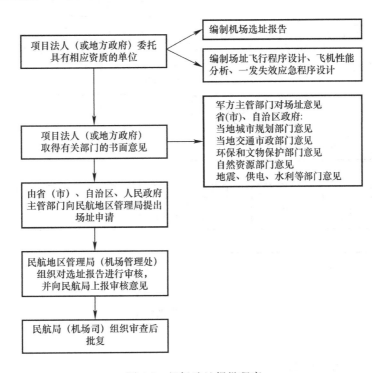

图 4-2　机场选址报批程序

4.2.3　预可研报批程序

（1）机场预可研由项目法人或地方政府委托具有相应资质的单位编制。

（2）预可研报告应取得空域所属军方主管部门和当地政府城市规划、交通、环保、文物、自然资源、地震、供电、供水及水利等部门的书面意见。

（3）预可研报告：对新建机场由国务院和中央军委批准；扩建机场由国家发改委或民航局批准；扩建军民合用机场由国务院投资主管部门会同军队有关部门批准。

（4）审批单位委托具有相应资质的咨询单位出具评审意见，民航局规划司向国家发改委上报行业审查意见，地区民航局（规划处）向民航局上报行业审查意见。审批单位根据以上意见决定对项目是否进行批复。

预可研报批程序如图 4-3 所示。

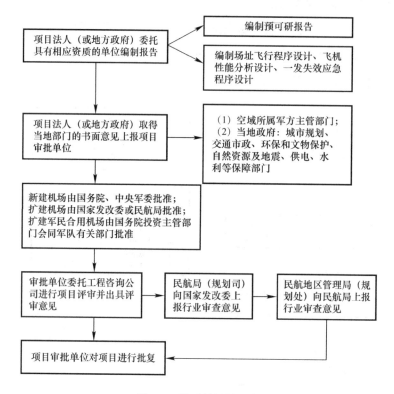

图 4-3 预可研报批程序

4.2.4 可研报批程序

机场可研报批程序与预可研报批程序基本一致，一般而言，从预可研到可研约半年，可研报告获批约一年时间。

机场可研报批程序如图 4-4 所示。

4.2.5 机场总体规划报批程序

机场总体规划审批申请条件：

（1）新建民用运输机场工程可行性研究报告已获批或项目申请报告已核准。

（2）改建或扩建运输机场，在开展项目前期工作前，根据机场总体规划实施情况，视情进行总体规划。

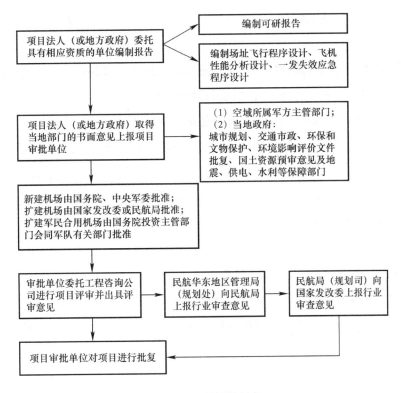

图 4-4　可研报批程序

（3）机场总体规划由具有民航行业工程设计甲级资质或民航机场总体规划工程专业甲级资质的单位编制。

（4）编制、修编机场总体规划，应征求地方政府自然资源、环保、城乡规划、道路交通、供水、排水、供电、供气、通信、文物、地震、无线电管理部门，以及相关驻场单位的书面意见，并将上述书面意见作为机场总体规划的附件一并上报。新编、修编机场总体规划涉及军民航空域调整的，应征求有关军事机关意见。局部调整机场总体规划时，应视情征求上述单位的书面意见，并将书面意见作为机场总体规划局部调整报告的附件一并上报。

（5）机场总体规划报告应当装订成册，附编制人员名单及加盖公章的报告编制单位资格证书（正本）复印件。机场总体规划报告分册装订时，在主报告中应有其他分册报告的主要规划内容和结论。

机场总体规划审批办理流程如下：

（1）机场飞行区指标为 4E（含）以上、4D（含）以下的运输机场总体规划由运输机场建设项目法人（或机场管理机构）分别向民航局、所在地民航地区管理局提出申请，并同时提交机场总体规划一式十份，向地方人民政府提交机场总体规划一式五份。

（2）民航管理部门书面委托通过公开招标确定的具有（国家发改委颁发的）工程资质民航专业甲级资质的评审单位对机场总体规划进行评审。

（3）评审单位收到委托后，对申请单位提交材料的完整性和深度进行审核，组织有关单位和专家对总体规划进行评审，并征求军事机关、地方人民政府及其有关部门及各驻场单位的意见和建议，形成评审意见。机场总体规划存在重大技术问题的，评审单位根据需要组织开展专题论证，并形成评审意见。评审单位根据需要组织开展专题论证，并将论证结论纳入评审意见。

（4）申请单位组织编制单位根据评审意见对机场总体规划进行修改和完善，形成机场总体规划（审定稿），并提交评审单位复核。

（5）评审单位对机场总体规划（审定稿）的内容和深度进行复核，复核合格后出具评审报告，连同机场总体规划（审定稿）一并上报民航管理部门，并将评审报告抄送相关部门。

（6）收到评审报告后，民航管理部门做出准予许可或不予许可决定。准予许可的，民航管理部门会同地方人民政府联合批复。不予许可的，出具不予许可通知书。

机场总体规划审批办理流程如图 4-5 所示。

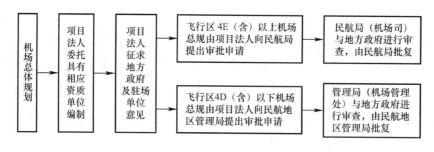

图 4-5　机场总体规划报批程序

4.2.6　飞行程序初步和终期设计审核程序

飞行程序初步和终期设计由项目法人委托具有相应资质单位编制，上报地区民航管理局（航务处）进行审核，地区将审核过的飞行程序报民航局审批。其审批程序如图 4-6 所示。

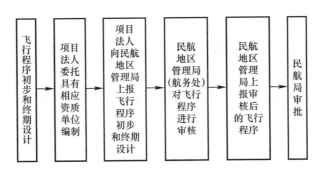

图 4-6　飞行程序初步和终期设计审核程序

4.2.7　空管设备台址报批程序

根据《民用航空通信导航监视设备台（站）址管理办法》，空管设备台址申请由空管运行单位或项目法人提出，应在项目初步设计以前完成申请和批准。设备台（站）址取得批准后，空管运行单位或者项目建设单位应当按照规定，向当地有关部门备案。其报批程序如图 4-7 所示。

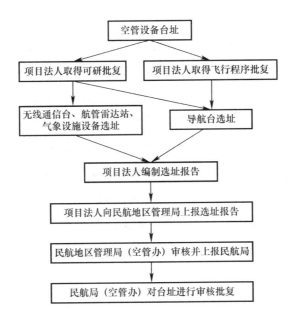

图 4-7　空管设备台址报批程序

空管设备台址申请应当向民航地区管理局提出，并且提交以下材料：

（1）选址报告；

（2）关于新建或迁移设备台（站）的立项文件；

（3）需要征用土地的，有关规划和土地管理部门的批复文件；

（4）设置在军民合用机场的台（站），应提供军队有关部门同意设台（站）的文件或相关协议；

（5）设置导航台（站）的，应提供飞行程序初步设计方案或者飞行程序调整批准文件；设置航路、航线导航台（站）的，还应提供军队有关部门同意航路、航线规划与调整方案的文件；

（6）设置仪表着陆系统的，在经地区管理局飞行程序主管部门同意后，可不需提供本条（5）所要求的材料；

（7）其他材料。

4.2.8 机场工程初步设计审批程序

（1）民航地区管理局为项目法人的民航建设项目和民航局空管局为项目法人且建设内容跨地区的空管工程的初步设计由项目法人向民航局提出审批申请，其他民航专业工程及含有中央投资的民航建设项目初步设计由项目法人向所在地民航地区管理局提出审批申请。

（2）民航管理部门书面委托通过公开招标确定的具有（国家发改委颁发的）工程咨询民航专业甲级资质的评审单位对初步设计进行评审。

（3）评审单位收到委托后，对初步设计报审材料内容的完整性及深度进行审核，组织相关单位和专家对初步设计文件进行评审，并综合各方意见和建议，形成评审意见。评审过程中，评审单位如发现初步设计存在重大问题或较大争议，应报告民航管理部门并组织专项评审。若经专项论证认定报审的设计方案不可行，项目法人应当组织设计单位对相应部分重新设计，并按规定重新报审。

（4）项目法人组织设计单位根据评审意见及专项论证结论对初步设计文件进行修改和完善，并向评审单位提交修改完善的初步设计文件以及相应的电子版本。

（5）评审单位对修改后的初步设计文件进行复核，复核合格后出具评审报告上报民航管理部门，并抄送相关单位。

（6）收到评审报告后，民航管理部门做出准予许可或不许可决定。准予许可的，民航管理部门做出批复；不予许可的，出具不予许可通知书。

初步设计审批程序如图4-8所示。

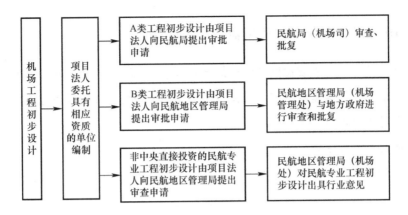

图 4-8　机场工程初步设计审批程序

4.2.9　民航专业工程招标投标审核程序

根据《民航专业工程建设项目招标投标管理办法》，民航专业工程包括机场场道工程、民航空管工程、机场目视助航工程、航站楼、货运站的工艺流程及民航专业弱电系统工程、航空供油工程等适用于民航专业工程建设项目的招标投标管理。机电产品的国际招标投标除外。

民航专业工程招标投标审核程序如图 4-9 所示。

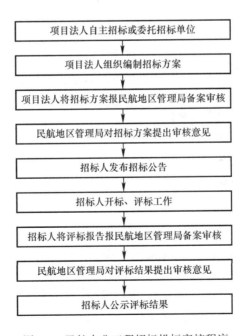

图 4-9　民航专业工程招标投标审核程序

4.2.10 民航专业工程质量监督申报程序

根据《民航专业工程质量监督管理规定》，项目法人（建设单位）应当在民航专业工程动工前办理质量监督手续。建设单位向质量监督机构提出质量监督申请时，应提交下列文件资料：

(1) 质量监督申请表。

(2) 工程项目的初步设计与概算的批准（核准）文件、施工图审查批准文件等。

(3) 建设单位的基本情况。主要包括组织机构设置、项目法人授权书、工程质量与安全管理的具体措施等。

(4) 施工和工程监理合同书（或协议书）的有效复印件。

(5) 其他必要的资料。

质量监督机构收到建设单位的质量监督申请后，应在 7 个工作日内做出答复。建设单位取得质量监督机构的答复意见后，应尽快向质量监督机构提交施工组织设计、监理规划（监理实施细则）等文件。质量监督机构应在收到上述文件后 15 个工作日内向建设单位出具《民航专业工程质量监督方案书》，明确监督重点、内容与方式等。项目建设过程中，建设单位应按照《民航专业工程质量监督方案书》的要求，及时将工程重点部位和关键工序的阶段性验收结论报质量监督机构备案。满足竣工验收条件的工程，建设单位至少应提前 5 个工作日通知质量监督机构派员参加竣工验收。竣工验收合格后，质量监督机构应及时向建设单位提交该工程的质量监督报告。建设单位申请行业验收时，必须出具质量监督机构提交的质量监督报告。

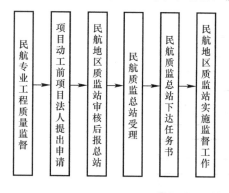

图 4-10 民航专业工程质量监督申报程序

民航专业工程质量监督申报程序如图 4-10 所示。

4.2.11 飞行区工程不停航施工审批程序

不停航施工是指在机场不关闭或者部分时段关闭并按照航班计划接收和放行航空器的情况下，在飞行区内实施工程的施工。不停航施工不包括在飞行区内进行的日常维护工作。其施工审批程序如下：

（1）登录中国民航局或者民航地区管理局门户网站查询相关规定，确定申请事项并准备申请材料。

（2）前往机场所在地民航地区管理局提交申请材料。

（3）民航地区管理局对申请材料进行受理审查。经受理审查，申请事项不属于民航地区管理局职权范围的，应出具《不予受理行政许可决定书》；材料齐全且符合法定形式的，受理申请并出具《受理行政许可受理通知书》。

（4）正式受理行政许可申请后，民航地区管理局对申请材料进行审查。

（5）民航地区管理局分管领导依法对机场管理机构是否符合行政许可条件进行审查，作出准予许可或不予许可决定。

飞行区工程不停航施工审批程序如图 4-11 所示。

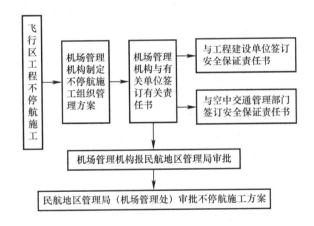

图 4-11　飞行区工程不停航施工审批程序

4.2.12　机场无线电频率呼号申请程序

（1）项目法人登录中国民用航空局门户网站查询相关规定，确定申请事项并准备申请材料。

（2）项目法人向所属民航地区管理局提交申请材料。

（3）民航地区管理局进行初步受理审查。经受理审查，申请事项不属于中国民用航空局机构职权范围的，应向项目法人出具《不予受理行政许可决定书》。材料不齐全或者不符合法定形式的，应在项目法人提交申请材料之日起 5 日内出具《行政许可材料补正一次性告知书》。材料齐全且符合法定形式的，受理申请并出具《行政许可受理单》。

（4）民航地区管理局于受理后 10 个工作日内出具初步审查意见，并连同申请材料一并报送中国民用航空局。

（5）中国民用航空局自收到地区管理局报送的申请材料及初步审查意见后 10 个工作日内，对申请材料进行审核并作出准予许可或不予许可决定。

（6）准予许可的，出具许可文件；不予许可的，通知地区管理局和项目法人，说明不予许可的原因。

机场无线电频率呼号申请程序如图 4-12 所示。

4.2.13 飞行校验程序

飞行校验是指为保证飞行安全，使用装有专门校验设备的飞行校验飞机，按照飞行校验的有关规范，检查和评估各种导航、雷达、通信等设备的空间信号的质量及其容限，以及机场的进离港飞行程序，并依据检查和评估的结果出具飞行校验报告的过程。

（1）项目法人是机场飞行程序校验的责任主体，负责委托相关校验机构承担飞行程序校验任务，提出校验申请及飞行校验总体方案并抄报地区管理局和地区空管局。在飞行校验过程中提供保障，组织协调相关部门向校验机构提供所需资料并确保飞行校验顺利实施，飞行程序校验结束后向地区管理局提交校验报告并落实整改项目。

（2）飞行校验机构受项目法人的委托，具体实施校验任务。飞行程序校验机构负责具体实施飞行程序的校验，并向地区空管局提出具体飞行校验计划申请，研究制定飞行校验方案，制定飞行计划、执行校验飞行。校验飞行结束后向委托方提交飞行校验报告。

（3）地区管理局或其授权的监管局接收机场管理机构提供的飞行校验实施方案，可于校验前提出修改意见和校验重点，酌情参与飞行程序校验工作。飞行程序校验结束后，地区管理局应当审查飞行程序校验报告，出具审查意见并督促项目法人落实整改项目。

飞行校验程序如图 4-13 所示。

4.2.14 民用航空导航设备开放与运行报批程序

根据《民用航空导航设备开放与运行管理规定》，新建、迁建或更新的导航设备

首次投入实际运行，应当进行投产校验，并取得投产开放许可。申请投产开放许可的
导航设备应当满足下列条件：

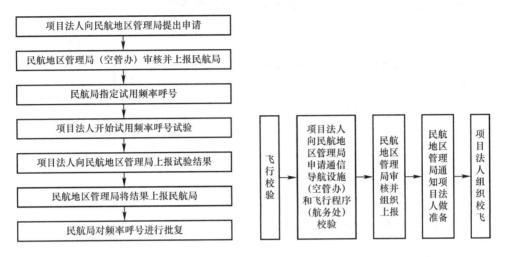

图 4-12　无线电频率呼号申请程序　　　　图 4-13　飞行校验程序

(1) 设备安装符合国家和民航有关规定，并且验收合格；

(2) 设备经飞行校验后符合相关的技术规定和标准；

(3) 设备试运行结果正常、稳定、可靠；

(4) 设备台（站）址已经批准；

(5) 设备的频率、呼号已经批准；

(6) 设备型号符合民航局有关规定。

申请导航设备投产开放许可，应当向所在地的地区管理局提交下列材料：

(1) 按照本规定附件填写的导航设备投产开放申请表和导航设备资料增改表；

(2) 飞行校验机构出具的飞行校验报告；

(3) 设备台（站）址批复文件；

(4) 设备频率呼号批复文件；

(5) 设备工程建设竣工验收报告；

(6) 设备试运行用户报告和记录数据；

(7) 民航局规定需要提交的其他材料。

地区管理局受理申请后，应当在收到申请材料之日起 20 个工作日内对申请人的
申请材料进行初步审查并提出审查意见，并将初步审查意见和申请材料一并上报民航
局审核。民航局自收到地区管理局上报的申请材料和初步审查意见后 20 个工作日内，

对申请材料进行审核并作出决定。符合条件的，应当在作出决定之日起 10 个工作日内，将许可决定文件送达申请人并通知受理申请的地区管理局。不符合条件的，不予许可，并将书面决定通知申请人和受理申请的地区管理局。

民用航空导航设备开放与运行报批程序如图 4-14 所示。

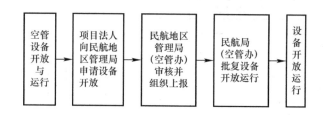

图 4-14 设备开放与运行程序

4.2.15 机场试飞申请程序

根据《中国民用机场试飞管理规定》：

（1）项目法人是机场试飞的责任主体，负责委托航空公司承担试飞任务，向局方提出试飞申请，提供试飞保障，试飞结束后落实试飞整改项目。

（2）航空公司是机场试飞的实施单位，受项目法人的委托，具体实施试飞任务。航空公司负责向局方提出试飞计划申请，研究制定试飞方案，实地试飞，试飞结束后提交试飞情况报告。

（3）地区管理局负责受理、审查、批准试飞申请及试飞计划申请，具体组织实施试飞工作。试飞结束后向民航局提交试飞总结报告，并督促试飞整改项目的落实。

机场试飞申请程序如图 4-15 所示。

4.2.16 机场工程行业验收程序

机场工程行业验收是机场投运之前最重要的验收环节。机场工程行业验收申请条件如下：

（1）竣工验收合格。

（2）已完成飞行校验。

（3）试飞合格。

（4）民航专业弱电系统需经第三方检测并符合设计要求。

（5）竣工验收时提出的问题已全部整改完成。

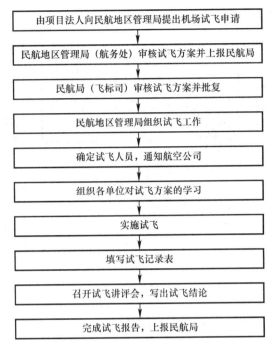

图 4-15　机场试飞申请程序

（6）环保、消防等专项验收合格、准许使用或同意备案。

（7）民航专业工程质量监督机构已出具同意提交行业验收的工程质量监督报告。

机场工程行业验收流程如下：

（1）民航建设工程项目法人向所在地民航地区管理局提出验收申请，并报送相关材料。

（2）民航地区管理局对材料的完整性进行审核。审核不合格的，建设项目法人应按要求进行补充完善。

（3）民航地区管理局组织召开行业验收预备会，研究确定行业验收的分组和行业验收方案，行业验收方案主要有行业验收的分组、各组人员组成及验收范围。

（4）民航地区管理局组织行业验收动员大会，大会主要内容包括：工程建设情况汇报（包括建设、勘察设计、施工、监理、质量监督单位的汇报），宣布验收工作安排、验收委员会人员组成、各专业验收组人员组成及各专业验收范围等事项。

（5）各专业验收组根据工程的实际情况制作各组的行业验收方案及验收检查单，并据此进行工程现场检查，形成各专业验收组书面检查意见。

（6）民航地区管理局组织验收委员会会议，会议主要内容包括：各专业验收组长向验收委员会汇报现场检查情况，讨论并形成行业验收意见。

（7）民航地区管理局组织召开行业验收总结大会，并宣读行业验收意见。

机场工程行业验收程序如图 4-16 所示。

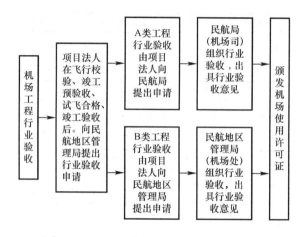

图 4-16 机场工程行业验收程序

4.2.17 运输机场使用许可申请程序

根据《运输机场使用许可规定》，机场使用许可证应当由机场管理机构或项目法人按照本规定向民航局或者受民航局委托的机场所在地民航地区管理局申请。民航局负责 4F 机场使用许可审批工作，民航地区管理局负责对所辖区域内的 4F 机场使用许可实施初审，并提出初审意见。民航局视情参加 4F 机场使用许可初审工作。民航地区管理局受理辖区内飞行区指标 4E 及以下的运输机场使用许可证。

申请机场使用许可证的机场应当具备下列条件：

（1）有健全的安全运营管理体系、组织机构和管理制度。

（2）机场管理机构的主要负责人、分管运行安全的负责人以及其他需要承担安全管理职责的高级管理人员具备与其运营业务相适应的资质和条件。

（3）有符合规定的与其运营业务相适应的飞行区、航站区、工作区以及运营、服务设施、设备及人员。

（4）有符合规定的能够保障飞行安全的空中交通服务、航空情报、通信导航监视、航空气象等设施、设备及人员。

（5）使用空域、飞行程序和机场运行最低标准已经批准。

（6）有符合规定的安全保卫设施、设备、人员及民用航空安全保卫方案。

（7）有符合规定的机场突发事件应急救援预案、应急救援设施、设备及人员。

（8）机场名称已在民航局备案。

民航局或者民航地区管理局收到符合要求的机场使用许可申请文件资料后，应当按照下列要求进行审查：

（1）对文件资料的真实性、完整性进行审核。

（2）对手册的格式以及内容与规章、标准的符合性进行审查。

（3）对机场设施、设备、人员及管理制度与所报文件材料的一致性进行现场检查复核。

民航局或者民航地区管理局经过审查，认为机场管理机构的申请符合要求的，应在受理申请后的 45 个工作日内以民航局的名义作出批准决定，并自作出批准决定之日起 10 个工作日内将批准文件、机场使用许可证以及手册一并交与机场管理机构。民航地区管理局颁发机场使用许可证后，应当将许可审批文件等资料报民航局备案。

4.3　工程案例

1. 成都天府国际机场

成都天府国际机场性质为区域枢纽机场，场址位于成都天府新区芦葭镇，机场本期工程按满足 2020 年机场旅客吞吐量 4000 万人次、货邮吞吐量 70 万 t、飞机起降量 32 万架次的目标设计，新建三条跑道。机场建成后，成都正式成为继北京、上海之后，国内第三个拥有双机场的城市。如图 4-17 所示。

图 4-17　成都天府国际机场

机场飞行区等级指标为 4F 级，除三条跑道外，还将建设 52 万 m^2 的航站楼、157 个机位的站坪、5.9 万 m^2 的货运站等，以及通信、导航、监视、气象等设施。机场总投资 692.63 亿元。新机场前期审批情况见表 4-1。

成都天府国际机场前期审批及建设情况　　　　　　表 4-1

序号	审批内容	审批完成时间
1	启动成都新机场前期研究	2007 年
2	四川省正式启动成都新机场选址工作	2011 年 5 月
3	民航局正式批复成都新机场场址	2013 年 6 月
4	成都新机场预可研报告经省政府审定并通过，成都新机场立项请示文件正式上报国务院、中央军委	2013 年 12 月
5	国务院和中央军委批复同意成都新机场立项	2015 年 1 月
6	中国生态环境部批复"成都新机场环境影响报告书"	2016 年 3 月
7	国家发改委正式批复成都新机场项目可研报告《国家发展改革委关于成都新机场工程可行性研究报告的批复》	2016 年 4 月
8	成都天府国际机场正式开工	2016 年 5 月
9	成都天府国际机场校飞成功	2020 年 12 月
10	成都天府国际机场试飞完成	2021 年 3 月
11	成都天府国际机场投入运行	2021 年 6 月

2. 乌鲁木齐地窝堡国际机场北区改扩建工程

乌鲁木齐地窝堡国际机场北区改扩建工程位于现有航站楼北区，本期改扩建工程按照满足 2025 年旅客吞吐量 4800 万人次、货邮吞吐量 55 万 t 的目标建设。新建 2 条跑道，按 4F 飞行等级建设。本期建设包括新航站楼面积约 50 万 m²、交通中心及停车库面积约 34.4 万 m²、机坪塔台、站前快速集散系统、新建第二和第三跑道（飞行区指标为 4F）、新建 172 个机位及配套建设相关附属设施等。如图 4-18 所示。其项目审批情况经历 4 年半时间，尚不包括前期项目选址的周折，具体见表 4-2。

图 4-18　乌鲁木齐地窝堡国际机场北区改扩建工程

乌鲁木齐国际机场北区改扩建工程项目审批情况　　　　表 4-2

序号	审批内容	审批完成时间
1	新疆维吾尔自治区党委、政府确定了乌鲁木齐国际机场扩建方案	2015 年 4 月
2	新疆维吾尔自治区政府与民航局联合批复《乌鲁木齐国际机场总体规划》	2016 年 7 月
3	新疆维吾尔自治区政府与民航局联合下发《乌鲁木齐国际航空枢纽战略规划》	2016 年 8 月
4	新疆维吾尔自治区政府与西部战区空军签订《乌鲁木齐国际机场改扩建协议》	2017 年 3 月
5	国家发改委批复《乌鲁木齐国际机场改扩建工程预可行性研究报告》	2017 年 8 月
6	国家发改委批复《乌鲁木齐国际机场改扩建工程可行性研究报告》	2018 年 11 月
7	新疆民航管理局批复《乌鲁木齐国际机场改扩建工程初步设计及概算》	2019 年 2 月
8	乌鲁木齐建设局（市人防办）完成 PPP 项目 A 标段招标	2019 年 9 月
9	机场航站楼工程开工	2019 年 10 月

3. 呼和浩特盛乐国际机场

呼和浩特盛乐国际机场场址位于呼和浩特市和林格尔县，距绕城高速直线距离约 20km。机场远期规划目标年 2050 年，年旅客吞吐量 6500 万人次，飞机起降架次 50.5 万，货邮吞吐量 80 万 t。

呼和浩特盛乐国际机场航站楼面积为 26 万 m^2，站坪设 130 个机位。规划 4 条跑道，北一跑道 3400m×45m，飞行区等级 4E；南一跑道 3800m×60m，飞行区等级 4F。远期在北跑道外侧 365m 增加 1 条近距 3200m×45m 跑道，南跑道外侧 1310m 增加 1 条远距 3400m×45m 跑道。如图 4-19 所示。新机场前期审批情况见表 4-3。

图 4-19　呼和浩特盛乐国际机场

呼和浩特盛乐国际机场前期审批情况　　　　表 4-3

序号	审批内容	审批完成时间
1	启动新机场前期研究	2012 年 04 月
2	国家发改委通过搬迁必要性论证	2013 年 08 月
3	民航局正式批复新机场场址	2014 年 10 月

续表

序号	审批内容	审批完成时间
4	国务院、中央军委同意建设呼和浩特盛乐国际机场	2016 年 07 月
5	国家发改委批复新机场可研	2019 年 01 月
6	民航局批复总规	2019 年 07 月
7	民航华北地区管理局批复初步设计第一批	2019 年 08 月
8	民航华北地区管理局批复初步设计第二批	2020 年 06 月
9	自然资源部批复控制性工程先行用地	2020 年 06 月
10	项目取得合法开工手续	2020 年 07 月

第五章 机场工程建设与运营筹备总进度计划管理

5.1 概 述

5.1.1 基本概念

总进度综合管控以机场工程总进度为管理对象，以机场工程顺利投入运营为目标，通过总进度计划编制、总进度跟踪控制等工作确保机场工程总进度目标的实现。

总进度综合管控宜从机场工程项目启动开始，至建成投入运营为止，贯穿建设与运营筹备全过程。根据机场工程特点及需求，可选择机场工程建设、运营筹备的某一阶段开展。

运营筹备（简称运筹）是指机场工程正式投入运营前，为确保机场正常运营而开展的各项筹划与准备等工作活动及其过程。

建设运筹一体化是将建设和运筹进行高度融合，以实现建设与运营无缝对接。其内容包括目标一体化、组织一体化、信息一体化、计划一体化、控制一体化、标准一体化等。

管控计划是指机场工程的管理高层用于开展总进度综合管控的总进度计划。

5.1.2 建设与运筹

1. 机场工程建设

机场工程建设工作可分为：前期准备工作、规划设计工作、工程施工工作和验收移交工作等。机场工程建设程序一般包括：新建机场选址、预可行性研究、可行性研究（或项目核准）、总体规划、初步设计、施工图设计、建设实施、验收及竣工财务决算等。

2. 机场工程运筹

机场工程的运筹是在项目正式投入运营前，为确保机场顺利正常运营而开展的各项筹划与准备工作，具体可分为：运营管理组织筹备工作、运营管理方案编制工作、人员招募业务培训工作、工程调试验收参与工作、压力测试模拟演练工作和机场运营证照办理工作等。机场工程运营筹备阶段一般包括：运营模式确定与组织构建阶段、各类方案编制与流程优化阶段、接收演练与运营全面检验阶段、运营综合联动与启用许可阶段等。

3. 建设与运筹的管理组织

机场工程的建设与运筹工作分别由各项目的投资主体、建设（管理）单位和运营单位负责。建设单位是项目建设工作的实施主体，运营单位是项目运营筹备工作的实施主体。同时，应建立机场工程总进度综合管控的管理组织，将机场区域内外各项目的投资主体、建设（管理）单位、运营单位及相关部门组合在一起，构建基于建设运筹一体化的跨项目、跨组织地开展总进度综合管控工作的组织架构。明确总进度综合管控组织架构内各层级的机构设置、职责权限、工作程序和相关要求等。

5.1.3 建设运筹一体化

1. 建设与运营的关系

机场建设是机场运营的前提，机场运营是机场建设的目的，机场建设的最终产品是用来运营的。运营需求是机场建设的依据，机场工程的建设必须满足机场运营的功能要求、流程要求和使用要求等。从机场工程建设初始，机场所有运营相关单位，包括机场运营管理单位和部门、基地航空公司等应提前介入并提出运营和使用需求及要求，全过程参与机场建设并主导其中部分工作。

2. 建设与运筹的关系

机场建设与机场运筹互相关联相互作用，机场运营筹备工作融合于机场工程建设全过程。机场运营筹备，可以为机场建设全过程提供并完善运营需求；机场工程建设，可以逐步为机场运营筹备工作提供实物环境和条件。

在机场工程建设前期，总体上建设任务量大于运营准备任务量，但初步设计完成前的运营筹备工作极为重要且任务量巨大。此阶段的运营筹备工作主要是运营和使用要求等的需求分析与规划设计的融合。随着工程建设的推进，机场运营筹备任务量不断增多，而机场建设任务量逐步减少，直至工程建设完成投入使用。进入机场运营期，在机场运营初期，工程建设的整改工作一般还要延续一段时间。且各类工程、设备设施与系统等处在质保期，还有一定的建设任务量，随后逐渐减少至工程建设全部完成。如图5-1所示。

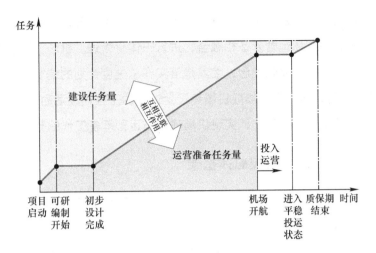

图 5-1　机场工程建设与运筹的关系

在机场工程建设后期，整体工作重心逐步由工程建设向全面运营筹备转变、地面建设向空中资源管理等转变。机场工程建设与运营筹备后期工作如图 5-2 所示。在此阶段，工程建设集中转入各类工程的收边收口、各类设备设施及信息系统的联调联试、各类工程的竣工验收、民航专业工程的竣工验收、民航行业验收等运营筹备转入各类工程接收、综合演练、运营全面检验、启用许可办理等工作。机场空域资源准备是此阶段的重要工作，包括空域批复、飞行程序批复、净空管理、校飞、试飞、噪声治理、航行情报资料发布等。

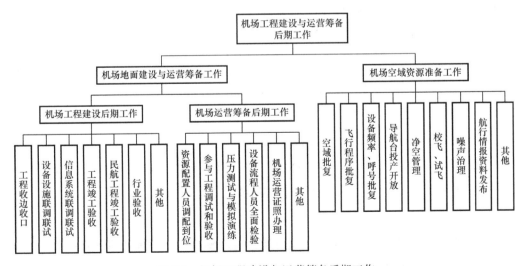

图 5-2　机场工程建设与运营筹备后期工作

3. 建设运筹一体化及意义

机场建设与机场运筹之间的关系和规律，决定了机场建设与运筹必须实施一体化管理。机场建设离不开运营需求的引导，机场运营筹备离不开建设的支撑，机场建设应以运营为导向，与机场运营筹备相融合，进行一体化管理。机场工程总进度综合管控应全面贯彻建设运筹一体化理念，尤其是落实在总进度计划的编制中（建设与运筹为同一计划时间表），通过系统集成机场建设全过程的工程建设活动和运营筹备活动，高质量开展总进度综合管控工作，实现机场建设与运营筹备工作的整体优化。

5.1.4 总进度综合管控总体框架

（1）总进度综合管控是机场工程的管理高层组织和领导所有项目建设和运营筹备的机场区域内外各投资主体、建设（管理）单位、运营单位及相关部门，构建跨项目、跨组织综合协调平台。通过编制总进度计划，进行工程建设与运营筹备实施过程中进度的跟踪控制，采取各种措施和方法纠正进度偏差，使机场工程总进度目标能够实现的活动和过程。

（2）在机场工程总进度综合管控中，应将建设运筹一体化理念贯穿于总进度目标确定、总进度计划编制、过程跟踪管控与管控机制建设等方面，构建按照一定秩序和内部联系组合而成的超越组织边界、超越项目边界地实施总进度综合管控的运行系统。

（3）实施机场工程总进度综合管控，应构建总进度综合管控框架。其由管控计划体系、过程管控体系、管控机制体系和管控平台体系四部分构成。如图5-3所示。

1）管控计划体系

构建基于机场工程复杂性的具有上下隶属关系的多层级多平面进度计划系统，包括控制性总进度计划、实施性进度计划和操作性进度计划等。

① 按照机场工程总进度目标，应编制统筹平衡协调项目各参与单位和部门的超越组织边界、超越项目边界的控制性总进度计划。

② 控制性总进度计划可以直接为机场工程的管理高层（机场项目领导机构、机场建设与运筹指挥机构）进行总进度综合管控服务。

2）过程管控体系

建立机场工程建设与运营筹备实施进度信息收集、信息处理和信息报告的系统，包括项目实施过程中进度的数据采集、数据一致性检查、现场复核、联合巡查、督查督办、管控定期报告和专题报告等。

① 针对出现的进度偏差，拟定纠偏措施、提出进度控制建议，及时调动协调各种

资源，落实纠偏责任。

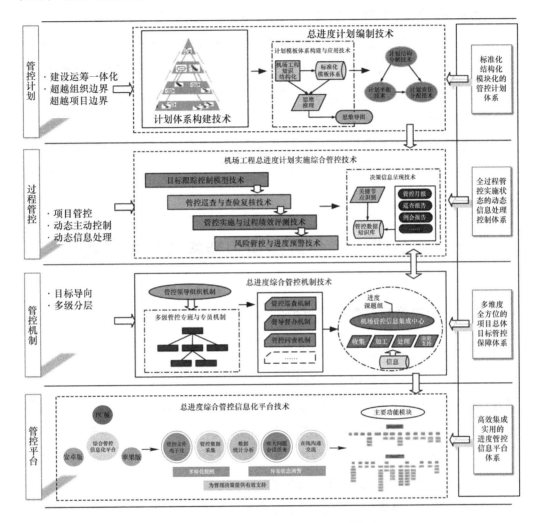

图 5-3 机场工程总进度综合管控总体框架

② 对重大风险进行识别与进度预警，拟定对策、提出进度预控建议，采取预防措施，防止进度偏差的发生。

3）管控机制体系

建立机场工程总进度综合管控垂直治理机制体系，包括决策协调机制、多级管控专班与专员机制、管控巡查机制、督查督办机制、管控问责机制等，形成规范化的项目总进度综合管控保障。

① 要实现总进度目标。总进度综合管控体系中的决策机制显得尤为重要，决策机制中重要的是总进度纠偏机制，而纠偏机制中最重要的是信息处理机制。进度管控

工作组的日常管控工作主要是保证进度信息渠道的通畅，使机场工程的管理高层能够及时获得有关总进度的准确信息，把握机场工程进展的真实情况。

② 构建机场工程总进度综合管控信息集成中心，对机场工程的进度信息进行收集、加工、处理和提供使用，用经过处理的信息流指导和控制项目实施的物质流，为机场工程建设与运营筹备的总进度管控提供决策支持。

4）管控平台体系

构建机场工程进度综合管控信息平台，实现进度信息的线上填报、数据自动分析与输出、图表的自动生成、风险预警、综合查询、文件审批等功能，提高总进度综合管控体系的运作效率。

5.2 总进度综合管控组织架构和管控流程

5.2.1 总进度综合管控的组织架构

1. 总进度综合管控组织结构

机场工程总进度综合管控的管理组织，是机场区域内外各项目的投资主体、建设（管理）单位、运营单位及相关部门的有机组合。应搭建跨组织、跨项目的综合管控平台，其结构确定了总进度综合管控组织中各单位和部门之间的指令关系和报告关系，进而确定了将个体组合成部门、部门再组合成整个综合管控组织的方式，包含了确保跨单位部门的沟通、协作与力量整合的制度设计。

（1）机场工程总进度综合管控工作涉及的相关方有：行使总进度控制、调度和协调等职责的管控方；行使总进度计划执行过程的监查、督办和问责等职责的督查方；执行总进度计划、具体实施并完成总进度计划中所有工作任务的执行方，其主要是各项目的建设（管理）单位、运营单位及相关部门等。

（2）针对总进度综合管控工作的具体实施，机场工程各参与单位和部门应设立专门负责总进度综合管控工作的管控专班，并在管控专班中指定专门负责总进度综合管控工作信息沟通与协调的管控专员，从而构建实施执行项目总进度综合管控工作的组织架构。

（3）机场工程总进度综合管控的组织架构，如图 5-4 所示。

1）管控方：机场项目领导机构（如机场工程项目领导小组）、机场建设与运筹指挥机构（如机场建设指挥部）、进度管控工作组（如机场项目领导机构设立的专门机构或委托的工程咨询机构）；

2）督查方：督导督查机构；

3）执行方：项目的投资主体、建设（管理）单位、运营单位及相关部门等。

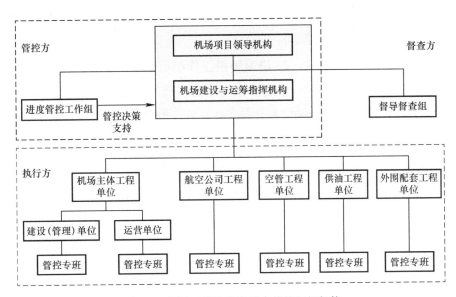

图 5-4 机场工程总进度综合管控组织架构

2. 总进度综合管控层级

在机场工程总进度综合管控的组织架构中，尤其是大型复杂机场工程，通常有管控领导决策层、管控指挥调度层和管控执行实施层三个层级。

（1）管控领导决策层：管控方的机场项目领导机构，是机场工程的管理高层。负责总进度综合管控的重大决策，如总进度综合管控工作领导和部署、总进度计划的发布、高层或重大问题协调和决策等。

（2）管控指挥调度层：管控方的机场建设与运筹指挥机构，是机场工程的管理高层。负责总进度综合管控的指挥调度，如按总进度计划推进机场工程建设与运营筹备工作、总进度综合管控中各种资源的调动协调安排及纠偏责任落实等。

（3）管控执行实施层：管控方的进度管控工作组、督查方、执行方的管控专班与管控专员，负责总进度综合管控工作的执行实施。

5.2.2 总进度综合管控的工作流程

1. 管控方基本工作流程

管控方开展总进度综合管控的工作流程，如图 5-5 所示：编制并发布机场工程总

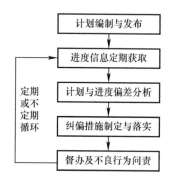

图 5-5 管控方总进度综合
管控工作流程

进度计划→获取机场工程建设与运营筹备工作进展状态的信息→发现总进度计划执行中的进度偏差问题→通过工程例会等调动协调各种资源并落实纠偏措施和责任→针对进度偏差及不良行为进行督导督查和问责→获取机场工程建设与运营筹备工作进展状态的信息（动态循环）。

2. 进度管控工作组日常管控工作流程

进度管控工作组开展总进度日常管控的工作流程，如图 5-6 所示：获取项目实际进展数据→进度数据一致性检查→实际进展数据统计分析→现场检查复核与管控巡查→各类进度数据对比处理和分析→进度偏差原因分析与对策建议→项目进度计划执行中的风险分析与预警→编制并发布总进度综合管控定期报告→获取项目实际进展数据（动态循环）。

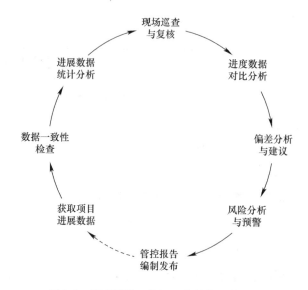

图 5-6 进度管控工作组日常管控工作流程

5.3 总进度计划编制

机场工程总进度计划及其体系的构建，是总进度综合管控工作过程的重要环节。机场工程总进度综合管控，首先必须编制能统筹和控制一切工作并使其互相匹配的总进度计划，以总进度计划为核心构建机场工程的进度计划体系，基于并依据总进度计划，才能真正有效地开展总进度的跟踪控制工作，进行总进度综合管控。

机场工程总进度计划，是综合性、控制性总进度计划，是进度管控计划体系中超越组织边界、超越项目边界的最重要最核心的计划。机场工程总进度计划的编制，不仅是对各项工作做出时间安排的过程，更是发现问题暴露矛盾并加以解决的过程。

机场工程总进度计划的编制应以工程质量安全的保证为前提和底线，不得以总进度计划为由影响工程质量和安全。

5.3.1 总进度计划理念

1. 确保实现总进度目标

总进度计划应按照机场工程总进度目标进行编制，编制总进度计划，对机场工程建设和运营筹备工作做出合理安排和部署。统筹平衡协调匹配各参与单位和部门的工作计划，目的就是要按总进度目标的要求，有序优质高效地开展各项工作，使之成为机场工程建设和运营筹备总体实施的路线图、时间表、任务书和责任单，能够确保实现总进度目标。

2. 建设与运筹计划一体化

机场建设和机场运营筹备同属于机场工程系统的重要组成部分，两者互相关联、相互作用，机场运营筹备工作融合于机场工程建设全过程。因此，机场工程总进度计划必须基于建设运筹，一体化理念进行编制。

3. 计划系统结构化

鉴于机场工程的复杂性，拟运用结构化方法构建机场工程的进度计划体系。所谓结构化，就是将积累的机场工程进度计划知识加以归纳和整理，使之条理化、层次化、模块化和系统化，按层次网络结构的方式对复杂的机场工程及其计划系统进行分解化简。结构化计划系统，是通过对机场工程知识库中的进度计划进行归纳总结形成一套进度计划方法及体系。

5.3.2 进度计划系统的构成

建设运筹一体化的进度计划系统，是基于机场工程的复杂性而构建的具有上下隶属关系的多层级、多平面进度计划体系。该进度计划体系是把为机场工程服务的各种进度计划分为不同层次，要求不同层次计划之间和同层计划之间相互配合一致。通常，机场工程进度计划体系由控制性总进度计划、实施性进度计划和操作性进度计划等构成，如图 5-7 所示。

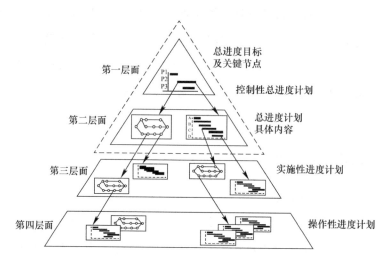

图 5-7 机场工程进度计划系统构成

1. 控制性总进度计划

（1）总进度目标及关键控制节点

总进度目标和关键性控制节点处于机场工程进度计划系统的最高层面，是机场工程的管理高层组织统筹指挥控制机场工程整体实施的纲领性进度计划文件，是机场工程建设和运营筹备实施的行动指南。关键性控制节点应从总进度计划具体内容中提取获得。

（2）总进度计划具体内容

总进度计划具体内容，主要包含完成整个机场工程的所有建设与运营筹备工作，机场工程各项工作之间的逻辑关系及其开展的先后顺序，机场工程建设与运营筹备各项工作的开始时间和完成时间等。

（3）总进度计划文件的主要内容

总进度计划编制说明，机场工程建设与运营筹备工作分解结构（WBS），机场工程总进度目标与目标分解，各子项工程进度目标与关键性控制节点，工程建设与运营筹备各项工作进度安排，各项工作的责任部门及配合部门表，工程进度风险与问题梳理表等。

2. 实施性进度计划

实施性进度计划是总进度计划的下一层级计划，是机场工程的各参与单位和部门具体实施各自工程建设与运营筹备的工作计划，通常为部门进度计划或工程区进度计划或专项计划等。如飞行区工程进度计划、航站区工程进度计划、工程验收和移交专项计划等。

(1)实施性进度计划的编制，需结合部门或工程区或专题事项的特点和实际，在总进度计划的指导下进行编制，计划应可施行可执行。

(2)实施性进度计划的编制过程中，首先需拟定初步计划或想法，为总进度计划提供初始数据，并与总进度计划的编制上下互动。一旦总进度计划编制完成，实施性进度计划的编制必须服从总进度计划。

3. 操作性进度计划

操作性进度计划是实施性进度计划的下一层级计划，是机场工程各参建单位和部门的作业工作计划，通常为工程设计单位进度计划或工程施工单位进度计划或材料设备供应单位进度计划等。如主体结构工程进度计划、幕墙工程施工进度计划、行李系统设备进场与安装进度计划等。

操作性进度计划的编制必须满足机场工程总进度计划的要求，服从实施性进度计划。通常，在与工程设计单位、工程施工单位和材料设备供应单位等签订合约时，要求其编制的进度计划必须确保总进度计划中相关的关键性控制节点的实现，符合部门层级实施性进度计划的要求。

5.3.3 结构化管控计划体系

由于机场工程的特殊性和复杂性，其进度管控计划体系的构建与进度计划的编制也就较为复杂。标准化结构化模块化方法，可利用进度计划模板更科学、更方便地构建进度管控计划体系和编制进度计划。同时，也有利于机场工程进度管控知识库数据库的建设，可以不断积累和完善不同维度的进度计划模板，为进度计划的编制提供参考支持。

标准化、结构化、模块化的核心是进度计划模板的建设，是将机场工程任一维度事项的结构规律予以固定化，其成果体现的是结构形式的标准化。具体做法：按机场工程的特征和建设规律，以不同维度分解降维（将多维度集成的复杂工程分解简化降低其维度，根据特征和需要可持续降维），将相应工作及其数据做结构化标准化处理。

(1)按投资主体降维：可降解为机场主体工程、民航配套工程、场外配套工程等，形成相应进度计划模板；

（2）按工作阶段降维：可降解为项目前期工作、建设实施工作、验收移交工作、运营筹备工作等，形成相应进度计划模板；

（3）按工程内容降维：可降解为飞行区工程、航站区工程、工作区工程等，形成相应进度计划模板。

（4）降维后的持续降维，形成多层次多角度全覆盖的结构化降解体系，以"项目前期工作"为例，持续再降维。

1）项目前期工作再降维：可降解为前期报批工作、工程设计工作、动拆迁工作、前期发包工作、现场准备工作、资金准备工作、技术准备工作、组织准备工作等，形成相应进度计划模板；

2）工程设计工作再降维：可降解为规划方案征集、概念方案设计、方案设计、地质勘察、初步设计、施工图设计等，形成相应进度计划模板；

3）初步设计工作再降维：可降解为完成初步设计、初步设计上报、组织初步设计评审、取得初步设计批复等，形成相应进度计划模板。

5.3.4 总进度计划编制方法

机场工程总进度计划的编制实质是机场工程建设与运营筹备的管理思想和管理思路的具体化，是一项较为复杂的工作。

（1）基本工作方法：广泛调研访谈，与机场工程各参与单位和部门互动，理解工程并收集基础数据。

（2）对机场工程的深度理解：对功能要求、使用要求、专业流程等，专业基本特点、生产过程、工艺、工况等，管理组织、实施模式、整体部署等的理解。

1. 总进度计划编制的主要步骤

机场工程总进度计划编制的主要步骤如下：

（1）广泛调研，向机场工程各参与单位和部门动态收集基础数据；

（2）对机场工程系统从建设与运营筹备角度进行系统分析，包含系统多维分解、多项目集群分析、资源合理分配、利益相关者综合分析、关键元素确定、重点关系分析、系统环境分析等；

（3）基于项目进度计划系统分析，建立系统模型，包括确定工作分解结构、构建多级网络模型等；

（4）通过计算、经验法或比较法等确定模型所需的数据；

（5）输入模型所需数据（包括必须确保的总进度目标等），对模型进行计算，确定关键线路；

（6）进行各种影响条件下的模拟分析；

（7）总体进度计划的初步确定；

（8）各项工作责任部门的初步明确；

（9）关键性控制节点的初步提取；

（10）向机场工程各参与单位和部门提供与之有关的进度计划信息并进行反馈分析；

（11）进度计划中同层平面之间的动态平衡和不同平面（从上到下和从下到上的动态来回）之间的动态平衡；

（12）总进度计划的最终确定；

（13）关键性控制节点的最终提取；

（14）进度计划的责任分配，即各项工作责任部门的最终明确；

（15）形成机场工程总进度计划文件。

2. 工作结构分解

机场工程总进度计划的编制，首先是要进行工作结构分解，即依据机场工程的范围，将项目按层次从大到小逐层分解为较小的易于管理的基本单元，每下降一层代表对项目工作单元的更详细定义。

（1）进行工作结构分解，应对机场工程及其运营有深刻理解，充分了解掌握机场工程建设与运营筹备的工作内容，了解熟悉相关的管理方案及技术方案；

（2）工作结构分解必须将涉及或影响机场工程总进度目标（机场正式投入运营）实现的所有工作和任务均纳入其中，不能漏项；

（3）通过工作结构分解，自上而下地将总进度目标划分成具体的任务，机场工程的总进度目标必须落实在每一个工作单元中才能实现，各工作单元的目标基本得以实现是整个机场工程总进度目标实现的基础，同时，这些子目标在工作单元中不再是一个个目标值，而是要实现这些目标值所应完成的任务内容；

（4）工作结构分解的成果，即工作分解结构（WBS）是由机场工程各组成部分及其工作构成的"树"，"树"的结构归纳和定义了机场工程的整个工作范围；

（5）机场工程工作结构分解的成果可用工作分解结构图或表及分解说明书表达展示。

3. 工作逻辑关系确定

机场工程的工作分解结构（WBS）形成后，需要确定工作之间互相制约或互相依赖的关系，具体表现为工作之间的先后顺序。

（1）工作逻辑关系的确定，反映的是机场工程建设与运营筹备工作开展的系统思想和统筹思想；

（2）确定工作逻辑关系，应与机场工程各参与单位和部门互动，了解机场工程及其实施策划方案等；

（3）工作逻辑关系类型：一般包括工艺关系和组织关系；

1）工艺关系：按工作之间的工艺过程或工作程序决定先后顺序；

2）组织关系：按组织安排需要或资源调配需要规定先后顺序。

（4）确定工作逻辑关系的主要依据：

机场工程及其环境信息；工作分解结构；项目实施策划方案（技术方案和管理方案等）；机场工程历史数据和知识库；专业与管理工作经验；其他。

4. 工作持续时间估计

对于工作结构分解所得的机场工程建设与运营筹备的各项工作，均需赋予其持续时间，即给出每一项工作从开始到完成的时间。

（1）确定工作持续时间，应与机场工程各参与单位和部门互动，了解机场工程及其实施策划方案等；

（2）确定工作持续时间的主要依据：

工作的任务量；工作实施条件和环境；工作组织方式、资源和效率；项目实施策划方案（技术方案和管理方案等）；机场工程历史数据和知识库；专业与管理工作经验；专家判断；其他。

5. 初步总进度计划创建

依据工作分解结构、工作逻辑关系和工作持续时间，按机场工程总进度目标可以编制创建初步总进度计划。

初步总进度计划应满足的要求：

（1）包含完成整个机场工程的所有建设与运营筹备工作；

（2）正确反映和表达机场工程各项工作之间的逻辑关系及其开展的先后顺序；

（3）给出机场工程建设与运营筹备各项工作的开始时间和完成时间；

（4）给出机场工程总进度计划初步关键线路；

（5）其他相关信息。

6. 总进度计划综合平衡

机场工程初步总进度计划是基于总进度目标编制形成的，故在同层平面不同单位或部门的进度计划之间以及不同层面进度计划之间不可避免地会产生矛盾和冲突。计划的综合平衡就是处理解决进度计划存在的矛盾和冲突的过程。

（1）进度计划的编制过程是发现问题暴露矛盾的过程，只有发现问题和暴露矛盾并加以解决，机场工程总进度计划未来才能真正可执行可实施。

（2）总进度计划综合平衡工作的通常做法：

1）对进度计划中的矛盾和问题进行系统梳理及深入分析，必要时开展专题研究或设立研究课题，确定问题的真正症结所在并提出解决方案或方法，分析不同方案之间的利弊；

2）先由问题涉及的各单位或部门一起自行协商解决问题；

3）如协商不成，由机场工程管理的综合部门主持协调；

4）如再协调不成，在各方不能妥协的情况下，则呈报机场工程的管理高层，由高层领导决策；

5）在协商解决方案时，在任何情况下不得影响机场工程总进度目标的实现。

（3）不断进行调整与平衡是机场工程初步总进度计划创建后的主要工作，此过程一般需要较长周期。总进度计划调整和平衡的过程是机场工程各参与方思考未来可能出现的问题并提前解决矛盾冲突的过程，在这个过程中所做的工作，是保证机场工程总进度计划未来可实施性的基本工作。因此，总进度计划编制的过程和结果同样重要。

（4）若总进度计划编制过程中发现的矛盾和问题得到解决，或有了解决的方案或方法，则总进度计划获得平衡，再经关键性控制节点的提取和计划责任的分配，获得平衡的总进度计划就成为正式的机场工程总进度计划。

7. 关键性控制节点提取

关键性控制节点是机场工程总进度计划中位于关键线路上的"里程碑"事件，关键性控制节点的全部实现意味着关键线路的实现，因此通过监控关键性控制节点的实现情况，可以从整体上掌握机场工程的进展状态。

（1）关键性控制节点提取方法：从总进度计划的关键线路上选择重要事件。

（2）关键性控制节点的提取，除必须满足在关键线路上这个必要条件外，还需考虑以下几个方面的情况：

1）提取节点时以工作的完成时间为主，但在工程的开始阶段可提取一些工作开始节点；

2）分工程区提取，如按航站区工程、飞行区工程、工作区工程、空管工程、场外配套工程等分区提取节点；

3）每个工程区可按设计、采购、施工、设备和信息系统安装、调试等工程重要阶段提取节点；

4）以整体系统完成而不是以其中某单个系统完成为节点，例如：航站区工程中航站楼、交通中心航班生产类设备及系统联动调试完成可作为一个节点提取，一般不宜按航班集成系统、安检信息系统、离港系统、航显系统、航班查询系统、广播系统等单个系统的完成提取为节点；

5）同一节点可包含多个事件，例如：运营指挥中心建筑安装工程完工、35kVA变电站具备受电条件、航站区立交道路主体结构基本完成等若都是在同一时间点上，则可合并在一起组成一个节点。

（3）将关键性控制节点按年度分配，可得到年度关键性控制节点。

8. 总进度计划责任分配

机场工程总进度计划中所需完成的工作，必须均有责任人（单位或部门）。

（1）总进度计划的责任分配，可将总进度计划与组织分解结构配合使用，将工作与组织结构相联系，从组织角度落实责任分工及责任人，总进度计划中的所有关键性控制节点和所有工作的实现，都应有明确的责任单位或部门。

（2）对于需要有若干个部门配合一起完成的节点或工作，除明确责任部门外，还需明确配合部门，从组织上有效解决多部门参与工作的互相配合问题。

（3）各项工作任务的责任落实，既包括需责任人自己实施的实施责任落实，也包括责任人需与外部单位或部门协调的协调责任落实。

（4）可以按责任分配表，见表5-1，进行总进度计划责任的分配和落实。

总进度计划责任分配表 表5-1

序号	节点或工作名称	责任部门	配合部门	备注

9. 年度及专业进度计划生成

机场工程总进度计划编制完成后，若需生成年度进度计划或专业进度计划等，则应通过过滤的方法从总进度计划中提取实现，以保证与总进度计划的一致性。

(1) 年度进度计划中包括在该年度内开始的工作、在该年度内完成的工作及贯穿整个年度的工作；

(2) 专业进度计划如设计进度计划、招标进度计划、设备采购进度计划等若在年度计划基础上编制，就形成年度专业进度计划；

(3) 为保证年度或专业进度计划与总进度计划的平衡性和一致性，任何修改都应先在总进度计划中进行，然后再过滤出年度或专业进度计划。

5.3.5　机场工程建设进度计划

1. 机场工程建设进度计划特征

机场工程建设进度计划主要围绕机场工程的建设，对工程整体的实施过程做出时间上的安排，其应涵盖影响机场工程总进度目标（机场正式投入运营）实现的所有建设工作和任务。

(1) 工程建设进度计划应以运营为导向，落实建设运筹一体化理念，将机场工程建设活动和运营筹备活动系统集成，实现机场工程建设与运营筹备过程的整体优化；

(2) 工程建设进度计划应覆盖从机场工程开始建设到实现总进度目标的全过程，包括项目前期工作、规划设计工作、建设实施工作和验收移交工作等；

(3) 工程建设进度计划应涵盖涉及影响机场投入运营的所有工程，包括机场主体工程、民航配套工程和场外配套工程等。

2. 工程前期进度计划及内容

工程前期进度计划应以机场工程的正式开工为目标，通过系统梳理机场工程开工前的各项工作，对工程开工准备工作的实施过程做出时间安排。

(1) 计划覆盖的时间范围：从机场工程建设启动至工程开工的时间段。

(2) 工程开工：工程开始施工，即工程施工网络计划中关键线路上的第一项工作开始而且后续工作可连续进行。一般机场工程中，若是航站楼工程先行开工，则指其桩基工程或基础工程开始施工，且开工后可连续施工；若是飞行区工程先行开工，则指其地基处理开始施工，且开工后可连续施工。

（3）典型机场工程前期进度计划的核心内容

1）前期报批工作进度计划；

2）工程设计工作进度计划；

3）征地拆迁工作进度计划；

4）前期发包工作进度计划；

5）施工现场准备工作进度计划；

6）资金准备工作进度计划；

7）技术准备工作进度计划；

8）组织准备工作进度计划；

9）其他计划。

3. 工程建设总进度计划及内容

机场工程建设总进度计划应以机场工程正式投入运营为目标，对正式投入运营前的所有建设工作的实施过程做出时间安排。机场工程建设总进度计划的内容组成，见表 5-2。

机场工程建设总进度计划清单　　　　　　　　　　　　表 5-2

序号	进度计划类别	内容
一	机场工程建设总进度计划	工程前期进度计划
		飞行区工程进度计划
		航站区工程进度计划
		货运区工程进度计划
		场内综合配套工程进度计划
		航空公司工程进度计划
		空管工程进度计划
		供油工程进度计划
		场外配套工程进度计划
二	机场工程前期进度计划	前期报批工作进度计划
		工程设计工作进度计划
		征地拆迁工作进度计划
		前期发包工作进度计划
		施工现场准备工作进度计划
		资金准备工作进度计划
		技术准备工作进度计划
		组织准备工作进度计划
		其他计划

序号	进度计划类别	内容
三	飞行区工程进度计划	飞行区地基处理与场道工程进度计划
		飞行区灯光变电站工程进度计划
		航站楼站坪工程进度计划
		飞行区场务相关工程进度计划
		飞行区围界工程进度计划
		飞行区排水工程进度计划
		机场消防救援工程进度计划
		机坪塔台工程进度计划
		飞行区附属设施工程进度计划
		飞行区绿化工程进度计划
		其他计划
四	航站区工程进度计划	航站楼主体工程进度计划
		航站楼机电设备工程进度计划
		航站楼弱电信息系统工程进度计划
		交通中心工程进度计划
		楼前道路与相关工程进度计划
		停车楼工程进度计划
		旅客过夜用房工程进度计划
		景观和绿化工程进度计划
		其他计划
五	货运区工程进度计划	机场货站工程进度计划
		货运配套与附属设施工程进度计划
		货运道路工程进度计划
		其他计划
六	场内综合配套工程进度计划	供电工程进度计划
		能源中心工程进度计划
		供水排水工程进度计划
		燃气工程进度计划
		污水污物处理工程进度计划
		通信工程进度计划
		市政道路工程进度计划
		综合管廊工程进度计划
		信息中心工程进度计划
		停车场工程进度计划
		航空食品配餐工程进度计划
		机务维修工程进度计划
		联检单位、公安和武警工程进度计划
		生产辅助、办公与生活设施工程进度计划
		景观和绿化工程进度计划
		其他计划

续表

序号	进度计划类别	内容
七	航空公司工程进度计划	航空生产、办公与生活设施工程进度计划
		货运工程进度计划
		航空食品配餐工程进度计划
		机务维修工程进度计划
		其他计划
八	空管工程进度计划	塔台工程进度计划
		航管楼工程进度计划
		场内导航、通信和气象工程进度计划
		场外台站工程进度计划
		其他计划
九	供油工程进度计划	场内供油设施工程进度计划
		场外供油工程进度计划
		地面加油设施工程进度计划
		供油配套设施工程进度计划
		其他计划
十	场外配套工程进度计划	场外供电工程进度计划
		场外燃气工程进度计划
		场外供水工程进度计划
		场外雨污水工程进度计划
		场外通信工程进度计划
		场外环卫工程进度计划
		场外景观与绿化工程进度计划
		场外市政道路工程进度计划
		轨道交通工程进度计划
		其他计划

5.3.6 机场运营筹备进度计划

1. 机场运营筹备进度计划特征

机场运营筹备进度计划主要围绕机场的运营，对运营筹备工作整体的实施过程做出时间安排，其应涵盖影响机场正式投入运营（机场工程总进度目标）的所有运营筹备工作和任务。

（1）运营筹备进度计划应以机场工程建设总进度计划为基础和依据，落实建设运筹一体化理念，将机场运营筹备活动融合于工程建设活动，实现机场建设与运营筹备过程的系统集成和整体优化。

（2）运营筹备进度计划应覆盖从机场工程开始建设到实现总进度目标的全过程，

包括项目前期工作、规划设计工作、建设实施工作和验收移交工作等，运营筹备工作量主要集中在工程建设实施阶段后期和验收移交阶段。

（3）运营筹备进度计划应涵盖涉及影响机场投入运营的所有运营筹划和准备工作，包括机场主体工程、民航配套工程和场外配套工程等的运营筹备工作。

（4）运营筹备工作与机场工程建设工作同步进行，在机场工程建设前期，以工程建设为主，进入机场工程建设后期，运营筹备工作任务量不断增大。

2. 运营筹备与建设进度计划的融合

由于机场运营的特殊性和复杂性，投入运营前的各项运营筹备工作至关重要，是机场工程顺利投入运营的基本保证。

（1）在机场工程建设期间就需同步开展运营筹备工作，且必须在正式投入运营前全部完成，即运营筹备总进度目标与工程建设总进度目标一致，为机场工程正式投入运营。

（2）机场工程建设总进度计划是编制运营筹备进度计划的前提，运营筹备的主要工作需基于工程建设的进展而开展。

（3）在机场工程建设总进度计划编制阶段，机场运营单位就应提前介入提出运营需求及筹备工作的相关要求，参与工程建设总进度计划的编制。

（4）运营筹备工作与机场工程建设工作并行开展，应统筹考虑运营筹备进度计划与工程建设总进度计划的相互匹配、协调一致。

3. 运营筹备总进度计划及内容

机场运营筹备总进度计划应以机场工程正式投入运营为目标，对正式投入运营前的所有运营筹备工作的实施过程做出时间安排，并统筹考虑各类运营及管理方案编制、工程建设参与、委托外包项目招标、人员招募与培训、工程及设备设施共管、系统试运行、工程验收参与、实物移交与管理移交、综合演练组织等投运准备工作进度安排。

机场运营筹备总进度计划的内容组成见表 5-3。

5.3.7 专项进度计划

1. 专项进度计划的作用与特点

对于机场工程建设与运营筹备中的一些特定或重大的横向综合性事项，尤其是涉及多部门多项目界面性协调工作量大的复杂事项，需编制专项进度计划。

机场运营筹备总进度计划清单   表 5-3

序号	进度计划类别	内容
一	机场运营筹备总进度计划	机场运营筹备前期工作进度计划
		机场运营筹备总体和跨区域工作进度计划
		飞行区运营筹备工作进度计划
		航站区运营筹备工作进度计划
		货区运营筹备工作进度计划
		场内综合配套工程运营筹备工作进度计划
		航空公司运营筹备工作进度计划
		空管运营筹备工作进度计划
		供油运营筹备工作进度计划
		场外配套工程运营筹备工作进度计划
		其他计划
二	机场运营筹备前期工作进度计划	运营筹备工作机构设置进度计划
		运营筹备管理组织架构与人员配置进度计划
		运营筹备工作方案确立进度计划
		运营筹备工作机制确立进度计划
		机场运营管理模式确定进度计划
		其他计划
三	机场运营筹备总体和跨区域工作进度计划	运营准备综合管理与统筹工作进度计划
		规划与经营发展运营准备工作进度计划
		人力资源管理运营准备工作进度计划
		安全管理运营准备工作进度计划
		服务管理运营准备工作进度计划
		招标采购运营准备工作进度计划
		资产财务管理运营准备工作进度计划
		审计监查运营准备工作进度计划
		其他计划
四	飞行区运营筹备工作进度计划	飞行区运营准备全区性工作进度计划
		飞行区生产准备工作进度计划
		飞行区物业与设施管理准备工作进度计划
		飞行区机场专业设备和系统准备工作进度计划
		飞行区协调管理准备工作进度计划
		飞行区工程建设配合工作进度计划
		其他计划

续表

序号	进度计划类别	内容
五	航站区运营筹备工作进度计划	航站区运营准备全区性工作进度计划
		航站区生产管理准备工作进度计划
		航站区物业与设施管理准备工作进度计划
		航站区经营开发与管理准备工作进度计划
		航站区机场专业设备和系统准备工作进度计划
		航站区协调管理准备工作进度计划
		航站区工程建设配合工作进度计划
		其他计划
六	货运区运营筹备工作进度计划	货运区运营准备全区性工作进度计划
		货运区生产管理准备工作进度计划
		货运区物业与设施管理准备工作进度计划
		货运区经营开发与管理准备工作进度计划
		货运区工程建设配合工作进度计划
		其他计划
七	场内综合配套工程运营筹备工作进度计划	场内综合配套工程运营准备全区性工作进度计划
		场内综合配套工程物业与设施管理准备工作进度计划
		交通与道路管理运营准备工作进度计划
		停车场管理运营准备工作进度计划
		环境和场站管理运营准备工作进度计划
		景观和绿化管理运营准备工作进度计划
		工作区协调管理准备工作进度计划
		其他计划
八	航空公司运营筹备工作进度计划	航空公司运营准备综合性工作进度计划
		航空公司生产管理准备工作进度计划
		航空公司物业与设施管理准备工作进度计划
		协调管理准备工作进度计划
		其他计划
九	空管运营筹备工作进度计划	空管生产管理准备工作进度计划
		空管专业设备和系统准备工作进度计划
		空域调整和航行资料发布工作进度计划
		空管物业与设施管理准备工作进度计划
		其他计划
十	供油运营筹备工作进度计划	场内供油管理运营准备工作进度计划
		地面加油设施运营准备工作进度计划
		场外供油管理运营准备工作进度计划
		供油物业与设施管理准备工作进度计划
		其他计划

续表

序号	进度计划类别	内容
十一	场外配套工程运营筹备工作进度计划	场外配套工程生产管理准备工作进度计划
		场外配套工程物业与设施管理准备工作进度计划
		场外交通与市政道路运营管理准备工作进度计划
		轨道交通运营管理准备工作进度计划
		其他计划

（1）专项进度计划是机场工程总进度计划的深化和补充，其实施性和操作性更强。

（2）专项进度计划与其他进度计划一样，也必须服从机场工程总进度计划的安排，与之保持一致。

（3）专项进度计划可以涵盖机场工程建设与运营筹备的各责任主体、各项目阶段，帮助梳理和厘清责任主体、各阶段间、各项目间的界面问题，支撑工作推进过程中的无缝衔接。

（4）专项进度计划的编制是一个解决未来事项实施中的问题或优化事项实施的过程，计划的平衡应基于解决问题的方案，并需明确计划实施中的协调沟通机制和问责机制。

2. 专项进度计划的主要内容

专项进度计划的编制方法与一般进度计划的编制基本相同，核心是应对存在矛盾或冲突的问题进行梳理和综合分析，通过解决方法或方案的研究，对进度计划进行平衡。

专项进度计划文件的主要内容：

事项概况；事项问题的梳理和分析；事项实施的总体部署核心问题解决方案研究；专项进度计划表；协调沟通机制和问责机制；其他。

3. 主要专项进度计划

机场工程建设与运营筹备过程中典型的专项进度计划：

设备安装调试专项计划；弱电系统联调联试专项计划；特种设备物资采购专项计划；工程界面交叉协调专项计划；竣工及行业验收专项计划；移交与接收专项计划；综合演练专项计划；开航程序批复专项计划；人员招聘与培训专项计划；其他专项计划。

5.4 工 程 案 例

西北某改扩建工程于 2019 年 10 开工，是国家发改委、民航局、自治区"十三五"

重点建设项目。根据规划，该工程将新建第2、3 跑道，50 万 m² 的北区航站楼，177 个机位的站坪，9.3 万 m² 的综合交通中心及配套设施及 25.1 万 m² 的停车场，项目总投资达 417.87 亿元。项目建成后，机场飞行区等级将达到 4F，可满足年旅客吞吐量 4800 万人次，货邮吞吐量 55 万 t。

5.4.1　工程项目范围 WBS 图　（飞行区部分）

项目范围包括：飞行区工程、航站区工程、公共区工程、货运区工程、其他民航相关工程和外围配套工程。其中飞行区工程 WBS 图如图 5-8 所示，飞行区工程运营筹备工作分解如图 5-9 所示。

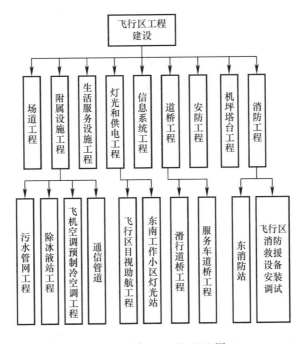

图 5-8　飞行区工程 WBS 图

5.4.2　总进度计划与进度控制

机场工程进度管理的核心是进度计划与进度控制，从一定角度来看，工程项目的组织、安全、质量和投资等发生的问题均会反映到项目进度上。因此，在某种意义上，机场工程的安全管理、质量管理、投资管理和组织协调等均可通过进度管理来体现。

117

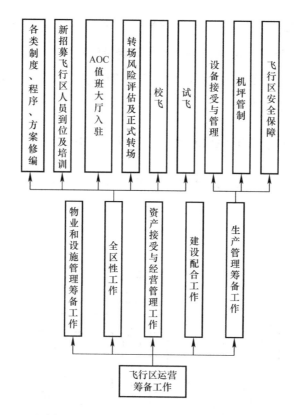

图 5-9 飞行区工程运营筹备工作分解图

1. 总进度目标

机场工程建设应将项目建设完成后，正式投入运营的日期（时间点）确定为总进度目标，机场工程的建设及其总进度计划的编制，首先必须确定项目总进度目标。目标应根据运营需求、工程实际情况和现实条件，运用科学的方法通过论证合理确定。

2. 总进度计划

机场工程的建设与运营筹备，应编制总进度计划，将机场工程从开始建设到实现总进度目标的过程，分解为具有先后顺序且有搭接关系的各项工作，并给出每项工作的开始和完成时间，就构成了总进度计划。总进度计划应根据机场工程总进度目标，对项目的建设与运营筹备做出具体安排和部署。总进度计划是机场工程建设与运营筹备工作的路线图、时间表、任务书、责任单。

（1）路线图：确定机场工程建设与运营筹备的阶段、阶段目标以及各阶段的重要工作，明确实现总进度目标的路径、关键线路和关键性控制节点。

（2）时间表：确定机场工程及其建设和运营筹备工作的分解，给出各项工作任务，明确各阶段目标和关键性控制节点的时间，对每项任务的开始和完成时间做出具体安排。

（3）任务书：确定与实现机场工程总进度目标有关的所有工作任务，明确任务分工。

（4）责任单：确定机场工程建设与运营筹备各项任务的完成单位或部门，明确各项任务的责任人。

3. 进度控制

机场工程总进度计划开始执行并随着工程建设与运营筹备工作的实施推进。总进度综合管控的工作重心就转为以进度控制为主，其应贯穿机场工程实施的全过程，以确保项目总进度目标的实现。

（1）在机场工程的建设与运营筹备实施过程中，应经常性地定期或不定期进行目标跟踪和动态控制。

（2）通过跟踪项目的实施进展，比较进度计划值与实际值，对出现的进度偏差采取措施进行纠偏。

（3）在机场工程的建设与运营筹备实施过程中，还应通过分析进度偏差发生的可能性，主动采取预防措施，尽量避免或减小发生进度偏差风险。

5.4.3 总进度目标 （飞行区部分）

根据项目前期建设工作安排以及工程现状暂定 2023 年 6 月 30 日工程完成竣工验收，2023 年 12 月 31 日具备转场投运条件。

本次改扩建工程涉及两条跑道、北航站区和相配套的工作区、货运区及机务维修区。新的航行情报资料生效是投运的必要条件，按照航行情报资料生效周期进行计算，两条跑道相关航行情报资料最晚要在 2023 年 12 月 28 日生效，才能确保机场在 2023 年 12 月 31 日具备投运条件。

新建跑道航行情报资料的生效前报送周期一般为 120 天，最短为 105 天。报送前需完成飞行校验并已建立试飞计划，综合考虑校飞、试飞等一系列工作周期，飞行区相关工程进度目标控制见表 5-4。

飞行区总进度目标　　　　　　　　　　　　表 5-4

序号	进度目标	日期
1	飞行区校飞相关工程开始竣工预验收（第一批）	2023 年 5 月 25 日
2	飞行区校飞相关工程完成竣工预验收（第一批）	2023 年 6 月 10 日

续表

序号	进度目标	日期
3	开始飞行校验	2023 年 6 月 11 日
4	飞行区其他工程开始竣工验收（第二批）	2023 年 6 月 15 日
5	完成飞行校验	2023 年 7 月 10 日
6	飞行区试飞相关工程开始竣工验收（第一批）	2023 年 7 月 11 日
7	飞行区其他工程完成竣工预验收（第二批）	2023 年 7 月 31 日
8	完成飞行区竣工验收	2023 年 8 月 20 日
9	开始试飞	2023 年 8 月 25 日
10	飞行区开始联合试运转及演练	2023 年 9 月 1 日
11	完成航行情报资料上报	2023 年 9 月 10 日
12	完成试飞	2023 年 9 月 15 日
13	开始行业验收及使用许可申请	2023 年 9 月 16 日
14	航行情报资料完成预发布，确定生效日期	2023 年 11 月 25 日
15	通过行业验收取得使用许可	2023 年 12 月 15 日
16	航行情报资料生效，飞行区具备转场条件	2023 年 12 月 28 日

5.4.4　综合管控计划节点（飞行区部分）

飞行区综合管控计划节点见表 5-5。

飞行区综合管控计划节点 表 5-5

序号	节点名称	计划完成时间	责任单位/部门
1	完成下穿地道及管廊工程	2021 年 10 月 31 日	飞行区工程部、项目公司
2	完成生活服务设施工程	2022 年 9 月 15 日	飞行区工程部、项目公司
3	完成飞行区道桥工程	2022 年 10 月 16 日	飞行区工程部、项目公司
4	完成飞行区土方工程	2022 年 10 月 31 日	飞行区工程部、项目公司
5	完成机坪塔台工艺设备安装	2022 年 10 月 31 日	网络信息工程部
6	完成航站区服务车道道面施工	2022 年 10 月 31 日	飞行区工程部、项目公司
7	完成机坪塔台工程	2022 年 10 月 31 日	飞行区工程部、项目公司、网络信息工程部
8	飞行区具备空管设施现场安装条件	2023 年 4 月 1 日	飞行区工程部
9	完成站坪道面工程，开始登机桥活动端安装	2023 年 4 月 30 日	航站区工程部、网络信息工程部
10	完成空侧运行管理系统、除冰管理系统、机坪车辆管理系统	2023 年 4 月 30 日	网络信息工程部
11	完成跑道、滑行道和机坪监控系统	2023 年 4 月 30 日	网络信息工程部
12	完成地服管理系统	2023 年 4 月 30 日	网络信息工程部
13	完成飞行区供电、供水，满足专业设备调试需求	2023 年 5 月 20 日	飞行区工程部

序号	节点名称	计划完成时间	责任单位/部门
14	完成与校飞相关的专业设备系统安装及调试	2023 年 5 月 20 日	飞行区工程部、空管局指挥部
15	完成飞行区通信管路工程	2023 年 5 月 30 日	飞行区工程部
16	完成飞行区排水工程	2023 年 5 月 30 日	飞行区工程部
17	完成登机桥活动端安装	2023 年 5 月 30 日	航站区工程部、网络信息工程部
18	完成飞行区安防工程	2023 年 6 月 1 日	飞行区工程部、项目公司、网络信息工程部
19	完成飞行区工程竣工预验收（第一批）	2023 年 6 月 10 日	飞行区工程部、空管局指挥部
20	完成飞行区消防救援设备安装调试	2023 年 7 月 1 日	飞行区工程部、项目公司
21	完成灯光和供电工程	2023 年 7 月 30 日	飞行区工程部、项目公司
22	完成飞行区工程竣工预验收（第二批）	2023 年 7 月 31 日	飞行区工程部
23	飞机预制冷空调工程	2023 年 8 月 15 日	飞行区工程部、项目公司
24	完成飞行区附属设施工程	2023 年 8 月 15 日	飞行区工程部、项目公司
25	满足试飞的安保要求	2023 年 8 月 20 日	飞行区工程部、项目公司
26	开始飞行区工程管理移交（接收）	2023 年 8 月 20 日	飞行区工程部、飞行区管理部
27	工程全面竣工验收	2023 年 8 月 20 日	飞行区工程部

5.4.5 工程建设计划（飞行区部分）

飞行区工程建设计划见表 5-6。

飞行区工程建设计划　　　　　　　　　　　　表 5-6

编号	任务名称	工期（天）	开始时间	完成时间
A-1	飞行区工程建设计划	1521	2019 年 7 月 1 日	2023 年 8 月 29 日
A-2	前期工作	31	2020 年 7 月 1 日	2021 年 7 月 31 日
A-3	东、西、南工作小区前期工作	25	2020 年 7 月 1 日	2020 年 7 月 25 日
A-4	申请东、西、南工作小区建设实施事宜	10	2020 年 7 月 1 日	2020 年 7 月 10 日
A-5	取得东、西、南工作小区建设实施事宜的意见	16	2020 年 7 月 10 日	2020 年 7 月 25 日
A-6	征地拆迁	365	2020 年 7 月 1 日	2021 年 6 月 30 日
A-7	S114 线沿线通信塔、通信线	153	2020 年 7 月 1 日	2020 年 11 月 30 日
A-8	S114 线	151	2020 年 12 月 1 日	2021 年 4 月 30 日
A-9	养护站	365	2020 年 7 月 1 日	2021 年 6 月 30 日
A-10	部队驻地	365	2020 年 7 月 1 日	2021 年 6 月 30 日
A-11	场道工程招标完成	335	2020 年 7 月 1 日	2021 年 5 月 31 日
A-12	场道工程招标进场	304	2020 年 7 月 1 日	2021 年 4 月 30 日
A-13	场道工程单位合同签订	31	2021 年 5 月 1 日	2021 年 5 月 31 日
A-14	施工手续办理	365	2020 年 7 月 25 日	2021 年 7 月 24 日

续表

编号	任务名称	工期（天）	开始时间	完成时间
A-15	东、西、南工作小区工程施工安全质量监督备案提前介入	6	2020 年 7 月 26 日	2020 年 7 月 31 日
A-16	东、西、南工作小区工程施工安全质量监督备案	122	2020 年 8 月 1 日	2020 年 11 月 30 日
A-17	民航专业工程施工安全质量监督备案	31	2021 年 5 月 1 日	2021 年 5 月 31 日
A-18	用地批准书办理（政府方实施）	341	2020 年 7 月 25 日	2021 年 6 月 30 日
A-19	东、西、南工作小区与塔台工程施工许可证	31	2021 年 7 月 1 日	2021 年 7 月 31 日
A-20	场道工程	897	2021 年 3 月 1 日	2023 年 8 月 14 日
A-21	飞行区场道工程 1 标	578	2021 年 5 月 2 日	2022 年 11 月 30 日
A-22	土方工程	319	2021 年 5 月 2 日	2022 年 3 月 16 日
A-23	管线预埋（含消防、通信、空管、航油等管线）	289	2021 年 8 月 1 日	2022 年 5 月 16 日
A-24	边坡防护工程	426	2021 年 5 月 2 日	2022 年 7 月 1 日
A-25	排水工程	426	2021 年 8 月 2 日	2022 年 10 月 1 日
A-26	道面工程	183	2022 年 5 月 2 日	2022 年 10 月 31 日
A-27	道面标线及引导标志牌	64	2022 年 9 月 28 日	2022 年 11 月 30 日
A-28	飞行区场道工程 2 标	883	2020 年 7 月 1 日	2022 年 11 月 30 日
A-29	排水箱涵	122	2021 年 4 月 1 日	2021 年 7 月 31 日
A-30	土方工程	320	2021 年 5 月 1 日	2022 年 3 月 16 日
A-31	管线预埋（含消防、通信、空管、航油等管线）	274	2021 年 8 月 16 日	2022 年 5 月 16 日
A-32	边坡防护工程	426	2021 年 5 月 2 日	2022 年 7 月 1 日
A-33	排水工程	289	2020 年 7 月 1 日	2021 年 4 月 15 日
A-34	道面工程	184	2022 年 5 月 1 日	2022 年 10 月 31 日
A-35	道面标线及引导标志牌	64	2022 年 9 月 28 日	2022 年 11 月 30 日
A-36	飞行区场道工程 3 标	609	2021 年 4 月 1 日	2022 年 11 月 30 日
A-37	土方工程	487	2021 年 5 月 1 日	2022 年 8 月 30 日
A-38	助航灯光跨线桥	62	2022 年 5 月 1 日	2022 年 7 月 1 日
A-39	管线预埋（含消防、通信、空管、航油等管线）	153	2022 年 5 月 1 日	2022 年 9 月 30 日
A-40	边坡防护工程	518	2021 年 5 月 1 日	2022 年 9 月 30 日
A-41	排水工程	426	2021 年 9 月 1 日	2022 年 10 月 31 日
A-42	道面工程	184	2022 年 5 月 31 日	2022 年 11 月 30 日
A-43	道面标线及引导标志牌	165	2022 年 11 月 1 日	2023 年 4 月 14 日
A-44	飞行区场道工程 4 标	609	2021 年 4 月 1 日	2022 年 11 月 30 日
A-45	土方工程	487	2021 年 5 月 1 日	2022 年 8 月 30 日
A-46	管线预埋（含消防、通信、空管、航油等管线）	152	2022 年 5 月 2 日	2022 年 9 月 30 日
A-47	排水工程	426	2021 年 9 月 1 日	2022 年 10 月 31 日
A-48	道面工程	183	2022 年 6 月 1 日	2022 年 11 月 30 日
A-49	道面标线及引导标志牌	167	2022 年 10 月 30 日	2023 年 4 月 14 日
A-50	飞行区场道工程 5 标	609	2021 年 4 月 1 日	2022 年 11 月 30 日
A-51	排水箱涵	122	2021 年 4 月 1 日	2021 年 7 月 31 日
A-52	土方工程	487	2021 年 5 月 1 日	2022 年 8 月 30 日
A-53	管线预埋（含消防、通信、空管、航油等管线）	153	2022 年 5 月 1 日	2022 年 9 月 30 日

续表

编号	任务名称	工期（天）	开始时间	完成时间
A-54	边坡防护工程	518	2021 年 5 月 1 日	2022 年 9 月 30 日
A-55	排水工程	426	2021 年 9 月 2 日	2022 年 11 月 1 日
A-56	道面工程	290	2022 年 5 月 31 日	2023 年 3 月 16 日
A-57	道面标线及引导标志牌	61	2022 年 10 月 1 日	2022 年 11 月 30 日
A-58	飞行区场道工程 6 标	821	2021 年 4 月 1 日	2023 年 6 月 30 日
A-59	土方工程	548	2021 年 5 月 1 日	2022 年 10 月 30 日
A-60	1 号地道及合建管廊	153	2021 年 6 月 1 日	2021 年 10 月 31 日
A-61	2 号地道及合建管廊	153	2021 年 6 月 1 日	2021 年 10 月 31 日
A-62	3 号地道	122	2021 年 6 月 1 日	2021 年 9 月 30 日
A-63	6 号地道及合建管廊	122	2021 年 6 月 1 日	2021 年 9 月 30 日
A-64	管线预理（含消防、通信、空管、航油等管线）	153	2022 年 7 月 1 日	2022 年 11 月 30 日
A-65	边坡防护工程	518	2021 年 7 月 1 日	2022 年 11 月 30 日
A-66	排水工程	395	2022 年 5 月 1 日	2023 年 5 月 30 日
A-67	道面工程	273	2022 年 10 月 1 日	2023 年 6 月 30 日
A-68	道面标线及引导标志牌	60	2023 年 6 月 1 日	2023 年 7 月 30 日
A-69	飞行区场道工程 7 标	578	2021 年 5 月 2 日	2022 年 11 月 30 日
A-70	土方工程	319	2021 年 5 月 2 日	2022 年 3 月 16 日
A-71	1 号地道及合建管廊	153	2021 年 6 月 1 日	2021 年 10 月 31 日
A-72	2 号地道及合建管廊	153	2021 年 6 月 1 日	2021 年 10 月 31 日
A-73	6 号地道及合建管廊	122	2021 年 6 月 1 日	2021 年 9 月 30 日
A-74	7 号地道	153	2021 年 6 月 1 日	2021 年 10 月 31 日
A-75	8 号地道及合建管廊	153	2021 年 6 月 1 日	2021 年 10 月 31 日
A-76	管线预理（含消防、通信、空管、航油等管线）	289	2021 年 8 月 1 日	2022 年 5 月 16 日
A-77	排水工程	426	2021 年 8 月 2 日	2022 年 10 月 1 日
A-78	道面工程	183	2022 年 5 月 2 日	2022 年 10 月 31 日
A-79	道面标线及引导标志牌	64	2022 年 9 月 28 日	2022 年 11 月 30 日
A-80	飞行区场道工程 8 标	821	2021 年 4 月 1 日	2023 年 6 月 30 日
A-81	排水箱涵	122	2021 年 4 月 1 日	2021 年 7 月 31 日
A-82	土方工程	549	2021 年 5 月 1 日	2022 年 10 月 31 日
A-83	独立管廊 A	92	2021 年 6 月 1 日	2021 年 8 月 31 日
A-84	9 号地道	92	2021 年 6 月 1 日	2021 年 8 月 31 日
A-85	11 号地道	92	2021 年 6 月 1 日	2021 年 8 月 31 日
A-86	管线预理（含消防、通信、空管、航油等管线）	153	2022 年 7 月 1 日	2022 年 11 月 30 日
A-87	排水工程	396	2022 年 5 月 1 日	2023 年 5 月 31 日
A-88	道面工程	273	2022 年 10 月 1 日	2023 年 6 月 30 日
A-89	道面标线及引导标志牌	60	2023 年 6 月 2 日	2023 年 7 月 31 日
A-90	飞行区场道工程 9 标	821	2021 年 4 月 1 日	2023 年 6 月 30 日
A-91	土方工程	549	2021 年 5 月 1 日	2022 年 10 月 31 日
A-92	3 号地道	122	2021 年 6 月 1 日	2021 年 9 月 30 日

续表

编号	任务名称	工期（天）	开始时间	完成时间
A-93	管线预埋（含消防、通信、空管、航油等管线）	183	2022年6月1日	2022年11月30日
A-94	边坡防护工程	183	2022年6月1日	2022年11月30日
A-95	排水工程	396	2022年5月1日	2023年5月31日
A-96	道面工程	273	2022年10月1日	2023年6月30日
A-97	道面标线及引导标志牌	61	2023年6月1日	2023年7月31日
A-98	飞行区场道工程10标	821	2021年4月1日	2023年6月30日
A-99	土方工程	548	2021年5月1日	2022年10月30日
A-100	4号地道	153	2021年6月1日	2021年10月31日
A-101	5号地道及合建管廊	122	2021年6月1日	2021年9月30日
A-102	管线预埋（含消防、通信、空管、航油等管线）	182	2022年6月1日	2022年11月29日
A-103	边坡防护工程	182	2022年6月1日	2022年11月29日
A-104	排水工程	395	2022年5月1日	2023年5月30日
A-105	道面工程	273	2022年10月1日	2023年6月30日
A-106	道面标线及引导标志牌	61	2023年6月1日	2023年7月31日
A-107	道桥工程	534	2021年5月1日	2022年10月16日
A-108	滑行道桥及服务车道桥工程	534	2021年5月1日	2022年10月16日
A-109	下部结构（含挡土墙）	214	2021年5月1日	2021年11月30日
A-110	1号滑行道桥	183	2021年5月1日	2021年10月30日
A-111	2号滑行道桥	183	2021年6月1日	2021年11月30日
A-112	1号服务车道桥	183	2021年5月1日	2021年10月30日
A-113	2号服务车道桥	183	2021年6月1日	2021年11月30日
A-114	上部结构	153	2022年4月1日	2022年8月31日
A-115	1号滑行道桥	122	2022年4月1日	2022年7月31日
A-116	2号滑行道桥	123	2022年5月1日	2022年8月31日
A-117	2号服务车道桥	122	2022年4月1日	2022年7月31日
A-118	2号服务车道桥	123	2022年5月1日	2022年8月31日
A-119	附属设施	76	2022年8月1日	2022年10月15日
A-120	1号滑行道桥	45	2022年8月1日	2022年9月14日
A-121	2号滑行道桥	45	2022年9月1日	2022年10月15日
A-122	1号服务车道桥	45	2022年8月1日	2022年9月14日
A-123	2号服务车道桥	45	2022年9月1日	2022年10月15日
A-124	安防工程	639	2021年9月1日	2023年6月1日
A-125	场道工程13标	350	2022年5月1日	2023年4月15日
A-126	围场道路	320	2022年5月1日	2023年3月16日
A-127	卡口	186	2022年5月1日	2022年11月2日
A-128	围界土建工程	289	2022年7月1日	2023年4月15日
A-129	飞行区围界安防系统	639	2021年9月1日	2023年6月1日
A-130	灯光和供电工程	987	2020年11月16日	2023年7月30日
A-131	助航灯光及照明工程安装（1～5标）	268	2022年8月1日	2023年4月25日

编号	任务名称	工期（天）	开始时间	完成时间
A-132	助航灯光及照明工程安装（6～10标）	93	2023年4月30日	2023年7月31日
A-133	助航灯光及照明工程调试（1～5标）	30	2023年4月26日	2023年5月25日
A-134	助航灯光及照明工程调试（6～10标）	32	2023年7月31日	2023年8月31日
A-135	附属设施工程	1003	2020年11月16日	2023年8月15日
A-136	飞机空调预制冷设备安装调试	76	2023年6月1日	2023年8月15日
A-137	东除冰液加注点	600	2021年3月15日	2022年11月4日
A-138	西除冰液加注点	600	2021年3月15日	2022年11月4日
A-139	机坪塔台工程	488	2021年7月1日	2022年10月31日
A-140	机坪塔台土方工程	92	2021年7月1日	2021年9月30日
A-141	机坪塔台土建工程	243	2021年10月1日	2022年5月31日
A-142	机坪塔台安装工程（机电安装）	153	2022年5月1日	2022年9月30日
A-143	机坪塔台安装工程（工艺安装）（C包）	153	2022年6月1日	2022年10月31日
A-144	消防工程	669	2021年9月1日	2023年7月1日
A-145	飞行区消防救援设备安装调试	31	2023年6月1日	2023年7月1日
A-146	信息系统工程	607	2021年9月1日	2023年4月30日
A-147	地服管理系统	607	2021年9月1日	2023年4月30日
A-148	空侧运行管理系统、除冰管理系统、机坪车辆管理系统	607	2021年9月1日	2023年4月30日
A-149	跑道、滑行道和机坪监控系统	607	2021年9月1日	2023年4月30日
A-150	飞行区通信管路工程	637	2021年9月1日	2023年5月30日
A-151	生活服务设施工程	777	2020年7月31日	2022年9月15日
A-152	东、西、南工作小区工程	777	2020年7月31日	2022年9月15日
A-153	东区-土建工程	334	2020年8月1日	2021年6月30日
A-154	东区-机电安装	346	2021年5月15日	2022年4月25日
A-155	东区-室外总体	123	2022年5月16日	2022年9月15日
A-156	西区-土建工程	457	2020年8月1日	2021年10月31日
A-157	西区-机电安装	360	2021年5月1日	2022年4月25日
A-158	西区-室外总体	123	2022年5月16日	2022年9月15日
A-159	南区-土建工程	380	2020年8月1日	2021年8月15日
A-160	南区-机电安装	360	2021年5月1日	2022年4月25日
A-161	南区-室外总体	123	2022年5月16日	2022年9月15日
A-162	飞行区其他重要工作	159	2023年3月15日	2023年8月20日
A-163	飞行区具备空管设施现场安装条件	1	2023年4月1日	2023年4月1日
A-164	完成飞行区供电、供水，满足专业设备调试需求	50	2023年4月1日	2023年5月20日
A-165	完成与校飞相关的专业设备系统安装及调试	67	2023年3月15日	2023年5月20日
A-166	完成飞行区工程竣工预验收（第一批）	17	2023年5月25日	2023年6月10日
A-167	环保、消防、水保、档案等专项验收	30	2023年7月1日	2023年7月30日
A-168	非民航工程竣工验收备案	11	2023年9月15日	2023年9月25日
A-169	完成飞行区工程竣工预验收（第二批）	47	2023年6月15日	2023年7月31日
A-170	完成飞行校验	30	2023年6月11日	2023年7月10日

续表

编号	任务名称	工期（天）	开始时间	完成时间
A-171	完成飞行区工程竣工验收	41	2023 年 7 月 11 日	2023 年 8 月 20 日

5.4.6　运营筹备工作计划（飞行区部分）

飞行区部分运营筹备工作计划见表 5-7。

飞行区部分运营筹备工作计划　　　　　　　　　　　　　　　　表 5-7

编号	任务名称	工期（天）	开始时间	完成时间
AR-1	飞行区工程运营筹备计划	671	2022 年 3 月 1 日	2023 年 12 月 31 日
AR-2	完成飞行区运营管理体系文件编写	275	2022 年 3 月 1 日	2022 年 11 月 30 日
AR-3	联合驻场单位完成设备、车辆停放区的分配方案制定	275	2022 年 3 月 1 日	2022 年 11 月 30 日
AR-4	完成机坪管制人员招募	275	2022 年 3 月 1 日	2022 年 11 月 30 日
AR-5	确定机场地服运营模式	306	2022 年 3 月 1 日	2022 年 12 月 31 日
AR-6	完成飞行区架构分组，骨干人员到位	337	2022 年 3 月 1 日	2023 年 1 月 31 日
AR-7	运行控制中心一线人员到位	365	2022 年 3 月 1 日	2023 年 2 月 28 日
AR-8	完成飞行区交通规则及运行管理规定制定	60	2023 年 1 月 31 日	2023 年 3 月 31 日
AR-9	完成外包业务招商与协议签署	60	2023 年 1 月 31 日	2023 年 3 月 31 日
AR-10	完成机场地服操作流程初稿编制	60	2023 年 1 月 31 日	2023 年 3 月 31 日
AR-11	开展机场管理机构相关工作人员和服务商的培训、考核与演练	62	2023 年 2 月 28 日	2023 年 4 月 30 日
AR-12	完成设备、物资采购	121	2023 年 1 月 31 日	2023 年 5 月 31 日
AR-13	完成机位使用细则制定	92	2023 年 3 月 31 日	2023 年 6 月 30 日
AR-14	完成机场地面滑行规划	92	2023 年 3 月 31 日	2023 年 6 月 30 日
AR-15	完成飞行校验	30	2023 年 6 月 11 日	2023 年 7 月 10 日
AR-16	完成常用车辆采购与调试	93	2023 年 5 月 31 日	2023 年 8 月 31 日
AR-17	完成机场低能见度运行试飞准备工作	63	2023 年 6 月 30 日	2023 年 8 月 31 日
AR-18	完成试飞	27	2023 年 8 月 20 日	2023 年 9 月 15 日
AR-19	完成机坪管制人员培训上岗	42	2023 年 8 月 20 日	2023 年 9 月 30 日
AR-20	飞行区相关保洁业务人员入场	305	2022 年 11 月 30 日	2023 年 9 月 30 日
AR-21	完成运行组织架构搭建与人员进场	215	2023 年 2 月 28 日	2023 年 9 月 30 日
AR-22	值班大厅完成与入驻单位对接	215	2023 年 2 月 28 日	2023 年 9 月 30 日
AR-23	配合与空管部门、航空公司、中航信以及驻场单位建立生产运行系统互连	83	2023 年 7 月 10 日	2023 年 9 月 30 日
AR-24	完成塔台协议签署	93	2023 年 6 月 30 日	2023 年 9 月 30 日
AR-25	完成飞行区电力、供水系统接收	93	2023 年 6 月 30 日	2023 年 9 月 30 日
AR-26	地服公司参与联合调试	93	2023 年 6 月 30 日	2023 年 9 月 30 日

续表

编号	任务名称	工期（天）	开始时间	完成时间
AR-27	完成空侧运行管理系统接收	93	2023 年 6 月 30 日	2023 年 9 月 30 日
AR-28	完成办公、值班住宿相关条件准备具备入驻条件	124	2023 年 6 月 30 日	2023 年 10 月 31 日
AR-29	完成转场方案终稿	610	2022 年 3 月 1 日	2023 年 10 月 31 日
AR-30	协助各驻场单位完成车辆转场工作	62	2023 年 10 月 31 日	2023 年 12 月 31 日

第二篇
机场专业工程全过程管理

第六章　减隔震工程

6.1　概　　述

近年来，随着建筑工程减震隔震技术（简称"减隔震技术"）研究不断深入，我国部分地震高烈度区开展了工程应用工作，一些应用了减隔震技术的工程经受了实际考验，保障了人民生命财产安全，产生了良好的社会效益。实践证明，减隔震技术能有效减轻地震作用，提升房屋建筑工程抗震设防能力。

根据住房和城乡建设部《关于房屋建筑工程推广应用减隔震技术的若干意见》(建质〔2014〕25 号）的要求，位于抗震设防烈度 8 度（含 8 度）以上地震高烈度区、地震重点监视防御区或地震灾后重建阶段的新建 3 层（含 3 层）以上学校、幼儿园、医院等人员密集公共建筑，应优先采用减隔震技术进行设计。鼓励重点设防类、特殊设防类建筑和位于抗震设防烈度 8 度（含 8 度）以上地震高烈度区的建筑采用减隔震技术。对抗震安全性或使用功能有较高需求的标准设防类建筑提倡采用减隔震技术。

隔震技术，即在建筑上部结构与地基之间设置足够安全的隔震系统，由于隔震系统的"隔震""吸震"的作用，地震时上部结构作近似平动，从而隔离了地震，如图 6-1 所示。而抗震技术，着重从结构的整体出发，通过结构的刚度、强度、延度和轴压比方面加强结构的抗震能力，结构在地震作用下变形和位移较大，如图 6-2 所示。

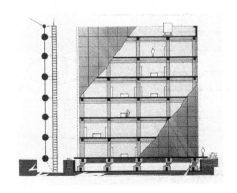 

图 6-1　隔震结构变形图（整体平动型）　　　图 6-2　非隔震变形图（放大晃动型）

隔震结构较抗震结构，对结构安全和建筑使用功能，存在较大的优势，具体见表 6-1。

隔震结构与抗震结构对比分析　　　　　　　　　　　　　　　　　　表 6-1

项目	隔震技术	抗震技术
地震反应	减少结构反应、缓慢平动。水平地震加速度减少至 1/12～1/2	放大地面作用、剧烈震动
途径及方法	"软抗"：采用隔震层将其上下隔断，地震时地动而房不动	"硬抗"：加强结构、加粗断面、加多配筋、提高刚度
设防烈度	隔震层以上可降低设防 1 度	按地震动区划图设防
经济性	减少断面和配筋，实用面积增加，楼层增加，房屋容积率提高；建筑物寿命造价明显降低	结构要求高
设计依据	考虑了突发性、超烈度（罕遇）大地震；设防水准高于相应非隔震结构；设计手段新颖	按规定烈度设计，设计手段传统
设防目标	既保护结构安全，也保护室内设备、网络、装修、功能不中断	只考虑结构本身，允许结构破坏
房屋品质	提高房屋高科技含量、保障生命、财产和房屋功能安全。房屋舒适度优异	小震房屋结构会受到累积破坏；大震时房屋功能丧失
适用范围	既适用新建筑也适用旧建筑结构的抗震改良。既适用一般结构也适用特殊复杂结构	一般用于新设计的建筑结构

经过数十年的发展，隔震技术得到了长足的发展，用于结构振动的控制装备也呈现多样化。主要用于公共建筑、超高层建筑、大跨度桥梁及高烈度区建筑等，应用十分广泛，对抗震发挥了重大作用。如图 6-3 所示。

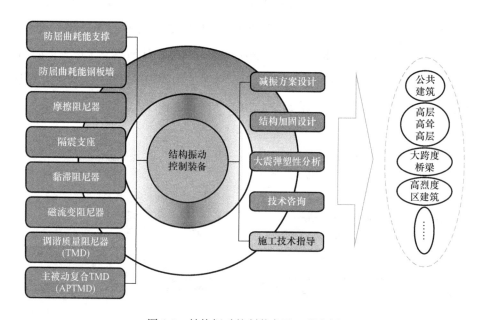

图 6-3　结构振动控制装备及工程应用

6.2 隔 震 工 程

6.2.1 概述

隔震支座是结构为达到隔震要求而设置的支承装置，它设置在建筑物下部结构与上部结构之间，通过将上部结构与下部结构之间隔离开来，来达到隔离地震直接作用于上部建筑的目的。通过这样的技术，可以把 80％ 左右的地震能量抵消掉。橡胶隔震支座是由多层橡胶和多层钢板或其他材料交替叠置结合而成的产品。橡胶层具有高弹性变形、复位和承载的功能；钢板可提高支座竖向刚度，有效地支承桥梁和建筑的上部结构。

橡胶隔震支座分为有铅芯（LRB/GZY 有芯型）和无铅芯（LNR/GZP 普通型）两种，含有铅芯可以改善支座的阻尼性能。铅芯支座除能承受结构物的重力和水平力外，铅芯产生的滞后阻尼的塑性变形还能吸收能量，并可通过橡胶提供水平恢复力。铅芯橡胶支座和天然橡胶支座构造如图 6-4 和图 6-5 所示。

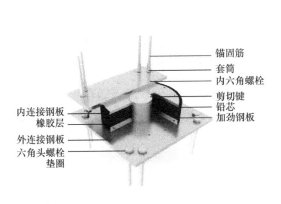

锚固筋
套筒
内六角螺栓
剪切键
铅芯
加劲钢板

内连接钢板
橡胶层
外连接钢板
六角头螺栓
垫圈

图 6-4 铅芯橡胶支座构造　　　　图 6-5 天然橡胶支座构造

6.2.2 重难点分析

隔震工程作为专项工程，是新技术、新设备应用的重要内容，相关的设计理论、制造工艺等发展日新月异，生产厂家也如雨后春笋，实力水平不尽相同。要做好隔震工程，需把握好以下关键环节。

1. 隔震方案选择

建筑隔震设计必须与专业厂家紧密配合，选择经济合理的隔震方案。当前隔震设计已不再单纯地采用某一种技术，多采用组合减隔震技术。如隔震支座加粘滞阻尼器，或者隔震支座加金属阻尼墙、屈曲约束支撑的组合减隔震技术。由专业公司进行相应的隔震计算和设计，之后由设计单位完成建筑物结构本身的设计。因此，对产品的性能指标等在设计阶段已经进行深入研究。

2. 产品质量控制

隔震支座应根据设计要求进行深化设计，以满足相应的承载力、变形和外观尺寸的要求。供货企业在进行隔震支座加工前，应根据设计图纸中提供的规格和参数，细化设计隔震橡胶支座和弹性滑板支座，包括铅芯、内层钢板和内层橡胶，并验算封板、连接板、连接螺栓、套筒及锚固钢筋的强度，提供各产品完整的深化设计图纸和计算书，并需得到设计单位及各参建单位的认可，但不能因此免除隔震支座供货企业的责任。

同时，对于产品的生产工艺必须严格控制，特别是隔震支座的硫化工艺，是最为关键的环节。对成品应按照相关规范进行自检和第三方检测，对大变形、极限应力、耐久性等指标要严格检测，以确保产品质量和技术性能。

3. 厂家的招标选择

在招标前，应进行充分的技术交流，邀请潜在投标单位对工程业绩、产品生产、技术指标、产品性能、产品检测及加工周期等环节进行交流，以对各厂家进行全面深入的了解。隔震支座是涉及人民生命、财产安全的关键设施，应该选择工程业绩好、生产能力强、产品质量好的专业厂家，以保障工程品质。

6.2.3 工程案例

西北某地区航站楼工程项目场地设防烈度为 8 度 0.2g，属于高烈度区。航站楼工程作为生命线工程的一部分，在抗震减灾中具有快速、高效、受地理空间限制较少等优势，发挥着不可替代作用；考虑到航站楼属于人流密集的大型公共建筑，且有较多重要、先进的电子仪器设备，且玻璃幕墙为大面积单元网格的幕墙，地震作用下容易带来严重的人员和财产损失；故航站楼抗震设防水准要求较高，为重点设防类。

1. 设计简介

某航站楼工程主航站楼（D 区）隔震层跨层设置，一部分位于首层底板以下，地下室区域则位于地下室底板以下，隔震层由铅芯橡胶隔震支座、普通橡胶隔震支座和弹性滑板支座组成，如图6-6所示。设置铅芯橡胶支座432个，天然橡胶支座240个，弹性滑板支座71个，共计743个，具体见表6-2。

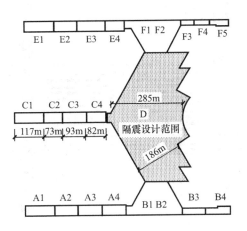

图6-6　某航站楼隔震层平面布置图

某航站楼隔震支座统计一览表　　　　　　　　　　表6-2

铅芯橡胶支座			天然橡胶支座			弹性滑板支座		
支座编号	直径 d（mm）	数量	支座编号	直径 d（mm）	数量	支座编号	直径 d（mm）	数量
LRB1100	1100	160	LNB1100	1100	46	ESB400	400	15
LRB1200	1200	95	LNB1200	1200	78	ESB600	600	54
LRB1300	1300	126	LNB1300	1300	106	ESB1500	1500	2
LRB1400	1400	37	LNB1400	1400	6			
LRB1500	1500	14	LNB1500	1500	4			

隔震支座和弹性滑板支座位于基础底板与隔震层之间，通过预埋锚筋和套筒与上下结构相连。如图6-7和图6-8所示。

2. 材料类别及要求

（1）隔震支座、弹性滑板支座在加工前，应细化隔震橡胶支座和弹性滑板支座的设计，并验算封板、连接板、连接螺栓、套筒及锚固钢筋的强度，提供深化设计图纸和计算书，经设计单位及各参建单位确认后方可下料加工。

（2）应设置地震监测与报警系统。

（3）橡胶

橡胶应采用天然橡胶，优先选用一级烟片胶或全乳胶；适用温度为－40～60℃。

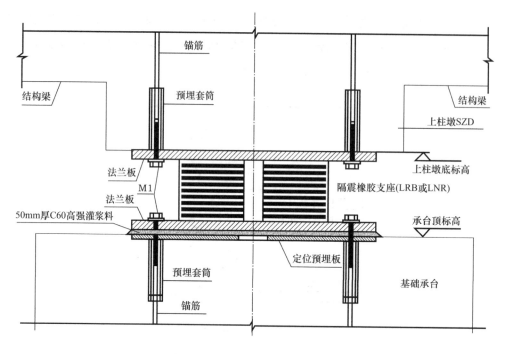

图 6-7　隔震橡胶支座结构示意

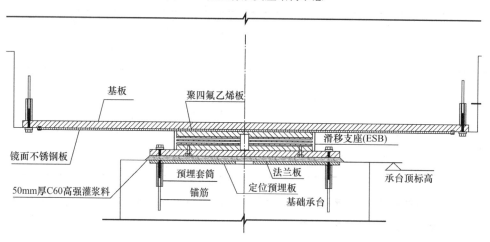

图 6-8　弹性滑板支座结构示意

1）天然橡胶支座和铅芯橡胶支座内部橡胶材料的剪切模量约 0.40MPa，弹性滑板支座内部橡胶材料的剪切模量约 0.60MPa。

2）橡胶材料的物理性能试验项目、试验方法需按《橡胶支座 第 3 部分：建筑隔震橡胶支座》GB/T 20688.3 要求执行。

（4）钢板

1）橡胶支座内层骨架钢板、连接法兰板应采用 Q345C，支座定位预埋板采用

Q235B。

2）橡胶支座内层骨架钢板厚度不应小于 2mm，与支座边缘的最小距离不应小于 5mm，上下保护胶层的厚度不小于 2.5mm，严禁使用拼接钢板，同一支座严禁使用不同厚度钢板。

（5）金属铅

铅芯应采用纯度不小于 99.99％的铅锭经加工而成，铅芯铅锭应符合《铅锭》GB/T 469 的规定。

（6）滑移材料

1）采用聚四氟乙烯板，极限抗压强度≥90MPa，应采用无孔材料，严禁采用再生料和回头料，厚度不小于 5mm，嵌入深度不小于厚度的 1/2，外露厚度不小于 2mm，在检测及使用过程中严禁涂油或油脂；不允许出现脱皮、裂纹、分层或其他损伤破坏的现象。

2）滑移面板采用不锈钢板，含铬量应≥18％，符合《不锈钢冷轧钢板和钢带》GB/T 3280 的规定，不锈钢板不允许拼接。

（7）其他材料

支座连接锚固钢筋采用 HRB400E、HRB500E 级钢筋，预埋套筒采用 45 号优质结构钢，连接板与套筒之间的连接螺栓为 8.8 级螺栓。

3. 技术要求、 力学性能参数及成品检测

（1）技术要求

1）橡胶支座

① 免维护年限不小于 50 年；工作温度为－40～60℃；耐久性 100 年。

② 支座构造采用Ⅱ型。

③ 极限剪应变≥400％（12MPa），支座在最大和最小竖向荷载作用下，剪切位移达到设计最大值之前，不应出现破坏、屈曲或翻滚。剪切性能偏差为 S-A 类。支座按剪切性能的允许偏差分类见表 6-3。

按剪切性能的允许偏差分类   表 6-3

类别	单个试件测试值	一批试件评价测试值
S-A	±15％	±10％
S-B	±25％	±20％

④ 橡胶支座的有效水平刚度、屈服后刚度及屈服力，老化前后相比不得超过

±20%。

⑤ 橡胶支座与上下部结构的连接构造由厂家根据施工图纸深化设计完成，并应经设计单位确认后方可加工。

⑥ 隔震橡胶支座应具有良好的低温耐久性能。

⑦ 隔震橡胶支座根据功能需要应满足相应的防火技术要求。

⑧ 对橡胶支座未明确的技术要求按《橡胶支座 第3部分：建筑隔震橡胶支座》GB/T 20688.3 和《建筑隔震橡胶支座》JG/T 118 相关条款执行。

2）弹性滑板支座

① 免维护年限不小于50年；工作温度为 −40～60℃；耐久性100年。

② 支座类型采用中摩擦滑板支座，动摩擦系数 $\mu=0.04$。

③ 弹性滑板根据功能需要应满足相应的防火技术要求。

④ 对弹性滑板支座未明确的技术要求按《橡胶支座 第5部分：建筑隔震弹性滑板支座》GB/T 20688.5 相关条款执行。

（2）力学性能参数

1）铅芯橡胶支座力学性能参数表（表6-4）

铅芯橡胶支座力学性能参数　　　　表6-4

类别	符号	单位	LRB1100	LRB1200	LRB1300	LRB1400	LRB1500
竖向刚度	K_v	kN/mm	4600	5400	6600	7400	8000
等效水平刚度（100%）	K_{eq}	kN/mm	3.18	3.38	3.87	4.54	4.96
等效水平刚度（250%）	K_{eq}	kN/mm	2.50	2.70	3	3.49	3.91
屈服前刚度	K_u	kN/mm	26.69	29.22	31.40	36.20	41.80
屈服后刚度	K_d	kN/mm	2.05	2.25	2.42	2.79	3.21
屈服力	Q_d	kN	227	250	350	420	420
橡胶层总厚度	T_r	mm	202	220	240	240	240
支座总高度	h	mm	435	460	490	490	490

2）天然橡胶支座力学性能参数表（表6-5）

天然橡胶支座力学性能参数　　　　表6-5

类别	符号	单位	LNB1100	LNB1200	LNB1300	LNB1400	LNB1500
竖向刚度	K_v	kN/mm	4300	5100	6200	7000	7600
等效水平刚度（100%）	K_{eq}	kN/mm	2.1	2.30	2.48	2.88	3.30
橡胶层总厚度	T_r	mm	202	220	240	240	240
支座总高度	h	mm	435	460	490	490	490

3）弹性滑板支座力学性能参数表（表6-6）

弹性滑板支座力学性能参数 表 6-6

类别	符号	单位	ESB400	ESB600	ESB1000	ESB1500
竖向刚度	K_v	kN/mm	5500	6000	100000	14000
摩擦系数	μ	—	0.04	0.04	0.04	0.04
一次刚度	K_1	kN/mm	8.5	15.0	20.0	36
橡胶层总厚度	T_r	mm	12	19.2	40	48
支座总高度	h	mm	90	108	158	191

（3）成品检验

1）各类隔震支座、弹性滑板支座应进行完整的型式检验，并提供相应报告。

2）隔震支座、弹性滑板支座产品性能应经具有专门资质的检测机构100％进行第三方检验。

3）隔震支座、弹性滑板支座的型式检验和100％第三方检验不能相互代替。

4）按照《建筑隔震工程施工及验收规范》JGJ 360 的相关要求完成进场隔震橡胶支座的见证检测。

6.2.4 设计工作思路

隔震工程为专项工程，有相应的设计理论和设计规范，同时，需结合成品力学性能和技术要求进行设计。因此，结构设计应与隔震专业公司配合，完成工程的隔震设计。具体设计工作思路如图 6-9 所示。

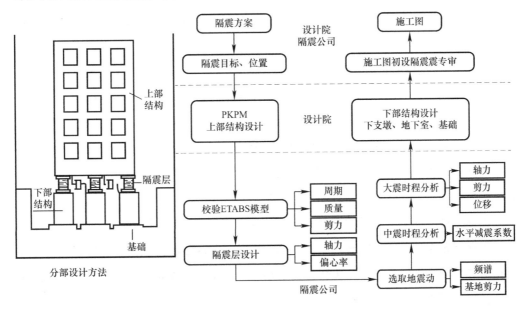

图 6-9 设计工作思路

6.2.5 产品生产关键工艺

1. 橡胶隔震支座制作流程

主要包括橡胶塑炼、混炼→压延→支座预成型→支座硫化→铁件表面处理→涂胶。

2. 制作过程控制关键项点

橡胶隔震支座主要容易出现的质量问题：橡胶配方本身、橡胶与钢板粘合问题；胶层均匀性与内部缺陷问题。

通过对常见破坏模式分析，得出过程控制关键项点：

（1）原材料：材料质量、配方

采用进口生胶，炼胶采用一流的全自动化 K4、K6 密炼机。胶料的称量、配置实行三层以上复核。配置好的胶料全部采用条形码管理，胶料的领用及控制实行专料专用。

三辊胶片压延线的胶片压延厚度为 2～12mm，可供生产 2000mm 以下规格产品。三辊压延机对胶片厚度的控制精度为 ±0.05mm。

钢材入厂后，对每炉号钢材成分和力学性能进行检测，并对内部质量进行超声波探伤。

（2）金属界面处理工艺：前处理工艺

对比多种表面处理方法与胶粘剂，通过大变形、拉伸极限试验，选择出一种有效的体系。

（3）胶片厚度均匀性控制：压延设备与制作工艺。

（4）硫化工艺：压力、时间与温度；内部监测与大量经验、实验数据积累。

通过在线监测内部温度场，结合对温度场的有限元仿真分析、实体剖析，确定硫化工艺与参数，有效控制硫化程度和产品质量。如图 6-10 所示。

要确保内外硫化程度一致，需通过理论计算、溶胀指数、本体取样等性能验证。如图 6-11 所示。

关键参数应由专人调整和控制，过程检验人员对关键参数进行检查确认。生产的各个工序严格按工艺文件实施，如配方单、炼胶工艺规程、塑炼作业指导书、混炼作业指导书、回炼作业指导书、硫化工艺规程、产品检验规程等，整个生产过程都处于有序控制范围内。

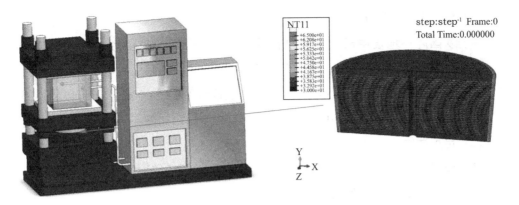

图 6-10　硫化温度监测及有限元分析

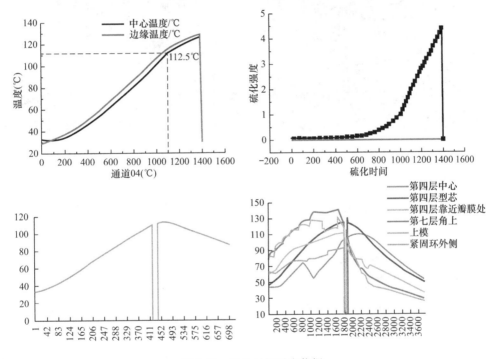

图 6-11　硫化时间设定依据

6.2.6　成品检测

产品的检测须分为生产厂家自检和建设方委托第三方检测两种方式。对于力学性能指标，隔震支座检测均为 100%。

1. 水平极限大变形

水平极限变形能力是隔震支座最重要的性能指标，主要包括：

（1）极限大变形指标

在历次国内外地震中已经记录到隔震支座大于330％的变形，按照国家标准150％～350％来设计隔震建筑，安全余量已经不充足。在未来的大地震中支座预计会有370％左右的变形，故水平极限剪应变标准设置为不小于400％。不可以偷换概念为达到400％或者0.55D的较小值。水平极限剪应变试验如图6-12所示。

（2）足尺试件

缩尺模型无法真实反映隔震支座的力学性能，剪切变形能力是隔震支座最重要的力学指标。隔震支座足尺试验如图6-13所示。

图6-12　水平极限剪应变试验　　　　　图6-13　隔震支座足尺试验

（3）检验3圈

地震不会马上就停，故需要达到3圈的检测标准（而非平推1个方向）。

（4）检验压强

达到15MPa：使得承载力有更大的余量。

2. 侧向不均匀变形

加载试验时，所有规格的建筑隔震橡胶支座：600mm以下（含600mm）侧向不均匀变形均不大于3mm；1000mm以下（含1000mm）侧向不均匀变形均不大于5mm；1500mm以下（含1500mm）侧向不均匀变形均不大于7mm；卸载12h后的残余变形不大于上述数值的50％。

不均匀变形过大反映了支座内部橡胶厚度、粘结可靠度、钢板平整度等关键质量问题。通常不均匀变形过大的支座水平变形不能满足大变形的要求，会影响建筑的安全。通过侧向不均匀变形试验合格的隔震产品，在经历地震后更不容易出现故障，可在地震中持续发挥作用，震后需要更换的概率更小。

3. 极限压应力

距离震中较近的地震会对支座形成超重和失重的状态，故对支座的极限拉压应力要有要求，以避免出现支座拉断或者失稳的状态。极限压应力指标不过关，隔震支座将在较大竖向地震影响下失稳或者倾斜。

4. 极限拉应力

极限拉应力指标不过关，隔震支座将在较大竖向地震影响下失稳或者断裂，极限拉应力越大越好，至少不低于 1.5MPa，最好在 3MPa 以上。隔震支座极限拉应力试验如图 6-14 所示。

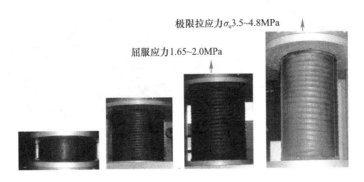

极限拉应力σ_u3.5~4.8MPa

屈服应力1.65~2.0MPa

图 6-14　隔震支座极限拉应力试验

5. 老化后性能偏差

（1）老化后极限变形能力

建筑隔震橡胶支座老化后检测后支座极限变形不小于 320％，60 年徐变量≤5％。如图 6-15 所示。

隔震产品老化就像骨质疏松，隔震性能下降，出现故障和风险的概率大增。同时，隔震支座徐变就像人老之后会"变矮"，单个隔震支座之间徐变的差异过大，将影响隔震建筑的稳定性。

（2）老化后竖向刚度

建筑隔震橡胶支座老化前后竖向刚度变化率应在±20％范围内。

6. 温度相关性

橡胶具有较强的温度相关性，部分在－10℃以下就会脆化，回温后部分特性不可逆，从而丧失承重功能。对于夏季高温、冬季严寒地区，支座性能必须满足规范标准。

7. 加速老化试验

按照《建筑隔震橡胶支座》JG／T 118 耐久性的试验方法提供了在 20℃、60 年的试验方法和判定方法。将支座置于 80℃恒温箱 962h 或 100℃的恒温箱内 185h（或相当于 20℃×60 年的等效温度和等效时间），进行支座的老化试验。

样品编号	检测项目	单位	设计要求	检测值	结果判定
1号	60年徐变量	%	≤5.0	4.57	合格

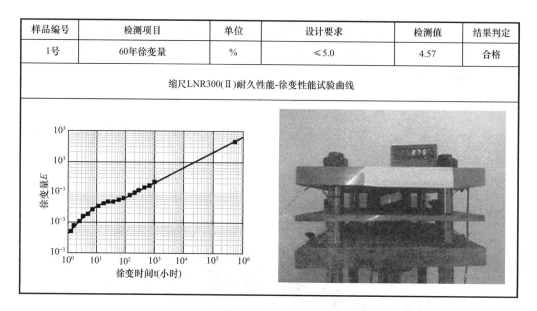

图 6-15　60 年徐变量耐久性试验

8. 防火性能

隔震支座作为结构的重要承重构件，其防火性能关系到建筑的结构安全，必须予以重视。根据《建筑构件耐火试验方法 第 1 部分：通用规范》GB/T 9978.1，橡胶隔震支座属于承重构件，应满足国家对承重构件耐火 3h 的防火要求，并出具公安部消防检测部门的足尺检测报告。根据《建筑构件耐火试验方法 第 7 部分：柱的特殊要求》GB/T 9978.7，橡胶隔震支座属于承重构件，在模拟支座承重的情况下进行耐火 3h 的检测更能反映支座的承重性能和耐火性能，并出具公安部消防检测部门的检测报告。

6.2.7　施工与验收

隔震橡胶支座的通用安装要求《建筑隔震工程施工及验收规范》JGJ 360。

1. 安装方法

隔震橡胶支座安装主要有二次灌浆法和一次安装就位法：（1）二次灌浆法便于控制隔震支座安装精度，但施工复杂，二次灌浆质量难以保证；（2）一次安装就位法要求预埋件加固精确就位，且要求混凝土浇筑和振捣过程中对埋件的保护，避免埋件移位。但隔震支座安装简便，成本较低。

隔震支座安装根据现场情况和吊装重量，可采用塔式起重机、汽车式起重机、叉车等进行吊装。

2. 防火措施

橡胶隔震支座本身防火性能要求是非常高的，因为隔震支座本身不具有良好的耐火性能，据实验研究，高温达到420℃左右时，其保护层开始脱落，支座畸变；受火1.5h后完全失去功能。因此，采取必要的防火构造可起到有效保护作用。

（1）将外包的柔性防火材料预留足够延展长度以适应隔震支座的水平变形，如图6-16所示。

（2）采用硬质的防火板包裹隔震支座，并设水平缝将防火板分为上下两个部分使得防火板能适应隔震支座的水平变形，再对水平缝填充耐火的柔性材料，该构造在隔震支座变形时不能保证防火装置的密封性能，如图6-17所示。

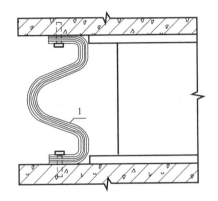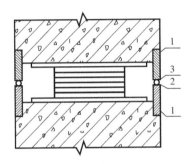

图 6-16　防火构造（一）　　　　图 6-17　防火构造（二）

1—蛇腹形防火柔性材料　　　1—防火板；2—水平隔震缝；3—耐火垫圈

（3）将防火材料与防火卷材与压缩弹簧组合，改进了防火材料的伸缩变形性能，同时保证防火材料的密封性，如图6-18所示。

加设消防喷淋头，在起火到达一定温度后对隔震支座进行降温。该做法难以做到全覆盖，且成本过高，如图6-19所示。

3. 安装验收要求

（1）支承隔震支座的支墩（梁柱），其顶面水平度误差不宜大于3‰；安装后，隔震支座，其顶面的水平度误差不宜大于8‰。

（2）隔震支座中心的平面位置与设计位置偏差不应大于5.0mm。

（3）隔震支座中心的标高与设计标高偏差不应大于5.0mm。

（4）同一支墩布置多个隔震支座，其之间的顶面高差不宜大于5.0mm。

（5）在隔震支座安装阶段，应对支墩（梁柱）顶面，隔震支座顶面的水平度、隔震支座中心的平面位置和标高进行观测并记录。

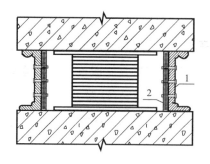
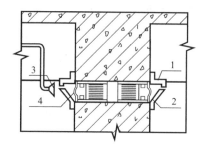

图 6-18 防火构造（三）

1—防火卷材；2—压缩弹簧

图 6-19 防火构造（四）

1—上防火板；2—下防火板；

3—消防喷淋头；4—柔性防火材料

4. 相关措施

（1）施工阶段，对隔震支座宜有临时覆盖保护措施。

（2）施工阶段，应对上部结构、隔震层部件与周围固定物的脱开距离进行检查。

（3）施工阶段，应对隔震支座的竖向和水平变形作观测并记录。

（4）使用阶段，隔震系统应设置地震监测与报警系统，可委托第三方监测机构进行健康监测。

6.2.8　隔震支座位移变形分析及对策

1. 隔震支座位移情况

隔震支座安装完成后，在上部结构浇筑完成之时，其垂直度只需控制好下支墩平整度就可确保无误。但上部混凝土结构，特别是超长混凝土结构完成一段时间之后，发现隔震支座上下连接板逐渐开始发生水平位移，且随气温的变化而变化。如图 6-20 所示。

图 6-20　隔震支座上下连接板位移

国内机场航站楼及停车楼采用隔震支座的工程主要有昆明长水国际机场 T1 航站楼（2012 年通航）、北京大兴国际机场航站楼（2019 年通航）、海口美兰国际机场 T2 航站楼（2021 年通航）及乌鲁木齐地窝堡国际机场北区改扩建工程（T4 航站楼）（计划 2024 年通航），以上航站楼工程所安装的隔震支座在结构完成后，均发生不同程度的水平位移。具体情况如下。

（1）昆明长水国际机场 T1 航站楼

昆明长水国际机场航站楼核心区（A 区）地上四层、地下三层，主体结构采用钢筋混凝土框架结构；屋盖采用钢结构，主要由七条钢彩带支承。属于大型复杂结构，且结构纵、横向刚度不对称。如图 6-21 所示。核心区（A 段）采用隔震技术，由 1810 个直径 1000mm 的铅心橡胶支座和普通橡胶支座组成。隔震支座于 2009 年 3 月安装完成，混凝土结构 2009 年 10 月封顶。

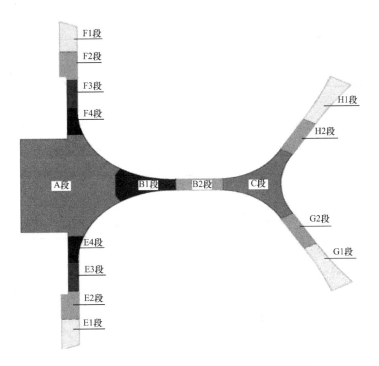

图 6-21　昆明长水国际机场航站楼结构分区图

云南省地震工程研究院分别于 2010 年 10 月 16 日和 2013 年 6 月 20 日对航站楼的隔震支座进行水平变形监测，其变形监测情况详见表 6-7。从表中可以看出，2010 年 10 月监测最大位移为 39.6mm，2013 年 6 月监测最大位移为 38mm，总体上呈位移减小的趋势。

观测结果对比（单位：mm）   表 6-7

区域	101016 观测值	130620 观测值	区域	101016 观测值	130620 观测值	区域	101016 观测值	130620 观测值	区域	101016 观测值	130620 观测值
1	38.9	37	11	28.9	27	21	24.7	22	31	17.1	12
2	32.6	31	12	19.8	20	22	37.1	36	32	14.9	12
3	29.6	30	13	29	29	23	27.2	21	33	16	11
4	28.9	29	14	37.6	36	24	8.3	6	34	24.4	23
5	31.8	31	15	36.3	37	25	2	2	35	28	27
6	39.6	38	16	26.7	23	26	6.1	3	36	35.7	36
7	39.1	38	17	14.9	13	27	16.1	11	37	26.3	25
8	31.7	32	18	8	6	28	27.9	23	38	28.5	27
9	26	25	19	10.7	9	29	35.8	37	39	28.6	26
10	29.1	28	20	16.8	13	30	29.4	30	40	31.3	31

结合两次的观测数据来看，隔震层最大水平位移量出现在整个航站楼的四周，最大位移量达到了 39.6mm。而在航站楼中心区域，隔震橡胶支座的水平倾斜位移很小，最小倾斜位移仅有 2mm。如图 6-22 所示。

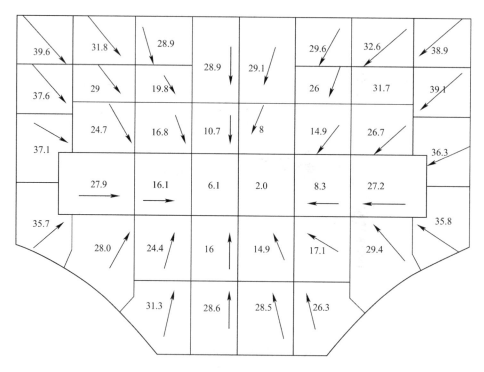

图 6-22 航站楼各区域隔震橡胶支座水平位移量（单位：mm）

（2）北京大兴国际机场航站楼

北京大兴国际机场航站楼由核心区（C 区）和 5 个指廊组成。核心区地下 2 层、地上 5 层，其他区地下 1 层，地上 2～3 层。如图 6-23 所示。主体为钢筋混凝土框架结构，屋顶及其支撑结构采用钢结构，核心区东西方向宽 545m、南北向长 445m。核心区（C 区）采用隔震设计，隔震层位于 +0.000m 处，隔震层由 1152 个直径 1200～1500mm 的橡胶支座和黏滞阻尼器组成。

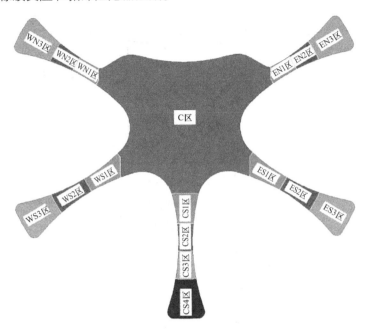

图 6-23　北京大兴国际机场航站楼结构分区图

　　北京大兴国际机场分别于 2017 年 1 月 3 日和 2017 年 4 月 27 日对隔震支座的水平变形进行监测，两次监测发现支座整体变形趋势为四周向中心方向偏移，核心区靠东北侧支座偏移较大，最大偏移量为 49.9mm。其位移照片如图 6-24 所示，隔震支

图 6-24　隔震支座位移

座分布及位移方向如图 6-25 所示，位移数值详见表 6-8。从表中可以看出，随着气温的上升（1 月到 4 月），隔震支座的位移值是变小的。

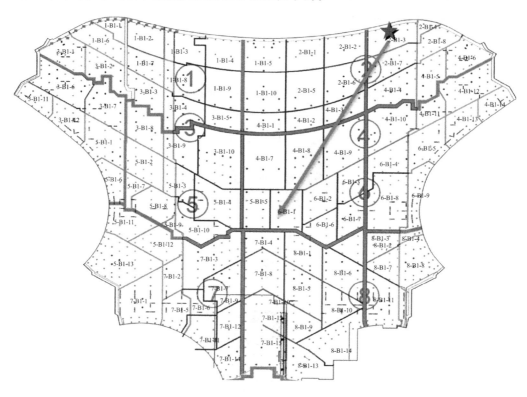

图 6-25 隔震支座分布及位移方向

隔震支座位移监测数值 表 6-8

区域	编号	第一次偏移距离（mm）	第二次偏移距离（mm）	第一次偏移角度（°）	第二次偏移角度（°）	备注
一区	45	38.1	30.5	139.81822	8.89818	
一区	58	3.0	9.6	242.85713	98.73231	
一区	102	33.9	33.4	90.45330	7.96438	
一区	22	44.1	28.0	204.89228	32.65922	
一区	44	35.7	28.2	142.21235	35.83303	
一区	28	41.8	30.7	133.39612	49.79395	
一区	94	43.3	37.3	313.77051	44.67761	
一区	108	13.7	27.4	129.75220	63.85256°	
一区	56	5.0	9.9	63.09812	89.08912	
一区	97	8.3	32.3	308.31966	50.54350	
一区	64	7.2	15.2	336.21641	74.22793	
二区	163	8.5	23.3	140.81799	48.50695°	
二区	190	24.8	8.1	233.72257	214.59945	

续表

区域	编号	第一次 偏移距离（mm）	第二次 偏移距离（mm）	第一次 偏移角度（°）	第二次 偏移角度（°）	备注
二区	198	26.7	12.2	222.04191	262.26877	
二区	149	49.9	30.3	226.42371	228.34737	
二区	123	7.7	22.6	140.66018	116.29913	
二区	171	14.2	28.8	78.62677	143.08582	
二区	178	35.8	25.3	86.83497	184.43538	
二区	138	22.5	24.2	30.57462	168.94264	
二区	127	12.1	13.6	7.38212	145.86467	
七区	954	8.5	19.0	239.40085	267.95359	
七区	877	6.3	15.5	348.60716	257.31407	
七区	861	25.3	25.1	214.69735	271.15238	
七区	923	14.8	18.0	115.54156	247.96261	
七区	929	19.2	12.6	319.74328	333.01282	
七区	969	18.8	10.3	75.92146	336.53620	
七区	875	15.3	24.0	233.89845	287.04862	
七区	913	15.8	24.2	123.04916	306.50315	
八区	1037	17.8	24.0	127.75713	240.66966	
八区	1096	24.4	15.4	75.15350	221.56644	
八区	1028	16.9	11.6	65.68194	191.36040	
八区	1006	25.5	22.3	70.26837	234.58413	
八区	1014	30.0	19.7	66.04164	206.50432	
八区	1078	21.8	15.3	194.88697	228.64555	
八区	989	18.3	19.0	12.15763	244.15812	
八区	1150	27.6	15.5	338.09325	187.66653	
八区	1127	11.5	10.6	355.83936	321.36084	
八区	1143	29.8	13.5	20.32535	187.05335	
八区	1103	24.0	14.5	136.07533	195.55733	

（3）海口美兰国际机场 T2 航站楼

海口美兰国际机场 T2 航站楼核心区（A 区）南北宽约 195m，东西长约 450m，如图 6-26 所示。隔震层跨层设置大部分位于首层底板以下，地下室区域则位于地下

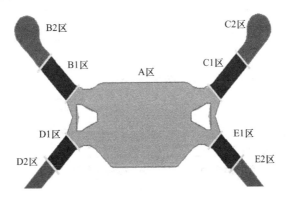

图 6-26　海口美兰国际机场 T2 航站楼结构分区图

室底板以下，隔震层由 920 个直径 900～1200mm 的橡胶支座组成。如图 6-27、图 6-28 所示。

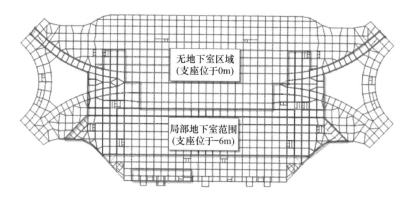

图 6-27 隔震层结构平面图

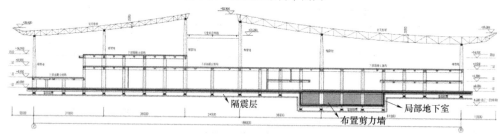

图 6-28 结构剖面图

2019 年 11 月 21 日对隔震支座进行位移测量（航站楼主体已封顶一年有余），经检查发现，与指廊相接部位附近的隔震支座变形较大，最大变形为 43mm。位移方向为两端向中心区。如图 6-29 所示。

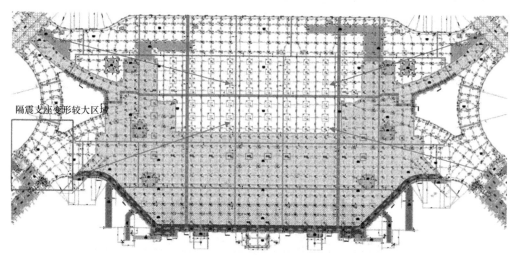

图 6-29 隔震支座位移方向示意

(4) 乌鲁木齐地窝堡国际机场北区改扩建工程（T4 航站楼）

乌鲁木齐地窝堡国际机场 T4 航站楼场地设防烈度为 8 度 0.2g，属于高烈度区。主楼采用基础隔震技术，隔震层跨层设置，一部分位于首层底板以下，地下室区域则位于地下室底板以下。航站楼东西长 816m，南北宽 762m。主航站楼 D 区（隔震范围）：采取隔震设计，东西方向 285m，南北方向 510m。两条 3.5m 宽结构后浇带，分开后尺寸为 173m＋166m＋170m。如图 6-30 所示。施工后浇带原设计间距 60m 左右，宽度 1m。在基础底板上设置隔震层，共计 743 个橡胶隔震支座，有 1100mm、1200mm、1300mm、1400mm、1500mm 五种直径。隔震 D 区与周边地面衔接部位，设计为隔震沟，隔震沟可活动距离为 700mm。如图 6-31 所示。

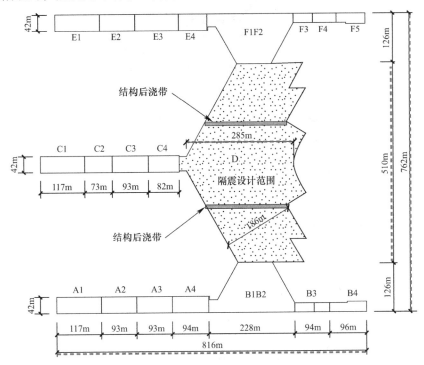

图 6-30　航站楼结构分区图

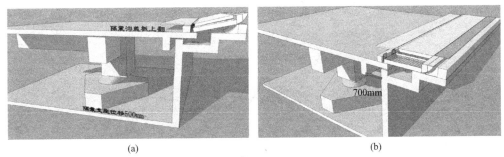

图 6-31　隔震沟布置示意

混凝土结构施工情况如下：

1）R 轴以北，混凝土采取跳仓法施工，以释放应力，减少干缩变形。如图 6-32 所示。

2）取消 1m 宽施工后浇带，保留两条 3.5m 宽结构后浇带。每个仓位面积约 1600m²。R 轴以南，按原设计，保留 1m 宽施工后浇带。

3）一阶段混凝土结构施工时间为 2020 年 5 月～2020 年 12 月；二阶段混凝土结构施工时间为 2020 年 11 月～2021 年 9 月。

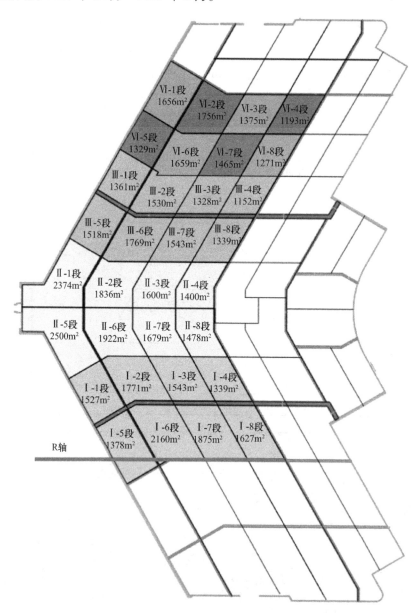

图 6-32 R 轴以北跳仓法施工示意

4）一阶段隔震支座安装时间为 2020 年 6 月～2020 年 7 月，共计 450 个；二阶段隔震支座安装时间为 2021 年 4 月～2021 年 6 月，共计 293 个。

截至 2021 年 9 月 9 日，共计监测 192 个隔震支座，变形情况统计如下：

1）2020 年 10 月底发现隔震支座出现较大变形情况，11 月初开始进行变形数据监测，12 月 20 日隔震支座达到变形最大值。如图 6-33 所示。

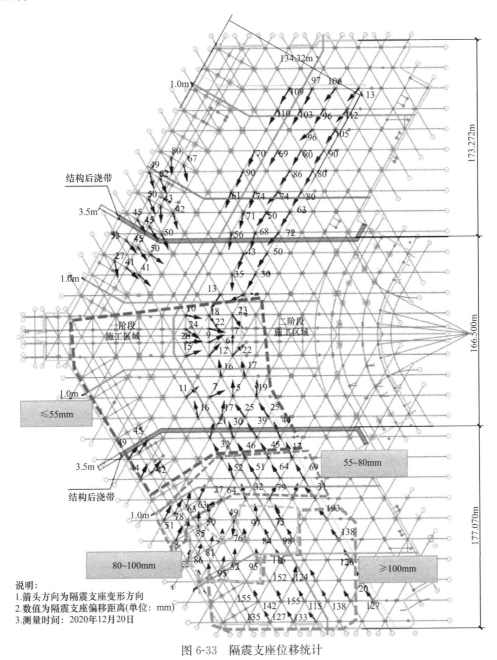

图 6-33　隔震支座位移统计

2）变形整体趋势呈现由四周向中间收缩的状态。R轴以南的变形远大于R轴以北。

3）南北向结构长度517m，现阶段（2021年9月9日）最大位移分布在南北端部，南边最大位移值77mm，北边最大位移值44mm。

4）东西向结构宽度285m，现阶段最大变形分布在西端，最大位移值43mm。

5）西侧隔震沟部位顶板整体向东偏移50mm，侧面反映隔震支座向东偏移50mm。

6）位移变形量大的支座主要集中在AN轴、AM轴、K轴、J轴。如图6-34所示。

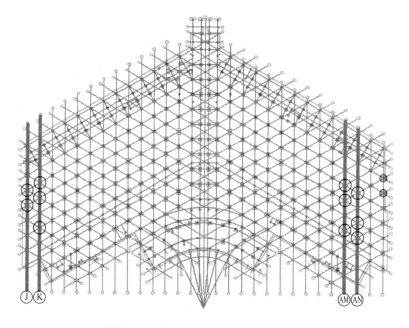

图 6-34 隔震支座位移最大区域示意

7）共计测量192个支座，变形量≥100mm的有34个，占比18％；80mm≤变形量＜100mm的有54个，占比28％；55mm≤变形量＜80mm的有33个，占比17％；变形量＜55mm的有71个，占比37％。如图6-35所示。

8）从2020年12月20日～2021年9月9日，随着气温的回升，各支座位移变形量逐步下降。如图6-36所示。

（5）综述

综合以上四个航站楼隔震支座位移变形，有以下规律：

1）隔震支座上部混凝土隔震结构完成3个月后，隔震支座开始发生位移，在12个月以内，位移达到最大值，之后隔震支座位移变形总体回位变小。隔震层结构完成3年后，隔震支座位移趋于稳定。

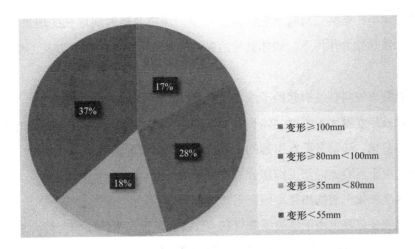

图 6-35　隔震支座水平位移变形值范围统计饼图

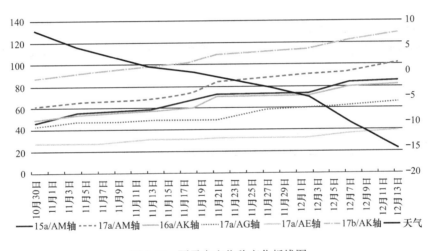

图 6-36　隔震支座位移变化折线图

2）隔震支座的位移随着气温的变化而变化，特别是隔震层尚未封闭，保温效果不明显的情况下，气温上升，位移减少；气温下降，位移增大。

3）隔震支座的位移与隔震层的结构后浇带、施工分段等有一定关系。

2. 位移原因分析

隔震支座安装完成后，其垂直度是符合《建筑隔震工程施工及验收规范》JGJ 360—2015 的。待上部隔震层结构完成一段时间后，开始发生位移，其主要原因是：

（1）混凝土在荷载作用下引起的徐变

混凝土徐变是指混凝土在长期应力作用下，其应变随时间而持续增长的特性。在长期荷载作用下，结构或材料承受的应力不变，而应变随时间增长的现象称为徐变。其产生的原因是外力作用下，胶体颗粒的黏性流动造成晶体的滑动以及毛细孔中水的迁移。

（2）混凝土材料特性引起的干燥收缩变形

干燥收缩是混凝土干燥时的体积改变，是由于混凝土中水分在新生成的水泥石骨架中的分布变化、移动及蒸发引起的。结构收缩计算主要是针对干燥收缩。一般认为干燥收缩是由于混凝土内部毛细水分的扩散消失所致。

（3）温度变化引起的热胀冷缩变形

温度收缩是混凝土由于温度下降（在0℃以上）而发生的收缩变形。对于大体积混凝土，裂缝主要是由温度变化引起的。而温度上升，也可对混凝土结构伸长有一定作用。

3. 收缩变形影响因素分析

混凝土收缩徐变主要受用水量、水泥、集料、外加剂、环境及养护等因素影响。见表6-9。

混凝土收缩徐变影响因素 表6-9

项目	内容
用水量影响	（1）混凝土在水中呈微膨胀变形，在空气中呈收缩变形； （2）水灰比越大，收缩越大； （3）泌水量大，表面含水量高，表面早期收缩大； （4）混凝土含水量越高，表现为水泥浆量越大，坍落度大，收缩越大； （5）基坑肥槽尽早回填土方，尽早封闭和外围护装修可减少收缩
水泥影响	（1）水泥活性越高，颗粒越细，比表面积越大，收缩越大； （2）矿渣水泥收缩比普通水泥收缩大，粉煤灰水泥及矾土水泥收缩较小；快硬水泥收缩较大，矿渣水泥及粉煤灰水泥的水化热比普通水泥低； （3）水泥用量较少且采用中低强度等级配制的混凝土收缩完成时间约为1年，用量较多且较细的水泥配制混凝土约为2～3年
集料、外加剂等影响	（1）砂岩作骨料收缩大幅度增加； （2）粗细骨料中含泥量越大，收缩越大； （3）骨料粒径越小，砂率越高，收缩越大； （4）配筋率越大，收缩越小；但配筋率过大则会增加混凝土的拉应力； （5）外加剂及掺合料选择不当，严重增加收缩，粉煤灰掺量越大，收缩越大，特别是在养护不到位的情况下
环境及养护等影响	（1）环境湿度越大，收缩越小；越干燥，收缩越大； （2）风速越大，收缩越大； （3）早期养护时间越长，收缩越小；早期不注意养护，收缩加大； （4）环境及混凝土温度越高，收缩越大； （5）混凝土暴露面越大，收缩越大，停工暴露时间越长收缩增大

与此同时，隔震支座的水平位移大小，与隔震层混凝土结构的平面尺寸密切相关，尺寸越大，变形越大。特别是长宽比越大，长向收缩变形越大。

4. 隔震支座水平位移的相关规定

有关隔震支座施工及验收的国家、行业规范对其安装后发生的位移未有相关规定，目前处于空白的状态。地方标准《建筑工程叠层橡胶隔震支座施工及验收标准》DBJ 53 / T—48—2020 对此做了相关规定：

因混凝土收缩应力和温度应力引起的支座上下连接板水平相对位移不应超过表 6-10 的要求。

隔震支座上下连接板水平相对位移限值   表 6-10

D、a 和 b（mm）	水平相对位移不应超过（mm）
300、400	20
500、600	30
700、800	40
900、1000	50
1100～1300	55
1400～1600	65

注：D 为圆形支座有效直径；a 为正方形支座内部橡胶的边长，或矩形支座内部橡胶的长边长度；b 为矩形支座内部橡胶的短边长度。

以上隔震支座上下连接板水平相对位移限值主要基于云南省当地的工程实践和气候特征，其他地域工程施工需结合当地气候、施工方法等做参考。对发生位移较大的情况，可结合工程实际情况，召开专家论证会，以确定最大允许位移值，为工程验收提供依据。

5. 隔震支座水平位移的预防措施

隔震支座受隔震层混凝土结构收缩徐变的影响，不可避免地将发生水平位移。设计、施工应采取各种措施，尽量减少隔震层混凝土结构收缩徐变，进而减少隔震支座的水平位移，避免影响隔震支座使用阶段力学性能。

（1）设置结构后浇带

隔震结构楼板不超过 200m 时设置结构后浇带，后浇带宽度不小于 3m，主次梁钢筋在此断开。如图 6-37 所示。通过设置结构后浇带，将超长混凝土结构梁板分为若干个独立结构分区，在建筑外围护完成后再封闭，以减少超长混凝土结构梁板的整体变形值。

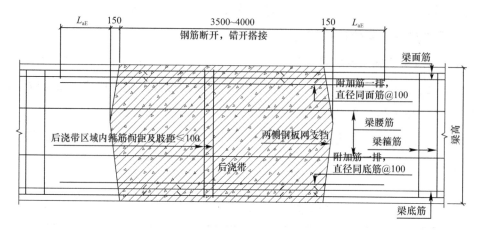

图 6-37 梁结构后浇带示意

（2）优化混凝土配合比

采用普通硅酸盐水泥，避免采用矿渣硅酸盐水泥；适量控制矿渣、粉煤灰的掺量，过大掺量易造成混凝土收缩；通过采用高效减水剂，减少混凝土水灰比；掺加一定比例的微膨胀剂；减少砂率，采用较大粒径、吸水率低的碎石等。

（3）环境及养护

混凝土结构不应在低于 5℃ 的气温下施工。加强混凝土浇筑后的养护工作，保湿养护时间不应少于 14 天。混凝土结构完成后，应尽快完成地下室肥槽土方回填和建筑外围护系统的施工，以减少室内外温差，使得隔震层保持较为稳定的温度状态。

6.2.9　维护与管理

（1）维护规定应包括隔震建筑的定期检查和应急检查工作，定期检查由专门技术人员进行，宜在竣工后第 1、3、5 年各检查一次，10 年以后每 10 年检查一次，当发生地震、火灾等异常情况时，应立即进行应急检查。

（2）应经常检查是否存在有限制上部结构位移的障碍物，并及时予以清除。

（3）隔震层部件的修理、更换，应在专业技术人员指导下进行。

（4）在隔震构造附近或建筑物入口处，设置隔震警示标记，以提醒对隔震层部件及隔震构造的维护。

6.2.10 相关厂家分析与参考

近二十年来，隔震工程得到了长足的发展，特别是汶川地震之后，政府和社会各界充分认识到建筑隔震对于人民生命和财产的重要性。对于建筑、桥梁等工程的减隔震投入不断加大，也出台了很多的政策和指导意见。同时，也涌现了大量的生产厂家和专业承包商。

但是，各厂家生产能力、产品质量及工程业绩等参差不齐。对于建设单位和施工总包单位，如何选择隔震支座专业厂家，主要从几个方面入手：

1. 生产能力

考察专业厂家各种规格型号的隔震支座的能力，每一种规格型号的支座根据设计要求，都需要进行相应的深化设计，进行各种力学、变形性能和耐久性等试验，并出具出厂型式检验报告。如果没有相应规格特别是大直径隔震支座的生产经验，贸然选择将面临极大的质量风险。

2. 产品质量

检验隔震支座力学性能最为重要的设备就是压剪机，它是检验隔震支座承载力和极限变形能力的关键设备。对超过 1m 直径的隔震支座，应配备竖向压力为 1000t、2500t、5000t 不等的大型压剪试验设备，并严格执行 100% 自检，有效保证产品的质量。

隔震橡胶支座防火性能试验是极为重要的指标，专业厂家应在国家建筑防火产品安全质量监督检验中心完成 3h 的耐火试验，以确保耐火试验前后隔震橡胶支座性能稳定，满足使用要求。

3. 工程业绩

同类工程业绩是检验专业厂家能力最直接的证据，大量工程实践特别是大型公共建筑的业绩，可验证专业厂家在成品供应、施工管理、质量管控和客户反馈等方面的真实情况，对于专业厂家的选择是直接的考量。

为便于参考，提供以下专业厂家，信息或有滞后或不完善，仅供参考。见表6-11。

隔震支座生产厂家（截至 2020 年）　　　　　表 6-11

序号	生产厂家	厂家所在地	生产规格、型号范围	工程业绩	评价星级
1	震安科技股份有限公司	云南昆明	1000～1500mm 均可生产	拥有 1500mm，30 万 m² 业绩	★★★★★

序号	生产厂家	厂家所在地	生产规格、型号范围	工程业绩	评价星级
2	柳州东方工程橡胶制品有限公司	广西柳州	1000~1500mm均可生产	有1200mm，10万m²业绩	★★★★★
3	株洲时代新材料科技股份有限公司	湖南株洲	1000~1500mm均可生产	有1500mm，10万m²业绩	★★★★★
4	衡水震泰隔震器材有限公司	河北衡水	1000~1500mm均可生产	有1200mm，10万m²业绩	★★★★
5	河北宝力工程装备股份有限公司	河北衡水	1000~1500mm均可生产	有1300mm，10万m²业绩	★★★★
6	衡橡科技股份有限公司	河北衡水	1000~1500mm均可生产	有1200mm，10万m²业绩	★★★★
7	陕西永安减震科技有限公司	陕西西安	1000~1500mm均可生产	有1300mm业绩，业绩规模较小（学校类业绩）	★★★
8	衡水市橡胶总厂有限公司	河北衡水	生产小型支座	主要为公路桥梁业绩，房建最大600mm支座业绩	★★★
9	江苏万宝桥梁构件有限公司	江苏常熟	1000~1500mm均可生产	有1200mm，主要为桥梁类业绩，公建业绩较少	★★★
10	上海建顾减震科技有限公司	上海	1000~1500mm均可生产	有1200mm，公共建筑业绩较小	★★★

6.3 消能减震工程

建筑隔震，除在基础与主体结构之间设置隔震支座外，一般还设置有屈曲约束支撑、屈曲约束钢板墙、各种阻尼器等。对于振动较大的人行结构钢廊桥，还设置调谐减震阻尼器（TMD）的减震装置。位移型减震装置有防屈曲约束（耗能）支撑、防屈曲钢板剪力墙、摩擦阻尼器等；速度型减震装置有黏滞阻尼器、黏弹性阻尼墙及磁流变阻尼器等；其他减震装置包括调谐质量阻尼器等。如图6-38所示。

6.3.1 减震装置简介

1. 屈曲约束构件耗能原理及构造

（1）屈曲约束构件采用滞回性能较好的低屈服钢作为芯板，仅芯板与其他构件连接，所受的拉压力均由其承担。其在受拉和受压状态下芯板较容易屈服，会发生平面外变形导致失能，设置外套筒和填充材料约束芯板受压屈曲。屈曲约束支撑一般由3部分构成，即核心单元、约束单元及滑动机制单元，其中核心单元即芯材，又称为主

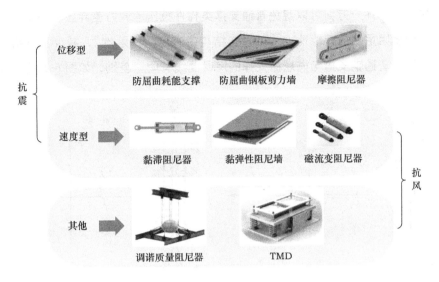

图 6-38 减震装置分类

受力单元，是构件中主要的受力元件，由特定强度的钢板制成。常见的截面形式为十字形、T 形、双 T 形和一字形等，分别适用于不同的刚度要求和耗能需求。约束单元又称侧向支撑单元，负责提供约束机制，以防止核心单元受轴压时发生整体或余部屈曲。比较常见的约束形式为钢管填充混凝土、砂浆或纯钢型结构约束。滑动机制单元又称为脱层单元，是在核心单元与约束单元间提供滑动的界面，使支撑在受拉和受压时尽可能有相似的力学性能，避免核心单元因受压膨胀后与约束单元间产生摩擦力而造成轴压力的大量增加，这种滑动单元一般是由一些无粘结材料制作而成的。屈曲约束构件组成如图 6-39 所示。

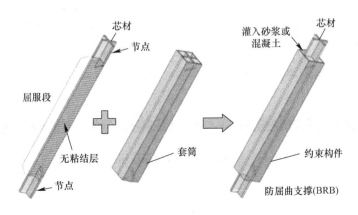

图 6-39 屈曲约束构件组成

屈曲约束构件一方面可以避免普通支撑类构件拉压承载力差异显著的缺陷，另一方面具有金属阻尼器的耗能能力，可以在结构中充当"保险丝"，减少主体结构产生的地震破坏。普通钢支撑与防屈曲支撑的滞回曲线有明显差别，如图 6-40 所示。

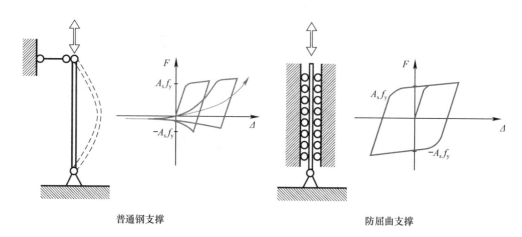

普通钢支撑   防屈曲支撑

图 6-40 普通钢支撑与防屈曲支撑的滞回曲线对比

当采用屈曲约束耗能结构形式，较普通抗震结构其变形更小，节点更易得到保护，其滞回曲线更加饱满。如图 6-41 和图 6-42 所示。

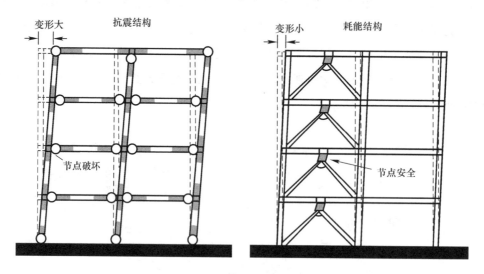

图 6-41 两种结构形式在地震作用下的反应

（2）防屈曲屈服承载力

屈曲约束构件屈服承载力用于结构的弹塑性分析，为支撑首次进入屈服的轴向力，是按下式计算得到的：

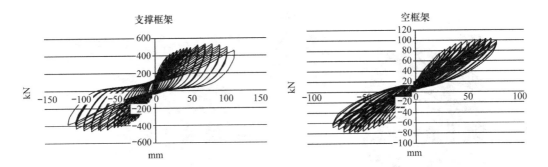

图 6-42　两种结构形式在地震作用下的滞回曲线

$$N_{by} = \eta_y f_y A_1 \qquad\qquad (6-1)$$

式中　N_{by}——屈曲约束支撑的屈服承载力；

　　　η_y——芯板钢材的超强系数；

　　　f_y——钢材设计强度；

　　　A_1——芯材截面面积。

（3）屈曲约束支撑构造

主要包括：1）钢内芯：承受轴向拉压，屈服时耗能；2）约束构件：对内芯提供侧向约束；3）隔离层：压缩钢内芯压缩空间。如图 6-43 所示。

2. 防屈曲金属钢板墙工作原理及构造

防屈曲金属钢板墙指不会发生面外屈曲的钢板剪力墙，由承受水平荷载的钢芯板和防止芯板发生面外屈曲的部件组合而

图 6-43　屈曲约束支撑构造示意

成，是针对普通钢板剪力墙易发生面外屈曲而改进的新型抗剪力耗能构件。防屈曲钢板墙主要依靠芯板的面内整体弯剪变形来平衡水平剪力。作为核心抗侧力构件，芯板以钢板制成，通过剪力键与面外约束部件相连，防止芯板面外屈曲，使钢板墙的受剪屈曲临界荷载大于其抗剪屈服承载力，从而钢板墙只会发生剪切屈服而不是剪切屈曲，大大改善了其抗震耗能能力。同时面外约束板件还可以作为钢板墙的防火保护。

防屈曲钢板墙由钢板和外侧约束两部分组成：开斜槽钢板或软钢芯板：板带承受轴向拉、压力，并在屈服时耗能；混凝土约束或型钢约束：对内芯提供侧向约束，防止内芯屈曲。其构造如图 6-44 所示。

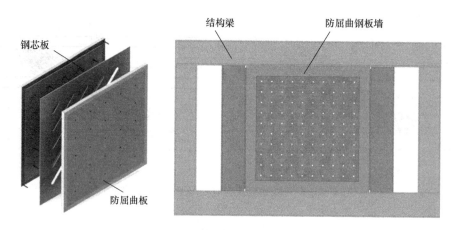

图 6-44 防屈曲钢板墙构造图

防屈曲钢板墙在疲劳循环试验中，具有良好的力学性能和变形能力，如图 6-45 所示。

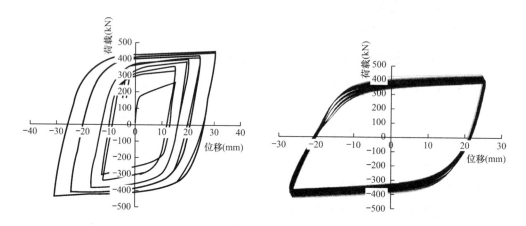

图 6-45 防屈曲钢板墙滞回曲线

3. 阻尼器工作原理及构造

黏滞阻尼器是一种被动耗能减震装置。当结构因震动发生变形时，载荷带动活塞在缸体内往复运动，迫使阻尼介质高速通过阻尼通道，产生阻尼力，消耗结构的震动能量，从而达到减小震动，避免结构损伤的目的。其工作原理如图 6-46 所示。

黏滞阻尼器（Fluid Viscous Damper，简称 FD 或 FVD）一般由缸体、活塞、活塞杆、端盖、黏性介质、耳环及密封件等部分组成，其构造示意如图 6-47 所示。

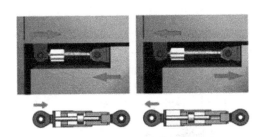

图 6-46　黏滞阻尼器工作原理

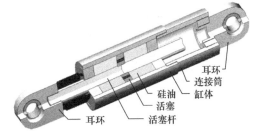

图 6-47　黏滞阻尼器构造示意

其输出力与运动速度的关系符合公式：

$$F = CV^\alpha \tag{6-2}$$

式中　F——输出力；

　　　V——运动速度；

　　　C——阻尼系数；

　　　α——速度指数。

黏滞阻尼器具有以下优势：

（1）无初始刚度，不影响结构物的固有震动频率；

（2）呈椭圆形的滞回曲线，耗能效率高；

（3）位移大，可实现 1m 以上的超大位移；

（4）可在地震和其他荷载下反复使用。

4. 调谐减震阻尼器 （TMD） 工作原理及构造

调谐减震阻尼器 TMD 通过将 TMD 振动的周期调节为结构振动周期，当结构在外激励下作用时，通过 TMD 与结构共振，可将结构振动的能量吸收到 TMD 系统中，并通过阻尼元件耗散系统的振动能量，从而减小结构在动力作用下的振动响应，提高结构的舒适性和安全性。其布置形式和工作原理如图 6-48 和图 6-49 所示。

调谐减震阻尼器 （TMD） 用于提高高柔结构（高层建筑、桥塔、电视塔等）和大跨结构（大跨屋盖、人行天桥等）在强风荷载、中小地震、人行激励等动力作用下的舒适性和安全性。

调谐减震阻尼器 （TMD） 计算简图如图 6-50 所示。

其力学模型分析符合公式：

$$MY'' + CY' + KY - c(y' - Y'') - k(y - Y) = F(t) \tag{6-3}$$

$$my'' + c(y' - Y'') + k(y - Y) = 0 \tag{6-4}$$

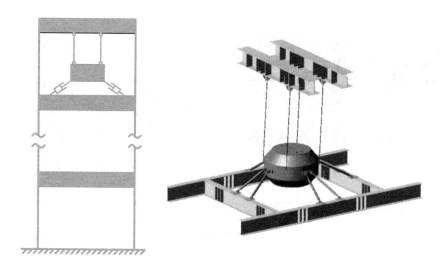

图 6-48　调谐减震阻尼器（TMD）示意

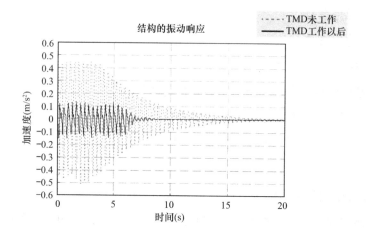

图 6-49　调谐减震阻尼器（TMD）结构振动响应

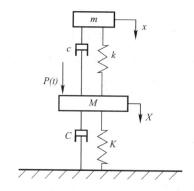

图 6-50　调谐减震阻尼器（TMD）计算简图

$$A(g) = \left[\frac{(2\xi g)^2 + (g^2 - f^2)^2}{(2\xi g)^2 (g^2 - 1 + \mu g^2)^2 + \{\mu f^2 g^2 - (g^2 - 1)(g^2 - f^2)^2\}} \right]^{0.5} \quad (6-5)$$

调谐减震阻尼器 TMD 由质量块、弹簧和阻尼系统组成，可分为电涡流 TMD 和黏滞流体 TMD 两种，其构造如图 6-51 所示。

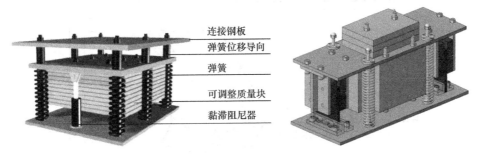

连接钢板
弹簧位移导向
弹簧
可调整质量块
黏滞阻尼器

图 6-51　调谐减震阻尼器（TMD）构造

电涡流 TMD 是近年来研发的新产品，它利用电涡流阻尼机制代替传统的油阻尼器，能够提高 TMD 振动控制的稳定性，延长 TMD 的使用寿命。其各项性能对比见表 6-12。

电涡流 TMD 与传统 TMD 性能对比　　　　　　　　　　　　表 6-12

性　能	电涡流 TMD	传统 TMD
工作原理	通过电磁感应耗能，没有黏滞流体，也不要电源	黏滞流体，摩擦耗能
耐久性	全金属结构，没有漏油和老化问题；永磁体使用寿命可达 30 年以上；主体常维护下寿命可达 50 年以上	常规使用寿命 20 年，国内外桥梁油阻尼器多次出现 10 年内密封件老化和漏油现象
工作温度	−40～80℃	−25～60℃
稳定性	稀土永磁体性能稳定，基本不随温度发生变化	黏滞流体的黏性随温度变化，阻尼性能受温度影响大
启动摩擦力	非接触，零摩擦，可以在微小振动激励下开始工作	启动摩擦力大，比较大的振动作用激励下才开始工作
空间尺寸	全机械装配件，磁钢可以灵活摆放，TMD 空间尺寸更小	需要油缸或专门黏滞阻尼器的安装空间，TMD 空间尺寸较大

6.3.2　工程案例

1. 设计简介

(1) 屈曲约束支撑设置位置

某航站楼（D 区）南北两个端部两跨，在一～三层均设置有屈曲约束支撑。屈曲约束支撑平面、立面布置及大样分别如图 6-52～图 6-54 所示。

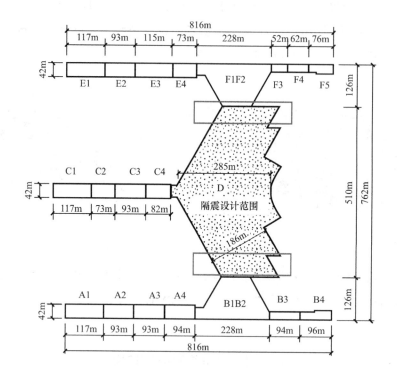

图 6-52 屈曲约束支撑平面布置

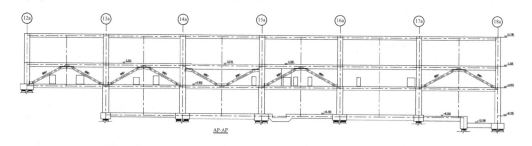

图 6-53 屈曲约束支撑立面布置

（2）屈曲约束钢板墙设置位置

某航站楼屈曲钢板墙设置于南北两端三角区（B1B2、F1F2）三层区域。其平面布置和立面如图 6-55 和图 6-56 所示。

（3）调谐减震阻尼器（TMD）设置位置

某航站楼调谐减震阻尼器（TMD）设置于各个登机桥廊道中部的楼板下侧，如图 6-57 所示。其主要技术参数见表 6-13。

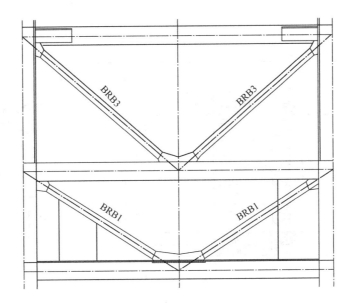

图 6-54 屈曲约束支撑立面大样

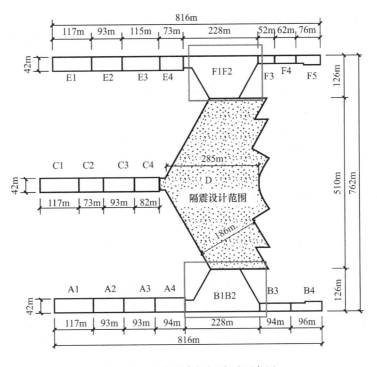

图 6-55 屈曲约束钢板墙平面布置

2. 材料类别及要求

（1）屈曲约束支撑的材料要求：芯材的屈强比不应大于 0.8，伸长率应大于 20%，应具有 0℃下 27J 冲击韧性，芯材不得采取拼接。所有与支撑相连接的节点板材料都为 Q345C。

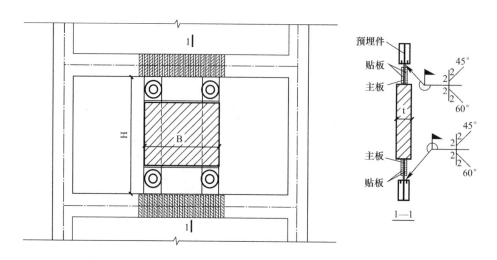

图 6-56　屈曲约束钢板墙立面示意

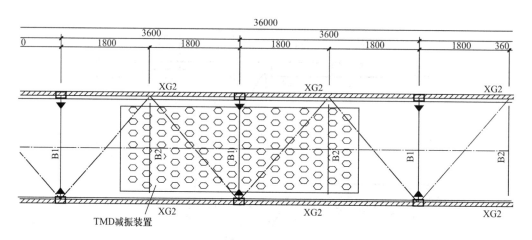

图 6-57　调谐减震阻尼器（TMD）平面布置

调谐减震阻尼器（TMD）技术参数　　　　　　　　　表 6-13

名称	重量	频率	阻尼比
TMD	1.5t/个	2.6Hz	0.08

（2）屈曲约束钢板墙材料要求：芯材的屈强比不应大于 0.8，伸长率大于 30% 并有明显的屈服台阶，应具有 0℃下 27J 冲击韧性，芯材不得采取拼接。所有与耗能墙相连接的节点板材料都为 Q345C。

（3）调谐减震阻尼器（TMD）的材料要求：类型为永磁式电涡流调制阻尼器，

TMD 弹簧表面光滑、无氧化坑、毛刺和裂纹，弹簧按螺旋压缩弹簧设计。

3. 技术要求、 力学性能参数及成品检测

(1) 技术要求

1) 屈曲约束支撑

① 屈曲约束支撑不可采用普通钢结构支撑替代。

② 根据《建筑消能减震技术规程》JGJ 297—2013 第 5.15 条相关要求，为了验证屈曲约束支撑的性能和减震效果，屈曲约束支撑厂家所供构件，应提供至少一个地震模拟振动台试验报告（屈曲约束支撑在工程项目应用的地震模拟振动台试验报告或屈曲约束支撑产品性能的振动台试验报告）。

③ 屈曲约束支撑制造商还应提供相应的具有 CMA 标记的构件试验报告，并明确安装方法、保管、养护条件等。

④ 屈曲约束支撑的正常维护使用年限为 50 年。其构件长度允许偏差±3mm。

⑤ 约束屈曲支撑应具有良好的环境特性，耐气候、耐腐蚀。

⑥ 涂装要求。见表 6-14。

屈曲约束支撑涂装要求

表 6-14

序号	涂装程序	油漆名称	涂装道数	涂装方法	涂装场所	干膜厚度（μm）
1	表面处理	采用预处理流水线进行喷射法除锈处理，除尽铁锈、氧化皮等杂物。表面处理质量达到 Sa2.5 级，表面粗糙度 40～80μm 后，涂装由制作单位选定的车间底漆				
2	底漆	环氧富锌防锈漆，锌粉含量>80%	1	无气喷涂	工厂车间	80
3	封闭漆	环氧云铁封闭漆	1	无气喷涂	工厂车间	40

2) 屈曲约束钢板墙

① 为保证安全，屈曲约束钢板墙制造商应提供至少 3 个工程应用案例，并提供相应构件试验报告。

② 屈曲约束支撑的正常维护使用年限为 50 年。

③ 约束屈曲钢板墙应具有良好的环境特性，耐气候、耐腐蚀。

3) 调谐减震阻尼器（TMD）

调谐减震阻尼器（TMD）系统设计寿命不小于 50 年，减震器为非小孔节流式，在使用年限内保证减震器不漏油，阻尼介质不变质，化学性能长期稳定，抗老化性能优良；弹簧的基本参数在建筑结构设计寿命内无变化；TMD 减震器应有可靠的措施减少摩擦力的不利影响，质量块不至于在较小的振动下不运行。

（2）力学性能参数

1）屈曲约束支撑力学性能参数表，见表6-15。

屈曲约束支撑规格表　　　　　　　　　　　　表 6-15

支撑编号	支撑类型	芯材牌号	等效截面 A_e（mm²）	抗震承载力（kN）	轴线长度（mm）	外观形状	外套筒高度 H（mm）	外套筒高度 H（mm）
BRB1	承载型	LY225	27225	10000	11760	矩形	≤550	≤350
BRB2	承载型	LY225	27225	8670	9590	矩形	≤400	≤350
BRB3	承载型	LY225	27225	10000	12990	矩形	≤600	≤350

注：BRB 表示屈曲约束支撑。

2）屈曲约束钢板墙力学性能参数表，见表6-16。

防屈曲钢板墙规格表　　　　　　　　　　　　表 6-16

钢板墙编号	钢板墙类型	芯材牌号	初始刚度（kN/mm）	屈服承载力 Q_N（kN）	屈服后刚度比	构件尺寸（高 H×宽 B×厚 t）（mm）
BRW1-1	耗能型	LY160	400	400	0.05	4300×2600×250
BRW1-2	耗能型	LY160	300	300	0.05	4300×2600×250

注：BRW 表示屈曲约束钢板墙。

（3）成品检验

1）屈曲约束支撑

① 力学性能应进行抽样检测试验，抽样数量为总数量的3%，且不少于2个，检测后构件不得用于主体。试验时，支撑在受拉和受压的两种状态下均应达到屈服承载力，且支撑不应出现屈曲现象，还应在1/100支撑长度的拉伸和压缩往复各一次变形，支撑不出现屈曲失稳现象。

② 工厂焊接焊缝的检验等级为一级，现场焊接坡口焊缝的质量检验等级为二级，角焊缝的质量等级为三级。

2）屈曲约束钢板墙

① 力学性能应进行抽样检测试验，抽样数量为总数量的3%，且不少于2个，检测后构件不得用于主体。试验时依次在1/150、1/100、1/75、1/50墙高位移量下反复各三次变形，试验得到的滞回曲线稳定、饱满，具有正增量刚度，且最后一次变形第3次循环的承载力不低于历经最大承载力的85%，历经最大承载力不高于屈曲约束钢板墙极限承载力计算值的1.1倍。

② 工厂焊接焊缝的检验等级为一级，现场焊接坡口焊缝的质量检验等级为二级，

角焊缝的质量等级为三级，本工程钢板墙采用销轴连接方式。

6.3.3 产品检验

1. 防屈曲支撑、屈曲约束钢板墙

(1) 每个产品提供外观检验记录。

(2) 提供产品的型式检验报告，型检试验主要包括：产品耗能性能随着载荷、位移、频率、加载次数、温度的相关性，疲劳性能，极限性能等。

(3) 按照相关规范和标准要求，选取总数 3% 的数量进行第三方检测 (CMA 资质)，包括基本力学性能和疲劳性能检测后的产品不能用于工程。

2. 调谐质量阻尼器

(1) 每个产品提供外观检验记录。

(2) 每个产品提供力学性能自检记录：质量、频率、阻尼比。

(3) 提供产品的型式检验报告。

(4) 提供现场安装完成后的减振效果测试报告。

(5) 委托第三方检测机构进行现场安装 TMD 后的减振效果测试。

6.3.4 施工与验收

1. 支撑型消能阻尼器安装

其施工工艺流程为：深化设计→加工制作→下预埋件安装→上预埋件安装→楼层混凝土浇筑→净高实测净宽实测→节点板安装、屈曲约束支撑安装→焊缝探伤检测→构造措施施工、二次结构施工→屈曲约束支撑清理、防锈处理→专项验收。预埋件安装如图 6-58 所示，屈曲约束支撑安装如图 6-59 所示。

2. 调谐质量阻尼器 (TMD) 安装

(1) TMD 及钢梁放置在托架上，在托架上焊接吊耳，用于吊装。吊架与埋件可靠焊接固定。卷扬机布置在钢柱附近，与钢柱有效固定，每个安装点布置两台卷扬机。在楼面上植入膨胀螺栓，放置埋件，固定导向滑轮。卷扬机通过导向滑轮和吊架定滑轮，将 TMD 吊起。如图 6-60 所示。

(2) TMD 提升接近就位标高时，卷扬机通过点动控制，将 TMD 缓慢提升就位。提升就位后，工人通过操作平台进行 TMD 定位校正及焊接固定。如图 6-61 所示。

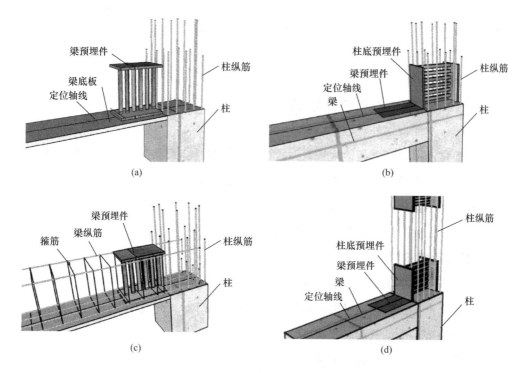

图 6-58　预埋件安装

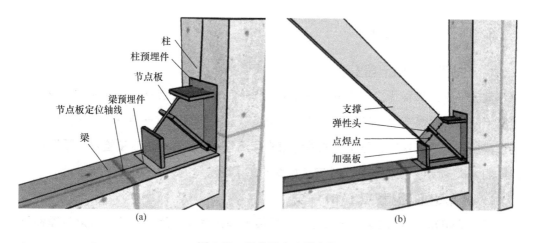

图 6-59　屈曲约束支撑安装

3. 注意事项

（1）结构施工前尽早确定厂家，并完成相关图纸深化工作，避免由于抢工期导致预埋件漏埋。

（2）由于该项目支撑吨位较大，预埋件安装困难，合理控制预埋件与梁柱纵筋和箍筋的施工顺序。

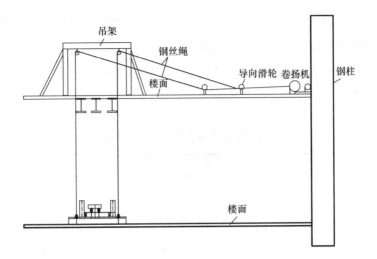

图 6-60　调谐质量阻尼器（TMD）起吊

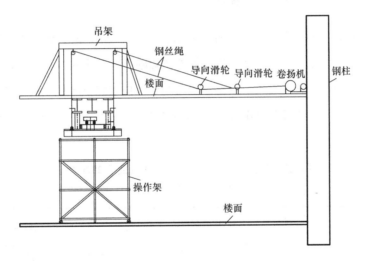

图 6-61　调谐质量阻尼器（TMD）就位

(3) 调谐质量阻尼器 TMD 确定参数前，进行现场实测，调谐质量阻尼器 TMD 参数以实测数据为准。

6.3.5　维护与管理

(1) 减震部件应根据消能器的类型、使用期间的具体情况、消能器设计使用年限和设计文件要求等进行定期检查。屈曲约束消能器在正常使用情况下可不进行定期检查，但部件在遭遇地震、强风、火灾等灾害后应进行抽样检验。

(2) 减震部件抽样检验时，应在结构中抽取在役的典型减震器，对其基本性能进行原位测试或实验室测试。测试内容应能反映减震器在使用期间可能发生的性能参数变化，并应能推定可否达到预定的使用年限。

（3）支撑类构件目测检查时，应检查支撑、连接部位变形和外观及其他问题等，目测检查内容及维护处理方法详见表6-17。

支撑目测检查内容及维护处理办法 表6-17

序号	目测检查内容	维护办法
1	出现弯曲、扭曲	更换支撑
2	焊缝有裂纹、螺栓、锚栓的螺母松动或出现间隙，连接件出现错动移动、松动等	拧紧、补焊
3	支撑和连接部位被涂装的金属表面、焊缝或紧固件表面上，出现金属外露、锈蚀或损伤等	重新涂装

6.3.6 相关厂家分析与参考

国内消能减震产品生产厂家大多成立较晚，大多在2010年之后成立，相关的产品也大多在此之后研发生产的，总体上较国外起步较晚。但对于新产品的研发国内企业后劲很足，进行了大量的研发投入，取得了丰硕的专利技术和新产品。以下按屈曲约束耗能构件和调谐减震阻尼器（TMD）生产厂家两类进行统计分析（表6-18、表6-19），仅供参考。

屈曲约束耗能构件生产厂家一览表（截至2020年） 表6-18

序号	企业名称	厂家地址	工程业绩	评价星级
1	上海蓝科建筑减震科技股份有限公司	上海	业绩较为丰富，业务涉及领域较多	★★★★★
2	上海建顾减震科技有限公司	上海	BRB最大吨位19000kN，业绩涉及多领域，较为丰富	★★★★★
3	上海材料研究所	上海	BRB最大吨位15750kN，业绩一般	★★★★★
4	柳州东方工程橡胶制品有限公司	广西柳州	业绩较少，主要为铁路方面	★★★★
5	震安科技股份有限公司	云南昆明	工程业绩较多，产品规格较为齐全	★★★★
6	北京堡瑞思减震科技有限公司	北京	产品规格较为齐全	★★★★
7	智性科技南通有限公司	江苏南通	成立时间较晚，业绩不多	★★★
8	株洲时代新材料科技股份有限公司	湖南株洲	主要业绩为桥梁方面，BRB最大吨位8000kN	★★★

调谐减震阻尼器（TMD）生产厂家一览表（截至2020年） 表6-19

序号	企业名称	厂家地址	工程业绩	评价星级
1	隔而固（青岛）振动控制有限公司	山东青岛	TMD阻尼器实力较强，业绩较多	★★★★★

续表

序号	企业名称	厂家地址	工程业绩	评价星级
2	上海建顾减震科技有限公司	上海	TMD 业绩较多	★★★★★
3	上海动研建筑科技发展有限公司	上海	TMD 业绩一般	★★★★
4	上海材料研究所	上海	业绩不多	★★★★
5	震安科技股份有限公司	云南昆明	TMD 起步较晚，业绩不多	★★★
6	智性科技南通有限公司	江苏南通	不生产电涡流 TMD，业绩较少	★★★
7	柳州东方工程橡胶制品有限公司	广西柳州	TMD 阻尼器业绩不多，起步较晚	★★★

6.4 减隔震工程招标

6.4.1 招标关键点控制

减隔震工程专业性较强，工程应用案例较少，招标单位及人员对于该专项工程了解不多，在招标和实施过程中难以有效把控，容易造成不良后果。因此，需从以下几个关键点重点控制：

(1) 专业厂家工程业绩。业绩的多少、案例的规模、产品的最大规格、生产供应能力等，说明了企业在行业地位，是最直接的力证。

(2) 专业厂家设计生产能力。厂家不但具有生产产品的能力，更重要的是具有产品的设计能力和配合工程的结构设计能力，同时具有独立的知识产权。此外，考察厂家的加工设备，与其最大规格产品生产的匹配程度。

(3) 专业厂家产品检测能力。由于减隔震产品对于结构的极端重要性，对于产品的主要指标均要进行 100% 的检测，这要求厂家有产品自身检测能力，以满足所有产品的性能检测要求。

(4) 产品安装、维护等售后服务能力。

以上四个能力，可以通过召开技术交流会、现场考察、企业工厂考察等几种形式得到了解和掌握，为招标做好准备工作。

以上几种减隔震产品，由于不同厂家的产品生产设计能力不同，能同时生产以上所有产品的厂家很少，应考虑分开进行招标，以选择最具能力的厂商。

6.4.2 招标办法设定

针对以上控制关键点，在制定招标办法时，作为重点控制项。具体详见表 6-20。

评标参考

表 6-20

序号	评分项目	分值	评分标准
1	投标人概况		依据企业经营年限、组织机构、管理体系、人员构成数量和质量、财务状况等综合实力情况评价，所有数据及评价内容只针对与招标工程同类的工程类型，如航站楼只针对建筑，而公路、铁路、桥梁等不计在内
2	投标人业绩		近三（五）年满足投标工程同样规格产品额供货业绩；近三（五）年单个合同额供货业绩；近三（五）年单体建筑面积不低于投标工程规模的供货业绩
3	产品性能		如支座抗拉能力指标，支座抗大温差性能；产品型式检验报告；产品抗老化性能；投标货物生产设备详细描述，生产厂家应拥有满足本项目生产能力要求的建筑隔震橡胶支座生产设备，并提供购买合同和发票
4	安装方案		方案是否符合实际，是否具有相关专利，是否满足本项目的进度、安全、质量等
5	供货计划		供货计划满足项目进度要求，响应招标文件
6	售后服务能力		支座运输方案、维护措施，现场技术指导方案、售后服务方案等清晰完善，具有类似项目服务及售后经验案例

第七章　空间钢结构工程

7.1　概　　述

大跨度建筑结构指的是建筑结构跨度在 30m 以上的建筑结构，在钢结构形式中，跨度在 60m 以上被称为大跨度建筑。大跨度结构多用于民用建筑中的影剧院、体育馆、展览馆、大会堂、航站楼及其他大型公共建筑，工业建筑中的大跨度厂房、飞机装配车间和大型仓库等。

根据力学计算特点，常用大跨度钢结构类型可分为平面结构体系与空间结构体系两大类。平面结构体系是指在结构计算时可简化为平面受力分析体系的结构。大跨度钢结构平面体系可分为梁式结构、刚架结构和拱式结构。与平面结构体系相对应，空间结构体为三维受力体系。空间结构按照传统方法可分为网架结构、网壳结构、薄壳结构、悬索结构和膜结构五种基本结构类型。空间结构的基本单元有板壳单元、梁单元、杆单元、索单元和膜单元等，通过各单元的组合，可形成多种不同类型的空间结构，如图 7-1 所示。

现代机场采用大跨度空间钢结构主要为航站楼工程、交通换乘中心及飞机维修库等建筑，而以航站楼最为典型。下面统计了中国大陆已完成或正在建设面积超过 40 万 m² 的机场航站楼屋盖钢结构形式，见表 7-1。从表中可以看出，近年来大型机场航站楼钢屋盖大多采用三角锥或四角网架形式，局部为桁架结构。因为屋面造型的需要，钢屋盖大多为双曲面或自由曲面形式。

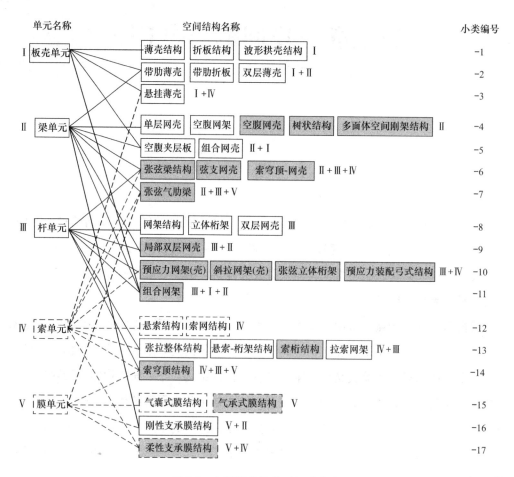

图 7-1 空间结构按单元组成分类

中国大陆超大型机场航站楼一览表　　　　　　　　　　　　表 7-1

序号	机场名称	省/市/自治区	建筑面积（万 m²）	开工时间	竣工时间	钢结构形式	安装方法
1	北京首都国际机场T3 航站楼	北京	98.6	2004.3	2007.12	双曲面三角锥网架	内部高空散拼、外部分块吊装
2	昆明长水国际机场T1 航站楼	云南	54	2008.3	2011.12	双曲面网架	累积滑移、分块吊装
3	深圳宝安国际机场T3 航站楼	广东	55	2009.10	2013.11	斜交斜放双层筒壳//网壳/网架	原位拼装
4	郑州新郑国际机场T2 航站楼	河南	48.5	2014.1	2015.12	正交斜放四角锥网架	分块累积、液压提升
5	重庆江北国际机场T3A 航站楼	重庆	53	2012.8	2016.11	双曲面正交正放四角锥网架	分块累积滑移、分块吊装
6	武汉天河国际机场T3 航站楼	湖北	49.5	2013.10	2017.8	双向正交正放网架	分块提升

续表

序号	机场名称	省/市/自治区	建筑面积（万 m²）	开工时间	竣工时间	钢结构形式	安装方法
7	广州白云国际机场T2航站楼	广东	65.9	2013.10	2018.5	平面网架	分块提升
8	北京大兴国际机场航站楼	北京	78	2014.12	2019.9	自由曲面网架	原位拼装、分块提升
9	青岛胶东国际机场航站楼	山东	47.8	2015.6	2020.7	自由曲面网架	分块吊装、分块提升
10	成都天府国际机场T1航站楼	四川	67	2016.5	2020.12	双曲面网架	分块提升
11	杭州萧山国际机场T3航站楼	浙江	71.9	2019.8	2021.6	网架	分块提升
12	乌鲁木齐地窝堡国际机场T4航站楼	新疆	56	2019.10	2023.12	网架＋桁架	分块吊装、分块提升

7.2 空间钢结构重难点分析

空间钢网架结构施工重难点主要体现在钢结构深化设计、施工计算分析、钢结构加工制作、钢结构安装、与其他各专业协调及施工保障等方面。

7.2.1 钢结构深化设计

1. 重点、难点分析

（1）航站楼屋盖造型复杂，大多呈空间双曲造型或自由曲面，构件形式多样，节点复杂，深化设计难度大。同时深化设计需要充分考虑与机电、幕墙及金属屋面等专业的配合，是实施重点。

（2）超大型航站楼屋盖面积大，结构形式复杂，深化设计任务重、工期紧。

（3）钢结构构件数量庞大，深化设计构件编号规则是重难点。

（4）深化图的设计表达与姿态表示规则是重点。

（5）关键节点的优化处理，如柱脚节点、柱顶、天窗节点等。

2. 重点、难点解决措施

（1）根据总包单位施工部署，制定钢结构深化设计分区和深化设计计划，对屋盖结构合理分区，钢柱合理分段。

（2）选派大量有丰富设计经验的设计师，保证深化设计进度和工艺质量。

（3）钢结构深化设计综合考虑幕墙、屋面等交叉作业专业，包括幕墙连接件、虹吸雨水系统、不锈钢天沟等，可提前策划。

（4）深化设计过程将施工所需要的滑移、提升、加固措施一起建模出图，制作厂统一加工，确保精确无误；构件起拱按照设计及规范要求在深化阶段插入。

（5）深化设计构件编号原则为：局域号-包号-构件零件编号-数量编码，并使用专用钢号打印机标识。

（6）以最低势能原理确定最优拼装姿态，以此建立坐标系并给出施工所需关键控制点的胎架坐标。

（7）深化设计过程中，与总包单位、设计院积极沟通，合理优化部分节点，如屋盖与支撑钢柱铰接球节点、柱脚抗震球节点、天窗桁架方管与圆管过渡等复杂节点。

7.2.2 施工计算分析

1. 重点、难点分析

（1）钢柱吊装、屋盖桁架拼装需要汽车式起重机上楼面作业，对楼板的结构验算是重点；

（2）屋盖提升吊点分为钢柱定吊点和支撑胎架临时吊点，需要通过施工模拟辅助吊点设计和加固措施方案；

（3）通过提升模拟计算，分析提升和卸载过程中屋盖桁架变形下挠、杆件应力是重点和难点；

（4）通过分块滑移模拟计算，分析滑移过程中屋盖网架的变形和杆件应力；

（5）通过模拟分析，分析屋盖分块卸载或整体卸载的内力和变形。

2. 重点、难点解决措施

（1）对主航站楼内部钢柱采用汽车式起重机上楼板吊装的情形，根据设备选型、构件分段以及主结构特点，选择各区域最不利工况，计算楼板承载力，规划行走路线；必要时增加楼板配筋达到承载要求；

（2）根据结构承载力验算结果，采取楼面保护措施和结构支撑加固措施；

（3）对屋盖提升过程进行模拟，分析提升过程中屋盖变形、杆件应力、提升架承载力、钢柱变形等数据；通过分块滑移模拟计算，分析滑移过程中屋盖网架的变形和杆件应力；

（4）根据计算结果，采取相应的杆件加强、支座加固、钢柱反拉平衡等措施，保障结构安全和精度。

7.2.3 钢结构加工制作

1. 重点、难点分析

（1）航站楼用钢量大，构件形式复杂多样，数量庞大，加工制作难度大、工期紧，构件制作的生产组织是重点；

（2）屋盖线形复杂，制作精度要求高；

（3）钢管柱厚度大、径厚比小，且多为变截面锥形管和梭形管，卷管制作和精度控制难度大；

（4）屋盖主次桁架相贯节点处支管较为密集，隐蔽焊缝较多，影响桁架拼装质量和进度；

（5）屋盖构件数量巨大，制作运输难度大。

2. 重点、难点解决措施

（1）专业单位整合优势资源，提前做好产能预留，根据施工计划合理排产，选择技术实力强、输出能力高的材料供应商和制作厂；

（2）充分考虑屋盖桁架的变形下挠，并在深化设计过程中对所有节点进行预起拱，构件加工严格控制拼装精度和焊接变形，并在工厂进行预拼装；

（3）以变截面钢管中径作为展开面，通过合理工艺排版，考虑加工余量，采用超厚板三辊卷板机，实现变截面超厚钢管上下口径精确制作；

（4）加大支管之间的间隙，减少支管之间的相贯次数，或者将此类型节点改为铸钢节点；

（5）构件按照屋盖拼装时间进行分区分类制作，杆件打包需根据现场分区和进场次序严格清单进行捆包，过程中发运员严格检查，并对构件发运货单签字确认，防止少件缺件。

7.2.4 钢钢结构安装

1. 重点、难点分析

（1）航站楼主体结构范围大，吊装设备无法在外围吊装内部钢柱；

（2）施工现场多专业穿插，航站楼周边场地条件复杂，屋盖拼装作业难度大；

（3）屋盖结构面积大、跨度大、高差大，拼装分块和滑移、提升卸载顺序是实施重点和难点；

（4）主楼屋盖呈空间双曲造型或自由曲面，整体造型对精度要求高，屋盖桁架、网架拼装难度大；

（5）存在大量相贯节点、厚板焊接，冬期施工低温焊接等，焊接质量的管控是重难点。

2. 重点、 难点解决措施

（1）楼层混凝土浇筑完成，达到养护强度后，汽车式起重机上面吊装钢柱，完成后退出，尽量减小对土建施工的影响；

（2）提前介入土建施工部署，排出各区域施工进度和交叉作业顺序，规划好构件进场道路和堆场，土建移交工作面后，汽车式起重机上楼面拼装屋盖，悬挑屋盖预留好拼装场地；

（3）钢屋盖采用分区原位拼装和提升、滑移，利用屋盖支撑钢柱作为提升点，并根据需要，设置临时提升架和滑移胎架，土建施工过程中，插入措施埋件预埋；

（4）对于高差较大的屋盖分区，沿高差坡度方向细化分区，将较高的屋盖放低至楼面拼装，先进行错层提升对接，再整体提升；

（5）前期技术准备组织焊接工艺评定，选择最优的焊接方法和设备。调整相贯节点拼装和焊接顺序，避免隐蔽焊缝漏焊；屋盖支撑巨型钢柱采取"多人多机"连续对称施焊，控制焊缝质量和焊接变形；冬季低温焊接配置电加热系统，进行焊接前预热、焊接中层温控制和焊接后保温等措施，并通过电加热进行应力消除；

（6）分区屋盖卸载过程中采用多点分级同步卸载，缓慢释放提升吊点荷载。过程中全程测量监控，根据实测变形数据，调整各点卸载的顺序和幅度；

（7）屋盖拼装对桁架的空间控制点以及节点坐标放样；对提升、滑移、卸载进行计算分析，调整提升、滑移、卸载方案，将变形控制到最低；提升过程中关注实测数据与设计坐标对比，实时调控。

7.2.5 与其他各专业协调

1. 重点、 难点分析

（1）钢结构施工与土建、屋面、幕墙等多个专业交叉，技术准备阶段各专业协调

配合是实施重点;

(2)现场施工过程中钢结构施工与土建相互影响,建立高效的配合机制是实施重点;

(3)钢屋盖施工与金属屋面的工作面交接、精度控制是重点。

2. 重点、难点解决措施

(1)钢结构施工技术准备阶段,由总包单位统一协调,与各专业单位讨论研究施工总平面布置、道路规划、施工穿插顺序、工作面交接等细节,明确各区域插入和移交的时间节点;

(2)钢柱吊装和土建主结构施工穿插进行,紧跟土建进度,混凝土养护强度达到后,汽车式起重机上楼面吊装。规划好汽车式起重机上下楼面的位置和路线,确保连续作业;

(3)钢结构屋盖与金属屋面施工交叉作业较多,屋面单位需在屋盖钢结构施工时插入,提前策划。施工场地协调、工作面移交、安全保障措施需密切配合,做好工序穿插和测量数据核对、移交等工作。

7.2.6 施工保障

1. 重点、难点分析

(1)航站楼钢结构用量大,钢管柱、屋盖桁架堆放空间利用率小,需要保障较大的堆场和拼装场地;

(2)钢结构焊接量巨大,用电量保障是重点;

(3)构件远距离运输难度大,运输保障是重难点。

2. 重点、难点解决措施

(1)研究总包单位各阶段的总平面部署,在不影响关键线路工期和总体施工部署的前提下,在指廊附近设置足够的钢结构临时转运场,构件提前进场堆放,屋盖桁架提前在地面拼装,减少楼面作业量和工作面占用;

(2)根据高峰期钢结构用电设备需求,计算总用电功率,编制临时用电方案。根据施工总平面,布置各级电箱,做好电缆铺设等保障工作;

(3)根据现场施工需求,制定构件发运计划,针对超限构件和远距离运输制定运输方案,规划运输线路,做好沿途运输手续办理。调配运输资源,选择合格运输分包商和车辆。

7.3 空间钢结构深化设计

7.3.1 深化设计应用软件

钢结构常用深化设计应用软件见表7-2。

深化设计应用软件 表7-2

序号	1	2	3
软件	Tekla Structures、Revit、Bentley、ArchiCAD、Digital Project、Navisworks、Projectwise、Navigator、Sloibri	AutoCAD、中望CAD、天正CAD	midas Gen、ETABS、ROBOT、PKPM
用途	三维建模，碰撞校核，出图	辅助绘图	结构计算及工况分析

7.3.2 深化设计管理流程

钢结构深化设计由钢结构专业施工单位进行，深化设计图纸完成后须由原设计单位审核通过后交与钢构厂加工制作。其深化设计流程如图7-2所示。

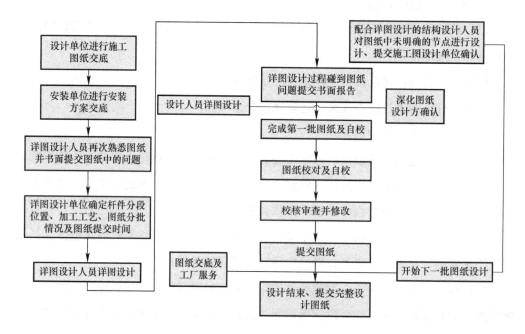

图 7-2 深化设计管理流程

7.3.3 深化设计管理

1. 数据共享

钢结构深化设计需使用 BIM 应用软件、结构设计软件及深化设计软件，其功能用途各有不同，但其目的是一致的。因此，必须要确保各类设计软件的数据信息共享及匹配。各方关系如图 7-3 所示。

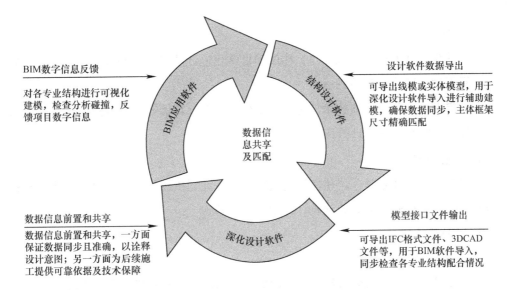

BIM数字信息反馈
对各专业结构进行可视化建模，检查分析碰撞，反馈项目数字信息

设计软件数据导出
可导出线模或实体模型，用于深化设计软件导入进行辅助建模，确保数据同步，主体框架尺寸精确匹配

数据信息前置和共享
数据信息前置和共享，一方面保证数据同步且准确，以诠释设计意图；另一方面为后续施工提供可靠依据及技术保障

模型接口文件输出
可导出IFC格式文件、3DCAD文件等，用于BIM软件导入，同步检查各专业结构配合情况

BIM应用软件　结构设计软件　深化设计软件　数据信息共享及匹配

图 7-3　深化设计软件数据信息共享

2. 标准化

(1) 专项深化设计策划

编制项目设计策划书并进行评审。

(2) 输入文件收集

收集各项影响深化设计的指导性文件。

(3) 输入输出文件评审

输入文件主要评审完整性和可依据性，输出文件主要评审完整性、正确性及合理性。

(4) 二校三审制度

深化设计模型和图纸验证须严格执行自校、校对、审核、审定及审批的二校三审制度。

(5) 深化设计图纸确认

深化设计图纸及节点计算报原设计单位审核确认，如未通过应依据审核意见进行修改并再次报审，直至设计单位确认。

（6）设计变更

深化设计变更应实现深化设计模型和图纸的全面修改，不得漏项，并严格执行二校三审制度。

（7）图纸下发及归档

审核通过的深化设计图纸，在得到设计批准后，方能进行下发及后续归档工作。

3. 深化前交底

（1）深化设计前开展交底工作，明确项目深化设计的工期、制作、安装等方面的要求，更好地为项目生产履约服务。

（2）提前介入项目各项技术措施，与土建、机电、幕墙等其他专业配合，避免深化设计返工，提高深化设计效率。

4. 计划管理

通过制定详细计划书、严格按计划执行、跟踪计划执行效果及阶段性将计划与实际做对比分析等措施，确保深化设计计划稳步实施。

5. 复杂节点深化

（1）遵守原结构设计

遵守原结构设计、采取合理构造、建模尺寸精确、指导加工、顺利安装。

（2）掌握设计节点文件

深化人员读懂设计节点文件，采用 Tekla 精确放样三维建模，校核，提出合理化建议。

（3）工艺性分析

工艺人员对节点加工可行性和焊接工艺性分析，提出合理化建议。

（4）安装分析

安装人员对节点尺寸、重量、分段、整体性进行分析，提出合理化意见。

（5）计算模拟分析

结构计算人员对接节点进行模拟分析、计算，提出合理化意见。

（6）节点组织会审

节点组织会审，形成统一意见。深化完善模型、出图并进行深化交底。

6. BIM-QR 管理

项目采用的 BIM-QR 系统，BIM-QR 系统是一套基于 BIM 模型软件开发的钢结构管理动态信息服务平台。该系统充分发挥了二维码的可识别性及可追溯性，在过程中对 BIM 模型中的钢构件进行统一编码，并在构件深化设计、加工制作、构件运输、现场安装等各个环节进行科学全面的动态信息管理。

通过系统将 BIM 模型中的信息上传至服务器，然后根据需求从服务器中提取、统计、分析和管理相关信息，为钢结构项目在原料采购、构件生产、构件运输等过程中提供一个便于管理的综合信息平台，从而大量减少人力的投入。具有以下特点：

(1) 通过 BIM-QR 系统应用，减轻项目管理人员的工作量，提高管理效益。

(2) 通过使用动态二维码功能，使管理人员可以随时查看构件的动态信息，方便项目在工程进度、质量、安全等各环节的管理工作。

(3) 采用可视化管理，直观、便捷。

7.4　复杂钢结构构件的制作加工

钢结构制作加工的主要难点在于复杂节点制作、弯扭构件制作、锥管柱制作及铸钢件等，其对于空间定位、加工精度和焊缝质量控制等有极其严格的要求。

7.4.1　弯扭构件制作

弯扭构件制作见表 7-3。

弯扭构件制作图示　　　　　　　　　　　　　表 7-3

序号	内容	图示	备注
1	零件下料		按照设计图纸对组装零部件下料
2	胎架搭设		按照弯扭构件下翼板底面线形和标高搭设胎架

续表

序号	内容	图示	备注
3	下翼板定位		在胎架上铺设下翼板并定位
4	隔板焊接		焊接隔板
5	腹板定位		安装腹板并焊接定位
6	上翼板盖板		上翼板安装并焊接
7	牛腿装配		牛腿装配焊接
8	主焊缝盖面		对弯扭构件主焊缝进行盖面

续表

序号	内容	图示	备注
9	测量检验		对弯扭构件尺寸进行测量复核检验

7.4.2 弯曲圆管制作

弯曲圆管制作见表 7-4。

弯曲圆管制作图示 表 7-4

序号	内容	图示	备注
1	冷弯加工		对于曲率半径适中、壁厚较厚、管径较大的钢管，采用冷压加工，其弯曲加工。设备采用 400～800t 油压机进行加工。根据钢管的截面尺寸制作上下专用压模，进行压弯加工
2	筒体压头	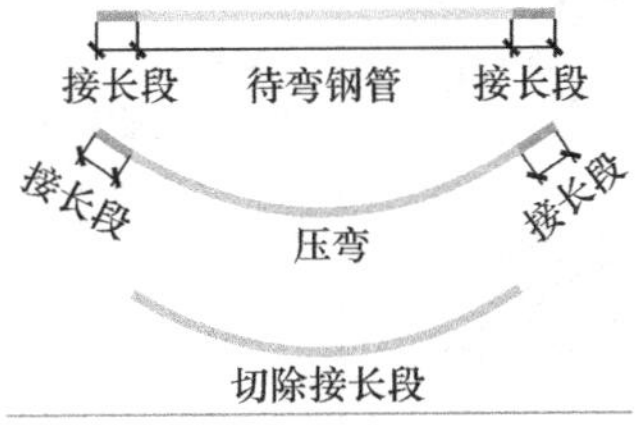	考虑到钢管弯制后两端将有一段为平直段，为此，采用先在要弯制的钢管一端拼装一段钢管，待钢管压制成形后，再切割两端的平直段，从而保证钢管端部的光滑过渡
3	上、下压模的设计和装夹		弯管前先按钢管的截面尺寸制作上下专用压模，压模采用厚板制作，然后与油压机用高强螺栓进行连接，下模开挡尺寸根据试验数据确定
4	钢管的压弯工艺		钢管压弯采用从一端向另一端逐步煨弯，每次煨弯量约为 500mm，压制时下压量必须进行严格控制，下压量根据钢管的曲率半径进行计算，分为多次压制成形，以使钢管表面光滑过渡，不产生较大的皱褶

续表

序号	内容	图示	备注
5	弯曲后的线型检验	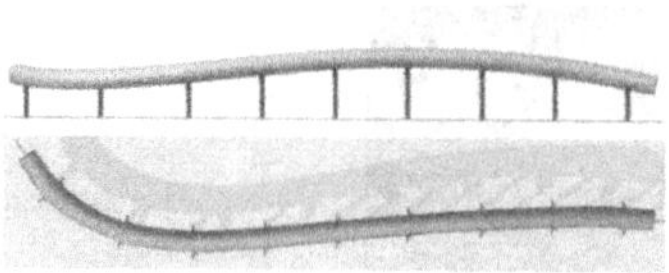	弯管加工成型过程中很难保证加工线型的正确性,对空间弯扭的弦杆弯曲加工成型后在专用胎架上进行检测的方法,即根据每根弦杆在整体模型中的实际坐标参数,经过转化,在平台划出转化后的实际线型,进行整体检测

7.4.3 锥管柱制作

锥管柱制作见表 7-5。

锥管柱制作图示
表 7-5

序号	内容	图示	备注
1	筒体下料	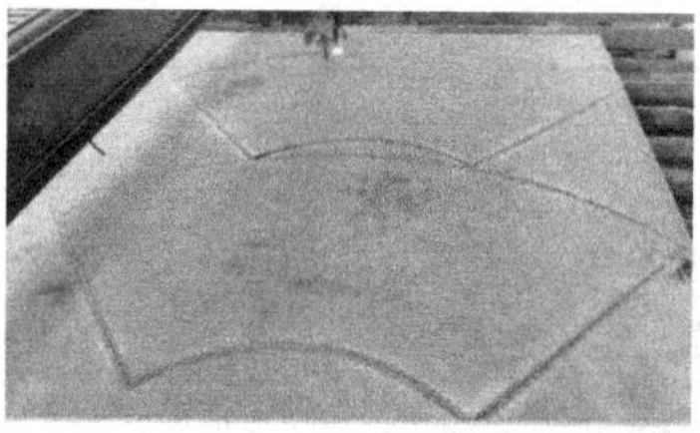	钢板放样采取三维放样技术;根据经验,卷制后的周长度会增加 $10 \sim 15$mm,所以放样时沿直径方向减少 $3 \sim 5$mm 考虑。同时还需加放压头余量;钢板下料采取数控切割
2	筒体压头		采取数控油压机压头,调整钢板位置,使母线与辊轴处于平行位置后方可进行压制。压头时用样板进行检测,注意压头质量,确保锥角的正确
3	筒体卷制		采取数控卷板机卷制锥管,调整钢板位置,使母线与辊轴处于平行后进行压制;卷制采取渐进式成型;通过卷制母线调节钢板进料方向和速度,以至达到卷制要求
4	纵缝焊接		卷制后及时进行定位焊,焊接采取"CO_2 气体保护焊+埋弧自动焊"相结合法。纵焊缝采取内焊外清根的焊接方法;坡口采取气割,割后打磨平整;焊接在滚轮胎架,采取悬臂埋弧自动焊

续表

序号	内容	图示	备注
5	卷管对接接长		每段钢管对接前端部必须进行矫正,保证圆度符合对接要求。相邻管节拼装组装时,纵缝应相互错开300mm以上;拼接后在所有卷管上弹出0°、90°、180°、270°母线,以及与上节钢柱的对合标记线,并用样冲标记;钢管对接拼接在专用滚轮胎架上进行
6	环缝焊接		坡口采取气割切割,割后打磨平整;焊接采取"CO_2气体保护焊+埋弧自动焊"相结合法;焊接在滚轮胎架,采取悬臂埋弧自动焊
7	端面端铣加工		钢柱端面机加工采用机械动力装置进行端面铣加工,通过对钢柱的端面机加工,使钢柱两端面保证平行且与钢柱轴心线相互垂直,同时精确控制钢柱的长度尺寸

7.4.4 铸钢件制作

铸钢件制作见表7-6。

铸钢件制作图示 表7-6

序号	内容	图示	备注
1	消失模制作		制作泡塑气化模具,泡塑气化模具表面刷、喷耐火涂料后再次烘干

序号	内容	图示	备注
2	砂模制作	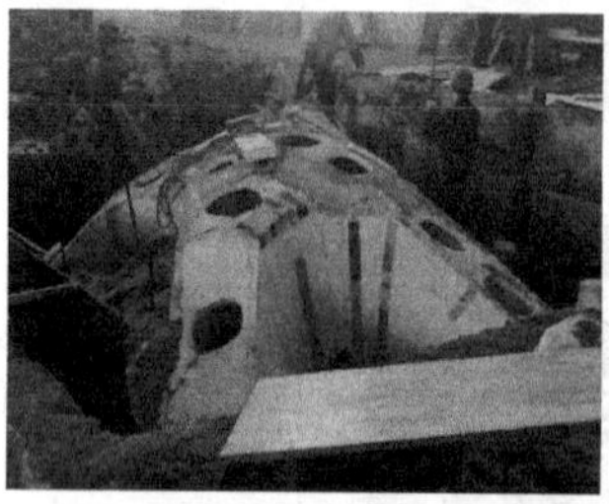	将特制砂箱置于三维振实台上,填入底砂(干砂)振实、刮平,将烘干的泡塑气化模具放于底砂上,按工艺要求分成填砂,自动振实一定时间后刮平箱口
3	浇筑成型		用塑料薄膜覆盖砂箱口,放上浇口杯,接负压系统。紧实后进行钢液浇铸,泡塑气化模具消失,金属液取代其位置
4	落砂室落砂		振动落砂,铸件冷凝后释放真空并翻箱,取出铸件,进行下一个循环
5	尺寸复核		复核铸件尺寸
6	焊接修补		对铸件缺陷进行焊接修补

序号	内 容	图 示	备 注
7	探伤		对铸件进行超声波无损探伤，检查其内部缺陷
8	打磨		对铸件表面进行打磨处理
9	回炉调质		对铸钢件进行淬火后高温回火
10	油漆	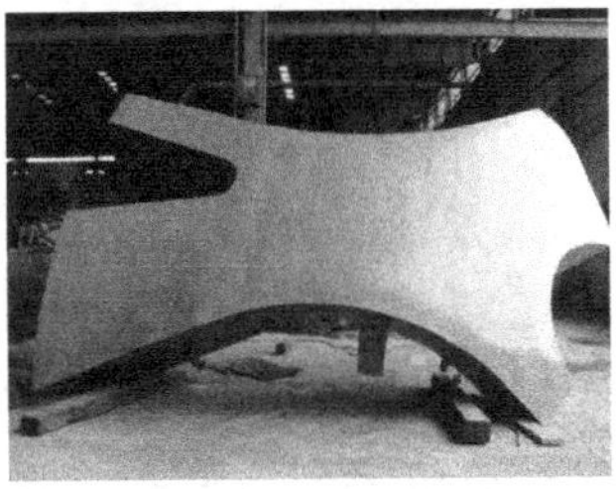	涂刷防腐油漆

7.5　空间钢结构安装方法

7.5.1　原位高空散拼法

原位高空散拼法是指搭设脚手架等作为网架的支撑胎架，在脚手架上满铺脚手板,用测量定位确定每个球节点的位置,杆件逐根进行安装就位及焊接,如图7-4所示。待网架完成安装后逐级卸载,拆除脚手架。该方法对起重设备要求不高,可适用各种形式的网架或桁架结构,成本较低,早期施工中应用较多。但是其劣势也非常明显,一是脚手架搭设工作量大,工期长,特别是对于屋盖高度比较大的网架,成本和工期都不占优势;二是大量脚手架占用了屋盖以下的楼面空间,无法进行其他专业和工序的穿插施工;三是所有杆件都是原位安装,无法进行场地外提前组装,不利于抢工期。

图7-4 网架原位高空散拼

7.5.2 分块吊装法

分块吊装法是指在安装工作面外场地提前进行分块拼装,安装工作面搭设格构式支撑胎架,通过履带式起重机或汽车式起重机等起重设备,将网架分块吊至安装位置,分块间通过散件吊装至分缝处定位安装。网架完成安装后逐级卸载,再拆除安装胎架,如图7-5和图7-6所示。该方法可提前在工作面外进行拼装,利用主体混凝土结构施工的时间穿插进行,可大大节约工期,如图7-7所示。同时,场外拼装场地条件较好,也可实现流水组装,安装质量可控,安全风险降低,如图7-8所示。而且分块吊装效率很高,分缝处散件安装量较小,可极大加快施工工期。该方法对于跨度不大,周边道路条件较好的工程非常适用,是目前采用最为广泛的安装方法。

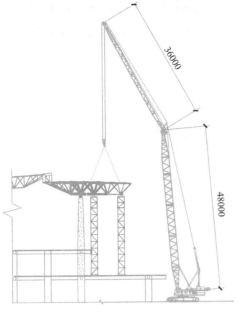

图 7-5 分块吊装法

图 7-6 分块吊装法实物照片

第一步：测量放线、主桁架卧拼

第二步：主桁架安装就位

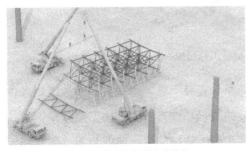

第三步：主次桁架拼装成整体

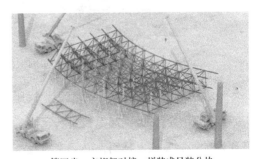

第四步：主桁架对接，拼装成吊装分块

图 7-7 吊装分块拼装流程

7.5.3 液压提升法

液压提升法是指在安装工作面的投影楼面或地面安装支撑胎架进行网架拼装，然后利用提升支撑架上的液压装置，通过提升点位同步提升，将网架提升至设计标高。可根据网架的大小形状和提升重量等实际情况，进行整体提升或分块累积提升。如图 7-9 和图 7-10 所示。其施工流程如图 7-11 所示。

图 7-8　工作面外网架拼装

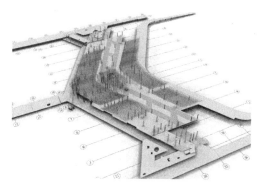

图 7-9　网架液压提升

图 7-10　网架液压提升工程照片

该方法可解决大跨度、大面积、远距离的网架安装问题，特别适用周边道路条件不好或者无法通过大型起重机进行远距离吊装的情况。该方法为加快安装效率，往往需要汽车式起重机上楼面，必须考虑楼板承载问题，需提前进行荷载验算，采取必要的结构加强或支撑加固措施。目前大量超大体量网架特别是造型复杂的网架结构，广泛采用液压提升方法。提升架的设计也形式多样，有门式、穿心式，也有利用原有结构柱作为提升架，如图 7-12 所示。

第一步：拼装胎架搭设

第二步：拼装网架屋面

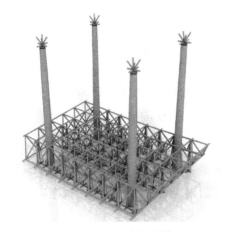

第三步：完成提升单元拼装

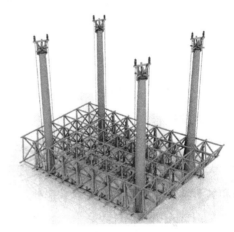

第四步：安装提升设备

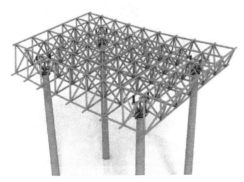

第五步：提升至设计标高

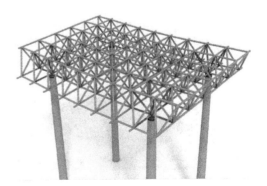

第六步：安装支座处杆件

图 7-11　网架提升施工流程

7.5.4　液压滑移法

液压滑移法是指在安装工作面下安装滑移轨道，在轨道一端或两端安装网架拼装

(a)

(b)

(c)

图 7-12　不同形式的提升架

平台，网架进行分块拼装，滑移分块完成后，利用液压爬行装置推动网架滑移至安装位置。依次进行，通过累积滑移，将网架安装就位。分块间通过高空散拼补装嵌缝，之后逐级卸载，拆除临时支撑架，完成网架安装，如图 7-13 所示。该方法对于大跨度、大面积的网架，特别是平面设计规则的网架非常适用。滑移轨道根据网架设计形状和结构特点，有平直轨道、扇形轨道、变高程轨道等形式，轨道可设置在临时支撑架上，也可利用结构柱安装滑移轨道，如图 7-14 所示。

图 7-13　网架滑移

图 7-14　网架高空滑移

7.6　钢结构施工与其他专业的配合

1. 与土建结构施工配合

深化将考虑各种土建需要的连接件、钢柱底板灌浆需开设的孔洞、楼板混凝土施工需增加的钢支撑（包括永久性的和临时性的）等。

2. 与机电设备、 金属屋面及装饰专业配合

深化将考虑与机电、幕墙、金属屋面等专业相关开孔及连接件。

3. 与机电设备、 屋面、 幕墙及装饰等专业的协调配合

（1）深化将考虑与机电、幕墙、金属屋面等专业相关开孔及连接件；

（2）钢结构施工与金属屋面做好沟通，对排水天沟和网架深化设计碰撞、屋盖工作面交接、屋盖标高控制等问题提前协商解决；

（3）虹吸雨水管在屋盖网架、钢管柱中的布置，需要在钢结构深化设计中预留空间，虹吸雨水单位应提前插入，在钢结构深化设计和加工制作阶段做好规划。同时，虹吸雨水管可优化布置在钢管柱外侧，便于施工和维修；

（4）钢结构和幕墙配合深化设计，确定钢结构和幕墙之间的连接问题，以及钢结构防腐防火施工顺序对幕墙成品保护的影响；

（5）可考虑金属屋面檩托及下层主檩条随钢屋盖整体拼装、提升。

7.7 钢结构检测

钢结构检测包括施工单位自行委托检测和建设方委托第三方机构检测。为强化质量管理，体现检测结果的客观性，由建设方通过招标选定第三方检测机构对钢结构工程，按照规范规定进行检测。

7.7.1 检测内容

检测内容为国家相关规范强制要求的钢结构检测项目及建设单位要求检测的其他内容，主要包括：钢结构用原材理化性能检测；钢结构焊接质量无损检测；钢结构防腐涂装检测；高强度螺栓力学性能检测；规范要求的其他检测。

7.7.2 检测要求

1. 钢结构焊接质量无损检测

钢结构焊接质量的无损检测包括超声检测、磁粉检测、射线检测，超声检测和射线检测主要用于检测焊缝的内部缺陷，磁粉检测主要用于检测焊缝的近表面和表面缺陷。具体要求如下：

（1）焊缝检测技术要求

1）一级焊缝：100％超声检测，检测等级B级，验收等级或评定等级2或Ⅱ级。

2）二级焊缝：20％超声检测，检测等级B级，验收等级或评定等级3或Ⅲ级。对于只能进行单面单侧扫查的焊缝，如网架钢管与空心球节点的对接焊缝来说，则检测等级为A级。

3）三级焊缝：为上述一、二级之外的填角焊缝，不要求超声检测，必要时做磁粉检测。

4）所有焊缝（一、二、三级）均应作外观检查，必要时（如产生疑问时）应进行磁粉检测。

5）对于板厚不小于8mm的全熔透或部分熔透焊缝，超声检测的方法及评定标准分别按照《焊缝无损检测 超声检测 技术、检测等级和评定》GB/T 11345、《焊缝无损检测 超声检测 验收等级》GB/T 29712执行，此部分主要指支承钢管柱部分。

6）对于焊接球节点焊缝以及管桁架节点焊缝，应采用《钢结构超声波探伤及质量分级法》JG/T 203标准，此部分主要指屋面钢网架部分。

7）对于板厚小于8mm的全熔透焊缝，应采用《钢结构超声波探伤及质量分级法》JG/T 203标准。

8）关于非全检的抽检焊缝，对于工厂制作焊缝（包括安装现场散拼焊缝）来说应对每条焊缝均进行抽检，且每条焊缝的抽检长度不应小于200mm。对安装现场高空安装焊缝来说，则应按照同一类型、同一施焊条件的焊缝条数来计算百分比，且每次抽检不得小于1条焊缝。

9）对于磁粉检测来说，参照标准为《焊缝无损检测 磁粉检测》GB/T 26951，验收标准为《钢结构工程施工质量验收标准》GB 50205。

10）超声检测不能对缺陷作出准确判断时，可以采用射线检测来作辅助判断，其方法及评定标准均按照《焊缝无损检测 射线检测》GB/T 3323，对于一级焊缝来说AⅡ级合格、对于二级焊缝来说AⅢ级合格。当对超声检测有疑义时还可选用TOFD检测或相控阵（PA）检测，射线检测也可用TOFD或PA检测来代替，对于射线检测无法实施的T型、角接接头可以采用相控阵（PA）检测。

（2）检测抽样方法

1）对于抽样检测方法，《钢结构工程施工质量验收标准》GB 50205、《钢结构焊接规范》GB 50661已有规定者按该规范的规定执行，未规定者需按以下原则执行。

2）抽样的总原则是："重点＋随机"，即重点部位必须保证抽取，非重点部位必须做到随机抽取。同时还应充分考虑以下三原则：

① 针对性：对重点部位进行抽检的频率高于一般部位；

② 随机性：无论是重点还是一般部分，均采用随机抽查方式；

③ 覆盖面：无论是重点还是一般部分，均应抽到。

3）在保证总的检测比例符合相关要求的情况下，根据质量的动态控制原则在产品的不同阶段、在产品的不同部位、在产品的不同厂家、在产品的不同质量时，应采取不同的检测比例，对关键部位适当提高比例和数量。

4）根据工程的实际情况，第三方检测单位将不定期地向业主（监理）提交《检测工作小结》，在检测工作小结中对于超声（磁粉）进行焊接质量的合格率统计。

2. 钢结构防腐涂装检测

钢结构涂装的检测包括防腐涂层厚度的检测，具体要求如下：

防腐涂层厚度的检测：采用涂层测厚仪进行检测，检测标准为《磁性基体上非磁性覆盖层 覆盖层厚度测量 磁性法》GB/T 4956，根据《钢结构工程施工质量验收标准》GB 50205 执行。涂层干漆膜厚度检测：按构件数检测 2%，且同类构件不应少于 3 件。每个构件检测 5 处，每处测 3 点，每处的数值为 3 个相距 50mm 测点涂层干漆膜厚度的平均值。涂层厚度应符合设计要求，每遍涂层干漆膜厚度的允许偏差为 $-5\mu m$，总的允许偏差为 $-25\mu m$。

3. 高强度螺栓力学性能检测

高强螺栓力学性能检测包括紧固轴力或扭矩系数的检测，具体要求如下：

（1）在施工现场待安装的螺栓批中随机抽取，每 3 批应抽检 8 套连接副进行复验；

（2）扭剪型高强螺栓连接副应进行紧固轴力复验，高强度大六角头螺栓应进行扭矩系数复验。

7.8　钢结构专业厂家分析与参考

2010 年至今，我国的钢结构产量不断增加，年均增速保持在 10% 以上，且仍有继续保持快速增长的势头。钢结构产量的增加主要是受国内需求旺盛的拉动，2018 年钢结构产量超过 7000 万吨。其中，由于国务院将"京津冀、长三角、珠三角"三大城市群列为装配式建筑的"重点推进地区"，因此，华东及华南、北京等经济较发达地区是中国钢结构的主要产区。

2017 年钢结构龙头企业市占率不足 2%，预计未来行业集中度将进一步提高。截至 2018 年末，我国拥有钢结构制造企业资质的单位共 510 家，其中钢结构年产量达到 5 万 t 或营业收入达到 4 亿元的特级资质企业仅 129 家。行业总体呈现市场化程度高、行业集中度低、同质化竞争严重的特点。

同时，随着国内近 20 年建筑行业及基础设施的高速发展，也造就了一批实力雄厚、业绩斐然的钢结构企业，在超高层、大跨度空间结构、桥梁及复杂钢结构等方面的钢结构制作、安装取得了傲人的成绩。近年来，钢结构企业也不断转型升级，不再仅局限于钢结构专项承包，出现了向总承包企业、投资业务转型的发展趋势。同时，不少实力强劲的总承包企业也培育了下属钢结构子公司，借助母公司的总承包工程承接优势，避免了激烈的市场竞争，也获得了一定的市场份额，这里不再一一详说。下面列举了在钢结构行业主要的专业厂家，见表 7-7，由于资料有限，可能存在不尽完善和准确的情况，仅供参考。

国内主要钢结构专业厂家参考一览表 表 7-7

序号	企业名称	企业地址	承包资质	设计资质	加工厂	年加工能力（万 t）	评价星级
1	中建科工集团有限公司	广东深圳	施工总承包特级、市政公用工程施工总承包一级、钢结构工程专业承包一级、中国钢结构制造企业特级、建筑金属屋（墙）面设计与施工特级资质	工程设计建筑行业（建筑工程、人防工程）甲级资质	江苏、湖北、成都、广东、天津	120	★★★★★
2	浙江精工建设集团有限公司	浙江绍兴	房屋建筑施工总承包一级资质、钢结构专业承包一级资质、中国钢结构制造企业特级资质	钢结构设计甲级资质	绍兴	100	★★★★★
3	江苏沪宁钢机股份有限公司	江苏宜兴	钢结构制作、安装一级资质、钢结构制造企业特级资质	钢结构专项设计甲级资质	宜兴	50	★★★★★
4	浙江东南网架股份有限公司	浙江杭州	钢结构工程专业承包一级、房屋建筑施工总承包一级、钢结构制造特级、建筑金属屋（墙）面设计与施工特级资质	钢结构、网架专项设计甲级资质	杭州、广州、天津、成都	102	★★★★★

续表

序号	企业名称	企业地址	承包资质	设计资质	加工厂	年加工能力（万 t）	评价星级
5	上海宝冶钢结构工程公司	上海	钢结构工程专业承包一级、钢结构制造特级	钢结构设计甲级资质	上海、郑州、南京	90	★★★★★
6	杭萧钢构股份有限公司	浙江萧山	钢结构工程专业承包一级、钢结构制造特级	钢结构设计甲级资质	萧山等12 个基地	100	★★★★★
7	中建安装集团有限公司	江苏南京	钢结构工程专业承包一级、钢结构制造特级	钢结构设计甲级资质	南京、乌鲁木齐	50	★★★★

7.9 钢结构工程招标

钢结构是主体结构的重要子分部工程，对工程的进度、质量、安全和造价有着重要的影响，因此，钢结构工程的招标应引起建设单位或总承包单位的高度重视。钢结构工程招标应做好以下工作：

1. 市场调研

(1) 调研钢结构专业企业的优势

对于重大工程，根据项目结构特点，有针对性地进行钢结构专业企业的调研工作。有的企业在超高层建筑方面经验丰富，有的企业在体育场馆、机场航站楼、会展博览中心等方面业绩斐然；有的企业在重钢结构、复杂钢结构制作方面有优势；有的企业在轻钢结构方面比较擅长。

(2) 调研钢结构专业企业的设计能力

了解钢结构专业企业是否具有钢结构专业设计能力和相应设计资质，设计团队和人员素质，这关系到该企业的设计能力是否满足工程要求。如设计团队是否有结构设计的能力，仿真模拟分析的能力等。

(3) 调研钢结构专业企业的加工制作能力

了解钢结构企业钢结构加工制作基地分布情况、年加工能力及设备配备情况。对于有多个加工基地的，可就近供应，减少运输距离，降低运输成本。年加工能力体现了钢结构制作厂的规模和承接工程量的能力。部分特殊构件如锥管柱、弯扭构件等需要大吨位的卷板机等设备，可从其设备配备情况了解到制作厂的加工能力。

2. 技术交流

为钢结构工程招采做好准备，可邀请钢结构专业企业（潜在投标单位）进行技术交流，就企业基本情况、工程业绩及优势，并结合工程实际，针对钢结构工程深化设计、生产运输、施工安装及设备选择等关键环节进行交流。通过这样的方式，全面了解各专业单位的企业实力、专业水平及重视程度，为招标文件编制和工程招标做好准备。

3. 实地考察

俗话说："百闻不如一见"，通过实地考察钢结构企业、钢结构制作厂和工程实体，更能直观地感受各企业的管理水平和能力，对于招标的选择更有方向。

4. 钢结构招标方式

钢结构招标可分为按子分部工程招标，即加工制作及安装一体化招标；也可按加工制作、安装分开招标，目前国内两种方式都存在。前者可实现制作、安装无缝连接，前后方沟通更顺畅，更有利于工期推进，减少构件厂和现场的扯皮，是更值得推荐的招标方式。而后者可发挥钢结构企业各自的优势，为满足大体量钢结构加工的要求，可选择多家制作厂，确保现场构件供应。但是其弊端也是明显的，容易造成现场与制作厂的脱节，增加了总包或建设单位的协调工作，质量责任也不明确。因此，招标时可通过选择加工能力强、有丰富安装经验的专业单位，尽可能地避免肢解发包，带来大量问题的出现。

此外，有的钢结构企业没有自己的钢结构制作厂，采用委托加工的方式，容易造成钢结构制作供应不可控，也是需要特别注意的。

5. 钢结构材料

选择有实力的钢结构专业单位固然重要，但是相应的材料选择也是关系到工程品质和造价的重要环节。对于重要的材料如钢材、油漆及防火涂料等可规定品牌范围，以确保工程质量。

第八章 幕墙工程

8.1 概 述

幕墙在大型公共建筑的应用极为广泛，对于机场航站楼工程，作为外围护结构，更是必然选择。其营造的高大空间、透亮采光和建筑美感，是其他建筑形式难以替代的。

8.1.1 幕墙分类

幕墙的类型多样，按材料可分为石材幕墙、金属幕墙和玻璃幕墙，如图 8-1 所示。

(a)石材幕墙　　　　　(b)铝板金属幕墙　　　　　(c)玻璃幕墙

图 8-1 幕墙形式（按材料分）

（1）石材幕墙给人以稳重、坚实的感受，一般用于多层、高层建筑及大型公建项目的底层，对于航站楼一般用于一层外墙装饰；

（2）金属幕墙应用广泛，多用于多层、高层及超高层建筑，在航站楼一般用于檐口、底层外墙装饰等部位。由于金属材料特别是铝板易于加工制作，特别适用于外立面造型复杂的双曲面或自由曲面的装饰；

（3）玻璃幕墙由于其良好的通透性和飘逸感，成为各类建筑外围护的必选，成为应用量最大的幕墙形式。

图 8-2　双曲面框架式玻璃幕墙

按结构形式可分为框架式幕墙、单元体幕墙及拉索幕墙等。

（1）框架式幕墙又称为构件式幕墙，是将车间内加工完成的玻璃、铝型材等构件，运至现场，按照施工工艺逐个将构件安装到建筑结构上，最终完成幕墙安装，如图 8-2 所示。框架式幕墙按照外观效果分为全隐式、半隐式和明框式幕墙三种，按照装配方式分为压块式、挂接式两种。框架式幕墙的优点是：1）在设计、计算和管理上均较为简单，能承受较大的安装误差；2）对造型复杂，特别是曲面造型的外墙，比较容易实现；3）技术难度相对较小。其缺点是：1）幕墙在主体结构完成后开始进行幕墙龙骨的安装，安装需搭设脚手架等措施，施工工期较长；2）幕墙容易产生安装误差，构件偏差大，安装不平整；3）防水一般为单层密封，保持双层密封较为困难。框架式幕墙在航站楼应用最为广泛，体量也最大。

（2）单元体幕墙是在车间内将加工好的各种构件及饰面材料组装成一层或多层楼高的整体板块，然后运至工地进行整体吊装，与建筑主体结构上预先设置的挂接件精确连接，必要时进行微调即完成幕墙安装，如图 8-3 所示。其优点是：1）单元板块全部在工厂车间内进行组装完成，组装精度高；2）安装速度快，施工周期短，便于成品保护；3）可与土建主体结构同步施工，有利于缩短整体工期；4）幕墙结构采用逐级减压原理，内设排水系统，防雨水渗漏和防空气渗透性能良好；5）板块接缝处全部采用专用耐老化橡胶条密封，使幕墙具有自洁功能，表面受污染程度低；6）板块之间采用插接方式连接，抗震性能好。其缺点是：1）对于复杂立面特别是曲面造型，由于单元板块尺寸不一，难以实行工厂规模化生产。且单元板块对幕墙龙骨的安装精度要求极高，纠偏能力差，因此不宜采用；2）造价相对较高，对大面积的航站楼工程，其对工程整体造价影响较大。

单元体幕墙适应于立面规则、单元板块尺寸类型少、加工量大的高层和超高层建筑，在造型多样、立面复杂的航站楼工程中应用较少。

（3）拉索幕墙是由预应力钢索、玻璃、夹具及密封胶条等组成，其承力构件为预应力拉索和夹具，幕墙通过拉索将荷载传至主体结构和基础。如图 8-4 所示。

拉索幕墙的形式可分为单层索网玻璃幕墙、单层单索玻璃幕墙、单向双索玻璃幕墙、曲面索网玻璃幕墙四种。

1）单层索网玻璃幕墙，由竖向受力索和横向稳定索共同组成 。这是最早出现的拉索幕墙形式，应用也最为广泛。由于采用双向拉索，整体稳定性较好，对主体结构受力影响也较小。

2）单层单索玻璃幕墙，仅在一个方向上即竖向方向上设置拉索，与上下主体结构连接。拉索之间通过玻璃进行横向连接以形成幕墙整体。该种幕墙形式是拉索幕墙的一大突破，具有通透性好、空间飘逸等建筑效果。但是其结构稳定性也较差，一旦某一拉索破坏，可能带来连锁效应。

3）单向双索玻璃幕墙的出现是对单向单索幕墙的修正，由于单向单索幕墙在安全性上的明显缺陷，而采用单向双索，可明显提高拉索的稳定性和安全性，又可保留单向拉索幕墙的建筑上效果，是两全其美的做法。单向双索玻璃幕墙拉索的布置可分前后布置和平行布置两种方式，其受力特性没有太大的区别，主要考虑建筑效果、风琴板连接形式等。

4）曲面索网玻璃幕墙，由四周不共面的钢桁架和基础梁通过单向或双向拉索形成双曲面造型的结构体系。其造型主要由索网边界外形和索网找形共同形成，曲面索网结构可提供平面外较大的刚度，形成意想不到的艺术效果，是近年来索网幕墙新的大胆尝试。

图 8-3　单元体玻璃幕墙

图 8-4　单向双索拉索玻璃幕墙

8.1.2　近年来机场航站楼幕墙应用统计

航站楼工程幕墙的形式，几乎涵盖了幕墙所有的类型。下面统计了中国大陆近十年来新建大型枢纽机场航站楼幕墙形式，以便于把握航站楼幕墙工程的设计类型和发展方向，见表8-1。从统计中来看，首先，框架式玻璃幕墙应用工程量最大，也最为广泛；其次，拉索幕墙因为其灵动的效果，且适应超高、大跨结构，应用也较多。

中国大陆近十年来新建大型枢纽机场航站楼幕墙形式　　　　　　表 8-1

序号	机场名称	省/市/自治区	建筑面积（万 m²）	开工时间	竣工时间	幕墙形式
1	北京首都国际机场T3航站楼	北京	98.6	2004.3	2007.12	大跨度吊杆框架式玻璃幕墙
2	昆明长水国际机场T1航站楼	云南	54	2008.3	2011.12	框架式玻璃幕墙、预应力单索点式玻璃幕墙
3	深圳宝安国际机场T3航站楼	广东	55	2009.10	2013.11	蜂巢式玻璃幕墙、铝板幕墙
4	郑州新郑国际机场T2航站楼	河南	48.5	2014.1	2015.12	玻璃幕墙、陶板幕墙、蜂窝铝板幕墙和铝板幕墙等
5	重庆江北国际机场T3A航站楼	重庆	53	2012.8	2016.11	点式隐框玻璃幕墙、铝板幕墙、石材幕墙、索幕墙
6	武汉天河国际机场T3航站楼	湖北	49.5	2013.10	2017.8	石材幕墙、玻璃幕墙、铝板幕墙
7	广州白云国际机场T2航站楼	广东	65.9	2013.10	2018.5	玻璃幕墙、铝板幕墙
8	北京大兴国际机场航站楼	北京	78	2014.12	2019.9	竖向明框无横梁玻璃幕墙、铝板幕墙、金属网幕墙、铝合金百叶幕墙
9	青岛胶东国际机场航站楼	山东	47.8	2015.6	2020.7	玻璃幕墙、石材幕墙
10	成都天府国际机场T1航站楼	四川	67	2016.5	2020.12	金属幕墙、"竖明横隐"玻璃幕墙
11	杭州萧山国际机场T3航站楼	浙江	71.9	2019.8	2021.6	玻璃幕墙、铝板幕墙、石材幕墙
12	乌鲁木齐地窝堡国际机场T4航站楼	新疆	56	2019.10	2023.12	玻璃幕墙、铝板幕墙、石材幕墙

8.2　重难点分析

8.2.1　幕墙深化设计

现代航站楼建筑空间造型复杂，屋面高低起伏大，建筑构造复杂，伸缩缝多，幕墙类型多，深化设计难度大。特别是双曲面造型幕墙、异形倾斜幕墙、拉索幕墙等构造复杂，主体结构体系复杂，空间结构跨度大，屋盖变形较大，幕墙结构体系跨度大，结构受力复杂，给深化设计带来极大挑战。如图8-5～图8-7所示。

图 8-5　乌鲁木齐地窝堡国际机场 T4 航站楼

图 8-6　昆明长水国际机场 T1 航站楼拉索玻璃幕墙

图 8-7　阜阳大剧院

8.2.2　幕墙工程加工制作

航站楼涉及双曲面铝板、大规格玻璃、异形格栅、大直径拉索、钢拉杆及风琴板等各种定制材料，材料种类多，资源整合、下单、采购、管控难度大。如图 8-7 所示。需运用 BIM 技术对重要及特殊造型材料向厂家进行可视化交底，明确加工要求。派专人与厂家对接，对厂家的加工进度及加工质量进行及时有效跟踪，并做到及时反馈，避免因材料加工滞后或质量问题返厂造成的现场停工待料及其他损失。

8.2.3 幕墙测量放线

大型公共建筑形体异形多，测量放线难，精确定位要求高。

针对超长跨度体量的幕墙，应与主体结构的测量配合，确保加工制作符合现场实际情况。通过精密测量仪器获取结构三维空间坐标数据，运用 BIM 平台绘制结构模型，与理论位置进行对比分析，通过模型整合、曲面重建消除误差，形成 BIM 模型。同时通过 BIM 模型进行材料尺寸下单，导出基层与面层材料单，指导工厂提前预制加工，运至现场进行安装作业。如图 8-8 和图 8-9 所示。

图 8-8　成都凤凰山体育中心穿孔铝板幕墙

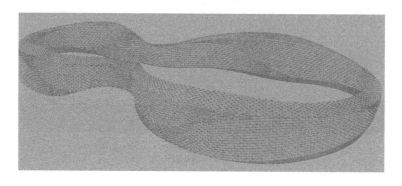

图 8-9　成都凤凰山体育中心穿孔铝板幕墙 BIM 模型

8.2.4 幕墙安装

航站楼幕墙的安装，其工艺复杂，拼装精度要求严，过程控制难度大，高空作业风险高。幕墙大跨度幕墙变形控制、预应力拉索张拉和变形控制、大尺寸玻璃的吊装等都是关键的施工技术。重视与主体建筑边界"收边收口"技术工艺、节点构造处理，如图 8-10 所示。机场项目占地面积广、专业交叉多，材料堆放场地与飞行区施工交叉频繁，材料、机械的进场，构件的加工、存放及面层玻璃吊装都是关键难点。

8.2.5 与其他专业的配合

航站楼工程是一个复杂的建筑结构体系，幕墙工程与混凝土结构、钢结构、屋面存在大量的交接，施工过程中专业穿插紧密，需要相互协调配合，才能有序推进。幕墙与混凝土结构主要设计幕墙埋件的安装就位，需确保埋件的位置准确，在混凝土结构施工过程中穿插预埋。幕墙与

图 8-10　幕墙与屋面檐口收边

钢结构的关系如同"毛与皮"的关系，钢结构是幕墙的承力构件，其安装位置和结构变形直接决定了幕墙的基础条件。幕墙与金属屋面沿建筑物周圈紧密相连，其接口的处理极为重要。有的航站楼设计幕墙与屋面连为一体，幕墙即屋面。比较典型的有深圳宝安机场 T3 航站楼（图 8-11）和南宁吴圩国际机场 T2 航站楼（图 8-12）。

图 8-11　深圳宝安机场 T3 航站楼

图 8-12　南宁吴圩国际机场 T2 航站楼

213

8.3 幕墙工程深化设计

8.3.1 深化设计总体思路

幕墙深化设计是基于原设计成果开展的工作，同时与钢结构骨架息息相关，因此，把握好三者的关系，决定了幕墙深化设计的总体思路是否准确。其深化设计总体思路如图 8-13 所示。

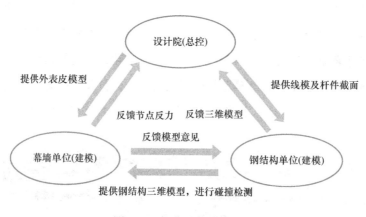

图 8-13 深化设计总体思路

8.3.2 深化设计内容

幕墙深化内容主要包括：设计说明、平立面图、幕墙大样、幕墙节点、预埋件布置、型材截面图、功能节点图、结构计算书和热工计算书等。

同时，幕墙设计还要重点考虑以下因素：

（1）幕墙系统深化、优化；

（2）确定玻璃的热工配置；

（3）材料的使用规格，结合成本因素；

（4）幕墙防火、防雷、消防救援窗口的设置；

（5）幕墙立面的清洗；

（6）夜景的灯光照明，幕墙需要预留安装照明设备及电缆穿孔；

（7）商业广告、灯箱、信息屏幕、商业标志、电气设备的检修开启。

8.3.3 曲面幕墙深化设计

1. 曲率分析

针对设计院提供的表皮，使用 Rhino 软件对表皮进行高斯曲率分析，分析曲面凹凸的程度及难度，对曲率突变部位（错面）进行微调，使曲面顺滑过渡。如图 8-14 所示。

图 8-14　曲面曲率优化

2. 表皮重建

根据表皮的原理线和主体结构等对碎面进行重建，必要时对整个表皮进行重建，以便于后期表皮的优化。如图 8-15 所示。

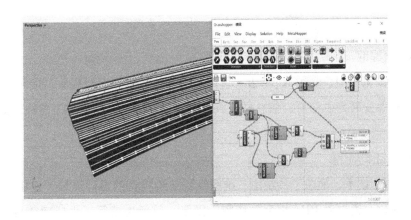

图 8-15　幕墙表皮参数化调整

3. 面板优化

在保证建筑效果的前提下，使用 Grasshopper 软件对曲面进行分割及优化，将曲面优化为加工厂可加工成形的面，进一步根据面板的延展性结合参数化迭代分析，将面优化为容易加工的面板。

4. 参数化建模

根据优化的面板及主体钢结构模型使用 Digital Project 和计算机编程进行批量深化建模，在建模前期，将参数植入模型，使生成的模型均带有加工及施工参数，同时与土建、机电等专业进行合模碰撞检测，根据专业间碰撞情况局部优化模型，最终使用 Revit 出具深化设计图及零件加工图。

通过参数化的深化设计实现双曲面幕墙的优化排布，提升优化设计效率；通过 Rhino 建立的表皮模型，可以导入 Revit、Digital Project 等 BIM 软件对幕墙细部构造进行深化和进一步的提料工作，深化程度可到非常细小的零件模型。如图 8-16 所示。

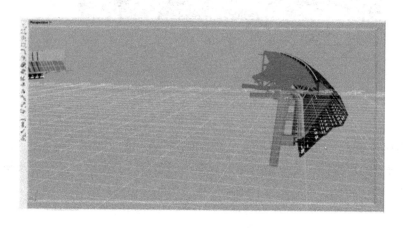

图 8-16　BIM＋Grasshopper 表皮深化

5. 数据提取

根据参数化模型，使用 Revit 及 CATIA 的物料清单导出材料单，指导工厂加工，同时提取构件安装定位信息，信息导入天宝放线机器人进行快速施工放线。如图 8-17 所示。

6. BIM 正向出图

运用 BIM 技术，颠覆了传统由二维图纸到三维模型的设计流程，直接由 BIM 模型设计、深化。通过对 BIM 模型的切割、提取、重新生成等，生成建筑幕墙的二维平立面图纸。如图 8-18 所示。

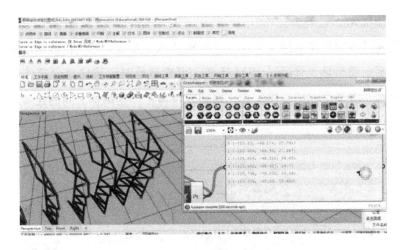

图 8-17　钢结构坐标数据提取

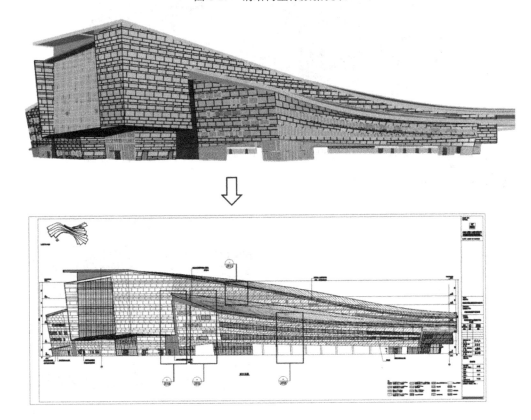

图 8-18　BIM 正向出图

7. 幕墙系统可视化模拟

可视化是 BIM 应用的一种有效方式，不仅能够进行幕墙系统的三维模拟，实现
转折交接部位的可视化，还可以模拟各材料的安装进程和逻辑顺序，从而对幕墙系统

设计进行反馈优化。

龙骨是幕墙系统最主要的受力构件和支撑体系，龙骨安装定位的精准度决定了整个幕墙的优劣。将幕墙龙骨通过 BIM 建模，可直观地展示幕墙龙骨整体造型、异形部位变化趋势、龙骨之间的搭接配合、幕墙龙骨与主体钢结构之间的连接、转角交界部位处理等信息。如图 8-19 所示。

图 8-19 幕墙系统 BIM 可视化模拟

将幕墙系统节点通过 BIM 模型进行三维可视化模拟，检测材料之间的配合情况及幕墙系统中的漏缺点。如图 8-20 所示。

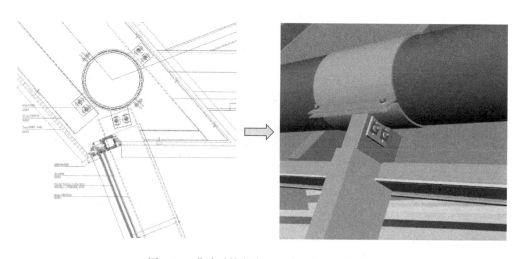

图 8-20 幕墙系统节点 BIM 模型可视化模拟

8. 幕墙结构计算

利用三维激光扫描仪对主体结构及钢结构进行扫描，修正主体结构模型。将

BIM 模型中创建的幕墙龙骨钢架模型导入结构计算软件进行整体受力分析。如图 8-21 所示。

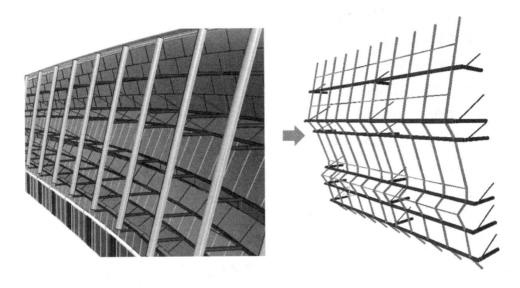

图 8-21　幕墙龙骨 BIM 模型导入计算模型

利用 BIM 的碰撞自动检测功能检测幕墙龙骨与主体结构之间的干涉情况，在设计阶段对干涉提前进行调整。如图 8-22 所示。

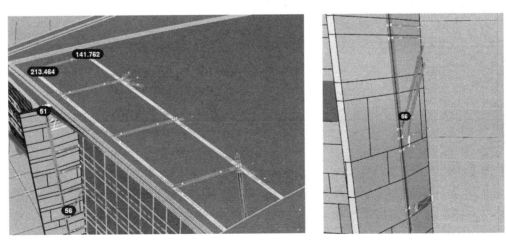

图 8-22　BIM 碰撞自动检测

8.4　幕墙制作加工

图纸深化完毕，在幕墙构件大面积制作加工前，为了有效、直观地体现各种幕墙形式外观效果，应在现场设置视觉样板，其主要目的有：

（1）核查幕墙的尺寸；

（2）核查立面关系与比例；

（3）检查外立面效果；

（4）检查主要的材料；

（5）检查加工的质量。

视觉样板制作的要求应满足以下要求：

（1）按设计 1∶1 比例制作；

（2）至少为一个层高；

（3）选取在一个柱距跨度；

（4）需要在定标前或正式安装前完成。

视觉样板可在工程实体上进行制作安装，若有条件，也可单独在工厂内或临时场地内制作，不受主体结构施工的影响，可提前进行相关工作，为后期施工赢得时间，如图 8-23 所示。视觉样板制作完成后应组织总包单位、设计单位、监理单位及建设单位等验收，并提出验收和整改意见，为大面积组织加工制作创造条件。

图 8-23　视觉样板

为了保证装饰面层效果，拟定大部分饰面材料由厂家加工成成品或半成品，现场进行安装即可。需要现场加工制作的，选择好清洁场地，按照技术规范要求，严格控制质量进行加工。

幕墙工程材料种类多、规格多，为了项目管理人员及作业人员更准确地掌握各幕墙系统面板的规格、数量及其生产、加工、运输、存放、安装等情况，可采用二维码进行管理，同种类、同规范面板材料二维码相同，扫二维码后能反映出此面板的数量、规格尺寸、安装位置等信息。

8.5 幕墙工程安装

8.5.1 幕墙安装操作平台

幕墙安装操作平台是提供给工人进行玻璃安装就位、打胶等工序的施工平台，是确保施工操作人员安全的重要保障。操作平台主要有脚手架、吊篮、高空车、升降车等。如图 8-24～图 8-27 所示。

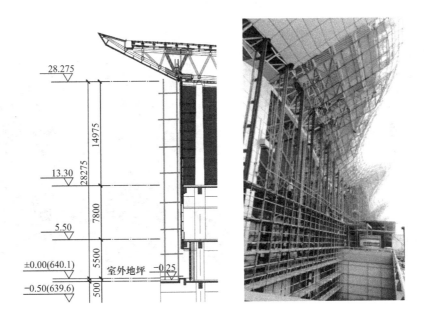

图 8-24 脚手架

8.5.2 垂直运输

幕墙构件的垂直运输工作量巨大，采用合理的垂直运输设备对于提高幕墙安装效率非常重要。目前主要的垂直运输设备有卷扬机、手动或电动葫芦、汽车式起重机及电动吸盘等。如图 8-28 所示。

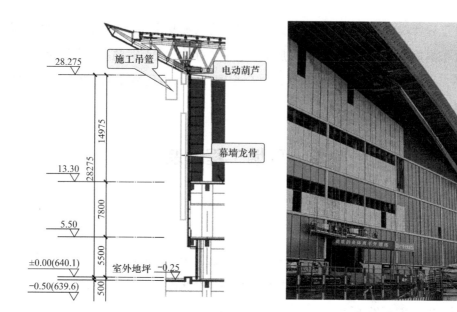

图 8-25 施工吊篮

图 8-26 升降机

图 8-27 曲臂车

8.5.3 幕墙安装

采用精密测量和 BIM 技术相结合的施工方法进行复杂造型玻璃幕墙的测量定位及材料下单，技术的结合改变了传统工艺顺序，使复杂收口部分也能提前下单制作，极大地提高准确度，缩短工期，确保外立面效果的完美实现，减少材料损耗，经济效益显著。其总体施工流程如图 8-29 所示。

图 8-28　卷扬机及定滑轮组组合吊运

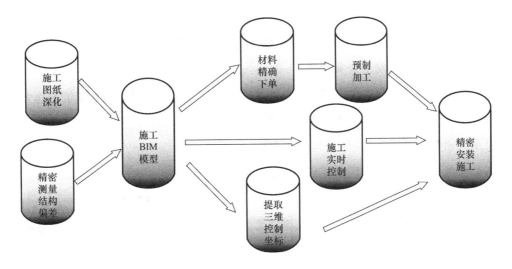

图 8-29　幕墙总体施工流程

1. 玻璃幕墙安装流程

测量放线→钢连接件安装→立柱安装→横梁安装→铝合金 T 形件安装→玻璃面板安装→压板安装→竖向铝合金装饰条安装→打胶清理→现场淋水实验→竣工验收。

2. 曲面幕墙安装流程

施工准备→测量定位→幕墙龙骨拉弯与安装→铝型材主次龙骨安装→玻璃加工→装饰扣盖安装→打胶清理验收。

3. 铝板幕墙安装流程

测量放线→龙骨安装→保温层安装→铝板副框安装→铝板安装→打胶清理→装饰扣盖安装→竣工验收。

为了保证施工质量,根据设计确定施工的薄弱部位进行淋水试验,如天窗、转角单元、不同类型收口。进行存水试验,检查单元排水槽的密封存水。

8.6　幕墙施工与其他专业的配合

8.6.1　与工程总体进度的协调配合

(1)进行合理施工部署,统筹确定施工流程,编制确实可行的施工方案、制作工艺、技术措施,通过网络计划同步有序地优化施工、控制、协调各种生产要素。

(2)根据工艺要求,制定切实可行的施工顺序和工艺,交叉作业,合理安排施工,最大限度地减少窝工现象。

(3)协调好与其他专业安装的配合,加强沟通,及时了解其他专业单位的作业计划,以尽量避免在同一水平或垂直工作面上同时作业,互相支持创造条件,确保交叉作业有序进行。

(4)尽量将工作在工厂完成,减少现场的工程量和时间。

(5)简化安装的辅助设施,尽量采用安全可靠、便于拆卸的设施。

(6)尽量简化会对其他分包单位造成影响的工序,如:焊接节点尽量改为螺栓连接等。

(7)提交一份完整的、详细的深化设计与配合设计、实体模型制作(含相关测试)、材料采购、加工制作、现场施工的方法和总进度计划,报由总包单位批准后执行。

8.6.2　与钢结构单位设计阶段的配合

(1)幕墙根据图纸进行幕墙的设计,并通过 BIM 技术检查碰撞点,复核连接构造与连接点。

(2)幕墙玻璃悬挂高度高、重量大,根据悬吊构件的不同,按照钢龙骨、钢桁架分区域划分连接点,向总包及钢结构单位提供连接点的布置图及提供反力进行验算。

(3)BIM 技术全程参与,将钢结构深化杆件图导入幕墙模型中进行合模,排除碰撞点，根据碰撞点修正整体误差。

（4）根据分析修正优化后的模型，结合现场钢结构返尺数据进行分格调整，确保幕墙骨架与主桁架连接准确性。

（5）幕墙钢铸件在主体结构、钢结构施工过程中需预留预埋连接点，根据整体图纸对接土建、钢结构单位，确定位置数量，提前计划，在主体阶段需预留完毕。

（6）主结构、钢结构竖向与水平变形将导致幕墙系统发生随动变形。这些变形使得幕墙支撑结构在施工安装和正常使用阶段都会发生主体结构的相对位移。若幕墙系统与主体结构之间产生较大的竖向相对变形差，且幕墙构造不能吸收或释放这些变形，将导致幕墙支撑结构产生附加内力，幕墙板块因与结构碰撞而破碎，因此需要对幕墙支撑结构竖向变形进行详细分析，优化幕墙支撑结构与主体结构之间的连接。竖向方向设置龙骨伸缩缝，底部位置采用栓接设置，防止因温度作用引起的膨胀或收缩阻碍伸缩缝的滑动。

（7）提前复测钢结构尺寸，及时指出问题采取措施。

（8）分段移交已完成工作面，穿插施工。

（9）与总包及钢结构单位协商，资源共享。

（10）做好交叉施工配合，避免相互影响，做好成品保护。

8.6.3　与金属屋面施工单位之间现场配合

（1）屋面天窗周边导水沟的防水材料是防水的重点，此处汇水量大、交叉施工多，与屋面厂家及虹吸系统的节点连接都是质量检查的重点。

（2）通过优化与屋面的交接节点，优化施工工序，导水沟只需先装龙骨，待天窗玻璃安装完成后，再进行面板及防水卷材的安装。

（3）严格按工艺进行防水卷材的热熔焊接，对接缝处多检查、多试验。

（4）玻璃幕墙与屋面之间封堵保温墙施工，需在钢结构主副杆件施工中穿插进行。精确定位幕墙位置后，确定封堵连接点及连接方式，避免吊顶、门斗施工完成后造成封堵。

8.6.4　与机电安装专业施工配合

（1）与安装专业确定管线强电线槽、应急照明线槽等铺设线路与铺设方式，提前规划施工方式，避免二次施工。

（2）排水系统安装需穿插在屋面及吊顶施工工序内进行。优先确定开孔、管道排布位置，排水系统的排水方式、连接方式。

8.6.5　与泛光照明专业施工配合要点

（1）泛光照明专业穿线管和开关电源的隐藏需要和幕墙合作，幕墙施工时，应与泛光照明专业做好事先的预留，管线暗敷设在幕墙内。

（2）幕墙与泛光照明一体化设计及施工，可减少施工阶段幕墙拆装等重复工作，合理优化灯具使用量，可降低工程造价。若灯光在后期安装，容易造成幕墙的漏气和漏水问题，特别是玻璃幕墙，一体化设计能从根本上解决幕墙性能下降和失效问题。灯具作为立面组成部分，与幕墙系统结合设计，既解决了建筑外立面的夜间景观照明，又不影响白天建筑物的艺术效果。

8.7　幕 墙 检 测

8.7.1　四性试验

在图纸深化完毕，正式施工前，按照规范要求进行幕墙四性试验，即对幕墙的气密性能、水密性能、抗风压性能及平面变形性能等进行检测。如图 8-30 所示。

图 8-30　幕墙四性试验

8.7.2 其他检测

其他材料等检测、测试内容见表 8-2。

幕墙其他项目检测、测试项目　　　　　　　　　表 8-2

序号	项目	备注
1	玻璃性能检测	玻璃应力检验、玻璃性能检测
2	结构胶性能检测	下垂度、挤出性、适用期、表干时间、硬度、热老化、拉伸粘结性
3	石材用密封胶耐污染性试验	
4	石材弯曲强度检测	
5	室内用花岗石放射性检测	
6	铝塑复合板剥离强度检测	
7	双组分硅酮结构胶混匀性试验/拉断试验	
8	防雷装置测试	
9	硅酮结构胶相容性检测/剥离粘结性试验	
10	后置埋件现场拉拔强度检测	
11	幕墙淋水试验	

8.8　幕墙专业公司分析与参考

幕墙行业的发展在国内起步较晚，大多数幕墙企业是在20世纪90年代成立，并随着国内近三十年的建筑业飞速发展而迅速壮大。幕墙作为专业工程，民营企业占据了主要的"版图"，特别集中在华东、北京和广东民营经济发达的地区，幕墙专业公司实力雄厚。幕墙企业也呈现了多元化发展的趋势，逐渐向装饰综合专业发展。装饰企业也向幕墙专业深入拓展，呈现了装饰综合、幕墙专业均衡发展的态势。但总体上，幕墙行业专业公司数量庞大，大多数企业实力较弱，优势企业集中度不够，需要进一步通过充分的市场竞争。淘汰一批设计能力不足、没有加工基地及管控力量薄弱的小企业，实现行业的良性发展。

下面列举了在幕墙行业主要的专业公司，主要参考了《2016—2017年度中国建筑装饰行业综合数据统计结果名单》，见表8-3。由于资料有限，可能存在不尽完善和准确的情况，仅供参考。

国内主要幕墙专业公司参考一览表　　　表 8-3

序号	企业名称	企业地址	承包资质	设计资质	加工基地	评价星级
1	沈阳远大企业集团	辽宁沈阳	建筑幕墙专业承包一级	建筑幕墙专项工程设计甲级	沈阳、上海、成都、佛山	★★★★★
2	江河创建集团股份有限公司	北京	建筑幕墙专业承包一级	建筑幕墙专项工程设计甲级	北京、上海、广州、成都、武汉	★★★★★
3	浙江中南建设集团有限公司	浙江杭州	建筑幕墙专业承包一级	建筑幕墙专项工程设计甲级	杭州	★★★★
4	深圳市三鑫科技发展有限公司	广东深圳	建筑幕墙专业承包一级	建筑幕墙专项工程设计甲级	深圳、珠海、北京、上海、成都、长沙、郑州	★★★★
5	深圳市科源建设集团有限公司	广东深圳	建筑幕墙专业承包一级	建筑幕墙专项工程设计甲级	深圳、咸阳等 3 个基地	★★★★
6	浙江亚厦幕墙有限公司	浙江绍兴	建筑幕墙专业承包一级	建筑幕墙专项工程设计甲级	芜湖、绍兴等 5 个基地	★★★★
7	中建深圳装饰有限公司	广东深圳	建筑幕墙专业承包一级	建筑幕墙专项工程设计甲级	武汉、惠州、青岛等 7 个基地	★★★★
8	深圳市方大建科集团有限公司	广东深圳	建筑幕墙专业承包一级	建筑幕墙专项工程设计甲级	东莞、上海、成都、南昌	★★★★
9	苏州柯利达装饰股份有限公司	江苏苏州	建筑幕墙专业承包一级	建筑幕墙专项工程设计甲级	苏州	★★★★
10	苏州金螳螂幕墙有限公司	江苏苏州	建筑幕墙专业承包一级	建筑幕墙专项工程设计甲级	苏州	★★★★
11	中建幕墙有限公司	湖北武汉	建筑幕墙专业承包一级	建筑幕墙专项工程设计甲级	武汉	★★★★

8.9　幕墙工程招标

幕墙工程是建筑的重要子分部工程，既是建筑的外围护结构，对建筑的采光、遮蔽、节能有重要影响，也是建筑外装饰，对建筑的美观和形象有着重要影响。而且，其成本在建筑的总体造价占有较大比例，因此，对于幕墙工程的招标得到各方的高度重要。在招标前，有必要对以下几方面做必要调研和考察：

1. 市场调研

（1）调研幕墙专业企业的优势

对于重大工程，根据项目结构特点，有针对性地进行幕墙专业企业的调研工作。有的企业在超高层建筑方面经验丰富，如"江河幕墙"等；有的企业在体育场馆等方面业绩斐然，如"远大幕墙"等；有的企业在航站楼方面业绩突出，如"三鑫幕墙"等。

（2）调研幕墙专业企业的设计能力

了解幕墙专业企业是否具有幕墙专业设计能力和相应设计资质，设计团队和人员素质，这关系到该企业的设计能力是否满足工程要求。特别是幕墙 BIM 应用的技术是否深入、广泛，设计人员对 BIM 技术的掌握程度，BIM 团队的数量和素质等，这对于造型新颖、异形空间建筑的幕墙设计至关重要。

（3）调研幕墙专业企业的加工制作能力

了解幕墙企业钢构加工制作基地分布情况、年加工能力及设备配备情况。对于有多个加工基地的，可就近供应，减少运输距离，降低运输成本。年加工能力体现了幕墙制作厂的规模和承接工程量的能力。此外，考察幕墙加工厂的生产线，不同类型的幕墙生产线不同，决定了幕墙不同产品的生产能力。

2. 技术交流

为幕墙工程招标采购做好准备，可邀请幕墙专业企业（潜在投标单位）进行技术交流，就企业基本情况、工程业绩及优势，并结合工程实际，针对幕墙工程深化设计、加工制作、生产运输、施工安装及检测等关键环节进行交流。通过这样的方式，全面了解各专业单位的企业实力、专业水平及重视程度，为招标文件编制和工程招标做好准备。

3. 实地考察

如有条件，可通过实地考察幕墙企业、幕墙制作厂和工程实体，更能直观地感受各企业的管理水平和管控能力，对于招标的选择更有明确目标。

4. 幕墙招标

幕墙招标一般按照工程量清单进行招标，为控制工程造价，应尽量减少暂估价项目。招标对幕墙四性检测责任主体做出明确规定，对视觉样板制作要求和报价有明确要求，明确专业界面划分，操作平台、垂直运输及临时水电等使用要求，避免后期纠纷。

5. 幕墙工程材料

选择实力雄厚、业绩斐然的幕墙专业单位是确保工程顺利推进的关键，相应的材料选择对于确保幕墙品质的保障也至关重要，特别是幕墙配套成品鱼龙混杂、品质参差不齐，必须要从品牌等源头上把控。对于重要的材料如玻璃、铝型材、钢绞线、夹具、结构胶及密封材料等应规定品牌范围，以确保工程质量。

第九章 屋面工程

9.1 概 述

大型公共建筑特别是机场航站楼、体育场馆及会议博览中心等,由于空间设计和使用功能的需要,基本上设计为大跨度空间结构,其屋面在抗震、防水、隔热等方面有很高的要求。金属屋面因具有质量轻、整体性好、抗震性能好、防水效果好、隔热性能好、易于实现复杂造型及施工周期短等特性,成为大跨度空间结构屋面构造的首选,应用极为广泛。且金属屋面兼容性强,可在屋面随意设置采光天窗、装饰屋面板等设施,深受设计师的青睐。北京大兴国际机场航站楼即是工程典范。如图 9-1 所示。

图 9-1 北京大兴国际机场航站楼

9.1.1 金属屋面系统的分类

金属屋面是指采用金属板材作为屋盖材料,将结构层和防水层合二为一的屋盖形式。金属板材的种类很多,有镀锌板、镀铝锌板、铝合金板、铝镁锰合金板、钛合金板、铜板、不锈钢板等。板材表面可做烤漆处理,主要有 PE/PE、SMP/PE、HDP/PE、PVDF/PE 这四种烤漆处理。烤漆处理可加强板材使用年限,分别为 5~8 年、

10～15 年、15～20 年、20～25 年以上。

金属屋面形式有锁边、搭接、折边及插接，因锁边具有咬合力强、抗风揭性能好的特点，应用最为广泛；按板型有高立边、矮立边；按构造有单板、复合板。单板因为功能单一，防水和隔热性能均不良，只在一些简易厂棚中使用；按板材锁边咬合方式又可分为直立锁边点支撑屋面系统、直立锁边面支撑屋面系统及平锁扣屋面系统。直立锁边点支撑屋面系统属高立边，具有较高的抗风揭性能，适用于机场、火车站、会展中心、体育馆等大型建筑屋面，以铝镁锰金属屋面最为常用，其典型构造如图 9-2 所示。

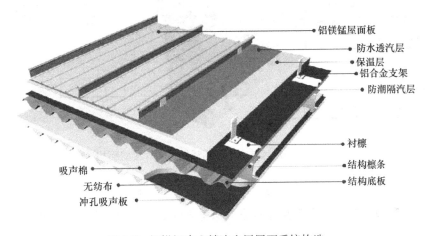

图 9-2　铝镁锰直立锁边金属屋面系统构造

直立锁边面支撑屋面系统（矮立边）可实现连续焊工艺，如近年来新引进的不锈钢连续焊接屋面，在抗风揭和防水效果方面有更大提升。近年采用该屋面系统的有青岛胶东国际机场航站楼和肇庆新区体育中心等，如图 9-3 所示，其构造如图 9-4 所示。

图 9-3　青岛胶东国际机场航站楼不锈钢连续焊接屋面

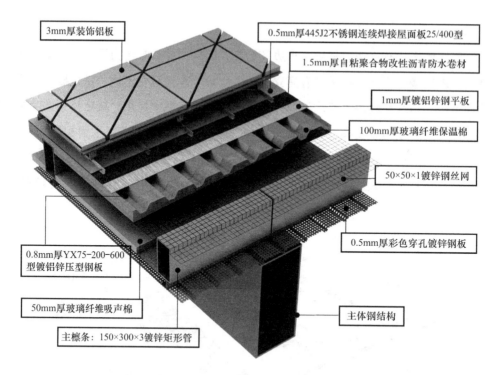

3mm厚装饰铝板

0.5mm厚445J2不锈钢连续焊接屋面板25/400型

1.5mm厚自粘聚合物改性沥青防水卷材

1mm厚镀铝锌钢平板

100mm厚玻璃纤维保温棉

50×50×1镀锌钢丝网

0.5mm厚彩色穿孔镀锌钢板

0.8mm厚YX75-200-600型镀铝锌压型钢板

50mm厚玻璃纤维吸声棉

主檩条：150×300×3镀锌矩形管

主体钢结构

图 9-4　肇庆新区体育中心不锈钢连续焊接屋面构造

平锁扣式屋面系统作为传统的金属屋面系统，扣片的布局直接影响它表现出来的视觉效果，所以此系统主要采用垂直或近似垂直的安装方向。垂直线条可加强建筑物的向上延伸性，而水平接缝则可增强建筑物深扎于地面的结构感。瓦式系列包括方形和菱形两种，其主要用于较大坡度屋面及墙面，在大跨度空间结构中应用不多。其构造如图 9-5 所示。

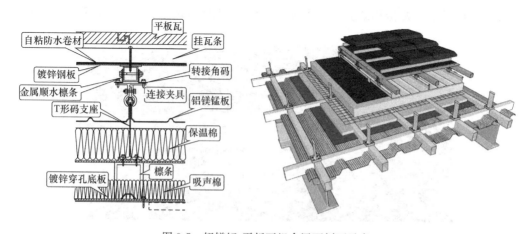

平板瓦

自粘防水卷材

挂瓦条

镀锌钢板

转接角码

金属顺水檩条

连接夹具

T形码支座

铝镁锰板

保温棉

镀锌穿孔底板

檩条

吸声棉

图 9-5　铝镁锰-平板瓦组合屋面剖面示意

9.1.2　三种典型金属屋面系统的比较

近年来，大跨度空间结构采用的屋面系统主要有铝镁锰直立锁边金属屋面、镀铝锌钢板直立锁边咬合屋面系统和不锈钢连续焊接屋面，其各有优劣，详见表9-1。

三种典型金属屋面系统的比较　　　　　　　　　　　　表 9-1

项目		铝镁锰直立锁边金属屋面	镀铝锌钢板直立锁边咬合屋面	不锈钢连续焊接屋面
常用厚度		1.0mm	0.8mm	0.5mm
重量（含漆膜重量）		约为 3.95kg/m²	约为 9.02kg/m²	约为 5.64kg/m²
常用基材材质		A3004/H24	S250GD～S350GD	TTS445J2
基材技术指标	密度	$2.73\times10^3\,kg/m^3$	$7.85\times10^3\,kg/m^3$	$7.75\times10^3\,kg/m^3$
	屈服强度	170MPa	350MPa	245MPa
	线膨胀系数	$23.5\times10^{-6}/℃$	$12\times10^{-6}/℃$	$10.1\times10^{-6}/℃$
	延伸率	4%	16%	30%
	硬度	—	110	≤217
可焊接性		有	无	有
常用镀层		不需要	镀铝锌，双面镀层含量不低于200g/m²	不需要
常用涂层		PVDF，35μm	PVDF，30μm	—
耐腐蚀性		基材本身具有较好的耐腐蚀性能	基材本身不防腐，通过镀层和漆膜获得较好的耐腐蚀性能。屋面板在施工过程中、弯弧过程中的局部损伤可能造成屋面板腐蚀	TTS445J2 铁素体不锈钢具有良好的耐腐蚀性，其腐蚀率远小于 SUS316L 和 SUS304 奥氏体不锈钢
系统抗风性能		板型65/400，板厚1.0mm，檩距1.2m；实验室抗风能力：3～4kPa	板型92/420，板厚0.8mm，檩距1.2m；实验室抗风能力：9.8kPa	板型25/400，板厚0.5mm，檩距1.2m
系统防水性能		屋面板长度不受限制，构造节点可泛水搭接，也可采用铝焊防水，防水性能较好	长度受热位移变形限制，长板需做阶梯，可采用泛水搭接或打胶，在异型屋面上防水能力较差	通过采用不锈钢连续焊接，使屋面成为一个连续的整体，并在关键节点进行特殊深化，防水性能好
系统完善性		在屋脊、檐口、山墙等部位均有专用配件和完善的节点处理方案	在屋脊、檐口、山墙等部位均有专用配件和完善的节点处理方案	在屋脊、檐口、山墙等部位均有专用配件和完善的节点处理方案
系统优点		采用可滑动的暗扣式连接方式，屋面上没有螺钉穿透，解决了早期在金属屋面打钉所造成的漏水隐患以及金属板材的热胀冷缩问题	采用不可滑动的360°咬合式连接方式，抗风掀性能优越；屋面系统的整体稳定性优越（热胀冷缩量为铝镁锰板的一半）	通过在主体钢构至构造层与不锈钢连续焊接板材特殊加强，再通过对各关键节点的把控，有效保证了屋面的抗风揭能力，提高整体的抗风水平

续表

项 目	铝镁锰直立锁边金属屋面	镀铝锌钢板直立锁边咬合屋面	不锈钢连续焊接屋面
系统缺点	强度和延展性较差，抗风能力弱	耐久性受施工质量影响偏差大，需考虑后期维护费用。同时，钢板较厚，曲面板加工难度较大	对焊缝的质量要求高，一旦焊缝出现问题，容易导致屋面渗漏问题

9.1.3 近年来机场航站楼屋面系统应用统计

为便于了解近年来机场航站楼屋面系统应用情况，下面统计了中国大陆近十年来部分新建机场航站楼屋面形式。见表 9-2。从 12 个机场航站楼来看，铝镁锰直立锁边金属屋面应用最多，不锈钢连续焊接屋面和镀铝锌钢板直立锁边咬合屋面系统相对较少，应用时间较短。

中国大陆近十年来部分新建大型枢纽机场航站楼屋面形式 表 9-2

序号	机场名称	省/市/自治区	建筑面积（万 m²）	开工时间	竣工时间	屋面形式
1	北京首都国际机场 T3 航站楼	北京	98.6	2004.3	2007.12	铝镁锰直立锁边金属屋面
2	昆明长水国际机场 T1 航站楼	云南	54	2008.3	2011.12	铝镁锰直立锁边金属屋面
3	深圳宝安国际机场 T3 航站楼	广东	55	2009.10	2013.11	蜂巢式玻璃幕墙、铝板屋面
4	郑州新郑国际机场 T2 航站楼	河南	48.5	2014.1	2015.12	铝镁锰直立锁边金属屋面
5	重庆江北国际机场 T3A 航站楼	重庆	53	2012.8	2016.11	铝镁锰直立锁边金属屋面
6	武汉天河国际机场 T3 航站楼	湖北	49.5	2013.10	2017.8	铝镁锰直立锁边金属屋面
7	广州白云国际机场 T2 航站楼	广东	65.9	2013.10	2018.5	铝镁锰直立锁边金属屋面
8	北京大兴国际机场航站楼	北京	78	2014.12	2019.9	镀铝锌钢板直立锁边咬合屋面系统
9	青岛胶东国际机场航站楼	山东	47.8	2015.6	2020.7	不锈钢连续焊接屋面
10	成都天府国际机场 T1 航站楼	四川	67	2016.5	2020.12	铝镁锰直立锁边金属屋面
11	杭州萧山国际机场 T3 航站楼	浙江	71.9	2019.8	2021.6	铝镁锰直立锁边金属屋面
12	乌鲁木齐地窝堡国际机场 T4 航站楼	新疆	56	2019.10	2023.12	镀铝锌钢板直立锁边咬合屋面系统

9.2 重难点分析

9.2.1 深化设计及 BIM 应用

1. 实体建模（可视化三维设计）

运用逆向工程的实体模型搭建技术，针对造型曲率、坡度进行分析，对整体建筑

进行评估，如图 9-6 所示。采用模块式参数化设计，逻辑算法取代机械性重复数据录

入，并形成数据库和模型库，节省大量建模时

间，如图 9-7 所示。

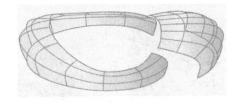

图 9-6　实体模型搭建

2. 实体模型建立

对主体结构进行三维激光扫描，提取实体

的点云数据，降噪及逆向处理后，获得基本实

体点云模型，现场实体位置三维模型与原设计模型整体导入 BIM 比对，确定结构设

计与现场实际安装结构的偏差值。如图 9-8 所示。

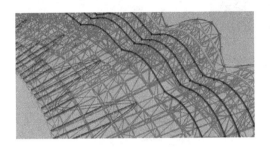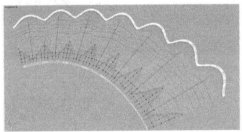

图 9-7　模块式参数化设计

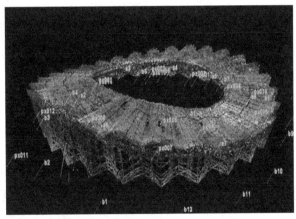

图 9-8　三维激光扫描建立实体模型

实体模型差值调整后的支座点位、长度、布置用于指导现场支座安装，精度更易

控制，后续作业误差更小。如图 9-9 所示。

3. 一体化集成设计

屋面深化设计不是单一、独立的系统设计，应考虑相关联的专业，集成钢结构技

术、屋面技术、幕墙技术等多专业技术，综合考虑建筑效果、产品特性进行一体化集

成设计。如图 9-10 所示。

图 9-9 实体模型差值调整指导现在安装

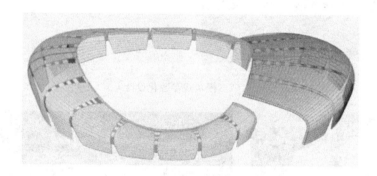

图 9-10 一体化集成设计

9.2.2 屋面形态复杂、施工难度高

航站楼屋面形态设计复杂，大量屋面造型为曲面，形态复杂，施工难度高，如图 9-11 所示。曲面屋面受钢结构主体的安装精度影响很大，表皮深化设计建模若按钢结构设计模型建立，与工程实际相差很大，会导致按理论下料的曲面板无法安装或强行锁边，致使出现外观褶皱乃至渗漏等问题。同时，曲面屋面必然会出现大量扇形板、曲面板甚至 S 形板，增大加工难度。因此，屋顶施工时，应根据设计院提供三维模型及现场实际情况进行测量确定，并通过有效精准的定位措施，实现屋面钢结构檩条体系的二次找形，确保屋面完成面板与原设计标高一致。在分析屋面曲面曲率时，对不能自然弯弧的金属屋面板需采用可靠的均匀弯弧工艺，确保屋面顺滑度及外观视觉效果。

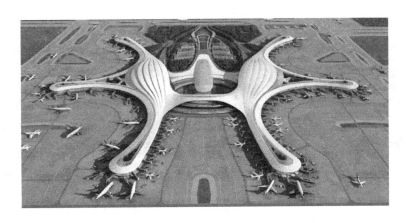

图 9-11　成都天府国际机场 T1 航站楼

9.2.3　屋面抗风揭是金属屋面的难点

近二十年来，随着大量场馆的建设，金属屋面应用极为广泛。但同时，也出现了不少建筑在台风或瞬时飓风作用下，出现了屋面大面积被掀起的问题，如图 9-12 所示。这成为金属屋面在设计时要重点考虑的问题。因此，金属屋面在深化设计中需要进行实验室抗风揭试验，保证金属直立锁边双层屋面系统、屋面卷材系统、室外吊顶系统、屋面檐口系统及天沟边缘设置两排抗风夹等不发生破坏的要求，确保屋面系统的安全、牢固。应考虑施工屋面系

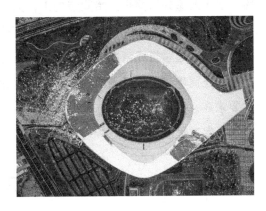

图 9-12　某体育场馆项目屋面台风受损

统在未完成情况下遭遇大风的情况，避免造成大面积屋面风揭破坏，且应以抗风揭试验结构为准。

9.2.4　屋面防渗漏是金属屋面的重难点

金属屋面渗漏是建筑的一大顽疾，几乎达到了难以完全避免的程度。有的场馆项目，从未竣工时就开始渗漏，至交付使用后也一直难以找到具体的渗漏位置。这与设计和施工环节有着极大的关系，必须予以高度重视。如图 9-13 所示。

根据防水要求，屋面防水层细部构造如天沟、檐口、屋面变形缝，天窗与屋面交接处，穿出屋面柔性的屋面板钢支撑均应深化细部设计，严格按照专业施工操

作规程做好卷材防水层的防火保护，保证防水卷材不被破坏。此外，对于屋面排

图 9-13 金属屋面渗漏

水，屋面大部分雨水由直立锁边钢屋面板排至不锈钢天沟，若有少量渗水，由下层卷材屋面排至不锈钢天沟内。金属屋面排水沟应采用虹吸排水系统，排水系统需严格按图施工，确保排水通畅。对于钢板金属屋面的切边、切口，应采用成熟可靠的封边防腐措施，并须经过实验验证。

9.2.5 屋面施工组织安排

航站楼屋面面积大、跨度大、工期紧，施工组织是一大挑战。进入屋面施工阶段，机坪及室外管网也开始同步施工，大量屋面材料的堆放和加工场地与上述工序交叉施工，造成较大干扰。同时，单片屋面板长度长，其运输难度大，需借用塔式起重机、汽车式起重机或索道等运输设备进行垂直运输，会占用机坪区域。超长屋面板块的运输还需确保屋面板不能局部变形，以免影响外观和锁边质量。屋面构造层多、防水要求高，要求精细施工，但屋面施工特别是保温层等受天气影响很大，需采取临时措施确保过程质量受控。

9.3 金属屋面工程深化设计

9.3.1 深化设计总体思路

根据建设单位和设计院的意见，由屋面专业分包组织设计人员在原有图纸的基础上做施工图深化设计。施工图设计主要从屋面分格排版的设计、节点的设计以及放样下料三方面进行，并及时将设计施工图提交建设单位和设计院等审核、确认。

建筑金属围护系统设计理念，即实现三维模型控制由面→线→点的控制。如图 9-14 所示。

通过三维设计软件的系统分析，可以对三维扭曲分割线进行坐标点以及相应位置屋面板的数据导出。如图 9-15 所示。

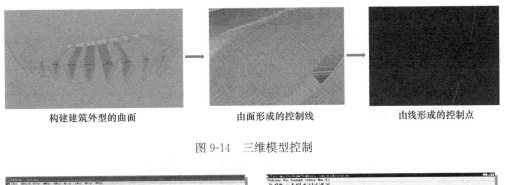

构建建筑外型的曲面　　　　　由面形成的控制线　　　　　由线形成的控制点

图 9-14　三维模型控制

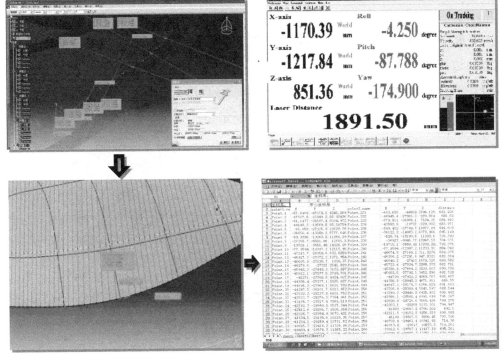

图 9-15　三维扭曲分割线坐标点和屋面板数据导出

9.3.2　双曲面或自由曲面金属屋面深化设计

双曲面或自由曲面金属屋面深化设计实施步骤为：

（1）双曲面构造原理分析；

（2）基础安装控制线；

（3）屋面扇形板分区规划；

（4）屋面扇形板安装控制细分；

（5）屋面扇形扭曲板概念分析；

（6）合理板块分割下单张屋面板分析；

（7）非合理板块分割下单张屋面板分析；

（8）扇形扭曲板侧弯安装工艺；

（9）屋面檩条与双曲面的拟合；

（10）屋面支座安装控制分析。

9.4 金属屋面样板段制作

在屋面正式施工前，针对金属屋面典型部位及关键部位做视觉样板，内容涵盖：直立锁边屋面、檐口铝板、天沟、室外吊顶、高侧窗。样板段面积总计不低于$200m^2$，样板段具体位置及要求按照设计要求。金属屋面相关所有材料样板需由设计单位、监理单位及建设单位确认。如图 9-16 所示。

图 9-16 屋面样板段制作

9.5 金属屋面工程安装

9.5.1 金属屋面运输

金属屋面跨度大，屋面板超长、板面薄、变形大，垂直运输易造成加工好的板面局部变形。因此，必须采取相应措施，确保垂直运输不造成对板块的变形损坏。其主要方法有以下几种方式：

1. 扁担吊装法

采用"地面成型—扁担吊装法"进行屋面板的加工生产运输方案。屋面板扁担吊运法适用于屋面短板的运输，板长的吊装最大约 60m。吊装必须使用吊带，禁止使用钢丝绳，否则会勒坏或刮坏整捆金属板的边缘，而且钢丝绳同钢板之间极易产生滑动，吊运时若未保持好平衡，会使金属板弯折甚至整捆金属板滑落地面。正式吊装前应进行试吊，保证屋面板的运输安全。如图 9-17 所示。

图 9-17　屋面板扁担吊装法

根据屋面板弯弧半径，设计可调节运输胎架，以适应现场各种长度、弯弧半径的屋面板，防止超长板在运输过程中发生破坏。如图 9-18 所示。

2. 超长屋面板索道运输法

常规方法无法运输超长屋面板，根据现场环境，可设置索道，由索道运输至屋面。如图 9-19 和图 9-20 所示。

图 9-18　超长弯弧板吊装

9.5.2　金属屋面安装流程

金属屋面因构造不同，其安装流程也有所差异。如有的屋面在屋面板之上设计有装饰板，北方的工程设计有挡雪、融雪系统等。但总体上相差不大，其安装流程可参考图 9-21。

拟安装金属屋面板的屋面

屋面预留上板口(>2m×2m)

屋面板运输导索+输送槽

生产设备(集装箱)

金属板材卷
(钢卷、铝卷等)

设备基础架子
调整角度

地面

图 9-19　屋面板索道运输示意

图 9-20　超长屋面板索道运输法

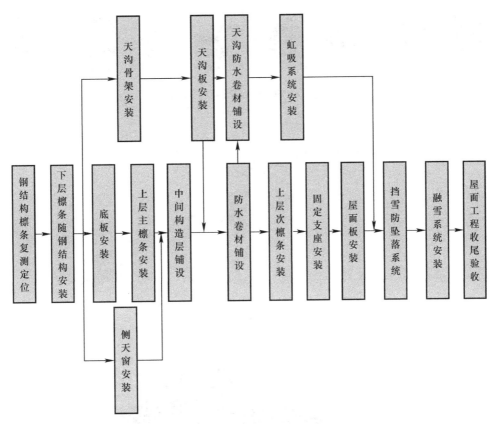

图 9-21　金属屋面安装流程

9.5.3　曲面屋面造型控制

双曲或自由曲面屋面造型呈现连续波浪形状，屋面造型控制难度大，如图 9-22 所示。特别是钢结构安装完成后的卸载沉降误差，会造成屋面系统造型的整体平滑、顺滑度控制难度增大。其总体控制流程如图 9-23 所示。

施工应采取以下措施：

(1) 采用 BIM 信息化模型一体化设计、下料及安装。屋面 BIM 模型与土建、钢结构及幕墙等专业进行碰撞检查，保证各系统间的空间位置关系，确保理论模型不发生碰撞，如图 9-24 所示。建立可视化的 BIM 模型，所有构件由建筑外表皮自外向内逐一控制，保证建筑外观，如图 9-25 所示。

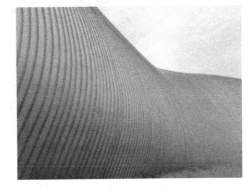

图 9-22　大曲率造型金属屋面

图 9-23 曲面屋面总体控制流程

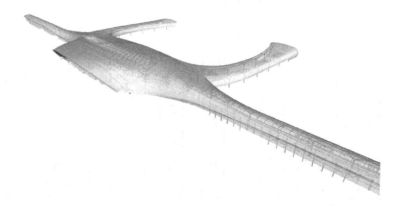

图 9-24 BIM 一体化建模

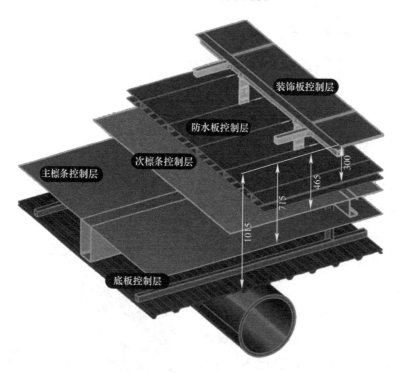

图 9-25 可视化的屋面构造 BIM 模型

（2）深化设计采用可调差的节点设计，消除累计误差，如图 9-26 所示。

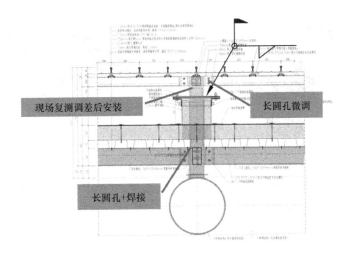

现场复测调差后安装

长圆孔微调

长圆孔+焊接

图 9-26 采取合理的节点处理措施消除累积误差

（3）采用先进的屋面加工设备，保证加工（出板与弯弧）精度与屋面造型匹配，保证屋面板出板效率和咬合精度，如图 9-27 所示。

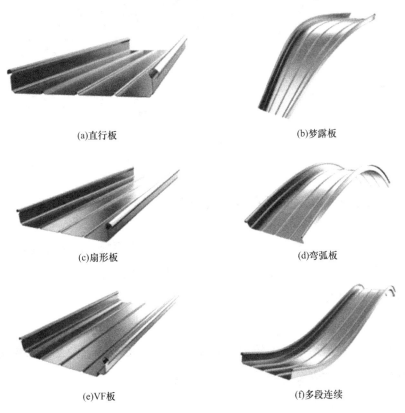

(a)直行板

(b)梦露板

(c)扇形板

(d)弯弧板

(e)VF板

(f)多段连续

图 9-27 各种形状屋面板（一）

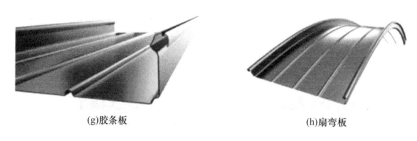

(g)胶条板   (h)扇弯板

图 9-27 各种形状屋面板（二）

（4）进行屋面系统之间（檐口系统、天沟系统、屋面构造）的碰撞检查，解决可能存在的干涉问题，如图 9-28 所示。

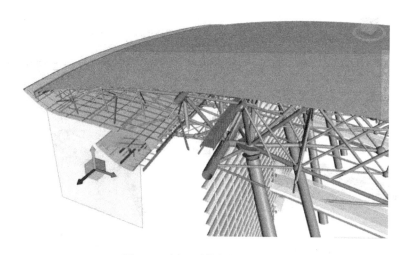

图 9-28 屋面系统之间碰撞检查

9.5.4 超长弧形屋面板在高温差环境下的适应性问题

航站楼屋面平面尺寸大，屋面板超长，且为弧形屋面板，对早晚温差大的地区，屋面板热位移长度超过 100mm，支座与屋面板磨损、热位移释放是屋面施工要考虑的重点。可采取以下措施：

1. 减少板长

增加内天沟，将屋面板长度控制在 50m 以内，以此有效释放热位移变形，且施工时要严格控制支座的安装精度，如图 9-29 所示。

2. 采用可滑动支座

采用可滑动的滑槽式支座或滑片式支座，使屋面板热位移变形可释放，以应对屋面板的温度变形。如图 9-30 所示。

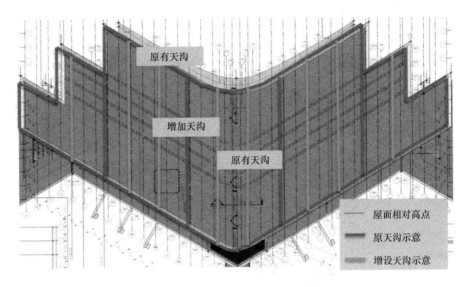

图 9-29　增加屋面内天沟

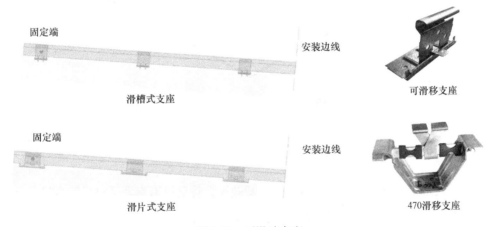

图 9-30　可滑动支座

3. 屋面板预留伸长余量

超长金属板受气温温差的影响，伸缩量较大，因此，屋面板的长度必须考虑环境因素。屋面板现场施工时，按照最大使用设计值＋250mm 进行铺设。施工时最终保留裁剪长度，按照施工时的温度重新计算确定，避免屋面板保留的长度不足，发生热位移收缩后造成漏水现象。如图 9-31 所示。

屋面板收缩变化值：

$$\Delta L = \frac{1}{2} L \left(t_{\max} - t_{\min} \right) \alpha_{\mathrm{t}} \tag{9-1}$$

式中　ΔL——收缩变化值；

　　　L——屋面板长度；

　　　t_{max}——年度最高温度；

　　　t_{min}——年度最低温度；

　　　α_t——线膨胀系数。

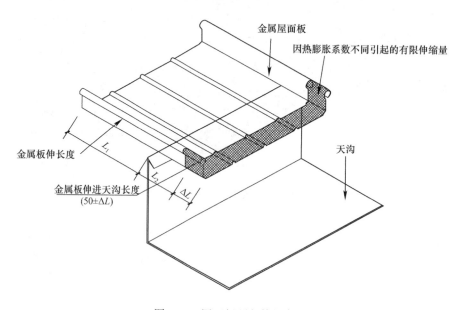

图 9-31　屋面板预留伸长余量

9.5.5　金属屋面抗风揭控制

机场航站楼一般地处空旷区域，风荷载较大，特别是沿海地区机场，台风的侵袭不断，如何确保屋面的抗风性能，是屋面工程的重中之重。主要在以下方面采取措施：

1. 根据建筑物的风洞试验报告，合理选择屋面构造体系

（1）评估屋面构造的合理性，特别是要考虑屋面的受力体系是否可靠；

（2）屋面下部与结构的连接，需考虑檩条的间距、结构承板的跨度；

（3）屋面板的厚度、材质强度及咬合防水；

（4）屋面板的精度、咬合精度和工人的安装精度；

（5）支座与屋面板的连接方式，支座间距；

（6）边缘区、角部区等薄弱环节，屋面板斜切削弱的补强；

（7）自攻钉的抗拔能力；

（8）收边泛水连接、端部连接等薄弱环节的抗风能力；

（9）附属系统（天窗、天沟、檐口等）的专项抗风；

（10）上部扩展（装饰板）与屋面板的连接能力；

（11）屋面设计需按2倍风荷载系数进行设计计算。

2. 使用风揭破坏试验验证屋面构造体系的可靠性

通过破坏试验进行验证组合抗风能力，确保屋面系数抗风达到2倍设计值。如图 9-32 所示。

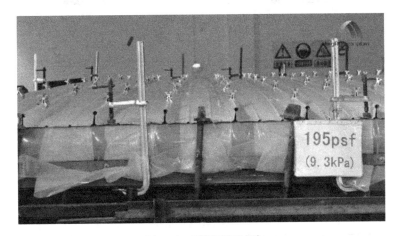

图 9-32　风揭破坏试验

3. 对薄弱环节采取抗风揭补强措施

对天沟边屋面檩条进行加密，采用可滑动抗风件加强屋面板端部抗风能力，采用不锈钢抗风支座加强板肋与檩条的连接强度。如图 9-33 和图 9-34 所示。

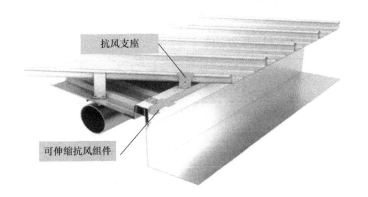

图 9-33　可滑动抗风件加强屋面板端部

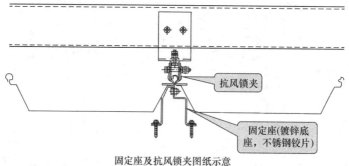

固定座及抗风锁夹图纸示意

图 9-34　不锈钢抗风支座加强板肋与檩条的连接

经试验，不同规格的铝镁锰系统、钢屋面系统，在是否采取锁夹措施以及是否采用装饰龙骨，其在稳态和动态下的抗风性能有很大差异。总体而言，板块宽度小，因而支座间距小的屋面，抗风性能更好；钢屋面因为质量重、刚度大，较铝镁锰屋面系统抗风能力强；采取锁夹加强措施的屋面，抗风能力也得到大幅提升。采取装饰龙骨的屋面，其稳态和动态抗风能力提升幅度也较大。具体详见表 9-3。

屋面系统抗风承载力测试　　　　　　　　　　　　　　　　　表 9-3

编号	种类	材料参数	檩距 (mm)	稳态抗风 (kPa)	动态抗风 (kPa)
①	65/400 铝镁锰系统	1.0mm 铝镁锰板	1200	2.2	—
②	65/400 铝镁锰系统＋锁夹	1.0mm 铝镁锰板	1200	3.6	—
③	65/300 铝镁锰系统	1.0mm 铝镁锰板	1200	4.3	—
④	65/300 铝镁锰系统＋锁夹	1.0mm 铝镁锰板	1200	7.2	—
⑤	92/420 钢屋面系统	0.8mm 镀铝锌钢板	1200	5.0	3.5
⑥	92/420 钢屋面系统＋锁夹	0.8mm 镀铝锌钢板	1200	7.5	5.25

续表

编号	种类	材料参数	檩距 (mm)	稳态抗风 (kPa)	动态抗风 (kPa)
⑦	92/420 钢屋面系统＋锁夹＋装饰龙骨	0.8mm 镀铝锌钢板	1200	10.0	7.0
承载力提升	（②-①）/①			63.6%↑	
	（⑤-①）/①			127%↑	
	（⑤-③）/③			16%↑	
	（⑥-②）/②			108%↑	
	（⑥-④）/④			4%↑	
	（⑥-⑤）/⑤			33.3%↑	50%
	（⑦-⑥）/⑥			33.3%↑	42.9%

4. 施工过程中的抗风措施

施工过程中每天需要做到局部封闭，采取临时抗风措施，卷材固定需按照外露抗风能力进行布置。

在屋面施工时，当日铺设的屋面板需及时进行屋面板咬合，防止夜间突发大风。

冬歇施工期间，以天沟为界，对已施工区域进行局部封闭（完成卷材铺设和屋面板铺设），形成完整的抗风体系。部分薄弱环节加强抗风夹等措施进行局部加强。对无法完成抗风体系的需加密自攻钉。

9.5.6　严寒地区屋面积雪对结构、 保温及防水性能的保证措施

严寒地区雪荷载大，侧天窗的积雪严重，屋面高点的积雪滑落对屋面冲击大。冰雪融化容易造成渗漏现象发生，故采取合理的挡雪、融雪措施，是确保屋面围护系统安全、保温性能和防水性能的重点。可采取以下措施：

(1) 备用防水层的成品保护、排水完整性，是二道防水体系的重点，如图 9-35所示。二道防水卷材连接采用热风焊接，顺坡搭接，相连的卷材需要互相错位 30cm以上，长边搭接 120mm，焊缝不少于 30mm，如图 9-36 所示。根据底板板型每个底板波峰设置 1 个紧固件。直接暴露屋面时，需要复核抗风揭性能，必要时减少卷材宽度。

屋脊是屋面的分水线，交接处存在较大的渗漏隐患，必须采取多重措施加以解决。具体做法如图 9-37 所示。

对屋面上坡区域屋面板板头应上折，天沟区域屋面板板尾应下折，同时，在天沟设置泛水板和滴水片，屋脊设置铝合金或泡沫条外堵头。做法如图 9-38 所示。

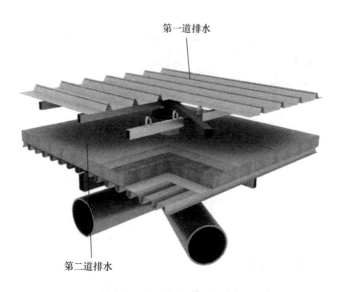

图 9-35 屋面二道防水体系

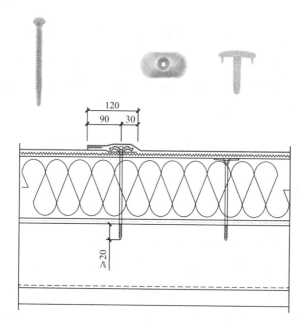

图 9-36 防水卷材搭接示意

天沟汇水面积大，且为重力排水，特别是坡度陡、水流急的天沟，易对天沟造成冲击溅水，导致渗漏。另外，在天沟汇水集中点，交汇点雨水流量大，需采取措施，如图 9-39 所示。可在天沟内设置阻流片，减缓水流速度，分段排水。在天沟交汇点设置集水井及虹吸雨水斗，及时排除雨水。集水井内设置防异物堵塞网及溢流雨水管，保证虹吸系统畅通，如图 9-40 所示。

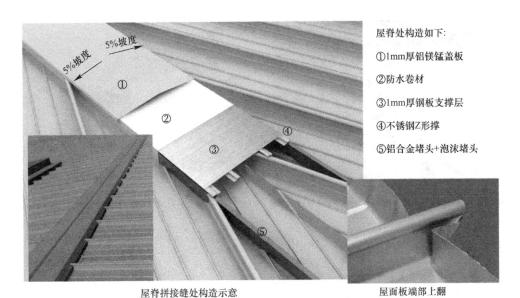

屋脊处构造如下：

①1mm厚铝镁锰盖板

②防水卷材

③1mm厚钢板支撑层

④不锈钢Z形撑

⑤铝合金堵头+泡沫堵头

屋脊拼接缝处构造示意　　　　　屋面板端部上翻

图 9-37　屋脊处构造做法

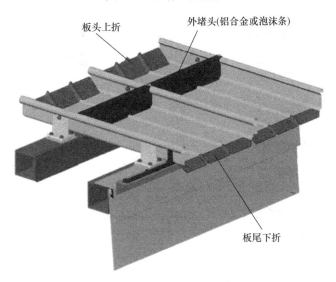

图 9-38　屋面防水构造措施

（2）合理设置屋面固定点，使屋面板不发生位移，避免屋面板刚性防水失效。

（3）屋面间隔设置挡雪系统分段挡雪，天沟、雨水斗设置融雪系统。

屋面板沿板长方向每隔 15m 设置一道挡雪杆，避免所有积雪滑落至低点。屋面挡雪杆采用双排、天沟边采用三排，设置纵向撑杆使挡雪杆成为一个整体，增加抗冲击强度，并采取加长肋顶夹并设置橡胶垫片增加与屋面板的摩擦力。挡雪杆做法如图 9-41 所示。

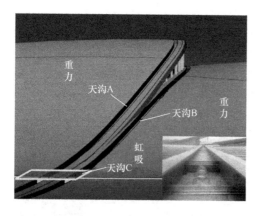

图 9-39　屋面天沟示意

图 9-40　屋面天沟阻流片、伸缩缝

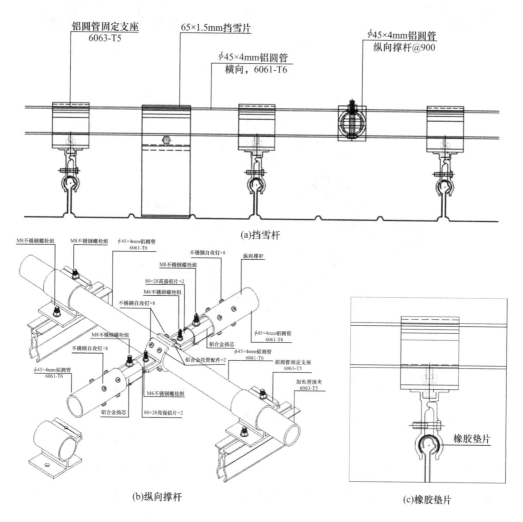

图 9-41　挡雪杆做法大样

在天沟内、天沟边的屋面板、虹吸雨水系统布置融雪系统，避免天沟、虹吸雨水系统结冰，无法及时排除冰水而造成渗漏隐患，如图 9-42 所示。在檐口区域设置融雪系统，避免檐口滴水凝结成冰锥，产生安全隐患，如图 9-43 所示。

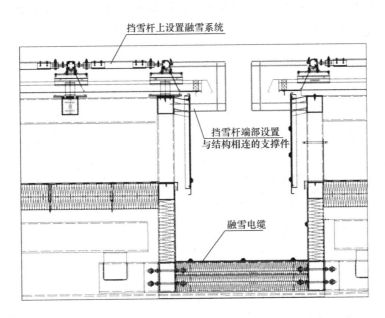

图 9-42　天沟内、天沟边设置融雪系统

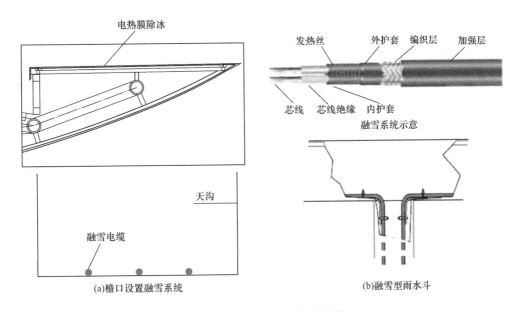

图 9-43　檐口融雪系统及大样

（4）天窗边积雪区域结构（檩条）进行补强，有条件积雪区域设置融雪系统。

对金属屋面进行雪荷载模拟分析，得出典型风向下屋面雪分布情况，如图9-44所示。一般积雪严重的区域主要集中在波谷天沟处、玻璃幕墙侧天窗与金属屋面交接处。根据模拟分析结果，对积雪严重处的檩条加密，提高结构强度，同时降低屋面板板宽。有条件情况下，除天沟布置融雪外，积雪严重区域同样设置融雪系统。

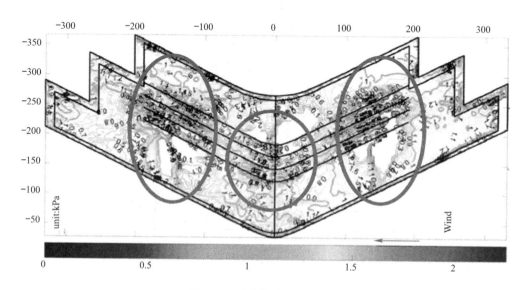

图9-44 雪荷载分布模拟分析

（5）屋面冷桥（热桥）处理

严寒地区由于室内外温差大，在屋面与室内结构交接处容易形成冷凝水即结露现象，称之为冷桥（或热桥）。可采取以下措施：

1）支座下部设置隔热垫片，减少屋面板向下传递冷桥（热桥）。立柱法兰之间（螺栓上下）设置隔热垫，进一步减少冷桥（热桥）的传递。波谷内采用玻璃棉填充，玻璃棉能与钢板贴合密实，且便于施工，如图9-45所示。

2）檐口铝板可做保温包覆，减少室内外的冷桥传递。檐口内保温隔墙以外的落水管内部设置融雪系统，如图9-46所示。

9.5.7 天沟、檐口安装

屋面天沟、檐口造型复杂，特别是檐口空中定位困难，可采用一体化装配安装施工，大大加快施工速度，提高安装质量和外观效果。把单独的天沟板、檐口板在地面和钢架进行拼装连接，同时做好打胶、收口等工作，采用大型吊车一步吊装到位。将大量的高空作业放到地面完成，有效地控制了天沟板、檐口板的安装质量及检查难度。天沟安装如图 9-47 所示，檐口安装如图 9-48 所示。

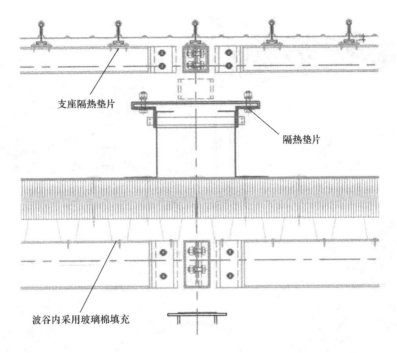

图 9-45　屋面隔热措施

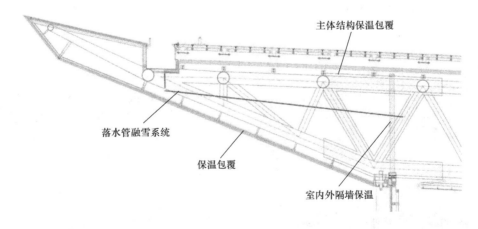

图 9-46　檐口保温融雪措施

此外，屋面檐口也可将龙骨与檐口板分开地面预制，再分块安装。(1)通过二次结构深化，将檐口龙骨在地面拼装为分段，采用吊车直接吊装，加快了施工进度；（2）通过设计改进装饰板连接节点，工人直接在龙骨内部进行檐口装饰板的安装。此安装方法无脚手架、无吊篮，对幕墙工程施工影响较少。如图9-49所示。

(a)天沟单元骨架拼装

(b)天沟单元模块拼装

(c)天沟单元模块吊装

(d)天沟单元模块吊装就位

图 9-47　天沟一体化装配安装

(a)檐口单元模块组装

(b)檐口单元模块吊装

图 9-48　檐口一体化装配安装

(a)檐口龙骨吊装

(b)檐口龙骨吊装就位

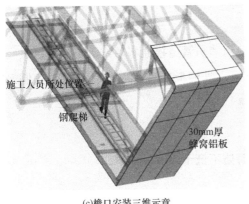

施工人员所处位置

钢爬梯

30mm厚
蜂窝铝板

(c)檐口安装三维示意

(d)檐口板单元块安装就位

图 9-49　屋面檐口装配安装

9.6　金属屋面工程检测、试验

1. 风洞试验

通过风洞试验测定金属屋面局部最不利位置风荷载及受力情况，测量均匀流和紊流时局部模型表面压力分布；测量装饰板典型测点变形、典型连接件和次檩条内力；对屋盖进行均匀流时的破坏试验，得出风揭破坏临界风速。

2. 抗风揭试验

金属屋面应在直立锁边屋面（含天沟封边板）、高侧窗盖板、铝板檐口（含上下表面）、室外吊顶、屋面隔震缝、变形缝盖板和登机桥屋面，按风洞测压试验结果进行风揭试验。试验应满足施工图中至少三组试验的相关要求。

3. 四性试验

高侧窗，檐口铝板，室外吊顶板应进行幕墙四性试验，以保证气密性、水密性、抗风压及平面内变形等要求。幕墙四性试验根据工程重要性按照《建筑幕墙气密、水密、抗风压性能检测方法》GB/T 15227 与《建筑幕墙平面内变形性能检测方法》GB/T 18250 执行。

4. 淋水试验

应对蜂窝铝板上表面、直立锁边屋面板（含天沟封边板）、屋面卷材系统、高侧窗盖板、登机桥卷材屋面按国家相关要求进行淋水试验。在雨后或者持续淋水 2h 以后屋面不出现渗漏为合格。

5. 虹吸雨水闭水试验

对虹吸排水管下部排水口进行封堵，再使用消防管道接通水对虹吸雨水系统进行灌水。水位应淹没雨水斗，持续 1h。如虹吸雨水斗液面高度不变化且雨水斗周围及雨水管道焊缝是没有渗漏，则试验结果为合格。

6. 天沟蓄水试验

天沟蓄水试验时间 24h 不渗漏，积水最薄处不低于 15mm。

7. 抗拉拔试验

对金属屋面系统的固定座与钢檩条之间的螺钉连接进行抗拉拔试验，测试屋面系统固定件机械性能，以验证屋面系统在抗风性能上的表现，并为工程实施取得各项数据支持。

9.7 金属围护系统专业公司分析与参考

国内建筑金属围护系统行业是一个相对年轻的行业，其发展主要在 2000 年之后，大量的金属围护系统专业公司是在此之后成立的，并随着国内大量体育场馆、机场航站楼及会议展览中心等建设而得到蓬勃发展。

金属围护系统专业公司主要有两类，一类是成立之初就是以金属围护系统专业为主，以专业化发展为核心，向金属围护系统全产业链方向发展，这类企业占多数；另一类是以钢结构或安装专业为主业，因为金属围护系统与主业施工联系紧密，又有承接业务的先发优势，逐渐向金属围护系统业务拓展，发展的势头也非常迅猛，前景看好。下面列举了国内主要金属围护系统专业公司以便参考，主要参考了中国钢结构协会房屋建筑钢结构分会、中国建筑防水协会金属屋面技术分会 2016 年发布的《关于对全国金属围护系统行业 10 强企业的通报》，见表 9-4。由于时间又过去了数年，市场变化极快，各企业发展态势各不相同，真实情况可能又有较大变化，仅供参考。

国内主要金属围护系统专业公司参考一览表　　　　表 9-4

序号	企业名称	企业地址	承包资质	设计资质	加工基地	评价星级
1	森特士兴集团股份有限公司	北京	钢结构工程专业承包一级	建筑金属屋（墙）面设计与施工特级	北京	★★★★★
2	浙江东南网架集团有限公司	浙江杭州	钢结构工程专业承包一级、建筑金属屋（墙）面设计与施工特级	钢结构、网架专项设计甲级资质	杭州、广州、天津、成都四个加工基地	★★★★★
3	中建二局安装工程有限公司	北京	钢结构工程专业承包施工一级、中国金属围护系统承包商特级资质	建筑金属屋（墙）面设计与施工特级、轻型钢结构专项设计甲级		★★★★★
4	山东雅百特科技有限公司	山东枣庄	钢结构工程专业承包施工一级、中国金属围护系统承包商特级资质	建筑金属屋（墙）面设计与施工特级、轻型钢结构专项设计甲级		★★★★★
5	上海精锐金属建筑系统有限公司	上海	中国金属围护系统承包商特级资质	建筑金属屋（墙）面设计与施工特级		★★★★★
6	深圳市鑫明光建筑科技有限公司	深圳	钢结构工程专业承包施工一级、幕墙工程专业承包施工一级	建筑金属屋（墙）面设计与施工特级、中国金属围护系统承包商特级	南京	★★★★★
7	多维联合集团有限公司	北京	钢结构工程专业承包一级、钢结构制造特级、建筑金属屋（墙）面设计施工特级	建设工程（建筑行业）设计甲级、钢结构工程专项设计甲级	北京、河北、沈阳、哈尔滨、包头、乌鲁木齐、上海、西安	★★★★
8	江苏沪宁钢机股份有限公司	江苏宜兴	钢结构工程专业承包一级、钢结构制造特级	钢结构工程专项设计甲级	宜兴	★★★★
9	山东万事达建筑钢品股份有限公司	山东滨州	钢结构工程专业承包一级、钢结构制造一级	中国钢结构设计乙级		★★★★
10	中建科工集团有限公司	深圳	钢结构工程专业承包一级、中国钢结构制造企业特级、建筑金属屋（墙）面设计与施工特级资质	工程设计建筑行业（建筑工程、人防工程）甲级	江苏、湖北、四川、广东、天津	★★★★

9.8 金属屋面工程招标

金属屋面工程是建筑的重要子分部工程，既是建筑的外围护结构，对建筑的采光、防水、节能有重要影响，又是建筑外装饰，对建筑的美观和形象有着重要影响，而且，其成本在建筑的总体造价占有较大比例。近年来，也发生较多金属屋面被台风、瞬时大风掀起的案例，带来很大的负面影响和经济损失，越来越引起社会各界和建设单位的重视。因此，在招标前，有必要对以下几方面做必要调研和考察：

1. 市场调研

（1）调研金属围护系统专业企业的优势

对于重大工程，应根据项目结构特点，有针对性地进行金属围护系统专业企业的调研工作。有的企业在体育场馆等方面业绩丰富，有的企业在航站楼方面业绩突出，有的企业有着金属维护系统全产业链的生产优势，有的企业在新产品和新技术研发方面有独特优势。建设单位可根据项目特点和实际需要，综合考虑。

（2）调研金属维护系统专业企业的设计能力

现代机场航站楼、体育场馆、火车站房等公共建筑设计日新月异，造型也越来越独特。平面、规则的金属屋面也越来越少，取代的是各种曲面造型的外围护建筑。因此，对于围护系统的深化设计能力提出了更高的要求，常规的设计方法已经无法满足设计和施工要求，也达不到设计效果。通过了解专业企业的深化设计能力和设计团队，特别是应用 BIM 的技术能力，三维激光扫描测量技术能力和软件开发能力等，选择设计能力强的专业公司。

（3）调研专业企业的加工制作能力

异形或曲面空间屋面，通过深化设计必然形成大量弯弧板、曲面板，普通的出板机难以加工出异形板材，必须配备三维数控加工设备，才能满足加工要求。

2. 技术交流

为金属屋面工程招采做好准备，可邀请金属围护专业企业（潜在投标单位）进行技术交流，就企业基本情况、工程业绩及优势，并结合工程实际，针对屋面工程深化设计、加工制作、生产运输、施工安装及检测等关键环节进行交流。通过这样的方式，全面了解各专业单位的企业实力、专业水平及重视程度，为招标文件编制和工程招标做好准备。

3. 实地考察

如有条件，可通过实地考察金属围护系统企业、制作厂和工程实体，更能直观地感受各企业的管理水平和管控能力，对于招标的选择更有明确目标。

4. 屋面工程招标

屋面工程招标一般按照工程量清单进行招标，为控制工程造价，应尽量减少暂估价项目。招标对抗风揭试验、幕墙四性检测等责任主体做出明确规定，对视觉样板制作要求和报价有明确要求，明确专业界面划分，操作平台、垂直运输及临时水电等使用要求，避免后期扯皮。

5. 屋面工程材料

屋面工程材料选择是确保工程品质的基础条件，屋面材料对于防水性能、抗风揭性能及保温隔热有相应的指标要求。对于重要的材料如板材、保温棉、防水卷材等可规定品牌范围，以确保工程质量。

10.1　概　述

机场航站楼、体育场馆及会议博览中心等大型公共建筑，因屋面跨度大、汇水面积大，有组织地快速排水对于避免屋面渗漏十分重要。屋面雨水排水可以分为重力排水和虹吸排水两种。分别如图 10-1 和图 10-2 所示。传统重力式雨水排放系统是利用雨水本身重力作用，由屋面雨水斗经过排水系统自流排放。水流夹带空气进入整个雨水排放系统，空气约占管道 30%～70% 空间，且排水悬吊管必须具备一定坡度。其原理如图 10-3 所示。

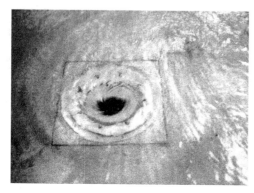

图 10-1　重力排水

图 10-2　虹吸式排水

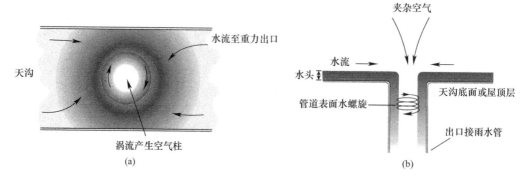

图 10-3　重力式排水原理

　　虹吸式雨水排放系统通过特制雨水斗能有效阻隔空气进入，通过全系统压力平衡计算，大大地减少了雨水进入排水系统时夹带的空气量，最终达到气与水分离的效果，在管内形成满管流。利用建筑物高度与地面落差势能形成虹吸作用，将屋面雨水快速排干。如图 10-4 所示。

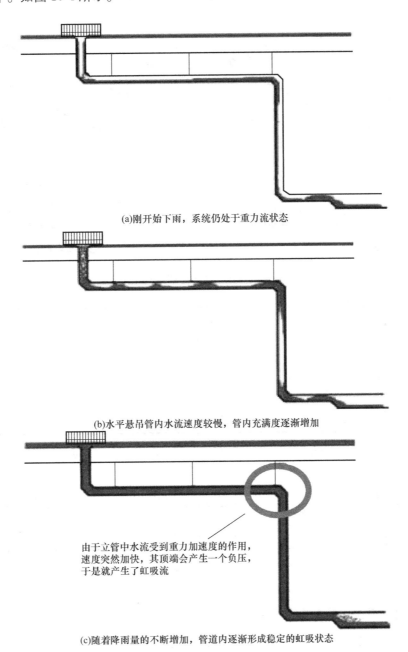

(a)刚开始下雨，系统仍处于重力流状态

(b)水平悬吊管内水流速度较慢，管内充满度逐渐增加

由于立管中水流受到重力加速度的作用，
速度突然加快，其顶端会产生一个负压，
于是就产生了虹吸流

(c)随着降雨量的不断增加，管道内逐渐形成稳定的虹吸状态

图 10-4　虹吸排水的原理

虹吸排水相较传统重力式排水，更具优势，为了形象地表达，绘制了两种排水方式的典型布置，如图 10-5 所示。实践证明，虹吸具有更高的排水效率，排水管径更小，横管无需排水坡度，只需更少的管材，立管数量大大减少，同时，减少了地面埋管和检查井，施工周期更短，具有明显的优势，其比较如图 10-6 所示。

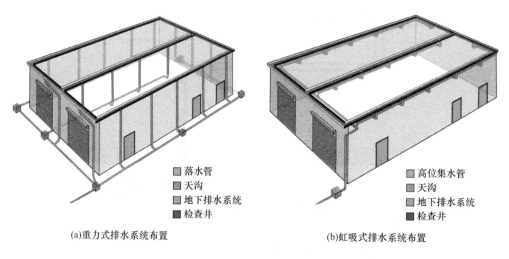

(a)重力式排水系统布置   (b)虹吸式排水系统布置

图 10-5　重力式排水系统与虹吸式排水系统布置

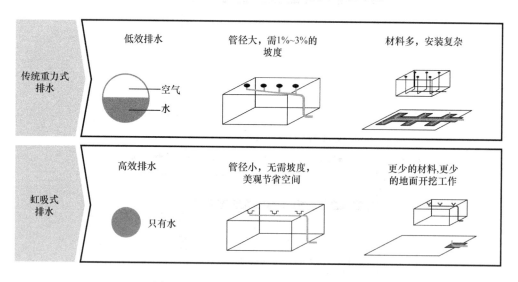

图 10-6　重力式排水与虹吸式排水的比较

虹吸排水系统优势主要表现在：

（1）虹吸系统需要的排出口和落水管相对较少。

（2）设计灵活、美观，悬吊管可水平敷设在整个建筑内，无需坡度。

(3) 落水管排放位置可控，增加了设计的灵活性。

(4) 管道设计为100％充满水时的高速运行，在相同排水量情况下，单根虹吸落水管管径更小。

(5) 节省资金，即由于所需的落水管和出水口相对较少，从而减少材料和埋地开挖。在考虑整个屋顶排水和相关地下工程时会节省费用。

(6) 减少安装时间，即落水管和所需的出口较少，从而减少材料和地基的处理，缩短安装时间，加快施工进度。

(7) 虹吸系统管道流速快，可自动清洗。

10.2　虹吸雨水系统的组成及分类

10.2.1　虹吸雨水的系统组成

虹吸雨水系统由虹吸雨水斗、排水管道及紧固系统组成。如图 10-7 和图 10-8 所示。

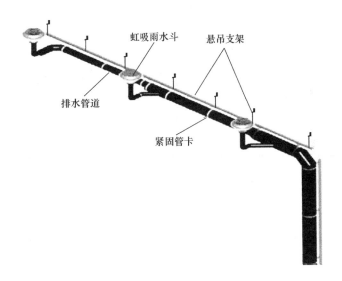

图 10-7　虹吸雨水系统示意

传统悬吊系统采用支吊架将管道与屋面结构直接相连，受管道和支吊架安装精度的影响，可能导致管道不顺直，严重的可能出现渗漏等问题。改进的悬吊系统采用二次悬吊，通过横梁调整，可以保证管道的安装质量，且支吊架的设置更加灵活、数量更少。此悬吊系统主要适用于 HDPE 管。如图 10-9 所示。

(a)虹吸雨水斗

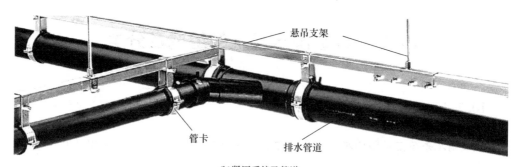

悬吊支架

管卡

排水管道

(b)紧固系统及管道

图 10-8　虹吸雨水系统

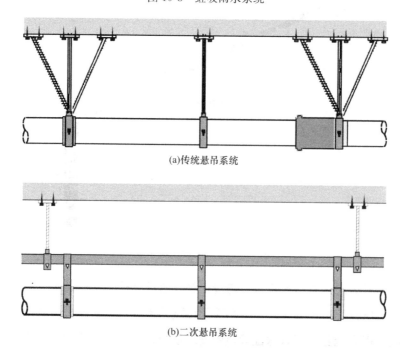

(a)传统悬吊系统

(b)二次悬吊系统

图 10-9　虹吸雨水悬吊系统比较

10.2.2　虹吸雨水的分类

虹吸雨水按排水管材料主要有不锈钢管道和高密度聚乙烯管道（HDPE）两种，如图 10-10 和图 10-11 所示。虹吸雨水系统在 20 世纪八九十年代引入国内，雨水斗基本为国外生产。早期排水管道主要为 HDPE 管道，该材料具有易加工、质量轻、耐酸性强、适用各种屋面形状、成本较低等优点。但也发现不少问题，比如管材为黑色，与屋面色差大，不美观；管道刚度小、挠度大，负压作用下管道变形大呈压扁状，严重时易导致管道脱落，如图 10-12 和图 10-13 所示；同时，HDPE 管道不具耐火性能，也是影响其应用范围的一大阻碍。

图 10-10　HDPE 管道虹吸雨水

图 10-11　不锈钢管道虹吸雨水

图 10-12　管道变形

图 10-13　管道脱落

近年来,不锈钢材质的耐腐蚀性能提高和采购成本下降,采用不锈钢管道的工程越来越成为主流趋势。不锈钢管道具有良好的耐火性能、刚度大、安装支吊架少、变形小等优点。且随着焊接技术的提高,管道连接质量大幅提升,管道渗漏和脱离的质量风险大大降低,越发凸显不锈钢管道的优势。

需注意的是,不锈钢材质管道需采用氩气保护焊接,必须采用不锈钢专用焊条,焊接后需对管道进行酸洗处理,以除去焊接高温产生的氧化皮。同时进行钝化处理,以形成一层致密的氧化膜以耐腐蚀。

10.3 虹吸雨水系统的设计

10.3.1 设计依据

1. 设计规范

主要包括:《建筑给水排水设计规范》GB 50015、《虹吸式屋面雨水排水系统技术规程》CECS 183、《建筑设计防火规范》GB 50016、《给水排水设计手册》及《全国民用建筑工程设计技术措施-给水排水》等。

2. 暴雨强度计算

暴雨强度参照各地区给定的暴雨强度公式,降雨历时按 5min 计算,设计重现期取 50 年。超过重现期的雨水,屋面采用溢流管溢流设施,天沟排水系统和溢流设施总设计重现期为 100 年。

10.3.2 虹吸雨水设计

1. 确定汇水面积

西北某航站楼根据屋面设计特点,划分每个屋面区域的汇水面积。如图 10-14 所示。

2. 计算雨水量, 选取雨水斗

西北某航站楼根据汇水面积、设计暴雨强度及校核暴雨强度,计算流量和溢流量,设计雨水斗型号和数量,见表 10-1。由此,航站楼主楼金属屋面共设计主虹吸系统 44 套、虹吸溢流系统 12 套。雨水斗布置情况如图 10-15 所示。

3. 计算出图

采用软件计算分析,得出雨水管径和系统图。如图 10-16 所示。

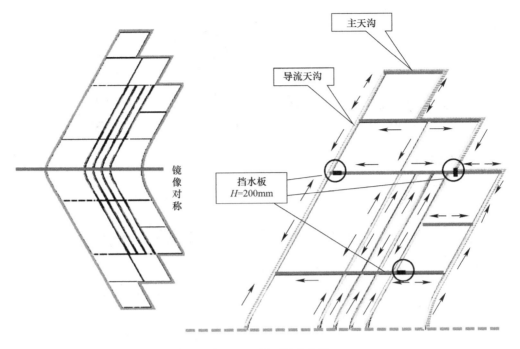

图 10-14　屋面汇水分析

虹吸雨水系统设计表　　　　　　　　　表 10-1

汇水分区编号	投影面积 (m²)	径流系数×宣泄系数	设计暴雨强度 [L/ (s·ha)]	流量 (L/s)	设计型号×斗数	校核暴雨强度 [L/ (s·ha)]	溢流量 (L/s)	设计型号×斗数
A	3485	1	162.24	56.54	DN100×2	181.1	6.57	DN100×1
B	1995	1	162.24	32.37	DN100×1	181.1	3.76	DN100×1
C	9351	1	162.24	151.71	DN100×3	181.1	17.64	
D	16884	1	162.24	273.93	DN100×5	181.1	31.84	DN100×1
E	2096	1	162.24	34.01	DN100×1	181.1	3.95	
F	1936	1	162.24	31.41	DN100×1	181.1	3.65	DN75×1
G	912	1	162.24	14.80	DN75×1	181.1	1.72	
H	5204	1	162.24	84.43	DN150×1	181.1	9.81	DN100×2
I	21509	1	162.24	348.96	DN100×7	181.1	40.57	

4. 系统路由设计

系统路由设计可根据金属屋面支撑结构特点，对网架结构，即上下弦桁架结构，虹吸雨水排水系统管道可设在桁架内，固定点设在桁架球点上，立管可设在幕墙柱内或柱外。如图 10-17～图 10-21 所示。雨水管设置在柱内，更加隐蔽，但是一旦雨水管需要维修，则会带来困难。

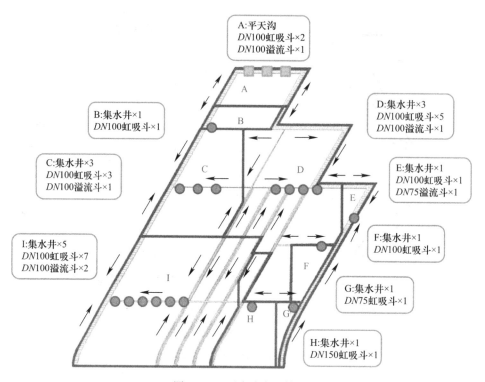

图 10-15 雨水斗布置情况

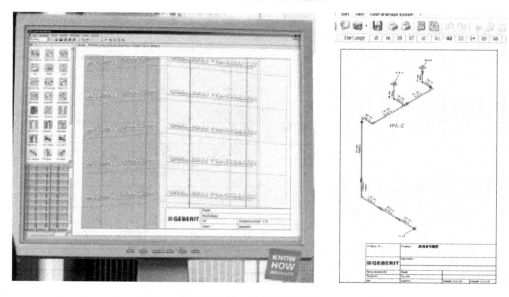

图 10-16 软件分析出图

5. 管道支架

管道支架采用槽钢和角钢等与桁架球节点焊接，布置在桁架层内，如图 10-22 所示。

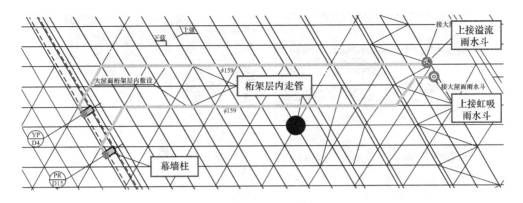

图 10-17 虹吸雨水系统路由在桁架层的布置

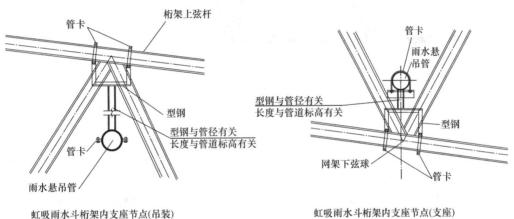

图 10-18 虹吸雨水管在桁架内的布置详图

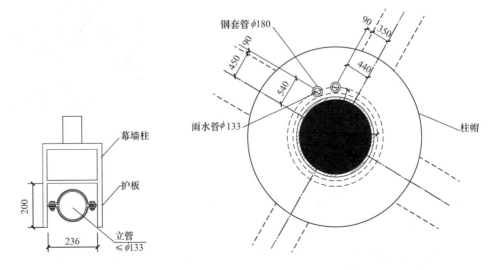

图 10-19 立管幕墙柱内安装节点　　图 10-20 雨水立管穿柱帽平面示意

273

(a)雨水管设置在幕墙柱内

(b)雨水管设置在幕墙柱外

图 10-21 雨水管设置在幕墙柱位置设置

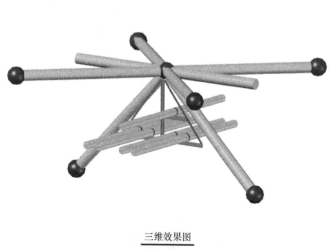
三维效果图

图 10-22 管道支架设计

6. 溢流系统

溢流系统设计需增设围堰，如图 10-23 所示。

7. 天沟设计

（1）水跃及涌水问题。由于天沟坡度较大，水流流速急，在暴雨时候，在天沟处横向产生涌水。在集水井位置极易产生水跃问题，从而导致大量水流集中至最低处的集水井，导致虹吸排水无法迅速排除。如图 10-24 和图 10-25 所示。

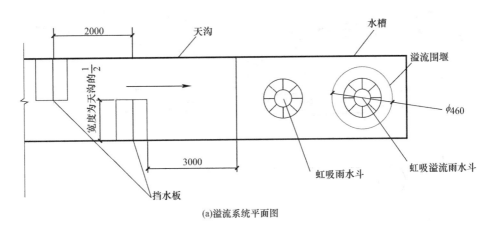

(a)溢流系统平面图

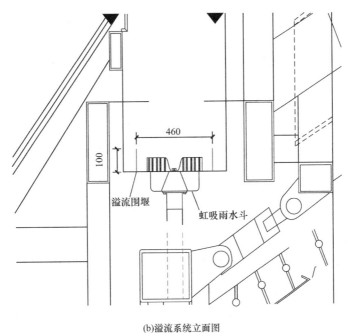

(b)溢流系统立面图

图 10-23　溢流系统设计

为解决以上问题，可设计集水井压板和溢流压板，尽量逐级把水均衡地让各个虹吸排水口引流，降低跃水的问题，如图 10-26 所示。

(2) 对天沟下有结构件的情况，天沟在放置雨水斗处需避开结构件，如图 10-27 所示。

(3) 屋面伸缩缝处天沟连通处理。对于大型屋面，被伸缩缝打断的天沟可做连同处理，如图 10-28 所示。

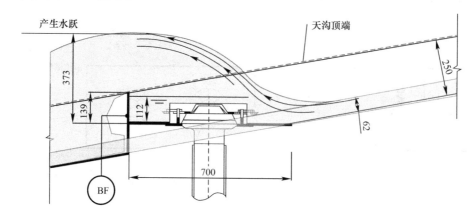

图 10-24　天沟集水井产生水跃现象

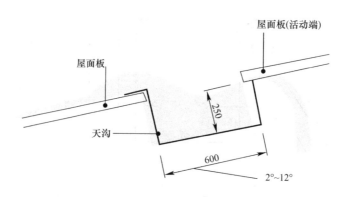

图 10-25　天沟横向产生涌水现象

8. 防冻设计

冬季屋面积雪受外界条件影响会融化，雪水在天沟及雨水管道等阴冷部位会反复冻融。为防止雪水冻结造成安全运行隐患，雨水斗底盘应设置防冻融冰电伴热系统。

敷设在室外的雨水管、埋设在地下冻土层的雨水管，均设置防冻伴热电缆及保温层，伴热电缆缠绕包覆在雨水管外壁与保温层之间，保温层外包保护层。

9. 防风沙设计

为防止因风沙淤堵天沟，可对天沟设置高压水枪冲洗措施，如图 10-29 所示。

为防止因风沙淤堵雨水斗和雨水管，雨水斗及管道管径均不小于 $DN100$，悬吊管及横管顺水坡度不小于 $1‰$，横管转弯、立管与横管连接均采用顺水连接（采用两个 $45°$ 弯头连接）。

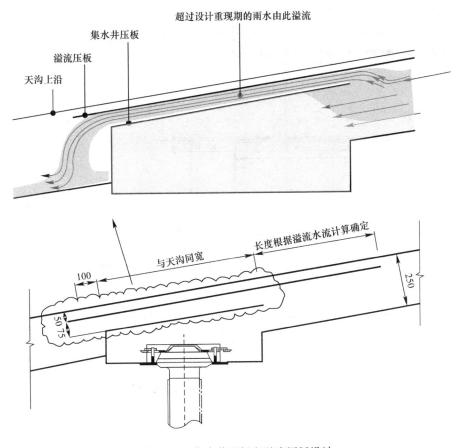

图 10-26　集水井压板和溢流压板设计

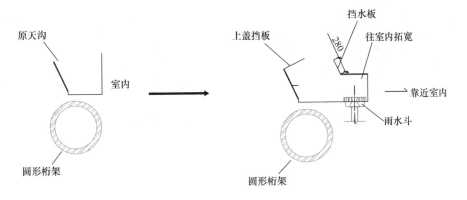

图 10-27　天沟在放置雨水斗处需避开结构

10. 消能雨水井

虹吸雨水排水由于流速快、冲击力大，应设计消能雨水井，宜采用钢筋混凝土结构。同时，雨水算子应采用镂空设计或增设排气管，如图 10-30 所示。

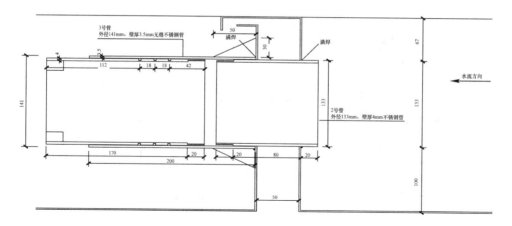

图 10-28 屋面伸缩缝处天沟连通处理

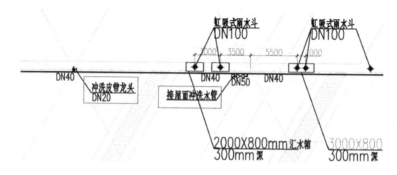

图 10-29 天沟设置高压水枪冲洗措施

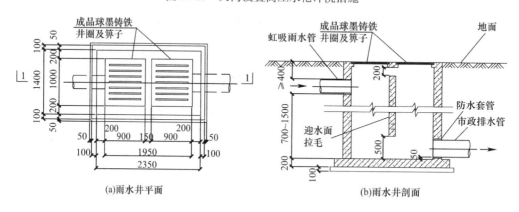

(a)雨水井平面　　　　　　　　(b)雨水井剖面

图 10-30 消能雨水井

10.4 虹吸雨水系统专业厂家的选择参考

虹吸雨水系统是给排水专业的一个分项工程，其在工程中所占份额其实很小，其工程造价约在 70～150 元 /m² 之间（按屋面面积计算）。但因其对屋面排水极为重要，处理不好易造成屋面渗漏、排水不畅，带来的后果和影响是严重的。因此，对于虹吸排水专业企业的选择建设单位较为重视。目前，大型公建项目包括超高层建筑等虹吸雨水系统，可选择的企业并不多，据统计，国内大跨度公共建筑虹吸排水 80％以上的为国外企业，其核心的雨水斗产品大多为国外产品。下面列举了市占率较高的专业厂家，仅供参考，见表 10-2。

虹吸雨水系统专业公司参考一览表　　　　表 10-2

序号	企业名称	公司所在地	主要业绩（代表性工程）	进入中国市场时间	评价星级
1	FASTFLOW 捷流技术工程（广州）有限公司	广州（总部新加坡）	国家体育场（鸟巢）、常州博世厂房、上海南站、武汉南站、广州白云国际机场 T1、青岛流亭国际机场、拉萨贡嘎机场、北京首都国际机场 T3、上海浦东国际机场 T2、杭州萧山国际机场、重庆江北国际机场等	2005 年	★★★★★
2	GEBERIT 吉博力集团	上海（总部瑞士）	哈利法塔、悉尼歌剧院、韩国仁川国际机场、广州南站、广州大剧院、西安世博园自然馆、2010 上海世博会共 11 个馆、广州亚运会主媒体中心、海口国际会展中心等	2003 年	★★★★★
3	WAVIN 威文管道系统有限公司	佛山（总部荷兰）	德国法兰克福森林体育场、比利时沃尔沃汽车制造厂厂房、德国宝马汽车动力中心厂房、德国保时捷汽车制造厂中心厂房、上海世博中心等	1995 年	★★★★
4	Siphosion 上海赛弗逊流体科技有限公司	上海（总部美国）	上海虹桥机场西货运站、中国西部国际博览城（一期）工程、广饶国际博览中心、兰州西站等	2008 年	★★★★

第十一章 电梯工程

11.1 概　述

　　电梯是人类进入工业化社会后解决人们垂直上下或水平运输的重要工具，也是解放人类体力的重要发明。电梯的出现是在 19 世纪末至 20 世纪初，经过一百余年的发展，电梯逐渐向智能化、人性化及绿色节能方向发展。其应用极为广泛，包括各种公共建筑、多层、高层、超高层建筑、地铁乃至室外景区等，如图 11-1 和图 11-2 所示。

图 11-1　宁夏沙坡头景区（6 部扶梯，提升高度 20m）

图 11-2　张家界景区百龙观光电梯（三台双层全暴露观光电梯）

广义上的电梯可以分为电梯（垂直电梯）、自动扶梯及自动人行步道三种。

（1）电梯按布置方式分类：无机房电梯/观光梯、有机房电梯/观光梯，如图11-3和图11-4所示；按用途分类：客梯、货梯、医梯；按速度分类：低速电梯、中速电梯、高速电梯。

（2）自动扶梯按使用场合分类：公共交通重载扶梯、普通商用扶梯，如图11-5所示；按形状分类：直线形自动扶梯、螺旋形自动扶梯，如图11-6所示。

图 11-3　有机房电梯　　　　　　　图 11-4　无机房电梯

图 11-5　地铁公共交通重载扶梯

(a)上海南京路新世界百货　　　　　　　　　　　　(b)上海新世界大丸百货

图 11-6　螺旋形自动扶梯

（3）自动人行步道按角度分类：水平式人行步道、倾斜式人行步道，如图 11-7 所示。

(a) 水平式自动步道　　　　　　　　　　　　　　(b) 倾斜式自动步道

图 11-7　自动人行步道

11.2　电梯的选择

11.2.1　电梯

由于建筑空间的限制，产生了无机房电梯和小机房电梯。无机房电梯省去了机房，将原机房内的控制柜、曳引机、限速器等布置在电梯井道顶部或井道侧部，从而取消了传统的机房，以便满足客户对高度和屋顶的特殊要求。

1. 无机房电梯与有机房电梯相比较的优点

(1) 节省空间，可以只在主机的下方做一个检修平台。

(2) 由于不需要机房，对建筑结构及造价上有更大的益处，使得建筑师在设计上拥有更大的灵活性和便利性，给设计师以更大的自由。同时由于取消了机房，对建设单位来说，无机房电梯比有机房电梯的建筑成本要低。

(3) 由于一些仿古建筑大楼整体设计的特殊性及对屋顶的要求，必须在有效的高度内解决电梯问题，所以无机房电梯非常满足此类建筑需要。

2. 无机房电梯与有机房电梯相比较的缺点

(1) 噪声、震动及使用局限性

无机房的主机放置方式主要有两种：一种为主机置于轿顶之上，另一种是主机置于井道侧壁，无论采用以上哪种方式，其噪声都非常大。由于采用刚性连接，噪声必须消化在井道里，再加上抱闸和风扇的声音都会放大。因此噪声方面，无机房明显比有机房大。另外，由于主机的刚性连接，使共振现象不可避免地传到轿厢及导轨，对轿厢及导轨的影响比较大，所以，无机房的舒适感明显弱于有机房。由于此两项的影响，无机房电梯不适用于 1.75m/s 以上的高速梯形。此外，由于井道壁承受的支撑力有限，所以无机房电梯的载重量一般不宜大于 1150kg，过大的载重量会对井道壁承载要求过高，所以在 1.75m/s、1150kg 以下梯形，无机房可替代有机房，而大载量、高速电梯，有机房电梯明显优于无机房电梯。

(2) 温度影响

电梯的发热量比较大，它的多种电子元件不仅承受高温能力均比较差，而且有机房电梯和无机房电梯一般均采用永磁同步无齿轮曳引机，其永磁同步电机的温度也不宜过高，否则易引起"失磁"现象。所以，国家标准对机房的温度、排风量都有明确规定。

无机房的主机等主要发热部件都在井道里，由于没有相应的降温和排风设施，导致无机房电梯的温度对主机及控制柜影响比较大，特别是全透明的观光梯更不适应安装无机房电梯，电梯内聚集的热气会无法排出。所以，选择此类电梯一定要考虑充分。

(3) 故障维修及人员救援

无机房电梯维修和管理不如有机房电梯方便，因为电梯难免发生故障，而无机房电梯由于主机安装在梁上，主机在井道内，若是主机（电动机）出现问题，维修是比较麻烦的。因此，国家标准明文规定有机房的电梯安全窗可以不用增设，而无机房必须增设，以便营救。因此在维修方面有机房电梯占据绝对优势。另外，在人员救援方面，无机房电梯也非常麻烦，一旦发生停电时，必须安装应急电源。

11.2.2 自动扶梯

自动扶梯按照两种负载模式划分，不同的负载模式决定着扶梯的基本规格和设计。商业型按设计寿命 10～15 年，每天乘客 1.4 万人负荷；公共交通型按设计寿命 20～30 年，每天乘客 3.5 万人负荷。如图 11-8 所示。

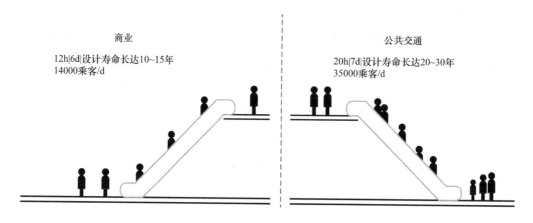

图 11-8 自动扶梯按负载模式划分

根据《自动扶梯和自动人行道的制造与安装安全规范》GB 16899，在以下列情况之一的自动扶梯或自动人行道，应设置为公共交通型自动扶梯（自动人行道）：

（1）公共交通系统包括出口和入口处的组成部分；

（2）高强度使用及每周运行时间约 140h，且在任何 3h 的间隔内，其荷载 100% 制动荷载的持续时间不少于 0.5h。

同时，对于公共交通型扶梯和自动人行道，根据 $5000\text{N}/\text{m}^2$ 的载荷计算或实测的最大挠度不应大于支撑距离 L 的 1/1000。对于提升高度 h 不大于 6m 的公共交通型自动扶梯和倾斜式自动人行道也应安装附加制动器。

《电梯型式试验规则》TSG T7007 规定，公共交通型自动扶梯的倾斜角应当大于 30°，扶手带的破断强度应当不小于 25kN。

商务和公共交通型拥有共同的功能设计，而公共交通高峰负载型则需要更高要求的产品设计。电梯所需的梯级链滚轮、传动系统、扶手带及提升高度均有不同的要求，如图11-9所示。

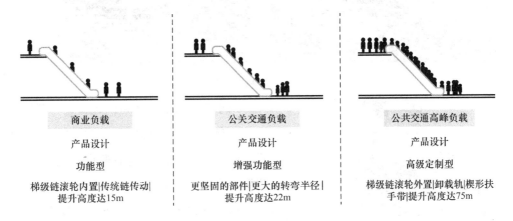

图11-9　商务和公共交通型自动扶梯要求对比

重载公交型对比普通公交型自动扶梯，要求承载力更高、负荷能力更强，对于梯级链滚轮的位置和直径有更高的要求，如图11-10所示。

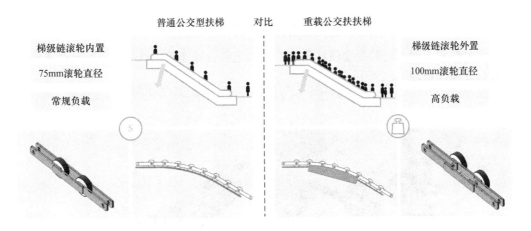

图11-10　重载公交型对比普通公交型自动扶梯梯级链滚轮对比

对于客流量密集的基建和公共建筑物，特别是机场、火车站等客流量密集区域，应优先考虑采用公共交通型自动扶梯。

对于自动扶梯，上导轨转弯半径标准为2600mm，考虑到公共交通负载，建议按3600mm设计。对下导轨转弯半径，可按标准2000mm设计，如图11-11所示。采用高速减速箱，两级斜齿轮结构，承载能力更强，如图11-12所示。驱动链传动至少为双排链，驱动链、梯级链安全系数不小于8，如图11-13所示。

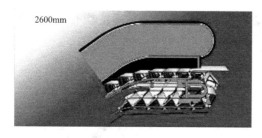 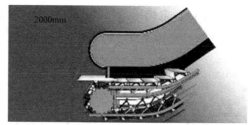

图 11-11　导轨转弯半径

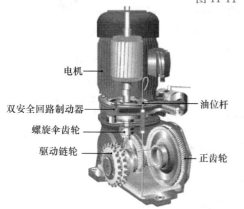

电机

双安全回路制动器

螺旋伞齿轮

驱动链轮

油位杆

正齿轮

图 11-12　高速减速箱

对于自动扶梯扶手带的选择，V 型带相对 C 型带有更大的截面积，寿命更长；V 型设计保证与扶手带导轨有更多的接触面积，提供更大的驱动力和同步性。如图 11-14 所示。

以上数据各专业厂家不同，仅供参考。其中，扶手带端部驱动仅适用于金属护栏。

11.2.3　变频及自动感应

由于自动扶梯和自动人行道在酒店、商场、地铁、火车站、机场等其使用场合的特殊性，部分扶梯经常处于空转的状态，这将浪费大量的电能，同时也会使扶梯部件（如电机、减速箱、扶手带等）产生不必要的磨损及疲劳损伤。

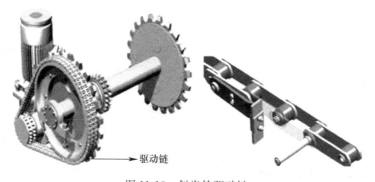

驱动链

图 11-13　斜齿轮驱动链

目前，自动扶梯主要以液力耦合器调速或恒速为主。在不对扶梯的正常使用产生任何负面影响的前提下，引入无速度传感器矢量变频调速。即变频器根据传感器产生的信号，在有人乘坐时，扶梯以原有设计速度运行；当无人乘坐时，扶梯减速或停止运行。变频器主要作用是用来调整扶梯转速，使其启动和运行平稳，在无人时，经过延时，系统将自动转入爬行运行，以达到节能的目的。在扶梯入口处安装光电开关，当有乘客时，光电开关发出信号，扶梯经变频调速至额定速度，当全部乘客离开扶梯后，扶梯又自动进入低速运行状态待客。以此节省电能，减少机械磨损，延长使用寿命。

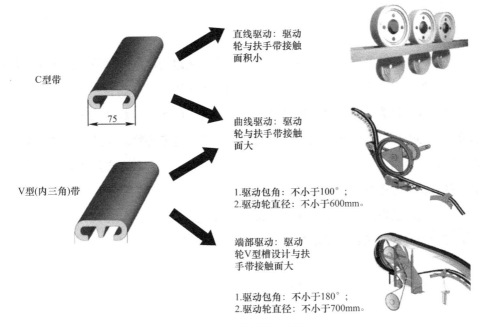

图 11-14　自动扶梯扶手带对比

扶梯、自动步道入口采用雷达微波和光栅立体感应方式，如图 11-15 所示。其具有以下优势：

（1）立体感应的雷达感应器，更可靠；

（2）感应范围可以自由设定，敏感度可调；

（3）更高解析度，更可靠、更精确感应移动中的物体；

（4）数码过滤功能：由荧光灯、下雨、下雪所产生的干扰信号能被有效过滤；

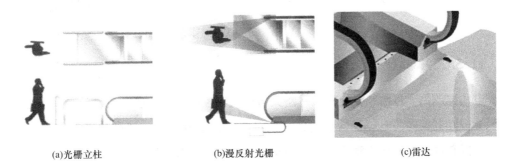

(a)光栅立柱　　　　　　　　(b)漫反射光栅　　　　　　　　(c)雷达

图 11-15　扶梯、自动步道入口自动感应

（5）安装维护方便，节能环保。

11.3 电梯物联网技术

11.3.1 概述

信息化、智能化是当前所有行业的发展趋势，通过物联网的手段，加强对大量运行电梯的监控，是确保电梯安全、健康运行的重要保障。

电梯物联网是为了解决目前电梯安全问题而提出的概念，数据采集部分、数据传输部分、中心处理部分以及应用软件共同构成了完整的电梯物联网监控系统。采集仪采集电梯运行数据进行分析并上传到互联网监控中心，结合平台应用软件，实现各相关单位对电梯实时有效的监管维护。

电梯物联网的发展处于起步探索阶段，大致起于 2015 年。以下提供某电梯物联网的总体解决方案和思路，仅供参考。如图 11-16 所示。

图 11-16 某电梯公司物联网总体方案

11.3.2 梯联网方案基本原理

电扶梯产品通过增加智能物联网网关与电扶梯控制柜进行连接。智能网关通过收集和分析控制柜内的电扶梯数据（包括累计运行距离及时间、过往故障及状态记录等）可以有效地对电梯健康状况进行判断，提供预防性保养建议。

同时，电梯的实时信息以及过往的信息将会展现在智能管家客户端平台上。电梯公司远程技术中心将为客户提供 24h 的不间断健康监控。如图 11-17 所示。

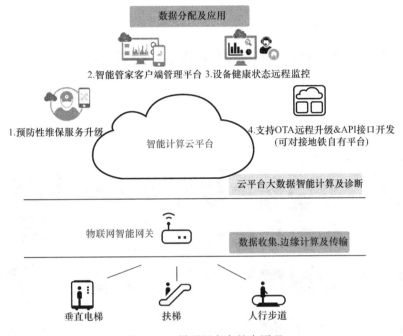

图 11-17　梯联网方案基本原理

梯联网智能诊断由控制柜核心数据、智能诊断云平台及专业的电梯技术组成。如图 11-18 所示。

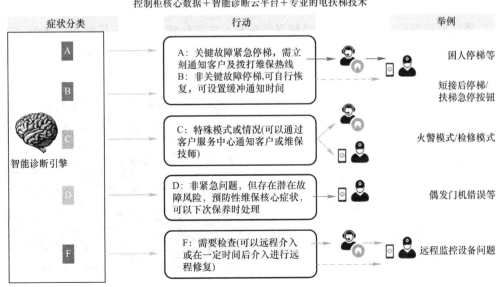

图 11-18　梯联网智能诊断

11.3.3 梯联网运用

1. 项目监控综合看板

通过项目监控综合看板，适时监控各电梯的运行状况，对报警信息及时处理，如图 11-19 所示。

图 11-19 项目监控综合看板

2. 单梯详细信息展示

通过监控系统，随时调取各单梯详细信息，掌握电梯的实时运行状态：状态、方向、速度；实时运行状态：状态、方向、速度；运行状态：方向、故障状态、技工在场，运行、待机和故障时间统计，运行速度、驱动模式、操作模式。如图 11-20 所示。

3. 面向客户的智能管家应用平台

开发面向客户的智能管家应用平台，客户通过下载移动端 APP 随时查看相关电梯运行信息，如图 11-21 所示。

4. 电梯健康即时体检报告

通过健康平台，可自动生成电梯健康体检报告，如图 11-22 所示。电梯检测项目见表 11-1。

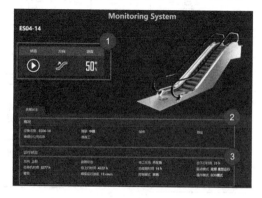

图 11-20 单梯详细信息展示

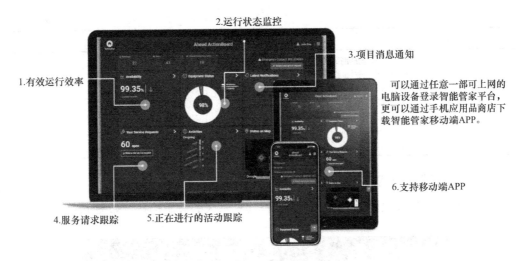

2.运行状态监控

3.项目消息通知

1.有效运行效率

可以通过任意一部可上网的电脑设备登录智能管家平台，更可以通过手机应用品商店下载智能管家移动端APP。

6.支持移动端APP

4.服务请求跟踪　　5.正在进行的活动跟踪

图 11-21　智能管家应用平台

图 11-22　电梯健康体检报告

电梯健康检测项目　　　　　　　　　　　　　　　　　　　　　　　　表 11-1

序号	垂直电梯	扶　梯
健康检测内容	（1）累计运行统计 （2）日均运行流量 （3）特殊操作模式 （4）门光幕	（1）累计运行时间 （2）特殊操作模式 （3）梳齿板及地盖板 （4）驱动和制动器

续表

序号	垂直电梯	扶梯
健康检测内容	(5) 轿厢按钮及显示 (6) 轿厢平层精度 (7) 开门及关门 (8) 称重测量 (9) 应急疏散系统 (10) 内部系统 (11) 环境条件（温度）	(5) 导轨及围裙板 (6) 扶手和扶手带系统 (7) 梯级和踏板链 (8) 内部系统 (9) 环境条件（温度）

5. 电梯运行报告及故障记录

电梯运行报告及故障记录统计，为设备建立永久的健康档案。如图 11-23 所示。

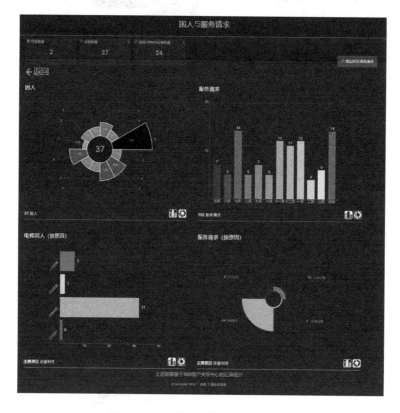

图 11-23　电梯运行报告及故障记录

6. 电梯保养计划及在线服务请求

（1）对设备问题发起在线服务请求，维保单位基于电梯最近运行状态，针对性地进行故障排除，并在平台中形成跟踪记录。

（2）随时随地了解设备保养计划，楼宇管理者可提前做好相应的安排和准备。如图 11-24 所示。

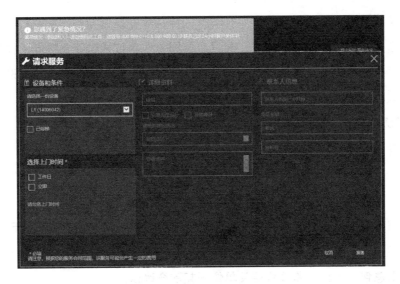

图 11-24　在线服务请求

7. 智能管家手机 APP

客户可以通过智能管家 APP 查询电梯状态，并发送服务请求，如图 11-25 所示。

图 11-25　智能管家手机 APP

11.4　电梯安装与维保

11.4.1　前期准备

1. 图纸复核

电梯工程招标大多晚于结构施工，很难在项目开工就完成招标。但是主体结构与电梯预留洞口息息相关。因此，在电梯招标前，邀请潜在电梯投标单位进行技术交流，发放电梯设计图纸，复核各种电梯类型的结构尺寸是否与各厂家设备相容，避免尺寸不符造成后期结构改造。同时，建设单位和总包单位通过专业机电工程师复核图纸，找出可能存在的图纸错误和与现有电梯厂家规格不匹配的情况，确保设计图纸的准确性。以上工作必须在基础底板施工前完成图纸复核。

2. 现场测量

电梯专业对项目现场的结构勘测有三个时间节点：

（1）合同签订初期，图纸确认后，由专业的勘测人员前往现场确认施工现场情况条件。

（2）根据机场土建进度对井道完成的情况进行实时跟踪测量，对不满足安装条件的井道说明土建问题，交由建设单位或总包方进行整改工作。项目过程中的井道跟踪测量建议由总包、土建、监理等相关单位一起配合确认。

（3）进场安装前的最终土建确认，由电梯安装单位有关人员前往现场进行最终的情况确认，通过土建勘测确保井道符合相关图纸的设计要求，以保证安装工作能够顺利完成。

3. 条件准备

（1）根据工期要求，排产之前需完成设计院图纸确认工作；

（2）现场必须预留自动扶梯与自动人行道的进货通道；

（3）设备安装前需提供标高尺寸；

（4）设备进场1个月左右需具备调试电源。

11.4.2 施工界面划分

施工界面划分见表11-2。

施工界面划分

表 11-2

序号	界面内容	自动扶梯	升降梯
1	建设单位、监理配合设备、安装款项的支付	☆	☆
2	与设计单位的技术、设计交底	☆	☆
3	与总包协调材料运输通道	☆	☆
4	与总包方协调临水、临电提供		
5	与总包协调井道临边防护	☆	☆
6	门洞封堵、二次浇灌（总包方或精装修）		☆
7	与总包方协调临时堆放、库房	☆	☆
8	机房门窗及机房地坪（总包方或精装修）		☆

续表

序号	界面内容	自动扶梯	升降梯
9	与总包、弱电单位对接弱电布线	☆	☆
10	与总包单位对接正式电源	☆	☆
11	召唤盒、外部层楼显示的定位、封堵（总包方或精装修）		☆
12	与弱电单位对接弱电功能、监控	☆	☆
13	与土建对接井道整改（井道清理、机房清理、井道防水等）	☆	☆
14	与土建对接预留、预埋施工（吊钩、预埋钢板、起吊梁）	☆	☆
15	与建设单位、精装修单位对接电梯设备二次装潢	☆	☆
16	与建设单位、总包方对接临时用梯		☆
17	与总包协调提供装饰面标高、轴线	☆	☆
18	与建设单位、总包协调成品保护、保洁责任方	☆	☆
19	与建设单位、精装修单位明确扶梯的安全告示施工界面（如三角吊牌、使用说明、防爬装置、防滑装置等）	☆	
20	建设单位、监理及总包配合相关资料报批	☆	☆

11.4.3　电梯安装

对垂直电梯，安装可采用传统的脚手架操作平台和无脚手架安装方法。传统方法需在井道内搭设脚手架，工期长、劳动强度大、成本高。无脚手架安装具有以下优势，见表 11-3。

电梯井道无脚手架安装　　　　　　　　　　　表 11-3

序号	项目	内容
1	安全作业	工具式操作平台配备防撞板、井道平台、悬吊平台（临时轿厢）、井道入口防护，底坑空间更加宽裕，为安装团队提供安全的作业环境
2	独立性与灵活性	工具式操作平台安装工艺独立性非常高，几乎不依赖脚手架等设施。由于电梯安装可独立完成，因此第一节井道施工完成后，即可启动电梯安装
3	平台可重复使用	工具式操作平台所有安装材料均采用预制设计，不但可以调整，且可重复使用
4	针对不同井道尺寸灵活调节	无脚手架安装工艺允许根据井道尺寸和设计高度进行安装调整
5	精确的导轨系统和厅门安装	使用导轨安装工具，能够非常高效和准确地调整导轨和厅门，确保第一次就精准正确安装和调整导轨
6	对于不同的现场，采取不同的安装方案	分阶段安装，加快安装进度，安装套件随楼宇建筑高度同步提升。大楼封顶安装，先进场工具套件，再最终机房外安装

11.4.4　电梯维保

为确保预防性维保到位，新的维保理念基于电梯、扶梯实际使用情况作出精准预测。因此，所有电扶梯装置的检测应依据电扶梯往返次数确定，而非按照事先安排的日程或其他规则。因此，电梯使用单位应依托电扶梯的先进预防性维保管理楼宇电梯组。电梯维保分为三种定期维保模式：检查维保、扩展维保和年度维保。

1. 检查维保

定期检修维保旨在检查电扶梯基本状态及组件功能，确保电梯正常运行。

2. 扩展维保

扩展维保重点从安全性和可靠性角度，检查电扶梯各项功能。在电扶梯安全性部件进行功能性检查、测量和调整基础上，执行拓展性综合检查。

3. 年度维保

年度维保是扩展维保的升级，每年一次。除完成常规扩展维保的所有任务外，年度维保还包括对电扶梯系统中的部件展开进一步安全测试。这些手段旨在确保所有安全部件功能正常，保障电扶梯始终安全运行。

11.5 电梯行业与专业公司分析、参考

11.5.1 电梯行业分析

中国近几十年的经济高速发展，给电梯行业带来了无限商机和庞大的市场容量。世界各大主要品牌企业纷纷进驻中国，建立合资或独资企业，开展电梯制造、安装和服务业务。同时，国内企业也组建了大量的电梯企业，开展电梯研发和制造，或者采购国外核心设备和控制系统，进行电梯的组装制造。据国家统计局数据，我国电梯产量从 2010 年的 36.5 万台增长到 2019 年的 117.3 万台，年均复合增长率 13.85%。

从电梯的需求区域来看，经济相对发达的长三角、珠三角等地区占了较大市场份额，是我国最主要的电梯消费市场。电梯部件及电梯金属企业多数围绕重要客户就近设厂，整梯市场的行业集中度进一步提升推动了部件企业优胜劣汰。少数部件企业通过提高技术研发能力、优化生产布局、形成规模优势，在市场上具有较强的竞争优势，显现出较为明显的产业集聚效应。

11.5.2 电梯专业公司分析与参考

对于建设单位和总承包企业而言，面对国内电梯行业错综复杂，甚至说是鱼龙混

杂的局面,如何根据自身的情况,选择适合工程需要的产品,是一件较为棘手的工作。电梯企业大致可以分为三类。

1. 第一类: 国际一线品牌

主要是各世界著名电梯品牌厂家,见表 11-4,具有质量上乘优异、性能一流、独有知识产权和技术、技术含量高、安全可靠、故障率低的特点,但是产品价格相对较高,适合高端用户使用。

世界上电梯分为两大派系:欧美系和日系。欧美电梯强调安全、舒适、高效率、故障率低、使用寿命长,目前超过 20 年的电梯以欧美系产品为主;日系电梯则更多考虑的是舒适度,在使用较频繁的场所(如地铁、火车站、机场、商场等公共建筑等场所)使用寿命有限,但是在使用年限内技术性能还是非常优秀的。显然,在设计理念方面,日系产品与欧美系是截然不同的。

国际一线品牌电梯专业公司参考一览表　　　　　　　　　　表 11-4

序号	企业名称	企业性质	企业地址	进入中国时间	电梯产品系列	工厂	评价星级
1	日立电梯(中国)有限公司	中日合资(日70%+中30%)	广州(总部日本)	1995 年	电梯、扶梯、自动人行道	广州、天津、成都、上海等 5 个工厂	★★★★★
2	上海三菱电梯有限公司	中日合资(日40%+中60%)	上海(总部日本)	1987 年	电梯、扶梯、自动人行道	上海等4 个工厂	★★★★★
3	蒂森克虏伯有限公司	外商独资	上海(总部德国)	1995 年	电梯、扶梯、自动人行道	中山、上海等 3 个工厂	★★★★★
4	奥的斯电梯(中国)有限公司	中外合资	天津(总部美国)	2005 年	电梯、扶梯、自动人行道	广州、天津等 5 个工厂	★★★★★
5	迅达(中国)电梯有限公司	外商独资	上海(总部瑞士)	1980 年	电梯、扶梯、自动人行道	上海 1 个工厂	★★★★★
6	通力电梯有限公司	中外合资	昆山(总部芬兰)	1996 年	电梯、扶梯、自动人行道	昆山	★★★★★
7	华升富士达电梯有限公司	中外合资	上海(总部日本)	1995 年	电梯、扶梯	上海	★★★★★
8	东芝(中国)有限公司	外商独资	上海(总部日本)	2008 年	电梯、扶梯、自动人行道	上海、沈阳2 个工厂	★★★★★

2. 第二类: 国内资金、 技术、 设备、 规模实力比较雄厚的民族企业

借助于国内各优秀电梯配套厂商开发和生产的电梯配套系统、部件组装的产品,其他的电梯主要部件均为国内配套采购,而且各厂家的主要配套部件源于国内同样的配套厂家,各个厂家在配套部件和技术方面具有极大的相似性,这种特点是二线品牌厂家的主流特点。

另外，在国内二线电梯品牌中，也有数量不大的非著名品牌的国外电梯厂家在国内参与投资、合资，但是这些合资厂家中的大部分通常还是采取同上述国内二线品牌一样的模式。即采用现成的国内主流配套厂家开发的技术和配套产品来生产、制造电梯，以获得既有低成本优势、也有国外品牌优势的市场综合优势。这些品牌虽然打着国外合资的牌子，但在质量、技术、服务方面仍然属于国内二线品牌档次。也确有极少数具有国外先进技术血统的国内二线电梯品牌存在，产品研发先进，在质量、技术方面均属上乘之作，在低故障率方面并不输于一线大品牌，但对于行业外的人很难分辨。

国内二线品牌较多，列举部分：永大电梯、康力电梯、西继电梯、西尼电梯、申菱电梯、升华电梯、曼联电梯、铃木电梯、帝奥电梯、富士电梯、奥特电梯、巨人通力电梯、西子奥的斯等。二线品牌电梯具有质量稳定、性能良好、配套部件国内一流、安全可靠、故障率相对较低、配件和维修很方便的特点，因为产品价格通常较低，在中低端产品市场具有竞争力和适合大众化住宅配套使用。

3. 第三类：国产的三线电梯品牌

即所谓杂牌电梯厂家，主要追求产品的低价格和低端市场。本身既没有产品的技术研发能力，也不讲究电梯部件的配套质量，低组装成本和低产品价格永远放在追求目标的第一位，市场定位就是低端客户，执行有关电梯制造的国家标准也是在打擦边球。三线电梯品牌厂家的生存环境，主要是那些追求价格的低端客户群打造的，因此也有自己的产品市场，但是低劣的产品质量带来的安全隐患不容乐观。

11.6 电梯工程招标

电梯工程招标工作宜在主体结构施工前完成，主要是便于图纸确认，进行预留预埋，减少结构二次拆改。同时，经确认的图纸，便于厂家加工制作，尽量采用标准化的电梯轿厢，降低采购成本。

对于航站楼而言，电梯设备类型齐全（一般电梯、自动扶梯和自动人行道均有），采购数量大。根据工程的规模和体量，可以采取招独家供应商或招两家供应商的方式，这两种方式国内航站楼均采用过。独家供应便于管理、采购量较大、议价空间更大。两家供应商互有竞争和比较，对采购方来说可以形成良性循环，降低风险。对于分标段招标，分为按建筑功能平面分段和按电梯类型分段两种方式：对于前者，便于施工场地管理，避免多头管理和协调；对于后者，便于发挥厂家特有技术、设备优势和降低后期维护成本。

电梯设备选型和安装调试固然重要，但是良好的维护保养是确保电梯正常使用和确保使用寿命的关键。因此，对于后期的维保，使用单位更需高度重视。招标单位将电梯采购安装工程与维保一并打包招标，可以控制电梯维保的费用。由于建设招标单位不一定是使用单位，待工程投运后，使用单位也可以通过招标选择实力雄厚、经验丰富、管理严格的维保单位，以保证电梯的正常使用。

第十二章 行李处理系统

12.1 概 述

12.1.1 行李系统的发展

行李系统（Baggage Handling System，简称 BHS）是机场航站楼中最核心、最复杂的系统之一，是航站楼内处理行李流的关键设施，贯穿于航站楼内的主要流程节点。

行李处理系统应符合机场运营方、航空公司、驻场单位和地面服务代理等的使用功能要求，并按照旅客流程科学、合理地设计行李系统的流程。行李处理系统是处理出港和到港旅客行李的重要系统，位于机场办票大厅和停机坪之间，如图 12-1 所示。最典型的北京大兴国际机场行李系统，如图 12-2 所示，其系统配置见表 12-1。

图 12-1 行李处理系统

机场运行包括旅客流和行李流：旅客流需要机场航站楼的相关设施及航空飞行器的安全起降来保障，而行李流需要行李处理系统的高效运行来保障。随着民航业的迅速崛起，行李系统在机场运行中发挥越来越关键的作用，对于旅客出行体验和满意度扮演重要的角色。随着技术的快速发展，行李系统也发生着深刻的变革，高度自动化和智能化的自动分拣系统正改变着人们的出行习惯和机场运行效率。

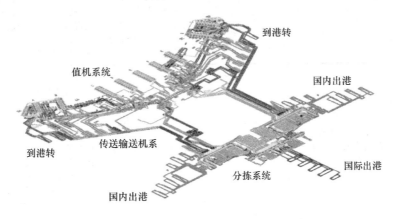

图 12-2　北京大兴国际机场行李处理系统

北京大兴国际机场行李系统配置　　　　　　　　　　　　　表 12-1

序号	项目	基本配置
一	出港系统	行李值机柜台共 376 个（4500 万规模） 16 个值机岛（4500 万规模） 22 条标准离港输送线 4 条快速值机输送线 1 条中转再值机输送线 6 条直接中转输送线 2 条自助值机输送线（预留） 2 条（4 层/条）停车楼值机输送线（预留） 1 条城航楼值机输送接口（预留） 4 条高速 DCV 输送接口（预留）
二	到港系统	22 台到港提取转盘 39 台离港转盘 2 条卸载输送机 2 条大件提取输送机 2 条 VIP 提取输送机 5 台到港提取转盘（预留）
三	行李分拣系统	6 套分拣机（1570m） 6 套人工补码站 1 套 RFID 读码系统 1 套 ATR 辅助读码系统 7 套早到存储系统（2430 件）

行李系统的发展经历了大致三个阶段，目前正向第四个阶段发展。详见表 12-2。

行李系统的发展阶段　　　　　　　　　　　　　表 12-2

阶段	名称	系统组成	安检模式	行李托运方式	行李分拣方式
第一阶段	简易的传送带模式	主要由行李传送皮带机设备、出港转盘及进港提取转盘设备等组成	采用安检机前置模式。旅客在托运行李时机场安检人员对旅客托运行李的安全性进行检查	固定值机柜台值机式和开放值机式。固定值机柜台值机式需要航班独享值机柜台,会造成值机资源较大浪费	采用人工分拣方式。开放式值机需要行李分拣人员对旅客托运的行李进行手工分拣。后台分拣操作工作量大,因传到分拣转盘的行李是各出港航班的混合行李,需要操作人员逐一分拣,如出现分拣失误将会导致行李错分
第二阶段	自动行李分拣系统模式	主要由分拣机系统、行李传送皮带机系统、出港转盘及进港提取转盘设备等组成	采用安检机前置模式	采用开放式值机,旅客可以在任意柜台办理托运行李手续	行李自动分拣系统是将IT系统、分拣机系统、皮带系统集成于一体,各系统之间通过硬件设备及接口协议实现相互之间的通信,此功能由自动行李系统的服务器来实现。旅客托运行李后行李会通过行李条上的信息由分拣机分拣至提前预设好的准确目的地
第三阶段	全自动行李分拣系统模式	集皮带传送系统、全自动分拣机系统、进出港转盘系统、中转系统、早到行李存储系统、高速传输系统、空筐回收系统、五级安检系统、人工编码站系统、急停系统、CCTV系统、IT系统于一体	五级安检系统:一级、二级X光机检测、三级CT机检测、四级人工开包复检及五级爆炸物防爆处理。它实现了旅客托运行李的后台安检,减少了旅客办理托运行李的时间,增加了旅客出行快捷、舒适的体验	采用开放式值机,旅客可以在任意柜台办理托运行李手续	全自动分拣机系统采用光电控制模式,分拣机小车通过光电控制来实现电动倾翻,小车间通过软连接实现无缝连接,单台分拣机之间通过跨接线连接,实现了分拣机负荷的实时调整,分拣机上加装的360°标签扫描器大大增加了行李标签的读取率。早到行李存储系统用于存储航班未开放的行李,实现了旅客中转行李的免提
第四阶段	智能化全自动行李分拣系统模式	采用全自动行李分拣系统,同时采用行李全流程追踪,实现出港行李在值机柜台、开包间、分拣输送线、分拣转盘导入口、早到存储、滑槽再确认、行李截载等重要分拣节点的全程跟踪	与第三阶段相同	采用自助值机和行李自助托运	采用全自动分拣机系统,同时,增设自主移动机器人(AMR),可实现行李处理全流程的自动化无缝对接,实现无人化作业

各阶段行李处理模式分别如图12-3～图12-5所示。

12.1.2 行李系统面临的挑战

1. 选择合理的方案

(1)通过选择合理的行李系统方案,改善机场的商业模式和舒适的旅客流程;

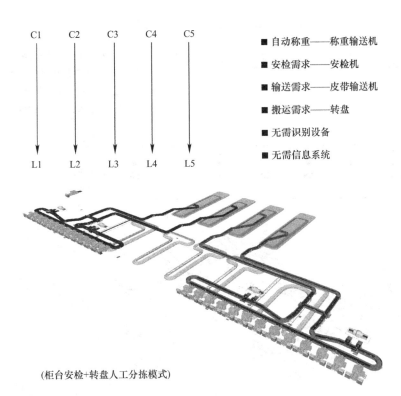

(柜台安检+转盘人工分拣模式)

图 12-3　第一阶段：简易的传送带模式

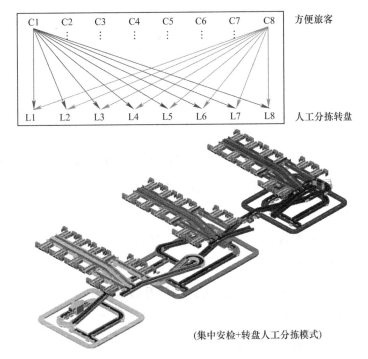

(集中安检+转盘人工分拣模式)

图 12-4　第二阶段：自动行李分拣系统模式

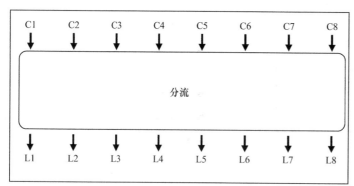

- 多个来源行李合流——合流设备
- 多个目的地需求——分流设备
- 高效分拣设备——TTS
- 数量较多的行李识别——识别设备
- 多个行李的信息交互——信息管理系统
- 大量设备的运行监控——上位监控系统(SCADA+CCTV)

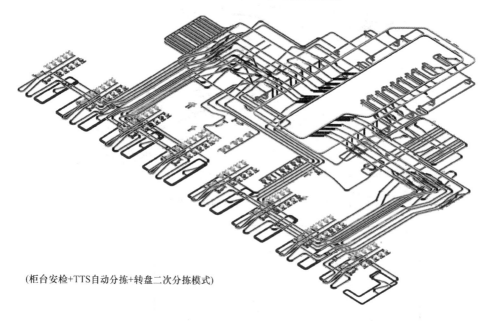

(柜台安检+TTS自动分拣+转盘二次分拣模式)

图 12-5 第三阶段：全自动行李分拣系统模式

(2) 进行概念方案和初步设计方案时，与机场当局工程技术、招标采购、商业运营、后期维护等部门，及投资者、航站楼设计单位等进行充分沟通，了解各方的需求，进行合理的设计；

(3) 通过仿真模拟和验证技术，为决策提供依据。

2. 创新技术的合理应用

(1) 选择高效、可靠的皮带传输系统和高速托盘系统；

(2) RFID 行李标签和 IT 信息管理系统；

(3) 模块化的机械系统和布局设计；

(4) 符合安检和海关检查的流程设计。

3. 快速和安全地实施

(1) 高效的项目管理和施工组织；

(2) 通过系统测试模块进行系统仿真；

(3) 采用高度标准化和预测试的系统组件；

(4) 提前完成系统调试，通过行业验收。

12.1.3　行李系统管理全过程

行李系统工程是交钥匙工程，专业供应商必须能够提供一套满足设计性能要求的完整、安全、可操作、可维护的行李处理系统，涉及 BHS 系统的设计、制造、工厂检验、运输、仓储、设备安装、调试及初验、试运行、最终验收及售后服务等工作。具体详见表 12-3。

行李系统管理全过程　　　　　　　　表 12-3

序号	内容	实施单位	备注
1	概念设计阶段	专业设计咨询公司	航站楼设计单位配合
2	初步设计阶段	专业设计咨询公司	航站楼设计单位配合
3	设备招标采购阶段	建设单位或总承包单位	直接发包或二次招标
4	施工图设计	行李系统集成商	由行李系统专业公司具体负责施工图的设计和优化
5	施工	行李系统集成商	—
6	试运行	行李系统集成商	—
7	验收	行李系统集成商	分子分部工程验收和最终行业验收

12.2　行李处理系统组成

12.2.1　行李系统流程

行李处理系统按客流方向分为出港和进港，按航班性质分为国内和国际，因此一般行李处理系统由国内离港、国内到港、国际离港及国际到港四部分组成。其流程如图 12-6 所示。

12.2.2　行李系统的组成

行李处理系统主要包含：始发行李系统、分拣系统、到港行李系统、中转行李系统、早到行李存储系统、空筐回收系统、大件行李系统、反流线、信息与控制系统等；相关的钢结构平台、橡胶条帘门、测试用行李等；与 BHS 相关的外部系统接口。

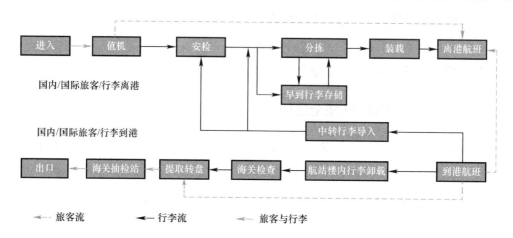

图 12-6 行李与旅客离港/到港流程图

行李系统按软件系统可分为：输送、安检、分拣及转盘等机械设备，电气及检测器件，PLC 控制系统、网络、数据库及管理平台等三大部分，分别象征着人的骨骼、肌肉和大脑神经三个层次。如图 12-7 所示。

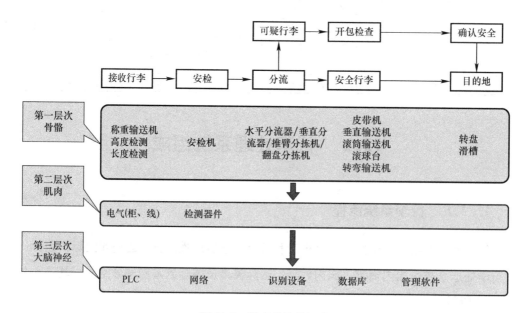

图 12-7 行李系统的组成

行李系统按行李流程可分为七个系统：

(1) 始发系统；

1）始发值机岛；

2）交运行李安检系统；

3）输送、分拣系统；

（2）中转系统；

（3）早到系统；

（4）到港系统；

（5）大件处理系统；

（6）空筐供给系统；

（7）控制系统（HLC、LLC）。

行李系统按机场需求可分为：基础需求和发展需求。基础需求指满足基本的行李输送、分拣；发展需求指行李高效准确地送达、数字化管理、人性化需求和智慧化管理。如图 12-8 所示。

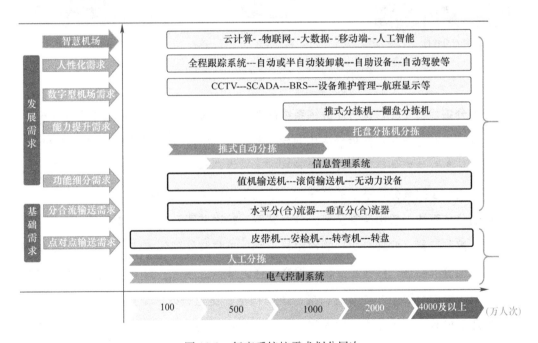

图 12-8 行李系统按需求划分层次

12.2.3 行李系统中关键设备

1. 行李处理系统机械设备

主要有称重运输机、注入运输机、直线运输机、收集运输机、水平分流器、垂直分流器、托盘分拣机、斜面转盘及平面转盘等。如图 12-9 所示。

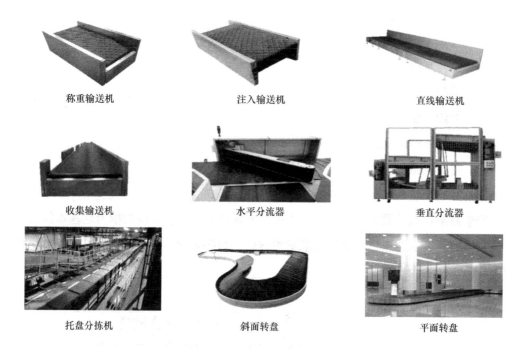

图 12-9　行李处理系统机械设备

托盘分拣机（TTS）是行李分拣系统的关键核心设备，决定了物流中心整个分拣系统的稳定性和可靠性。托盘分拣机包含了机械和控制，确保这两部分的稳定可靠，就能确保托盘分拣机的稳定可靠。在此基础上，在分拣系统里对托盘分拣机进行冗余配置，可进一步提高分拣系统的可靠性，达到不间断高效运行的目的。

自动分拣系统一般由控制装置、分类装置、输送装置及分拣道口组成：

（1）控制装置（倾翻机构）的作用是识别、接收和处理分拣信号，根据分拣信号的要求指示分类装置、按商品品种、按商品送达地点或按货主的类别对商品进行自动分类。分拣需求可以通过条形码扫描、色码扫描、键盘输入、重量检测、语音识别、高度检测及形状识别等方式，输入到分拣控制系统中去，根据对这些分拣信号判断，来决定某一种商品该进入哪一个分拣道口。

（2）分类装置（托盘卸载单元）的作用是根据控制装置发出的分拣指示，当具有相同分拣信号的商品经过该装置时，该装置动作，改变输送装置上的运行方向，使其进入其他输送机或进入分拣道口。分类装置的种类很多，一般有推出式、浮出式、倾斜式和分支式等，不同的装置对分拣货物的包装材料、包装重量、包装物底面的平滑程度等有不完全相同的要求。

（3）输送装置（分拣环线）的主要组成部分是传送带或输送机，作用是使待分拣行李通过控制装置、分类装置，一般要连接若干分拣道口，使分好类的行李滑下主输送机（或主传送带）以便进行后续作业。

（4）分拣道口（滑槽）是已分拣行李脱离主输送机（或主传送带）进入集货区域的通道，一般由钢带、皮带、滚筒等组成滑道，使行李从主输送装置滑向集货站台，在那里由工作人员将该道口的所有行李集中并进行配送作业。

以上四部分装置通过计算机网络联结在一起，配合人工控制及相应的人工处理环节构成一个完整的自动分拣系统。如图 12-10 和图 12-11 所示。

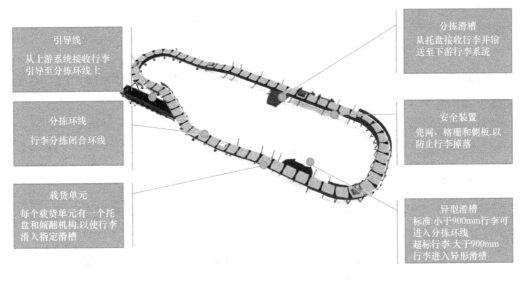

图 12-10　托盘分拣机（TTS）平面构造

托盘分拣机技术要求：

（1）能够实现行李快速、准确、无损分拣，且分拣效率高，最高达 6000 件/h；

（2）整机采用模块化设计，便于设备现场安装及管理维护；

（3）托盘之间采用无缝连接，有效避免转弯时托盘间的缝隙，防止和避免卡夹行李；

（4）运载小车采用非接触式直线电机驱动，减少运动部件间的摩擦，具有节能及高可靠性特点；

（5）移动供电采用非接触式，相比滑触线方式其后期免维护。

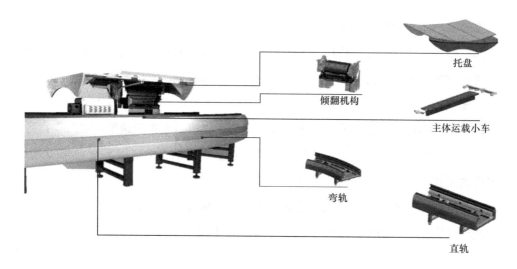

托盘

倾翻机构

主体运载小车

弯轨

直轨

图 12-11 托盘分拣机设备构成

2. 行李处理系统低层控制系统 （PLC）

构建行李处理控制系统，针对用户提供各种规模及需求的电控系统。PLC 根据机场规模和需求，分为三个方式：

（1）集中控制

适用于支线机场行李处理系统的高性价比选择。

（2）现场总线分布式

适用于大中型机场基于现场总线的分布式架构。

（3）全工业以太网分布式

先进的基于工业以太网的全网络信息化的控制系统，与机场网络无缝联接。

3. 行李处理系统高层系统架构

行李处理系统高层系统应具备以下基本功能（图 12-12）：

（1）出港转盘/滑槽资源分配；

（2）行李分拣分配解析；

（3）安检/开包；

（4）完善的功能权限和数据权限；

（5）智能行李交接；

（6）行李路径查询；

（7）行李处理信息统计；

（8）错误诊断/监控功能。

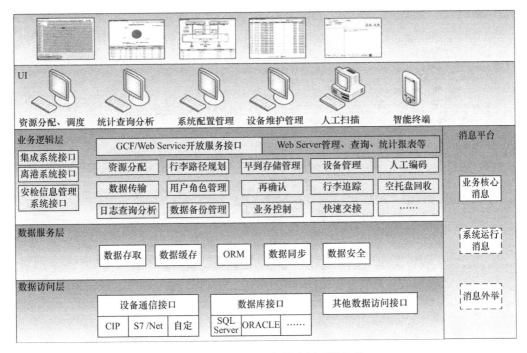

图 12-12　行李处理系统高层系统架构

设备状态监控：BIMS 可提供从底层控制系统 /SCADA 直接将设备状态等信息提取上来并进行告警提示，同时提供对于告警的查询。如图 12-13 和图 12-14 所示。

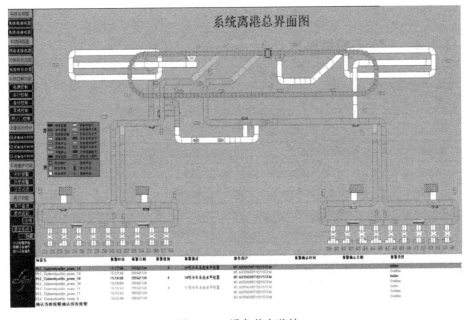

图 12-13　设备状态监控

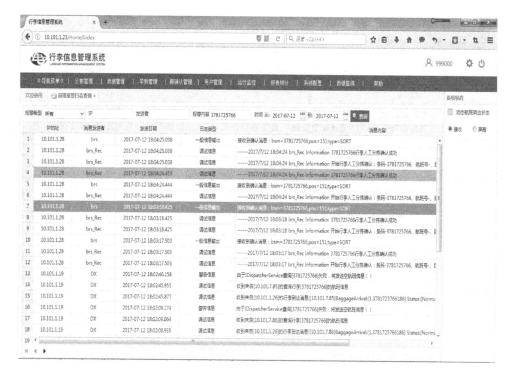

图 12-14　行李信息管理系统

BIMS 系统监控：BIMS 具备监控功能，如果某个 BIMS 模块出现故障，将对信息监控人员提供告警，及时处理。

12.2.4　行李系统缩略语

为便于阅读和理解规范、图纸和文中的系统相关术语的缩略语，编制了表 12-4。

行李系统缩略语　　　　　　　　　　表 12-4

序号	缩略语	名词及含义	序号	缩略语	名词及含义
1	ATR	自动标签阅读器	10	CIS	时钟系统
2	ABD	自助行李交运柜台	11	CPU	中央处理器
3	BHS	行李处理系统	12	CT	计算机 X 射线断层扫描
4	bpm	件/小时	13	D-D	国内到达中转国内出发
5	BPM	行李处理报文	14	D-I	国内到达中转国际出发
6	BRS	行李再确认系统	15	DCS	离港控制系统
7	BSM	行李源信息	16	EBS	早到行李存储
8	BTM	行李中转信息	17	FDS	功能设计规范
9	CCTV	闭路电视监控系统	18	HBSS	交运行李安检系统

续表

序号	缩略语	名词及含义	序号	缩略语	名词及含义
19	I/O	输入/输出	33	PU	聚氨酯
20	I-D	国际到达中转国内出发	34	PVC	聚氯乙烯
21	IATA	国际航空运输协会	35	RFID	无线射频识别
22	ID	身份标识号	36	SAC	分拣管理计算机
23	IDD	接口协议文档	37	SAN	存储区域网络
24	IP	网络之间互联的协议	38	SCADA	监控和数据采集
25	IT	互联网技术	39	SQL	结构化查询语言
26	LED	发光二极管	40	TCP/IP	传输控制协议/网际协议
27	KVM	键盘显示器鼠标	41	TOC	航站楼运行中心
28	MES	人工编码站	42	TPU	热塑性聚氨酯弹性体
29	MICS	维护诊断计算机	43	TTS	翻盘分拣机
30	NTP	网络时间协议	44	UPS	不间断电源
31	OOG	大件行李	45	VPN	虚拟专用网
32	PLC	可编程逻辑控制器			

12.3 行李处理系统新技术发展

随着大数据、物联网、5G、区块链、人工智能技术的突飞猛进，给行李处理系统技术带来深刻变革，行李系统必将迎来质的飞跃，向数字化、智能化方向快速发展。如图 12-15 所示。

12.3.1 行李系统信息数字化

基于全面的数据采集，通过对业务逻辑的仿真分析，为机场行李处理系统运行管理决策提供支持。如图 12-16 所示。

12.3.2 行李处理全程跟踪系统

通过射频识别技术（简称"RFID"）行李打印、行李智能托运及自助托运行李技术，实现对行李的全过程跟踪。如图 12-17 所示。

行李处理全程跟踪系统（BTS）系统具有以下特点：

(1) 实现行李全过程跟踪——值机、安检、传输、分拣、转盘、装车、运输、上机、下机、卸载、核验以及中转行装等；

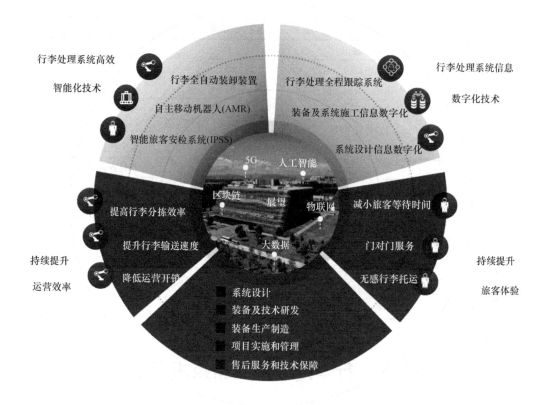

图 12-15 行李处理系统新技术

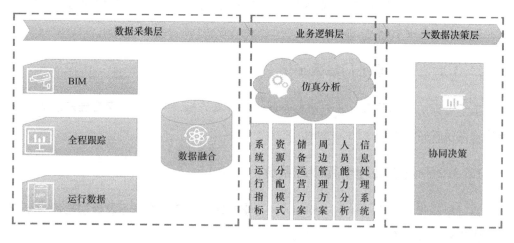

图 12-16 行李系统信息数字化

（2）端到端的行李追踪——定位所有行李的具体位置，完全符合 IATA 753 号决议要求；

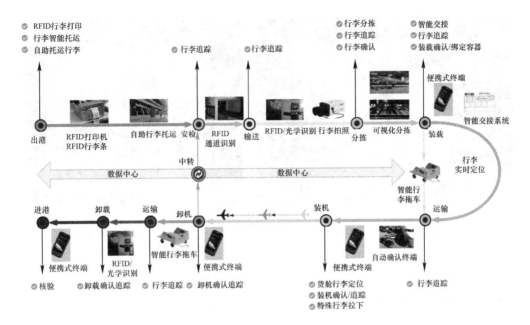

图 12-17　行李处理全程跟踪系统

（3）多环节实时处理决策——实时决定行李处理方式及智能化预警；

（4）多机场全程跟踪——整合多机场共享数据；

（5）特殊行李处理——登机口行李、紧急拉下行李等；

（6）提升分拣效率——实现行李追踪的同时，为机场行李分拣增效；

（7）减少重复投资——可兼顾行李分拣与追踪；

（8）技术具有领先性——运用国际航空运输协会（简称"IATA"）推荐使用的 RFID 技术进行行李追踪。

行李处理全程跟踪系统关键设备有：

（1）值机设备。RFID 芯片嵌入到行李条中，使用 RFID 行李条打印机，离港系统不做改动，不改变传统值机方式。如图 12-18 所示。

（2）通道识别系统设备。识别率达到 99.5％以上，与传统自动读码站形成混合的互补识别，应用出港行李系统、进港行李系统的输送机和分拣机。如图 12-19 所示。

（3）可视化辅助分拣系统。自动识别分拣行李，实现行李分拣确认，实时提示行李信息，应用于出港行李转盘、进港行李转盘。

（4）行李智能交接系统。批量实现行李交接确认，减少核对错误率。自动打印交接单，代替人工制单。实现行李快速查找，可量化分拣员工作量，单独部署到现有行李系统中，也可作为光学—RFID 过渡期内的辅助交接手段。如图 12-20 所示。

图 12-18 RFID 行李条打印机　　　　　图 12-19 通道识别系统

（5）RFID 无线手持终端。可随身携带，作为固定式、半固定式设备补充，应用于行李再确认、行李查找、行李出口验证等。如图 12-21 所示。

图 12-20 行李智能交接系统　　　　　图 12-21 RFID 无线手持终端

12.3.3　行李自助托运系统

近年来，各大国际机场都陆续部署了一定数量的自助行李托运系统。通过部署自助行李托运系统，简化了旅客的值机和行李托运效率，为节省机场人工成本和提升机场运行效率起到了良好的作用。

在国内，人们很快地认识到自助行李托运系统的优越性，各个机场开始加速布局自助行李托运系统。在行李处理系统的建设中，自助行李托运业务已经成为行李系统的必备内容。

基于全自动检测的行李自助托运，最快可以在 20s 内完成行李交运。支持"一站式、两站式"托运模式。"两站式"模式中，旅客可在普通自助值机上提前打印登机牌和行李条，极大提高行李托运速度。通过安全可靠的自动隔离门，降低人、物非法进入控制区的概率。内置 RFID 行李条打印机与 RFID 识别装置。行李自助托运性能参数见表 12-5。

行李自助托运性能参数   表 12-5

性能参数	两用式	全自助	备注
证件扫描仪	√	√	支持身份证、护照
支持逾重行李费支付	√	√	配置银行卡读卡器和密码键盘
RFID 行李标签读取器	√	√	读取率≥99.9%，读取速度 200ms 以内
行李体积检测	√	√	3D 摄像头
入侵检测装置	√	√	配置安全感应器
运行状态显示	√	√	LED 状态显示器
生物识别仪器	√	√	

12.3.4 自助装卸装备

1. 自主移动机器人（AMR）

AMR 采用目前全球最先进的激光雷达导航方式实现自主导航，并能够自主避障和绕障，如图 12-22 所示。可实现行李处理全流程的自动化无缝对接，实现无人化作业；可迅速布置实施，灵活性最高，可以随时改变小车的路径，并根据民航标准规定的行李要求规范进行了定制化的开发；最大运行速度在 2.5m/s 以上 。AMR 系统主

图 12-22 自主移动机器人（AMR）

要性能指标见表 12-6，其应用场景如图 12-23 所示。AMR 智能小车分拣系统中大量的输送和分拣设备将由自动引导的智能分拣小车代替，将可简化行李处理系统设计。未来当 AMR 分拣系统技术成熟时，这类系统会在机场中得到应用。

AMR 系统主要性能指标 　　　　　　　　　　　　　　　表 12-6

序号	项目	指标或要求
1	最大运行速度	≥2.5m/s
2	最大负载	≥150kg
3	旋转角速度	≥90°/s
4	驱动方式	中央差速两驱
5	输送对接精度	≤30mm
6	爬坡能力	≥3°
7	定位精度	±10mm
8	导航方式	混合导航（激光雷达＋）
9	避障能力	AMR 小车具备自然导航绕行避障功能
10	负载连续运行时间	>8h
11	电池/充电	48V；锂电池；自动充电管理；自动充电；充电时间<2h
12	寿命和维护	1 年免维护
13	安全防护	激光/红外/超声＋被动防撞护板；轮廓灯光＋声音示警
14	无线通信	完全满足工业级稳定可靠的应用需求
15	调度系统	调度系统具备同时调度 100 台量级以上的 AMR 集群
16	小车运行不受光线影响（无灯光环境下能正常运行）

2. 行李半自动装卸载装置

（1）滚筒皮带输送式行李半自动装卸载装置

翻转式结构，角度和高度可调，可装载、可卸载，效率大于 500 件/h。

（2）无动力滚筒式行李半自动装卸载装置

翻转式结构，只用于到港卸载，效率大于 450 件/h。如图 12-24 所示。

12.3.5　智能旅客安检系统（IPSS）

智能旅客安检系统（IPSS）是利用人工智能技术、物联网技术及自动化技术，在旅客安检系统中集成创新，以实现旅客"又好又快"的安检系统。其主要功能有：智能人包对应、自动传输系统、绿色节能运行、可疑行李分流及可视化分析。在身份检查环节，旅客一共需要经过"两道门"的核验，过去的人工证件检查岗已经换成了机器查验。第一道门的机器可以对旅客的登机牌和身份证进行核验，第二道门则用来进行人脸拍照，实现身份比对。使用时，旅客只需把行李放在筐内，面对摄像头看一下，然后将行李筐推上传送带即可，该系统会在 1min 之内完成安全识别和处置，实现旅客信息和行李信息的绑定。一旦发现问题行李，需要开包复查时，复查岗工作人员面前的显示屏可以直接显示出问题行李的主人姓名和照片。具体智能旅客安检系统（IPSS）具体构成如图 12-25 所示。

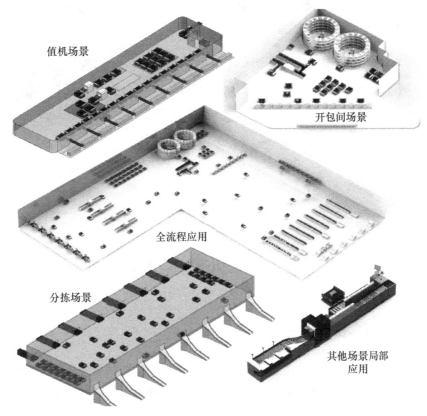

图 12-23　自主移动机器人（AMR）应用场景

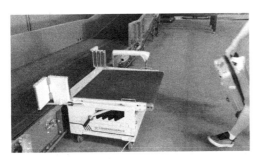

(a)滚筒皮带输送式

(b)无动力滚筒式

图 12-24　行李半自动装卸载装置

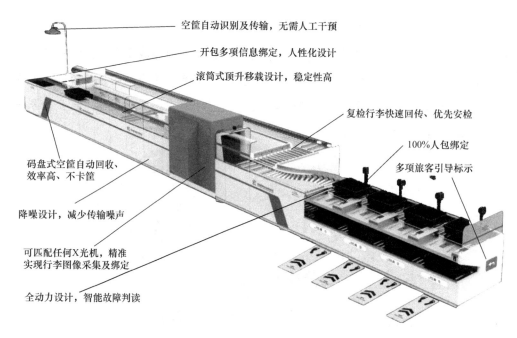

空筐自动识别及传输，无需人工干预

开包多项信息绑定，人性化设计

滚筒式顶升移载设计，稳定性高

复检行李快速回传、优先安检

100%人包绑定

多项旅客引导标示

码盘式空筐自动回收、效率高、不卡筐

降噪设计，减少传输噪声

可匹配任何X光机，精准实现行李图像采集及绑定

全动力设计，智能故障判读

图 12-25 智能旅客安检系统（IPSS）

12.4 行李处理系统设计

12.4.1 概念设计阶段

概念设计阶段的主要工作内容是根据建设单位提供的航站楼建筑图纸、资料，收集调研相关信息，用文字说明和图示方式向建设单位提供多种比选方案。其主要工作内容详见表 12-7。

概念设计阶段主要工作内容 　　　　　　　　　　表 12-7

序号	项目	内容
1	基本数据的调查	数据调查通常可采用包括一系列数据表问卷调查、查阅相关文件资料（如项目可研报告）和从运营部门收集以往的机场运营数据方式得到，主要基本数据包括： 1) 年旅客吞吐量； 2) 高峰小时旅客流量； 3) 进/离港旅客的比例； 4) 中转旅客比例； 5) 团体旅客比例； 6) 高峰小时飞机起降架次； 7) 机型组合、包机数量； 8) 每名旅客携带行李数量（行李系数）等

续表

序号	项目	内容
2	数据分析	将搜集和调研到的数据输入数据库,进行分析计算,再结合国内外其他机场的设计数据进行比对,并经过多次与建设单位交流汇报,最终得到行李系统设计的各种基本参数
3	设计条件和运营模式调研	(1)航站楼建筑和设施条件:离港大厅、到港大厅、行李机房及所有与行李系统有关的建筑、结构及设施条件; (2)多航站楼间运营管理模式的关系以及航站楼间的距离; (3)航站楼场外的飞行区布置、行李拖车服务范围及运行道路情况; (4)航站楼行李系统的流程要求; (5)行李系统安检模式的要求; (6)与行李及安检系统相关的外部其他系统建设情况,如:离港、航显、消防、监控、旅客安检信息、航站楼信息集成、资源管理系统等; (7)机场对行李系统的运营维护及成本要求等
4	行李系统概念方案设计	(1)确定基础设计参数; (2)安检系统方案设计; (3)分拣系统方案设计; (4)确定分拣系统末端设备; (5)航站楼建筑条件分析; (6)行李系统功能流程设计等

12.4.2 初步设计阶段

初步设计阶段,需要与航站区设计单位紧密配合,对航站楼内的行李处理系统进行初步设计,并与各相关专业系统协调,完成相关接口和专业之间的需求资料。初步设计的深度应符合国家相关规定及满足航站楼行李系统的设备招标采购和土建施工的要求。其主要工作内容详见表12-8。

初步设计阶段主要工作内容   表 12-8

序号	项目	内容
1	主要设计内容	(1)确定行李处理系统的功能、处理流程及运营模式; (2)确定各级安检设备的安装位置、承重荷载及空间需求; (3)确定行李系统各功能子系统的空间位置; (4)确定行李房行李拖车的交通组织路线; (5)完成行李系统的三维立体空间设计图纸; (6)确定系统应急备份方案以及降效运行措施; (7)确定行李处理系统设备的数量和主要性能参数; (8)确定行李处理系统控制室的位置和面积; (9)提出楼板、墙壁开孔的位置、尺寸,包括设备穿越时各类隔离门的要求; (10)提出对电力负荷、供电点、通信路由以及各相关弱电集成系统的接口; (11)行李处理系统闭路电视监视系统(CCTV)的布点及设备要求; (12)完成行李处理系统设备清单及投资估算; (13)完成行李处理系统初步设计的技术说明

续表

序号	项目	内容
2	集成商提交设计院的资料	（1）楼板各相关处的设备载荷资料； （2）楼板、墙壁各相关处的开洞的位置、尺寸； （3）行李处理系统电量负荷及供电点要求； （4）行李、安检控制室技术资料（位置、面积、电量、暖通、弱电、照明等）； （5）行李处理系统闭路电视监视系统（CCTV）布点要求； （6）各弱电系统的接口要求
3	集成商接收设计院的资料	（1）航站楼的建筑图纸、结构图纸； （2）行李处理系统供电接入点的位置和方式； （3）X光安检设备的供电方式和供电点的位置； （4）穿越航站楼行李房的暖通主要管线的位置和空间界限； （5）穿越航站楼行李房的其他公用管网主管线的位置和空间界限； （6）行李处理系统控制室的位置

12.4.3　施工图设计阶段

施工图纸及相关资料主要包括以下几类：

1. 机械类文件

（1）总布置图：设备生产前，提交全套、完整的 BHS 施工图纸（安装图），包括平面图和剖面图，详细描述系统设备的位置、设备之间关系、设备与建筑之间关系等。

（2）设备安装部位的土建预留孔、洞、预埋件的图纸，图纸中明确预埋孔、洞、预埋件的尺寸、数量、位置等与设备安装有关的边界条件。

（3）布置图中要反映机械设备、维修平台、走道、阶梯、防撞设施、电机控制柜、电气设备支撑设施、电气工作站等。

（4）系统能力：每台机械设备的电机功率、主要金属结构件、主要零部件负荷、整机稳定性计算书。

（5）全部设备单体总图，包括平面图、剖面图和必要的说明。

（6）设备主要部件传动系统图、组装图、主要金属构件结构图。

（7）全部设备的地坑图、基础图。

（8）BHS 中央控制室等的布置图，提出对土建、公用、消防等专业的要求。

（9）所有 BHS 设备框架、支架、挂钩等的详细图纸。

（10）钢结构平台的整体及负荷计算书，钢结构平台的吊装详图。

（11）设备总图的深度：说明设备的外形尺寸、各部件的安装位置及尺寸、各运动部件的活动范围、主要技术参数、重量及对基础的荷载、各部件明细表及必要的说明。

(12) 设备润滑系统布置图及所选用的润滑剂明细表（包括润滑剂的名称、牌号、物理、化学特性等），以及润滑剂加注、更换周期等必要说明。

(13) 提交全部机电设备在设计、制造、检验中采用的技术规范和标准，及有关部分的详细内容。

(13) CCTV 摄影机的布点图：为监视 BHS 运行状态的 CCTV 提供摄影机布点和安装位置图。

2. 电气控制类文件

(1) 电气设备配置图：在 BHS 布置图中，应标明各相关控制设备、控制站、电机、限位开关、隔离开关等的标识和位置。

(2) 控制系统框图：说明所有 PLC、计算机和所有远程 I/O 设备之间连接的数据通信系统。

(3) 控制柜布置图：说明控制柜尺寸、类型、电力要求、设备位置和封闭组件的总体布置。同时，另外提供各 PLC 或远程控制柜 I/O 的连接清单。

(4) 提交系统电力计算书和计算结果，包括设计电力负荷和需求电力负荷。

(5) 电机清单：型号、所驱动设备的编号、功率、满负荷时的安培值和速度。

(6) 急停开关布置图：说明急停开关的分布、各急停开关的控制范围。

3. 计算机系统

(1) 计算机及网络配置的网络图和说明，软件、硬件的配置说明。

(2) 应用软件方案说明、数据库设计结构说明、通信系统设计说明。

(3) 控制系统描述：应说明人机界面、操作步骤、系统功能。

(4) 其他：控制系统各种操作流程图、控制台外形图和台面布置图等。

4. 外部接口类文件

(1) 外部系统硬件接口：机械接口、电气接口。

(2) 外部系统的软件接口：通信协议。

(3) 外部系统有：离港系统、航班信息集成系统、资源分配系统、时钟系统、交运行李安检系统、消防系统、自助交运柜台等。

12.4.4　BIM 技术应用

1. 行李系统 BIM 仿真应用

(1) 通过行李系统处理量的 BIM 模拟仿真，验证各个环节配置是否满足要求；

（2）通过不同运营方案下的 BIM 模拟仿真，为机场运营管理和资源分配提供指导；

（3）通过系统应急状态的 BIM 模拟仿真，为突发事件提供合理性建议；

（4）通过超设计容量下的系统运行 BIM 模拟仿真，验证系统的最大处理能力，为机场后续发展提供合理性建议。如图 12-26 所示。

图 12-26　BIM 模拟仿真分析

2. 4D 进度模拟

采用 Navisworks 中展示不同阶段设备安装、生产进度，据此分析工程的进度管理情况，如图 12-27 所示。

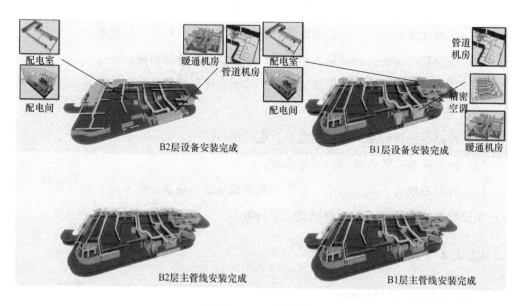

图 12-27　4D 进度模拟

3. 三维数字化交底

将图纸建立 3D 模型，进行现场技术交底，指导施工，如图 12-28 所示。

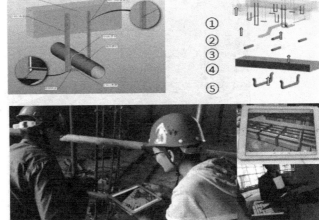

图 12-28　三维数字化交底

4. 虚拟漫游

通过在 Navisworks 中进行虚拟漫游，对相关的维护通道进行净空和通道便利性情况进行检查，如图 12-29 所示。

5. 深化设计

基于 BIM 技术的行李系统深化设计，能将干涉问题解决在设计阶段。采用 BIM 技术现场干涉减少 90% 以上，节约大量拆改返工费用，如图 12-30 所示。同时，通过 BIM 技术提前检查设备维护区域净空，并协调相关专业优化路由。保证维护走道净空 1.8m 以上，避免出现后期机场无法维护的问题，如图 12-31 所示。

图 12-29　虚拟漫游

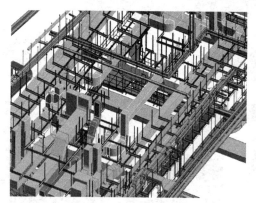

图 12-30　行李系统深化设计

模型展示　　　　　　　模型展示　　　　　　　模型展示

实际情况　　　　　　　实际情况　　　　　　　实际情况

图 12-31　行李区域维护走道净空 BIM 模型与施工完成对比

12.5　行李处理系统监造、 出厂及运输

12.5.1　工厂监造和检验

(1) 供应商在设备生产期间应邀请发包方代表到设备制造厂进行设备监造。供应商应在监造前 1 个月提供有关设备的详细中文资料，包括各类有关数据及设备的结构图、工作原理、产品的生产流程和质量检测措施。

(2) 发包方在货物发运前的任何适当的时间访问制造商，监督对合同规定提供的所有设备性能进行检测。发包方可对成品件分解检测，如果检测工作超出了供应商的能力，供应商应安排到有检测条件的其他场所或委托有相应资质的第四方（指除发包方、供应商、制造商以外的另一方）进行。检测工作的任何变化都应得到发包方的书面确认。如果某些设备是在其他场所制造和检测时，供应商应替发包方代表办理进入现场的手续并亲自陪同。

(3) 发包方在制造厂的监造和检验并不由此而解除和减轻供应商执行合同所承担的任何责任，也不作为发包方的验收。

(4) 当设备在国内监造和工厂检验时，应提前两周书面通知供应商；当设备在国外监造和工厂检验时，供应商应提前三个月书面通知，并协助办理有关签证手续。如果在规定的时间内发包方代表不到场，检验工作仍可按发包方代表在场的情况进行，并应及时把测试结果报告发包方代表。

12.5.2　运输包装、 到货开箱及仓储

(1) 所有送到现场的设备、部件均应是全新的，应根据相关标准适当包装，并采取保护措施以防由于多次搬运、天气及其他原因而造成损坏。

(2) 所有货物必须放在经发包方认可的仓储区域，所有因此产生的仓储、运输、保险等费用由供应商承担。

(3) 提供的全部设备、仪器仪表及控制设备禁止裸装，必须有防水和防震等坚固的外包装，必须按设备的编号进行装箱。严禁多台设备的部件混装于一个包装箱中，并且所有的包装箱及零部件上必须标有与装箱单一致的中英文或中文或英文标签编号 (装箱单为中英文)。

（4）备件和检测设备、维修工具应与设备分开包装，且包装应适合于储存。储存年限应在包装上予以说明，所有备件应贴上标签。

（5）所有设备应根据设备清单按不同工程项目分箱包装，并在外包装上有明显的标志或指示加以区分，同时在装箱清单上也应有清晰的标记。

（6）供应商提供的设备所有铭牌、使用指示、警告指示必须有中英文或中文表示。

（7）每项设备均应有永久性的制造商家的铭牌，铭牌应标明品牌、规格、型号、产地等，并装在显著的地方。

12.5.3 出厂时提供的资料

包括：出厂许可证；制造期间的试验、检验报告；出厂试验报告，报告中应有出厂试验记录；产品合格证；进口设备及零部件的原产地证明资料；装箱单及进口设备报关单。

12.6 行李处理系统安装与调试

12.6.1 安装

（1）行李系统安装与调试流程如图 12-32 所示。

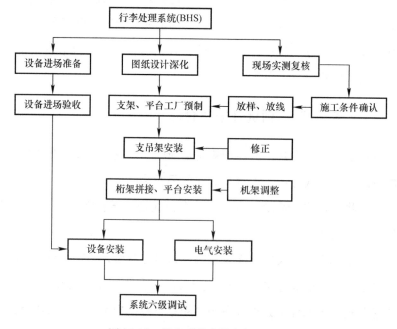

图 12-32 行李系统安装与调试流程

（2）供应商应负责整个系统设备的安装，协助发包方向质量监督部门办理报监，并负责系统的调试及试运行。

（3）供应商应与各相关系统的供货商配合完成系统的调试和合同中要求的其他功能。

（4）供应商须派遣足够人数的、合格的工程师、技术人员和技术工人进行工程的施工，其主要人员应有符合要求的工作经验和类似工程经验，以确保工程按期、按质完成。

（5）供应商必须按发包方、总承包单位的要求定期参加现场会议和相关专题会议，积极配合发包方工作，圆满解决安装、调试、试运行中的所有问题。

（6）供应商应积极服从和配合项目总承包单位和监理单位的工程进度管理及现场文明施工管理，随时对本项目的工作做适当的安排和调整，在设备安装前，供应商必须制定设备安装计划表，经发包方批准，以确保整个工程建设按期完成。

（7）供应商在进驻现场前两周，应与发包方签订安全施工责任保证书，并提交施工组织方案、进场施工申请报告等资料。在工程实施中，必须无条件地接受总承包单位、监理单位的管理与检查，并执行发包方的指令，确保工程质量和安装进度能满足总的质量要求和进度要求。

（8）在设备安装之前，供应商应该对设备安装部位的土建预留孔、洞、预埋件等尺寸、数量等与设备安装有关的边界条件进行检查和确认，检查结果应书面通知发包方。在此确认后再次发现的上述边界条件问题和由于供应商变动安装条件引起的费用应由供应商负责负担。

12.6.2 调试

（1）供应商应在现场对设备进行调试、现场测试，以检验其设计制作、操作性能和功能等方面的情况，供应商应提供所有调试和试运行所需的工具、材料、仪器及劳务。

（2）供应商应在安装完成两周之前，向发包方提交调试、现场测试的计划、程序及记录表格，供发包方批准。需写明计划实施的每一步骤，该项目中所有系统和设备的性能均应得到证实和显示。

（3）调试应在系统安装中或安装完后进行。

（4）调试前，发包方相关部门的建议和要求均应作为调试及验收要求的补充。

（5）调试完成后，供应商应向发包方提交调试报告。

（6）调试的内容包括：

从设备安装结束到调试完成，系统满足合同指标的正常运行，期间需要从安装质量检查到单机功能及系统功能测试，将进行 6 个级别的测试，以此验证所施工的系统是否完全满足使用和规范要求。6 个级别测试的定义如下：

1）6 级测试，是机械和电气安装完成后的外观测试，主要测试要素为安装的位置、数量以及质量的检查。

2）5 级测试是系统的基本测试，指电气部分的 I/O 测试，主要包含电气系统上电后的状态和系统的正确组态、网络组态、硬件检查和 I/O 点检查。

3）4 级测试是对整个系统的每一部分的功能性调试，调试员根据程序员编制的调试规范文档逐一完成调试，保证系统每个功能得到验证。

4）3 级测试是各子系统间如输送系统、分拣机系统、X 光安检机、第三方设备等的接口测试，接口测试完成后，整个系统基本可以具备整体运行的能力。

5）2 级测试和 1 级测试作为提供给客户交接培训的集成测试和交工验收测试，用来验证 系统达到合同性能要求。

12.6.3 验收及试运行

1. 初验

（1）完成安装调试后，由供应商向发包方提出初验申请并组织实施。

（2）供应商应提供初验测试大纲、项目、数据以及工作进度计划，经发包方同意后，按测试大纲进行初验。

（3）初验测试所需的行李由供应商负责，行李应符合行李尺寸要求，各种类型的箱或包应占一定比例，行李数量不少于 1000 只。

（4）初验测试大纲、项目、数据由供应商制成表格发给参加初验的双方工作人员，以便记录初验收情况。供应商必须在测试项目完成后的 14 个日历日内，将记录文件和报告提交发包方。

（5）初验一般分几次检测进行，但不限这几次检测。前一次检测整改完成后，才可进行下一次的检测：

重点设备的单机检测、单条输送线或子系统的检测、安全保护功能检测、整个系统的检测、与外部系统的联合检测、压力测试、配合招标人指定的机构进行第三方检测及民航局的初验。

（6）供应商在完成上述初验工作且整改结束后，经发包方确认方可进入试运行。发包方向供应商出具《行李系统初验完成证明》，该证明仅确认工作量，不视为对项目质量的验收。

2. 试运行

（1）供应商应根据发包方批准的试运行计划进行工作，试运行应在发包方代表在场的情况下进行，并提交所有的记录和报告。由于供应商原因造成的试运行失败而导致的费用和延误由供应商负责。

（2）供应商应派工程师驻现场工作，保证试运行阶段整个行李处理系统工作正常。

（3）试运行时间为行业验收完毕后的 12 个月。

3. 技术培训

（1）供应商应对最终用户的技术人员和最终用户进行操作和维护维修培训，培训应以中文进行。技术培训人员必须流利地掌握手册上的语言。若培训在国外进行，供应商必须配备一个专业技术翻译。

（2）供应商派出的培训人员，应在所提供的产品上具有 5 年以上的维修经验。培训人员的简历连同培训计划一并提交最终用户，最终用户认为培训人员不合适可要求更换。

（3）工厂培训：供应商应负责安排最终用户人员到制造厂进行设备操作、管理、维修、维护保养的培训。

（4）现场培训：供应商应在设备安装完毕后进行现场培训，应安排工程师对如何进行系统的运行操作、系统的维修维护、零件的拆装，如何排除故障，如何在发生故障后有效地应急处理等进行指导和演示，并对技术人员进行实际操作培训。

（5）供应商在投标时提供相应的培训方案，培训方案需得到最终用户认可。

4. 最终验收

（1）供应商负责对所供设备及相关设备产品的保护和清洁工作至项目验收合格，在此期间，设备及相关设施的损坏或丢失的费用由供应商负责。若因供应商原因损坏设备及相关设施，供应商须负责修理或给予赔偿。

（2）验收合格条件

已提供了合同规定的全部货物、服务和资料；达到试运行时间要求；已完成合同要求的培训；试运行时性能和功能满足合同要求；现场性能测试、功能和试运行时出现的问题已被解决至最终用户满意；该项目已通过相关行业、政府及检验部门验收，并获得最终用户颁发的接收证书。

（3）供应商向最终用户提供所有批次货物及相关资料后，由最终用户组织验收，验收合格后，由最终用户出具《最终验收证明》，该证明不能免除供应商质量保证责任。

12.7　售后服务

（1）供应商应对系统和设备的设计缺陷提供 5 年保证，时间从最终验收合格之日起计算。在保证期内出现设计缺陷时，供应商应免费重新设计并更换组件或设备，以防止同类故障再次发生。在这种情况下，应向最终用户提交建议的重新设计图纸和组件，重新选择方案供审批。对换上的重新设计后的组件或设备应提供新的保证期。

（2）在设计保证期内，如果出现如下情况之一，即认为组件或设备出现设计缺陷：

1）相似设备需要频繁地进行计划外调整或其他维护工作；

2）组件或子系统不能执行其规定功能或者组件或子系统不能以规定速度运转；

3）相似设备频繁触发过载保护装置；

4）相似设备出现锚固件或连接件松开；

5）相似设备产生的噪声增大；

6）结构损坏；

7）工作中控制器件或传感器出现错误动作；

8）在工作中出现事故或发现紧急安全危险；

9）在保证期内发现不符合规格要求或者达不到规定的功能要求；

10）相似设备中相似构造或设计的一个或多个组件发生三次以上故障；

11）相似设备中的消耗性组件出现两次以上计划外更换。

（3）供应商须为合同内所供应和安装的所有货物和服务提供为期 24 个月的质量保证期，时间从最终用户签发《最终验收证明》之日起开始计算，或从最后一批合同货物到达项目现场后满 24 个月起开始计算，以先发生的为准。

（4）在质保期内如由于高层控制或其他故障原因引起重大事故，则整个系统或停机的输送线的质保期自重大事故消除之日起重新计算。重大事故定义：高层控制或单条线停机 3h 以上。如系统设备故障引起整个行李系统瘫痪 3h 以上，则整个行李系统的质保期自系统恢复正常运行之日起重新计算（重新计算次数累计不超过 5 次）。

（5）供应商在质保期内保证按最终用户的要求免费修理或更换因材料不合格或制造不合格而有缺陷的任何设备或附件，并赔偿最终用户方由于这些缺陷导致的额外费用或损失。

（6）试运行期间及质保期内，供应商应派专业技术人员常驻现场保障运行，包括高层控制工程师、电气工程师、机械工程师，并明确团队负责人。驻场技术人员班制为 8h 常日班制或 12h 翻班制，最终工作班制由最终用户根据实际需求决定。

12.8　行李处理系统行业与专业公司分析、 参考

行李系统是机场航站楼内最为复杂的系统，专业化、智能化程度非常高，一直为国外企业所垄断。在 2010 年之前，国内企业在此领域几乎很少涉足，招标竞争很不充分。2008 年投入使用的北京首都国际机场 T3 航站楼行李系统中标价 18 亿元，几乎与航站楼土建结构的造价相当，价格是极其昂贵的。而在此之后，国内企业开始通过自主研发或者采取中外合资或并购的方式，进入了行李系统领域。经过十余年的潜心研发，在行李系统集成方面取得了长足的进步。虽然，在分拣机、电机、转盘等核心设备方面与国外厂商仍存在差距，但在电子设备、管理平台开发等方面发展迅速，且这方面并不落后。

2017 年，民航成都物流技术有限公司成功中标北京大兴国际机场建设工程航站楼行李处理系统项目，中标金额约为人民币 6.48 亿元。这是国内行李系统集成商取得的一次重大突破，具有标志性的意义。同时，也充分说明了，规模更大、技术更先进的北京大兴国际机场行李系统中标价较北京首都国际机场 T3 航站楼大大降低，凸显了行业打破垄断后的良好竞争态势。

表 12-9 列举了近年来活跃在国内机场行业内的行李处理系统专业公司（集成商），由于信息掌握程度有限，仅供参考。

行李系统专业公司（集成商）参考一览表　　　　　　表 12-9

序号	企业名称	企业性质	企业地址	进入（成立）中国时间	资质	工厂所在地	评价星级
1	中国民航总局第二研究所	国有企业	成都	2014 年	具备民航局颁发的"大于3000 万客流量的带翻盘分拣机的集成"资质	成都	★★★★★

续表

序号	企业名称	企业性质	企业地址	进入（成立）中国时间	资质	工厂所在地	评价星级
2	范德兰德物流自动化系统（上海）有限公司	外商独资	北京（总部荷兰）	2004 年	不详	上海	★★★★★
3	西门子物流自动化系统（北京）有限公司	外商独资	北京（总部德国）	2014 年	不详	德国	★★★★★
4	昆明昆船逻根机场系统有限公司	中外合资	昆明（总部英国）	2008 年	具备民航局颁发的"大于3000 万客流量的带翻盘分拣机的集成"资质	昆明、英国	★★★★★
5	德利九州物流自动化系统（北京）有限公司	外商独资	北京（总部新加坡）	2005 年	同上	昆山	★★★★★

12.9　行李处理系统招标

行李处理系统是航站楼工程的核心设备，对于机场的运行效率、旅客体验、工程造价有着重要影响，因此，如何选择经济合理、技术先进、性能可靠的行李处理系统，是十分重要的问题。

行李处理系统招标，需做以下相关工作：

1. 市场调研

（1）同类机场行李系统设计及使用情况

行李系统是极其专业的工程，一般设计院并不具备相关设计能力。需委托专业设计院或咨询设计公司完成，在设计之前，应对国内外同类规模的机场行李系统进行调研，结合工程概算和使用需求，以确定采用何种系统的设备。

在行李系统招标之前，通过与机场当局沟通，了解其他机场行李处理系统的招标情况、设备供应商选用情况及系统运行使用情况。通过系统地了解行李系统行业的总体情况，方能拿出总体的招标思路。

（2）调研设备供应商的实力

通过见面会、技术交流会等形式，与行李系统设备供应商进行全面接触，了解各企业的基本情况、相应资质、工程业绩、设备加工地及企业实力等，对各供应商有一个全面的了解。通过技术交流，了解各设备供应商的核心技术、核心设备及最新的技术动态，为行李系统招标做好充分准备。

行李系统供应商的选择本质上是行李系统集成商的选择，没有任何一家设备供应商具有生产全部设备的能力。但是，作为集成商，应该在核心关键设备、控制系统上有自己的"拳头"产品，在业绩上有丰富的工程经验和实践，在运营维护上有强大的保障团队，在服务业主方面有诚恳、及时、周到的服务理念和作风。

2. 招标模式的选择

行李系统招标一般有两种方式。一种是机电产品国际招标，其招标主管部门为商务部，通过国际招标的形式，选择设备供应商，执行《机电产品国际招标机构资格管理办法》《机电产品国际招标投标实施办法》等相关规定；另一种是民航专业工程招标，其招标主管部门为交通运输部民航管理总局及地区民航管理局，要求设备供应商具有相应规定的安装资质，执行《民航专业工程建设项目招标投标管理办法》等规定，其招标文件需获得以上部门的审批。

采用何种招标模式，对于选择设备集成商有较大影响。发包方应根据项目特点、采购需要及主管部门的相关要求，选择适合自身要求的招标模式。

3. 关键设备及控制系统

行李系统运行性能和可靠度取决于系统的关键设备及相应控制系统，无论选择什么样的集成商，对于系统的关键核心设备和控制系统，应确定一定的生产厂家或品牌。应在招标文件中予以明确，以确保成品品质。

4. 运营与维护

行李系统是非常专业的设备系统，在招标阶段必须充分考虑系统的后期维护问题，这不但涉及系统运行的可靠性，也涉及系统维护的成本问题。因此，要从工程技术人员培训、质保期内设备更好地维护及质保期后零配件更换的价格等问题予以明确，否则可能导致后期维保责任不清、维保不及时、维保成本过高（特别是零配件价格）等问题。具体详见本章 12.7 节。

第十三章 飞行区工程

13.1 概 述

13.1.1 飞行区工程的范围

飞行区工程是机场工程的重要组成部分，它是保障航空器起飞、降落、滑行及停靠的重要设施，其对于场地、净空、气象等有着严格的要求。飞行区工程可以分为以下五个部分：

1. 飞行区场道工程

包括土方工程、地基处理工程、道面工程（跑道、滑行道、联络道及站坪）、排水工程、道桥及下穿通道工程、综合管廊工程、围场路工程、围界工程、消防管网工程、服务车道工程、通道口及附属设施工程等。

2. 飞行区附属工程

包括消防站、灯光站、场务用房、特种车库、除冰液加注站、垃圾转运站、给水排水、消防泵房、消防水池、通信工程、室外电气暖通、机务维修设施、货运系统、预制冷空调工程、防吹篱工程、进近灯光检修桥、总图道路工程等。

3. 机场目视助航工程

包括助航灯光工程、机坪照明工程等。

4. 民航空管工程

包括机场通信、塔台工程、航管及气象工程等。

5. 供油工程

包括航空卸油站、储油库、输油管线、机坪加油管线系统等供油工艺和设备。

西北某机场飞行区工程组成如图 13-1 所示。

13.1.2 飞行区工程的类别

根据《民用机场飞行区技术标准》MH 5001—2013 规定，机场飞行区应按指标

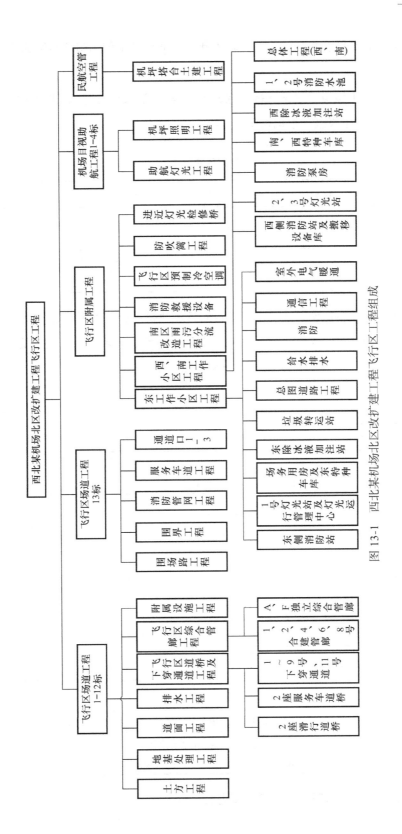

图 13-1　西北某机场北区改扩建工程飞行区工程组成

Ⅰ和指标Ⅱ进行分级，机场飞行区指标Ⅰ和指标Ⅱ应按拟使用该飞行区的飞机的特性确定。

飞行区指标Ⅰ按拟使用该飞行区跑道的各类飞机中最长的基准飞行场地长度，分为 1、2、3、4 四个等级，根据表 13-1 确定。

飞行区指标Ⅰ   表 13-1

飞行区指标Ⅰ	飞机基准飞行场地长度（m）
1	＜800
2	800～1200（不含）
3	1200～1800（不含）
4	≥1800

飞行区指标Ⅱ按拟使用该飞行区跑道的各类飞机中的最大翼展或最大主起落架外轮外侧边的间距，分为 A、B、C、D、E、F 六个等级，两者中取其较高要求的等级，根据表 13-2 确定。常用机型对应的飞行区指标参见表 13-3。

飞行区指标Ⅱ   表 13-2

飞行区指标Ⅱ	翼展（m）	主起落架外轮外侧边间距（m）
A	＜15	＜4.5
B	15～24（不含）	4.5～6（不含）
C	24～36（不含）	6～9（不含）
D	36～52（不含）	9～14（不含）
E	52～65（不含）	9～14（不含）
F	65～80（不含）	14～16（不含）

常用机型对应的飞行区指标   表 13-3

序号	飞行区等级	最大可起降飞机种类举例
1	4F	空中客车 A380 等四发远程宽体超大客机
2	4E	波音 747 全重、空中客车 A340 等四发远程宽体客机、大型双发客机波音 787、波音 777、空客 A330
3	4D	波音 767、波音 747 减重、空中客车 A300 等双发中程宽体客机
4	4C	空中客车 A320、波音 737 等双发中程窄体客机
5	3C	波音 733、ERJ、ARJ、CRJ 等中短程支线客机

对于不同的飞行区等级，跑道宽度有相应规定，见表 13-4。

跑道宽度（单位：m）　　　　　　表 13-4

飞行区 指标Ⅰ	飞行区指标Ⅱ					
	A	B	C	D	E	F
1	18	18	23	—	—	—
2	23	23	30	—	—	—
3	30	30	30	45	—	—
4	—	—	45	45	45	60

注：飞行区指标Ⅰ为1或2的精密进近跑道的宽度应不小于30m。

民用机场的跑道道面主要分为水泥混凝土和沥青混凝土两种。水泥混凝土道面为刚性道面，而沥青混凝土道面为柔性道面，这两种道面均划归为高级道面。

13.1.3　飞行区工程的特点

1. 规模大、任务重

飞行区工程内容主要包括土石方、地基处理、防护及支挡工程、道面工程、滑行道桥工程、管廊、配套工程用房、消防管网、助航灯光、照明、塔台、通信工程及相应配套设施等。项目建设相关专业众多，包括结构、机械、电气、管道、消防、土建、信息等。涉及民航、房建、交通、上水、排水、供电、燃气、通信等行业。项目建设规模大、任务重、困难多。

一般国内干线机场占地面积少则数平方公里，多则十余平方公里。对于国家门户枢纽机场，占地甚至达到数十平方公里。机场距离市区一般在 $20\sim50km$，其选址考虑因素多。受各种因素影响，有的机场填海造地，有的机场削山填沟，场地条件极为复杂，因而土石方工程量极为浩大。

如昆明长水国际机场，填挖方量达到 3 亿 m^3，机场飞行区整平后标高约为 2096m，周边均形成了不同程度的边坡，尤其是在西跑道的中部、南端，东跑道的北端、南端等位置，形成了较大的边坡，如图 13-2 所示。飞行区一期永久边坡为东跑道南端和西跑道南北端，其中北端边坡高差最大，达 40m 以上。

2. 时间紧、难度大

机场项目飞行区工程贯穿整个机场建设全周期，由于占地面积大，需进行大量征地拆迁、管线改迁等工作，受规划审批手续制约，工期不可控因素多。同时，项目自道面工程完工后进行校飞、试飞，并最终完成民航专业验收、竣工验收至少持续半年时间，工程建设时间非常紧张。

图 13-2 昆明长水国际机场

飞行区工程时间紧，只能采用平行搭接、交叉作业的方式安排进度，过程中形成多条关键线路，项目有不能按期完工的风险。跑道最高等级标准的 4F 类跑道，地基技术参数、标准要求高，同时飞行区内多有地道、管廊穿越等，需要提前充分考虑协调各方关系，解决组织管理难题。

3. 边建设、边运营

目前国内机场大多为改扩建工程，在新建航站楼和飞行区跑道的同时，需保证原有航站楼和跑道正常运营。在禁区不停航施工过程中，工程建设活动须不影响机场正常运转，保证飞机安全、有序起飞降落着陆，保护工程周边管线，配合管廊、地道穿越等情况，确保机场运行安全、管线安全和施工安全等是一个重要的课题。如杭州萧山国际机场三期工程新建 T4 航站楼、交通中心 GTC 和跑道，与 T1、T2、T3 航站楼紧密相接，不停航保障难度极大。如图 13-3 和图 13-4 所示。

4. 交叉多、协调难

在飞行区建设过程中涉及的单位多、工作协调量大。在建设过程中应与民航局、省市相关部门保持积极密切的沟通，确保机场建设与行业发展、区域规划相一致；同时需要与机场运营单位、空管部门等提前沟通协调，保证建设和运营衔接良好；需要协调空管相关设施建设，确保机场顺利如期投入使用；参与建设实施单位多，包括政府审计驻场单位、政府质量安全监督部门、机场建设单位、设计单位、监理单位、各类咨询单位及施工单位等，协调单位多、工作量大。

此外，飞行区土建、民航、市政、专业设备等承包商之间需要协调；相关设备采购、施工安装调试同样需要协调；飞行区面积大、标段多，施工单位和施工队伍庞大，现场施工的工作面、施工机械设备、施工用水用电等交叉多，协调非常复杂，这些都是建设过程中不可忽视的重要问题。

图 13-3　杭州萧山国际机场三期工程效果图

图 13-4　杭州萧山国际机场三期工程

13.1.4　飞行区工程的重难点及解决措施

1. 管理重难点一：工期目标保证

由于工程量大、工期紧、交叉作业多，因此应认真规划施工作业面和施工顺序，科学合理地调配人员和设备，以确保施工进度满足要求。见表 13-5。

飞行区工期目标保证分析   表 13-5

序号	问题分类	重点分析	解决措施
1	资源组织	资金筹备	开工前确保资金筹备到位
		运输道路协调与布置	(1) 运输车辆数量庞大,场区内外的道路运输能力会比较紧张,场区内应有合理的道路规划,避免车辆拥堵造成运输能力的下降; (2) 场外道路应提前与政府相关部门沟通,确保场外道路的规划合理
		土基填筑料的料场选择	根据填筑土方的数量,合理的取土场个数及规模是关键
		机械设备的配置	路基填筑中保证有足量且有富裕的机械设备,满足进度要求
		道面原材的保证	道面原材的供应商应有充足的原材,能保证每日需求计划且有足够的存料场地应对应急情况
2	施工组织	设计标段划分	根据飞行区功能分区、工程体量和造价,分为若干个设计标段,每个标段又划分为若干个施工段,标段内流水施工。为确保工程质量,加快施工进度,飞行区地道管廊等地下工程可先行招标
		施工顺序安排	按"先地下,后地上"的原则,原地面处理、地道管廊施工(标高不到位的需先填筑至设计标高)、土方填筑及结构物回填、管线预埋、道面及排水施工、边坡防护施工、助航灯光、站坪照明及监控、围界及飞行区附属工程、试运行、验收、校飞、试飞等
3	工期应急预案	工期滞后	编制切实可行的施工组织设计及计划;对劳动力、材料、设备、资金和技术五大生产要素,针对特点,进行优化配置和动态管理;每周召开生产例会,及时通报生产进度,协调施工过程中出现的问题,并根据实际情况及时调整相关计划,以保证总进度计划

2. 管理重难点二： 料源组织 （表 13-6）

飞行区料源组织分析   表 13-6

序号	问题分类	重点分析	解决措施
1	土方填筑料源	取土场的选择	按总方量及每日需求量,确保取土场的数量、位置及运距、作业面积满足施工要求
		取土场的手续	及时沟通政府相关部门,确保取土场相关手续的办理及时合法
2	道面原材	料源选择	提前进行砂砾、碎石、砂子等招标工作,确保供应商有相应的供货能力
		原材的库存	飞行区所需原材料大,因现场存储能力有限,供应商的供货能力需有保障,且需有足够储存量的备货场地

3. 管理重难点三： 特大体量土方填筑的施工组织 （表 13-7）

飞行区土方填筑施工组织分析   表 13-7

序号	问题分类	重点分析	解决措施
1	土石方填筑组织	施工流程	区域间平行施工,标段内流水施工
		临时排水	临时排水随土石方填筑同步实施,确保排水通畅

续表

序号	问题分类	重点分析	解决措施
2	场内交通组织	临时道路的布设及进出口数量的设置	满足各标段的进出口数量，各标段的临时道路布设合理，相互标段无影响
3	交叉施工协调	各工序间的施工顺序	有地下结构物的，应先施工结构物，避免二次开挖；上部做好分段，形成流水作业
		各专业与土方填筑的交叉	在有管线预埋的部位及时穿插施工，避免返工

4. 管理重难点四： 超大范围空间交叉作业

飞行区面积大，地下包含地道、管廊、雨水箱涵等构筑物，地面上包含滑行道桥、围场道路等，范围大、结构物多、交叉施工多。见表 13-8。

飞行区超大空间交叉作业分析　　　　　　　　表 13-8

序号	问题分类	重点分析	解决措施
1	竖向交叉	土方填筑与结构物的交叉作业	优先施工地下结构物，相邻标段的结构物搭接注意标高和轴线的控制，土方填筑过程中为结构物施工预留足够的工作面。结构物施工完成后及时回填，与土方施工进度保持一致
		土方、水稳与道面混凝土同一工作面的施工	土方、水稳、道面在同一工作面施工时，做到流水施工，加快施工进度
		管线预埋的穿插	在土方施工过程中相应部位的管线及时穿插预埋，避免返工
2	水平交叉	相邻标段施工	总体部署，做到相邻标段的施工，如土方填筑高差、道面施工交接处均符合设计要求
		与航站区的交叉施工	对于航站区所需的临时场地，应提前填筑，相互交叉施工，提前做好统筹规划
		土方、原材料的进场线路交叉	前期规划好各标段的临时道路，确保土方车辆、地材车辆进场有序，互不影响
		建筑与小区施工进度措施	按进度计划，及时对建筑及小区部位土方填筑到位，确保建筑与小区施工有足够施工时间

5. 管理重难点五： 近既有跑道区不停航施工控制 （表 13-9）

飞行区不停航施工控制分析　　　　　　　　表 13-9

序号	问题分类	重点分析	解决措施
1	现场布置	净空限制下的现场规划	加强与机场管理机构的沟通，合理规划现场车辆、机具停放区域和材料堆放区域、拌合站等。现场布置不得阻挡机场管制塔台对跑道、滑行道和机坪的观察视线，也不得阻挡任何使用中的助航灯光、标记牌，并不得超过净空限制面
2	施工现场	大面积的扬尘控制	采取裸土覆盖、喷淋降尘、设置洗车台等措施加强扬尘控制

续表

序号	问题分类	重点分析	解决措施
2	施工现场	现场施工人员的监管	在施工区域与航空器活动区域的分隔位置合理布置围栏,同时加强对施工人员的安全教育并安排人员巡查
		每日进出场人员、车辆的控制	安排安全人员对现场进出口进行检查,对人员、车辆发放出入证,实行实名制,严格控制无关人员随意进场
		混凝土道面养护措施	采用土工布进行养护,并采取固定措施对土工布进行固定,以免遇风时土工布随风飞扬
3	后勤保障	应急救援及时性的保障	制定合理可行的应急方案,定期进行应急演练的演习,同时根据施工进度确定调整应急救援路线
		与项目各参与方的协调	场地不停航管理机构与项目各参与方建立通畅联络机制,确保沟通通畅

6. 管理重难点六: 多单位协调管理控制 (表 13-10)

飞行区多单位协调管理分析　　　　　　　　表 13-10

序号	问题分类	重点分析	解决措施
1	内部协调	标段间协调管理	工期计划协调调整,保证相邻标段工序合理,现场临时道路布置合理,相互间交叉施工不影响
		飞行区与航站区的协调管理	与航站区协调航站区所需临时用地,提前完成此区域的土方填筑。航站区的材料、混凝土运输道路布置不与飞行区临时道路产生影响
2	外部协调	不同工作区的协调管理	与其他工作区单位有可靠的通信联络方式,相互交叉作业配合协调到位,不产生相互推诿和误工;场内道路布置合理,不产生相互影响
		外部协调管理	与政府相关部门联系,确保相关施工能在工期内保质保量完成

7. 管理重难点七: 飞行区地下预埋管线施工控制

飞行区地面以下管线安装、预埋较复杂,涉及消防管道安装、压力排水管道安装、重力流排水管道安装、强弱电预埋套管安装及包封处理、基坑开挖及各类型管道基础处理、基坑回填等工作内容,大量工作内容需在场道工程施工前及过程中进行预埋、安装等工作。见表 13-11。

飞行区预埋管线施工控制分析　　　　　　　　表 13-11

序号	问题分类	重点分析	解决措施
1	排水、消防管道标高未达到设计要求	管道基础塌陷,测量工作失误	制定严格的基础处理施工技术方案及流程,施工过程中监控到位,防止基础塌陷造成管道沉降;测量工作前校正测量仪器;对测量工序制定操作规程并做好技术交底工作;严格根据设计标高及坡度完成测量工作;相关方做好质量监督工作

续表

序号	问题分类	重点分析	解决措施
2	管道预埋过程中或后期发生断裂、压扁	管道基础未处理好，管道上方回填施工未按操作规程	制定严格的基础处理施工技术方案及流程，施工过程中监控到位，防止基础塌陷造成管道沉降；选择符合设计要求并合格的管道材料；选择符合设计要求的回填材料，制定严格的操作规程并监控到位；管道施工过程采取适当措施对预埋管道进行成品保护；回填材料未达到强度前防止重车碾压
3	预埋管道、灯槽遗漏	未做好施工前的技术交底工作	仔细审图，做好安装前的技术交底工作；相关方做好隐蔽验收工作

8. 技术重难点一： 高填方工程施工质量控制 （表 13-12）

飞行区高填方工程质量控制分析 　　　　　　　　　表 13-12

序号	问题分类	重点分析	解决措施
1	基底处理	基地处理方案	按设计要求施工，对湿陷性黄土进行强夯处理，素填土区域或受限制区域，采取换填处理
2	料源选取	填料质量	新选择料场料源后，应首先进行试验，确保填料符合设计要求，再进行试验段路基填筑，确定对应的压路机型号、最佳含水量、松铺系数等技术参数
3	路基填筑	测量放样	测量放样按一般路基 10m 一桩（曲线段 5m）放出边桩、中桩，在桩上标出每层的松铺高程并挂线进行厚度控制，根据每车填料量及松铺厚度计算出卸土面积，用白灰画出卸土框线确保填料的松铺厚度
		含水率及碾压	确保含水率在最佳含水率范围内，碾压严格按照试验段数据进行施工
		强夯施工	相邻工作面两侧及高填方每一层可按 3 层堆填，每层 1m 左右，最大粒径不得大于 40cm 均采用强夯工艺施工；对于一般飞行区道面影响区和建筑小区及飞行区道面影响区范围内土方回填试验段与后续填筑体相接的部位均需补强处理
		相邻施工搭接区的填筑质量	搭接两端尽量保证等标高同步进行，减小差异沉降。各工作面间要注意协调、两个相邻工作面高差要求不超过 1 个填筑层高度，以避免出现"错台"现象；搭接两端无法保证同步进行时，留设台阶
4	高填方填筑监测	按设计设置检测点及按规定进行检测	检测单位应按设计布设监测点且在测点周围设置明显标志并进行编号。检测施工和使用期间的安全；把握变形规律，预测沉降量，为合理确定道面施工时间提供依据、为信息化施工和优化设计提供依据、为工程建设评价与使用状况评价提供依据

9. 技术重难点二： 道面混凝土面层工程质量控制 （表 13-13）

飞行区道面混凝土质量控制分析 　　　　　　　　　表 13-13

序号	问题分类	重点分析	解决措施
1	原材的检测	原材碱含量	对原材中的碱含量进行检测，确保含量符合设计要求
2	配合比	配合比设计	道面混凝土主要影响参数为水灰比、水泥含量、砂率、骨料集配，对以上参数进行合理调整，得到最佳的混凝土配合比

续表

序号	问题分类	重点分析	解决措施
3	模板	模板强度、刚度及模板支撑	模板应选用钢材定制,应有足够的刚度,不易变形;模板的支撑设置应满足要求,模板接头和模板与基层接触处,均不得有漏浆现象;支设后,标高满足设计要求
4	混凝土	混凝土的拌合	混凝土的投料顺序符合设计要求,外加剂提前配置,搅拌时间因搅拌机类型、容重、混凝土配合比不同而异,施工时应经过现场试拌确定
		通凝土的运输	采用自卸汽车(3.5~8t)运输混合料,途中运输时间不宜过长,应保证有足够的时间使初凝以前完成抹面,为防止混合料离析,卸料高度不宜超过 1.5m
		混凝土浇筑	采用传统工艺时:1. 摊铺时,根据试验段的数据,留够虚高,随时找平;2. 振捣采用自动排式高频混凝土振捣机进行振捣;3. 整平提浆,采用三辊轴整平机整平,采用特制钢滚筒进一步提浆、找平;采用滑模摊铺机时摊铺、振捣、整平等可直接机械化
		混凝土养护	拉毛完成后,立即实施早期养护(覆盖土工布、喷洒养护或者采取冬季保温措施)。养护期满足设计要求
		温度应力的控制	高温差地区中的温度应力是引起道面破损的主要应力形式,在浇筑完成后,应有足够的保温保湿措施,减小温度应力
5	收光拉毛	增加收光拉毛控制要求	当混凝土处于初凝终止状态,表面尚呈湿润时,应趁此进行收光,将混凝土表面砂浆进一步挤压密实。拉毛选用责任心强、有多年施工经验的熟练工人施工
6	切缝	切缝时间	当混凝土强度达到 25%~30%时,即可采用切缝机切割
7	刻槽	刻槽时间	机场混凝土道面普遍采用刻槽施工工艺以保证道面粗糙度,在板的抗压强度达到 20~25MPa 且连成片时,即可刻槽
8	灌缝	灌缝质量	灌缝应切缝完成、混凝土养护期结束及道面干燥后尽快进行。道面开放交通前必须完成所有灌缝工作。气温低于 5℃时不宜进行灌缝工作

10. 安全环境重难点一: 地道管廊施工安全控制 (表 13-14)

飞行区地道管廊施工安全控制分析　　　　　　表 13-14

序号	问题分类	重点分析	解决措施
1	基坑开挖支护	大于 5m 深基坑安全性稳定性控制	编制基坑开挖支护专项方案,对深度大于 5m 的基坑,专项方案通过专家论证后方可实施,要加强基坑变形监测,地道管廊结构施工完成达到设计要求强度后及时回填基坑
2	高大模板施工	大跨度、高荷载模板工程安全性控制	对地道管廊模板搭设跨度大于 18m、施工荷载的超危工程,需编制模板支架专项方案,专项方案通过专家论证后方可实施,严格按照专项方案进行模板支架的搭设,并对支架进行适当的起拱

11. 安全环境重难点二: 大面积土方施工环境保护 (表 13-15)

飞行区土方施工环境保护分析　　　　　表 13-15

序号	问题分类	重点分析	解决措施
1	大气污染	施工机械尾气排放达标控制	机械进场时进行尾气排放检测，检测合格后方可进场施工
		土方运输扬尘控制	土方运输车在从土源出场时将松土拍实、整形，并加以覆盖，避免运输土料、渣土过程中造成扬尘
		现场道路降尘	施工道路面每天一次清扫、三次洒水，在出入口设置洗车处，清扫生产垃圾时防止二次扬尘
		施工现场易飞扬物处理	对水泥和其他易飞扬细颗粒散体材料的存放、运输采取覆盖等措施，防止扬尘；现场裸土及时进行覆盖；卸运采取措施进行降尘
2	噪声控制	噪声、震动控制	制定措施避免重型机械对机场影响，如有必要需提前与机场管理机构沟通施工时段
3	水处理	施工机械清洗废水排放控制	机械冲洗时应节约用水，节约水资源。废水应满足《污水综合排放标准》GB 8978 中三级标准后排放至污水处理厂处理
4	土壤污染	施工现场垃圾处理	施工垃圾随时清运，严禁随意丢弃垃圾或将垃圾随意掩埋
		施工机械跑、漏油污染控制	对现场施工机械加强检查，应在各方进行设备验收后进行使用，未经过验收的机械不得使用；定期对现场机械进行检查维修，避免机械油箱"跑、冒、滴、漏"油流入土壤，造成土壤污染

13.2　飞行区工程设计

13.2.1　机场平面布置组成

机场平面布置主要是对机场重要设施进行总体布局，具体为跑道、停机坪和滑行道的构型。包含跑道的数量、方位及布置；航站楼与跑道的相对位置；滑行道的设置等。

1. 跑道构型

跑道可布局成很多种构型，它们可以由 4 种基本构型进行组合：单跑道、平行跑道、开口 V 型跑道、交叉型跑道。如图 13-5 所示。

单跑道是最简单的一种跑道构型。根据相关标准，单跑道最大容量一般在 30～40 架次/h，所以依据机场需求如果小于这个值可以选择建设单跑道。跑道方位的确定，应该尽量使飞机远离人口密集区的上空和障碍物。跑道的方向应平行于当地主导风向，使飞机在测风风速低于规定值使用该跑道的时间大于全年 95％的时间。如果找不到满足此要求的跑道布局，则增设侧风跑道，让机场利用率在 95％以上。

如果当地容量超过单跑道容量时，则通常可以使用平行跑道方案。平行跑道容量一般由跑道的条数和跑道间距确定。目前 2 条平行跑道的机场较多，当机场处于特大城市时，或航班量大时，可以采用 3 条或更多条跑道。

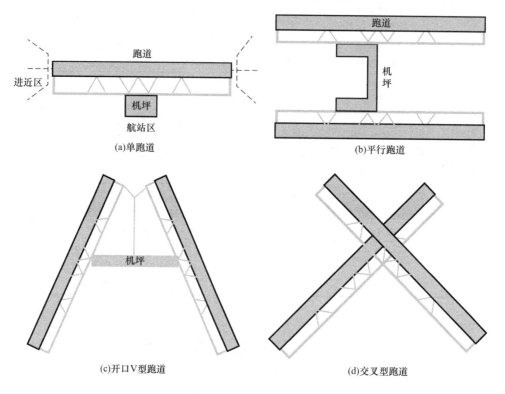

图 13-5　跑道基本构型

如果单一方向的跑道布局不能达到 95% 的机场使用率时，则要布局另一方向的跑道，在测风强时使用；当风力较小时可 2 条跑道同时运行。通常 2 条跑道可布局成交叉跑道或 V 型跑道。交叉跑道容量比 V 型跑道容量小，交叉跑道容量取决于跑道交叉的位置和跑道运行方案，交叉点距着陆端或起飞端越近容量越大。

2. 停机坪与跑道关系

停机坪最好布局在距跑道起飞端滑行距离最短的地方，同时距飞机着陆端飞机滑行距离最短的位置。几种典型的停机坪布局方案，如图 13-6 所示。单跑道，每个方向跑道上的航空器起飞、着陆的次数基本相等，一般停机坪布局在跑道中部的位置，这样无论在哪个方向运行，航空器滑行的距离较为均等；对于 2 条平行跑道，如果没有特殊要求，停机坪设在 2 条跑道中间较为适宜，可以避免穿越跑道，起飞或滑行距离过长的情况出现；对于交叉跑道和开口 V 型跑道，停机坪适宜放在中间，如果布置在跑道一侧，不仅会增加滑行距离，还会出现穿越跑道或绕跑道的情况出现。对于 2 条以上的跑道，一般会规定某条跑道专用于起飞，某条专用于着陆，停机坪布局在跑道之间。

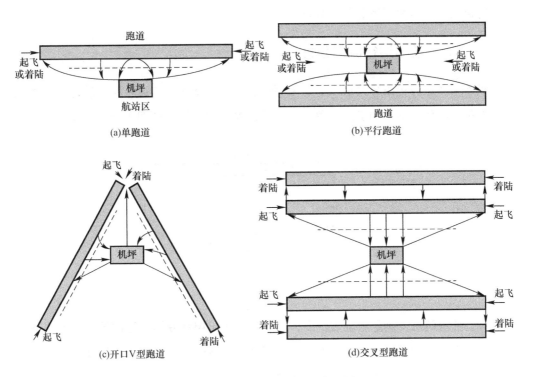

图 13-6　停机坪与跑道关系布置图

3. 滑行道布置

滑行道的主要作用是为航空器提供从停机位到跑道的路径。滑行道的布局可以使进离场的航空器迅速到达指定位置，提高停机位、跑道的运行效率，从而提高机场的容量。最基本的滑行道布置，是在跑道两端供航空器进入跑道，或者供着陆航空器脱离跑道用的，称为进口或出口滑行道，如图 13-7 所示。随着机场流量的增加，会设置平行滑行道，平行滑行道平行于跑道，供起飞飞机从平行滑行道滑向跑道两端，以及着陆飞机滑向停机位。如果机场流量再大还会设置 2 条平行滑行道，每条滑行道单方向使用。为缩小跑道占用时间，加快航空器滑离跑道，会在跑道中部设置快速出口

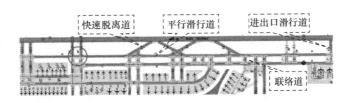

图 13-7　滑行道分类

滑行道，一般滑行道与跑道呈45°或30°锐角。除此之外还会有些普通联络道，连接平行滑行道间，平行滑行道和停机坪滑行道间。

13.2.2 场面运行流程分析

机场场面运行可以分为进港和离港两个流程。主要包括跑道系统、滑行道系统和停机坪系统。包含飞机的进近、着陆、滑行、推出起飞等，如图13-8所示。

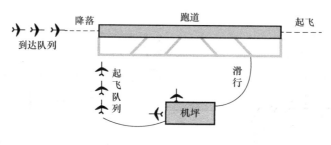

图13-8 机场运行流程

对于进港航班，满足着陆规定后，向管制员提出申请着陆，管制员将适当的跑道分配给飞机，驾驶员按照管制员的指令进行着陆，着陆过程中跑道只能被该航空器占用，其他航空器不能在该跑道起飞、着陆或者穿越。在飞机离开跑道后，管制员根据机位使用情况为航空器分配机位、指定滑行路径。飞机抵达指定机位后开始下客、清洁、维修等程序。离港航班，在完成上客、配餐、加水、检查等程序之后，向管制员提出开车退出申请。管制员根据机场实时情况，分配航班离场滑行路径。如果离场航班较多，航空器需要在跑道头排队等待，按照管制员指令逐一离场。

13.3 飞行区工程设计案例

13.3.1 项目位置

西北某机场北区改扩建工程紧邻现有机场北侧，距离市中心16.8km。机场周围地面交通便利，主要的进场道路有机场南侧的××路以及西南侧的××快速路。机场北侧为高速路联络线，机场东侧为一条一级公路。机场南侧为规划的市北外环线。快速路、高速路联络线在机场西侧交汇，交汇处为立交桥。机场东南面有一条地区铁路。

目前机场南侧有两个主要进出口，机场西南侧的主进出口主要用于客运，东南侧的进出口用于连接机场的工作区和货运区。项目区域位置如图 13-9 所示。

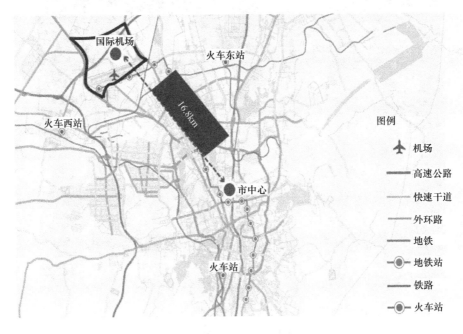

图 13-9　工程区域位置图

13.3.2　飞机区工程主要内容

飞行区改扩建在现有机场设施基础上，建设第二跑道、第三跑道和配套设施，主要建设内容包括飞行区场道工程、飞行区附属工程、目视助航工程、飞行区空管工程等。扩建后北区与现有南区共同运作，北区为主、南区为辅。飞行区北区为新建场道工程，南区为改造升级场道工程。工程总平面如图 13-10 所示。

13.3.3　场道工程主要设计参数

1. 地基处理及土方工程

根据勘察资料，可用于场内填筑的填料主要为粉土、粉质黏土、建筑垃圾、圆砾（卵石）等。填料为粉土、粉质黏土、圆砾（卵石）时，采用振动碾压工艺；填料为建筑垃圾时，根据粒径情况可采用振动碾压、冲击碾压或用强夯工艺。土石方填筑设计参数见表 13-16，土方填筑区域如图 13-11 所示。

2. 道面工程

飞行区道面主要尺寸见表 13-17，不同部位水泥混凝土道面板厚度见表 13-18。

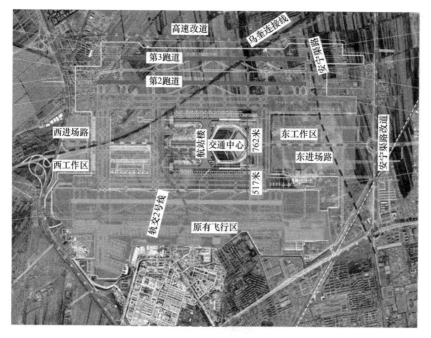

图 13-10　工程总平面图

土石方填筑设计参数　　　　　　　　　　　　　　　表 13-16

压实方式	松铺厚度	单击夯击能	夯点布置形式	单点击数	回填材料
点夯	3.0m	3000kN·m	4m×4m 正方形	10～12	建筑垃圾
满夯	—	1000kN·m	d/4 搭接	3～5	
压实方式	松铺厚度	压路机要求		碾压遍数	回填材料
振动碾压	0.3～0.5m	自重 20t 以上重型压路机		12～14	粉土、粉质黏土、圆砾（卵石）、建筑垃圾
冲击碾压	0.6～0.8m	25～32kJ 三边形冲击压路机		20～25	建筑垃圾

注：1. d 为夯锤直径，锤底静压力 25～40kPa；

　　2. 强夯夯击遍数为 1 遍，点夯和满夯的最后两击的平均夯沉量均不大于 5cm；

　　3. 上下相邻填筑层的夯点应交错布置，最后一层强夯填筑层点夯后应满夯。

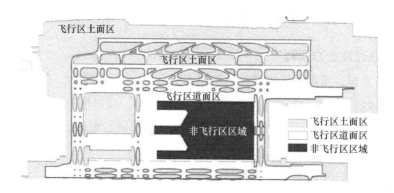

图 13-11　土方填筑图

飞行区道面主要尺寸一览表　　　　表 13-17

序号	项目	尺寸（m）
1	二跑道长度×宽度	3600×60
2	二跑道道肩宽度	7.5
3	二跑道总宽度	75
4	二跑道防吹坪长度×宽度	120×75
5	三跑道长度×宽度	3200×60
6	三跑道道肩宽度	7.5
7	三跑道总宽度	75
8	三跑道防吹坪长度×宽度	120×75
9	F类滑行道直线段道面宽度	25
10	F滑行道道肩宽度	17.5
11	F滑行道直线段总宽度	60
12	E类滑行道直线段道面宽度	23
13	E滑行道道肩宽度	10.5
14	E滑行道直线段总宽度	44

不同部位水泥混凝土道面板厚度表　　　　表 13-18

序号	部位	面层结构
1	跑道端部（各900m）、平行滑行道	40cm厚水泥混凝土板
2	垂直联络滑行道、端联络道	40cm厚水泥混凝土板
3	E类、F类机位机坪	40cm厚水泥混凝土板
4	跑道中部、快速出口滑行道道面	36cm厚水泥混凝土板
5	C类机位机坪	36cm厚水泥混凝土板
6	机头前减薄	28cm厚水泥混凝土板
7	防吹坪	18cm厚水泥混凝土板
8	跑道、滑行道道肩	14cm厚水泥混凝土板

3. 滑行（服务）道桥工程

滑行（服务）道桥桥梁结构设计见表 13-19。

滑行（服务）道桥桥梁结构表　　　　表 13-19

桥梁名称	桥跨布置（m）	荷载标准	桥梁宽度（m）	结构形式
1号滑行道桥	24.8+2×35.2+24.8	E类飞机	46.3	下部结构桩柱式排架墩；上部结构为预应力混凝土连续梁
2号滑行道桥	24.8+2×35.2+24.8	E类飞机	46.3	
1号服务车道桥	24.8+2×35.2+24.8	特种车辆	10	
2号服务车道桥	24.8+2×35.2+24.8	特种车辆	6.5	

4. 地道、管廊工程

地道部分1号、2号、3号地道尺寸为3.5m+4.5m；4号、9号、11号地道尺寸为 3.5m＋3.5m；5 号地道尺寸为 3.75m＋3.75m；6 号、7 号、8 号地道尺寸为 3.5m＋3.5m＋3.5m。

管廊部分有独立综合管廊和与地道合建管廊两部分，综合管廊内容纳电力、通信及给水管线。其中独立综合管廊总长约 3.1km，共分为 A 号、F 号两段，管廊为两舱断面，主体结构采用现浇施工。

地下通道及管廊典型截面见表 13-20。

地下通道及管廊典型截面   表 13-20

名称	典型断面图
地道	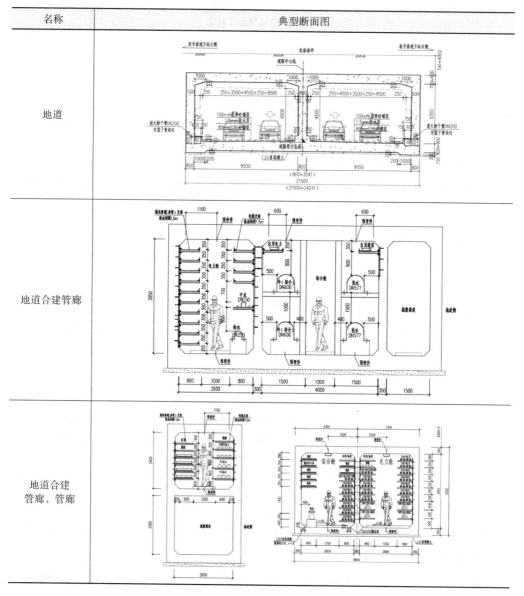
地道合建管廊	
地道合建管廊、管廊	

13.4　飞行区工程施工组织

该工程飞行区占地面积大，其中北区改扩建工程约 8.52km²，土方量巨大、有效作业时间短、工期紧，建设任务繁重。

13.4.1　总体组织思路

飞行区工程总体施工组织包括料源选择、运输组织和现场施工组织。总体思路是确定现场组织方式后，以料源组织保证现场组织的实现为准则。

以土方拉运和材料储备为重点，以现场土方填筑、地下结构物和道面结构为中心组织施工，为此：

(1) 将整个飞行区工程按照时间轴划分为不同施工阶段，以便控制工程工期节点；

(2) 同时将整个飞行区工程以施工区、设计标段、施工段的划分，将整个特大体量的工程分解为分部分项工程，科学组织、精确配置资源，确保建设工期。

具体采用区间大平行、(标) 段小流水的总体施工组织方式。

13.4.2　施工阶段组织

按照总工期四年、高填方沉降期最少六个月和道面施工季节因素考虑，采取以下施工部署：

1. 土石方填筑及地下结构物施工阶段

第 1、2 年主要进行机场土石方填筑及高填方特殊处理施工，同时在地道、管廊和雨水箱涵所在区段优先进行地道、管廊和雨水箱涵结构施工，当地下结构物施工完成后再分层回填地道、管廊和雨水箱涵影响区域土方。对飞行区滑行道桥及服务车道桥区域进行场地平整后进行桥梁下部结构施工和挡土墙施工，当桥梁桥台和挡土墙施工完成后分层回填滑行道桥和服务车道桥影响区域土方。

2. 道面结构层及地上结构物施工阶段

第 2 年和第 3 年上半年主要进行机场面结构层及地上结构物施工。首先进行消防管线、电缆管沟预埋施工、边坡防护和地面盖板排水沟施工，具备条件后进行道面结构层、地道路面结构层、围场道路、场地围界、东西南工作小区和机坪塔台土建工程施工。

3. 机电设备安装施工阶段

第 4 年上半年完成飞行区机电设备安装施工。在进行道面结构层及地上结构物施工时，完成机电安装工程预埋工作，具备条件后同步进行助航灯光机电设备安装、机坪照明机电设备安装、地道管廊机电设备安装、场地围界卡口机电设备安装、东西南工作小区和机坪塔台机电设备安装施工。

4. 验收阶段

第 4 年下半年进行飞行区所有子项工程的竣工预验收、竣工验收、专项验收、校飞、试飞和行业验收工作。

具体阶段划分及顺序如图 13-12 所示。

13.4.3 现场施工组织

以工作分解结构（WBS）原则对工程进行分解，按照施工区、设计标段、施工段实施"大平行、小流水"组织。

1. 施工区、段划分原则

（1）减少施工组织互相交叉干扰，保持相对独立：各施工区按照土方等地材从机场西端进场后，从西到东顺跑道方向调配，更有利于组织流水施工；

（2）有利于场内交通组织有序、养护管理责任明确：特大型土石方和道面材料运输体量大、车辆多，场地内交通组织将影响工程进度、质量、安全等，东西向顺跑道组织由一家规划场内道路组织，更有利于成本降低和责任明确；

（3）东西向划分符合场道工程填筑由南向北填方高度增加，填方量增大，同一施工区填筑高度大体相同的特点，更有利于沉降控制，及时组织道面结构施工；

（4）东西向划分施工区由于临时管线布置和环保措施的采取；

（5）技术措施要求等，如：土基施工组织按照每填高 3m 划分施工层；填筑分几个作业面施工时，先填筑一侧的工作面应按 1∶2 坡度预留台阶便于后填筑的一侧搭接，相邻工作面高差不应超过一个碾压层或强夯层厚度。

2. 施工区、段划分

北区改扩建场道工程根据施工平面位置及工程量等因素划分为 10 个设计标段。具体工程量见表 13-21。

助航灯光工程根据施工平面位置、灯光功能及工程量等因素划分为 4 个标段，见表 13-22。

即以第三跑道区为第一施工区、第二跑道区为第二施工区、东中西垂滑道为第三施工区、第一跑道北侧滑行道为第四施工区进行平行施工，独立配置资源、独立组织

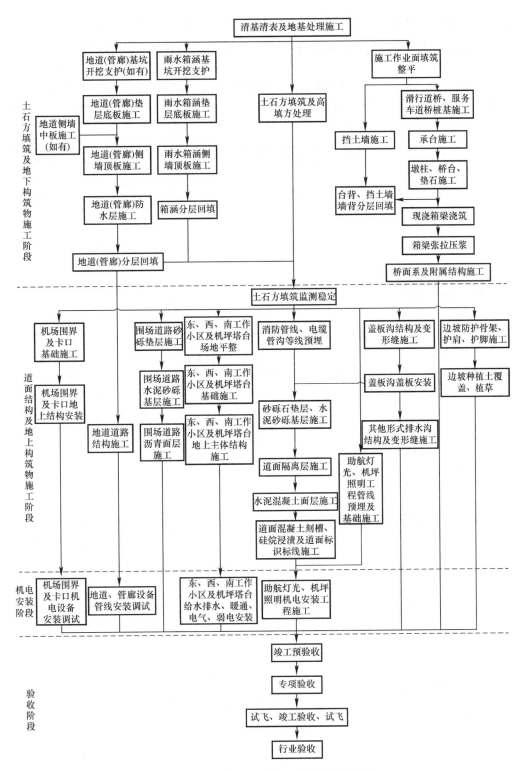

图 13-12　飞行区工程施工阶段划分及顺序

施工；在施工区内将工程划分设计标段和施工段按照分部、分项工程组织专业化施工队伍，进行流水作业。场道工程设计标段划分如图 13-13 及表 13-23 所示。

飞行区各个设计标段工程数量简表　　　　　　　　表 13-21

设计标段	区域面积（m²）	道面区估算面积（m²）	道面百分比（%）	土面区估算面积（m²）	压实土方量（m³）	水泥稳定砾石方量（m³）	道面混凝土方量（m³）
1	1793369.89	501992	27.99	1291377.89	14471454	189289	139573
2	1066838.93	191657	17.96	875181.93	15340859	72364	55185
3	998604.05	517118	51.78	481486.05	9368615	192220	158926
4	789322.28	593983	75.25	195339.28	10678371	225568	193181
5	1195915.4	641527	53.64	554388.4	13710383	241104	197746
6	656923.66	375691	57.19	281232.66	10396926	145180	89568
7	595184.7	533821	89.69	61363.7	4611224	208695	186255
8	216022.3	93045	43.07	122977.3	1843363	32549	21248
9	579662.92	510108	88.00	69554.92	5540730	191844	172946
10	632602.69	486197	76.86	146405.69	3645236	184151	162761

助航灯光各个标段工程内容简表　　　　　　　　表 13-22

标段	工程内容	工作分区
1	第三跑道及 N 平行滑行及相关滑行道道助航灯光	第一工作区
2	第二跑道、L、M 平行滑行道及相接出入口滑行道助航灯光	第二工作区
3	西垂直滑行道、中垂直滑行道、东垂直滑行道及相关滑行道助航灯光	第三工作区
4	C、D 平行滑行道及相关滑行道助航灯光	第四工作区

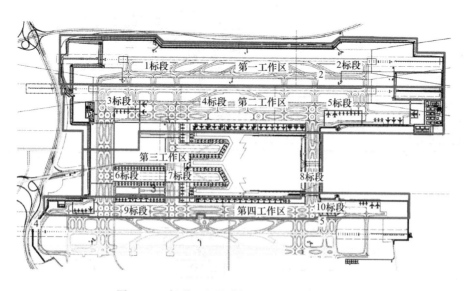

图 13-13　场道工程设计标段及工作区划分图

飞行区总体施工组织示意表　　　　　　　　　　　　表 13-23

序号	施工区	设计标段	施工段		备注
			土基施工段	道面结构	
1	第一区	1 标	4 段	2 段	土方按照填筑、整平、碾压、整修报检四个阶段划分为 4 个施工段；道面结构按照层数和施工厚度各划分为 2 个施工段
		2 标	4 段	2 段	
2	第二区	3 标	4 段	2 段	
		4 标	4 段	2 段	
		5 标	4 段	2 段	
3	第三区	6 标	4 段	2 段	
		7 标	4 段	2 段	
		8 标	4 段	2 段	
4	第四区	9 标	4 段	2 段	
		10 标	4 段	2 段	

3. 现场施工组织流向

（1）土基填筑（竖向）流向

考虑地形因素以及土基工程量大部分集中在新建的第二、三跑道范围，从低到高作业，保证土基稳定，即土基填筑考虑到试验段已经完成 1、3 标大部土方，故整体土方流向从场地东北方向向西南方向流动。设计标段内按照"三阶段、四区段、八流程"组织作业。见表 13-24。

飞行区土方填筑组织流向示意表　　　　　　　　　　表 13-24

序号	施工区	设计标段	填筑高度（m）	施工层（层/3m）	施工流向	备注
1	第一区	1、2 标	27	9	东北	
2	第二区	3、4、5 标	24	8	⇩	
3	第三区	6、7、8 标	17	6		
4	第四区	9、10 标	14	5	西南	

（2）飞行区结构物施工组织（水平）流向

场道范围有管廊、地道、排水箱涵、滑行道桥等构筑物需要在填土配合的条件下及时开工，创造土方填筑工作面，故构筑物工程在大平行组织情况下，总体流向由场地西南标段向西北标段流动。见表 13-25。

（3）道面结构施工（水平）流向

按照道面结构层（包括分层施工）进行竖向分层、水平分区（第三、第二、垂滑及航站区、第一跑道北侧滑行道）、区内分施工段（施工招标段/流水段）。

具体见道面流水施工示意表 13-26 及图 13-14。

飞行区结构物工程施工组织流向示意表　　　　　　　　表 13-25

序号	工程项目	所在标段	结构底标高	现状地面标高	施工流向	备注（土方填筑高差）
1	排水箱涵	2、5	619.2	615.8		3.4
2	1 号地道	6、7	626.921	618.2		8.721
3	9 号地道	8	627.971	622.9		5.071
4	7 号地道	6、7	625.008	620.61		4.398
5	滑行道桥（承台底标高）	8	627.06	627		0.06
6	2 号地道	6、7	629.849	628.876		0.973
7	6 号地道	6	622.782	624.43		−1.648
8	3 号地道	9	632.79	634.56		−1.77
9	5 号地道	10	633.929	636		−2.071
10	11 号地道	8	629.843	632.79		−2.947
11	8 号地道	6、7	625.607	628.13		−2.523
12	4a 号地道	10	623.098	629.71		−6.612
13	雨水箱涵	8	620.2	628.8		−8.6
14	A 号管廊	8	622	630.3		−8.3
15	F 号管廊	6	626.3	634		−7.7

施工区间道面施工流向示意表　　　　　　　　表 13-26

序号	施工区	施工层	区间施工流向	备注
1	第一区	砂砾层（水稳层）		
		水稳层		
		水泥混凝土道面		
2	第二区	砂砾层（水稳层）		各区间因填土高度差异、沉降期差异，故考虑按照填土厚度小，及时具备道面作业条件，施工流向由南到北组织
		水稳层		
		水泥混凝土道面		
3	第三区	砂砾层（水稳层）		
		水稳层		
		水泥混凝土道面		
4	第四区	砂砾层（水稳层）		
		水稳层		
		水泥混凝土道面		

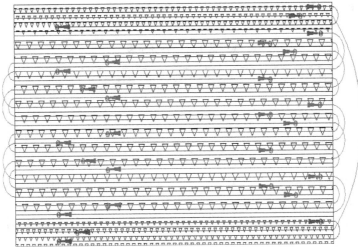

说明: 红色指道面施工顺序示意图, 蓝色指道肩施工顺序示意图。

图 13-14 每个作业段道面水平组织流向示意图

13.5 料源及运输组织

根据前期现场调查, 飞行区土方资源和运输是制约项目进展关键因素, 需要高度关注并及时落实解决方案方可确保建设目标。

13.5.1 土源确定

土源属于国土资源, 涉及国土、规划等用地审批, 政府(出资方)更方便协调土地资源规划、审批, 因此本项目土源确定由政府实施方主导。土源确定应完善合法合规性手续, 保障投资的安全性。土源确定需要考虑的因素如图 13-15 所示。

13.5.2 土方的运输组织

飞行区土方大约 1 亿 m^3, 工程量巨大, 运输是个大型工程。

1. 土方运输分析

有效施工工期 29 个月, 平均每个月需要运输自然土方 350 万 m^3, 每天输运土方约 12 万 m^3。土方施工高峰期月土方运输量为 600

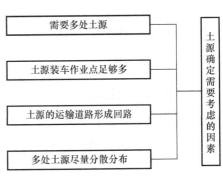

图 13-15 土源确定因素图

万 m³，每天输运土方约 20 万 m³。就土方运输分析，具体见表 13-27。

飞行区土方运输分析表   表 13-27

序号	项目	单位	平均数量	高峰数量	备注
1	每天土方运输量	万 m³	12	20	自然方
2	每辆自卸车容量	m³	20	20	
3	需要运输车次	次	6000	10000	
4	调查运输距离	km	16	16	不小于
5	每天需要的车辆	辆	750	1250	假设每辆车每天运 8 次
6	每个土源点每天需装车次数	次	1500	2500	假设有土源 4 处
7	每台挖机每天装车次数	次	72	72	每次装车 20min；每天工作 24h 计
8	每天需要的挖掘机	台	84	140	
9	每个土源点需要装土作业面	处	21	35	每个作业面备 2 台设备
10	大约取土点的范围	m	305	525	取土点间距按照 30m 考虑
11	每天每条线路上运输车辆	辆	188	313	
12	每条运输线路上车辆间距	m	170	102	道路车辆占 50% 考虑

2. 土方运输组织

土方运输按照最少 4 条线路和最少 4 个土源独立组织运输单位，独立配置装车、运输车辆以及环保设备，确保 24h 作业。

土方装车点安排专职人员指挥车辆进出；土方进施工现场必须走固定线路，确保卸车到位，杜绝堵车、误工。

13.6 施工准备部署

13.6.1 技术准备

1. 施工图纸

项目公司从设计单位接收经审查合格后的施工图纸，须做好接收登记记录。图纸会审及设计交底由项目公司工程负责人组织，项目公司以正式文件的形式通知各参建单位具体时间，通知相关设计单位、勘察单位设计负责人和专业负责人参加。施工图纸供应及图纸会审、设计交底等工作安排时间见表 13-28，确保在正式施工之前完成图纸会审和设计交底等工作。

施工图纸供应及管理计划表 表 13-28

序号	工程项目	施工图纸供应时间	图纸会审及设计交底时间	备注
1	飞行区地道工程			
2	飞行区管廊工程			含合建管廊和独立管廊
3	雨水箱涵工程			
4	地基与土方工程			
5	道桥工程			
6	排水工程			
7	道面工程			
8	场道附属设施工程			
9	助航灯光工程			
10	机坪照明工程			
11	消防工程			
12	围界安防工程			
13	跑道监控工程			
14	通信工程			
15	空调预制冷工程			
16	防吹篱工程			
17	进近灯光天桥工程			
18	桥载设备计量系统			
19	飞行区东、西、南建筑及小区工程			

2. 测量准备

(1) 基准点移交与复测

设计单位及时移交平面和高程控制网；施工单位及时复合设计移交的控制网，经监理复合满足规范要求使用。

(2) 基准点加密与测量

施工单位加密控制网后经监理复核后满足规范要求用于控制施工放样和标高。

(3) 前期土方移交测量

本项目前期完成部分土基试验段、地基处理、部分飞行区土方等，需要对现状地形进行测量移交。

3. 试验、检测准备

(1) 施工试验

建立工地试验室（资质范围外，由施工单位委托民航质监站认可试验检测单位)，配备人员、购置设备，按照规定建设操作间和办公室，申请工地试验室临时资质并认证通过。对土方进行标准试验和施工试验检测；对道面、构筑物等工程原材料进行检测并进行配合比设计。原材料试验和配合比设计经监理平行验证合格后，用于控制工程质量。

（2）第三方检测

对于质量监督站要求由建设单位委托招标（桩基检测、交竣工检测等）的，建设单位（项目公司）及时组织招标选定。

4. 施组（方案）准备

各参建施工单位编制施工设计（专项方案）和总进度计划，经审查批准后再用于指导施工。

13.6.2 现场及临时工程准备

1. 征地拆迁

梳理现场未完成的征地拆迁和管线迁改工作，制订征迁计划并及时与相关单位协调推进，对无需征迁但可能受到施工影响的制定保护方案，避免因征迁工作影响工程正常推进。

2. 三通一平

为了尽早使飞行区成规模施工，需建设方分阶段移交施工工作面。(1)移交飞行区非试验段施工区域，包含但不限于施工道路、卡口、水电接驳口和场地围界；(2)移交飞行区试验段施工区域，包含但不限于施工道路、卡口、水电接驳口和场地围界。统筹规划"三通一平"工作，及时协调水通、电通和路通，尤其土方运输道路的协调是关键。施工单位项目部临时设施集中建设，优先进行水泥稳定砾石基层拌合站和道面混凝土拌合站区域土石方填筑，拌合站于道面施工前集中建设完成。见表13-29。

项目部临设及拌合站建设计划表　　　　　　　　　　表 13-29

序号	项目名称	主体建设时间	电力接驳时间	供水时间	备注
1	各标拌合站				
2	各标生活办公区				

13.6.3 施工单位及设备准备

1. 施工单位确定

组织招标，落实施工单位：及时确定现场施工和土方运输单位，及时组织进场做好准备工作。

2. 机械设备资源进场

项目所需要的设备数量巨大，督促施工单位及时组织设备进场，确保项目施工产能。

13.6.4 物资准备

1. 土源准备

协调地方政府，合法合规选定满足土基填筑要求取土点，办理相关临时用地自然资源、规划审批手续。土源选定要在满足取土总量的前提下，尽量多取土面或土源，解决大规模拉运装土点的问题。

2. 地材准备

本工程道面材料用量巨大，工程施工会引起当地地材供应市场波动，及时组织材料储备工作是保障项目顺利履约的关键。

13.6.5 资金保障

及时协调建设资金，保障机械设备、材料和工人工资支付，确保项目建设正常运行。

13.7 飞行区工程招标

根据《民航专业工程建设项目招标投标管理办法》，民航专业工程包括机场场道工程、民航空管工程、机场目视助航工程、航站楼、货运站的工艺流程及民航专业弱电系统工程及航空供油工程等，这些工程适用于民航专业工程建设项目的招标投标管理，机电产品的国际招标投标除外。民航专业工程招标投标审核程序见本书 4.2.9 小节。

飞行区工程招标因属于民航工程，其招标与非民航工程招标有较大区别。

1. 招标代理

飞行区工程招标可采取自行招标或委托招标。招标人自行办理招标事宜的，应当符合《工程建设项目自行招标试行办法》的要求，经批准后，按规定程序办理。招标人不具备自行办理招标条件的，应当委托符合要求的招标代理机构办理招标事宜。确定委托前，应当查询相关招标代理机构失信被执行人信息，鼓励优先选择无失信记录的招标代理机构。

2. 招标备案

依法必须招标的民航专业工程建设项目，在发布资格预审公告、招标公告或发出投标邀请书前，招标人应当将招标方案报民航地区管理局备案。

3. 标段划分

飞行区场道工程下的综合管廊、地道也属于民航工程，按照相关规定，一般将其纳入民航工程招标。其标段划分可采取两种方式：(1) 按标段平面进行竖切，标段范围内的管廊地道由一家单位施工。其优点是竖向施工责任明确，平面管理便于协调，但是也带来管廊地道施工在标高位置、防水等方面衔接的问题；(2) 将地道管廊单独进行招标，不纳入各场道施工范围。其优点是便于地下结构物专业化施工，确保工程质量，降低施工投入；缺点是平面管理、穿插施工协调有一定难度。

此外，经与民航管理机构协商，也有将地道管廊工程纳入地方建设管理部门监督并按一般市政工程要求进行招标的情况。其优点是避免繁琐的民航场道招标程序，按一般市政工程快速完成招标，并进行施工，为后期场道施工创造条件，是一种非常有益的尝试。

✈ 第三篇
机场工程专项施工管理

第十四章　结构健康监测

14.1　概　述

14.1.1　结构健康监测的基本概念

结构健康监测（Structural Health Monitoring，简称 SHM）是一种仿生智能监测系统，可以在线监测结构的"健康"状态。采用埋入或表面粘贴的传感器作为神经系统，能感知和预报结构内部缺陷和损伤。结构整体与局部的变形、腐蚀、支撑失效等一系列的非健康因素，是一种对材料或结构进行无损评估的方法。

结构健康监测的过程包括：通过一系列传感器得到系统定时取样的动力响应测量值，从这些测量值中抽取对损伤敏感的特征因子，并对这些特征因子进行统计分析，从而获得结构当前的健康状况。

土木工程或建筑工程结构健康监测的范围十分广泛，包括超高层结构、大跨度空间钢结构、隔震建筑结构、桥梁结构、隧道结构及高耸结构等健康监测。

结构健康监测在结构施工时同步设置，结构施工过程、运营阶段进行健康监测。监测单位应按照方案进行监测设施安装工作，并负责建立健康监测的在线监测系统、数据库系统和分析评估系统，同时提供相应的技术服务。实施方案须得到设计方及建设单位批准后方可实施。

结构健康监测系统工程应用非常广泛，用传统的监测方法耗时、费力，并且费用昂贵，而运用结构健康监测的技术可以达到高效、准确的效果。结构健康监测技术有如下优点：

（1）实时在线地监测及安全性评估，节省维护费用；

（2）依靠先进的测试系统，可减少劳动力和降低人工误判；

（3）可以及时地和最新技术相结合；

（4）自动化程度高，可以大大提高安全性和可靠性。

结构健康监测主要依据有《结构健康监测系统设计标准》CECS 333、《建筑工程施工过程结构分析与监测技术规范》JGJ／T 302、《建筑与桥梁结构监测技术规范》

GB 50982、《公路桥梁结构安全监测系统技术规程》JT／T 1037 等。

14.1.2 结构健康监测的目的

(1) 提供对施工过程的结构受力、位移、振动等参数的监控，基本掌握结构的施工状态；

(2) 提供结构实际风压、雪压分布、风速风向等信息；

(3) 及时发现结构响应的异常、结构损伤或退化，确保结构运营安全；

(4) 向有关专家提供监测数据，使建筑在大风、地震、火灾等灾难性事件后，可以及时提供实时信息，以实现全面有效的状态评估；

(5) 为研究结构的环境作用、受力状态、振动等提供直接的现场试验模型、系统和数据。

14.2 结构健康监测的内容及流程

14.2.1 结构健康监测的内容

1. 结构动力特性监测

结构动力特性是反映结构性态的一个最重要、最直接的性能指标。在关键位置布置加速度传感器不仅可以获得结构的自振周期、频率以及阻尼，而且可以实时记录结构在风荷载、地震作用下结构的反应。加速度传感器数量及布置应能获取施工阶段和使用阶段不同结构状态下的前五阶模态的周期、振型和阻尼比。

2. 地震响应监测

采用强震仪在基础中部、隔震层底板中部、隔震层顶板中部和屋面中部监测地震作用。地震作用监测与结构的地震响应监测相结合，建立有效的荷载响应关系，实现地震灾害的预警以及地震作用下结构的损伤识别及性态评估。

3. 结构风环境监测

风荷载是结构设计中主要考虑的因素之一，也是结构动力特性的主要成因。布置风速监测传感器获得屋盖顶部不同方向的来流风速和风向数据，布置风压监测传感器获得屋面风荷载响应，风环境监测应与结构的风致响应监测相结合，以建立起有效的荷载响应关系，实现强风灾害的预警以及风荷载作用下结构的损伤识别和健康评估。

4. 屋面雪荷载监测

对寒冷多雪地区，屋盖在遭遇较大雪载后易产生较大的残余变形，严重时会遭致结构破坏。布置雪压计监测航站楼主屋盖的雪荷载及分布情况，建立有效的荷载响应关系，实现暴雪灾害的预警以及雪荷载作用下结构的损伤识别和健康评估。

5. 温度、 湿度监测

在施工阶段和运营阶段采用温湿度计监测结构环境的温度、湿度变化，包括日温湿度变化和季节温湿度变化。

6. 结构构件应力、 构件温度监测

结构内力是反映结构受力情况最直接的参数，跟踪结构在建造和使用阶段的内力变化，是了解结构形态和受力情况最有效的方式。应对结构关键部位构件的应力情况进行监测，把握结构的应力情况，确保结构的安全性。

7. 结构关键点位移和变形监测

应在施工过程和运营过程中监测结构关键点水平和竖向位移和变形，用以比较理论计算和实测结果，分析并调整施工中产生的误差，预测后续施工过程的结构形状，提出后续施工过程应采取的技术措施，调整必要的施工工艺和技术方案，使建成后结构的位置、变形处于有效控制。

14.2.2 结构健康监测的流程

施工期间监测工作程序如图 14-1 所示，运营使用期间监测工作程序如图 14-2 所示。

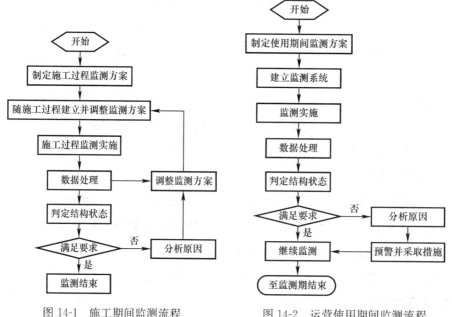

图 14-1 施工期间监测流程

图 14-2 运营使用期间监测流程

14.3   钢结构健康监测实施方法

为便于说明结构健康监测的具体监测方法，下面以西北某机场航站楼为例进行阐述。该机场航站楼设计为曲面网架钢屋盖，按照设计要求分别对钢屋盖进行结构健康监测。航站楼钢结构模型如图 14-3 所示。

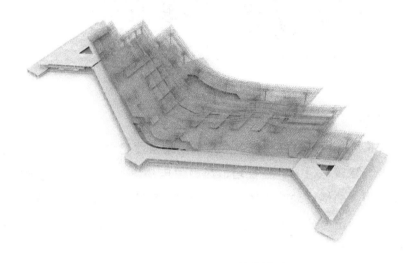

图 14-3　某航站楼钢结构模型

14.3.1   加速度监测

1. 监测点布置原则

测点应选在工程结构振动敏感处。当进行动力特性分析时，振动测点宜布置在需识别的振型关键点上，且宜覆盖结构整体，也可根据需求对结构局部增加测点。测点布置数量较多时，可进行优化布置。

2. 监测点布置位置及数量

在屋盖结构布置 21 个加速度传感器。具体监测位置如图 14-4 所示。

3. 加速度监测传感器

加速度监测可采用拾振器，拾振器采用无源闭环伺服技术，以获得良好的超低频特性。拾振器设有加速度、小速度、中速度和大速度四挡。放大器具有放大、高陡度滤波和阻抗变换等功能。根据需要，选取拾振器上微型拨动开关挡位，可提供测点的加速度、速度或位移参量，并可提供不同频带和不同滤波陡度。仪器可直接与各种记录器及数据采集系统配接。

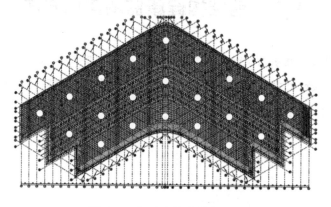

图 14-4　加速度传感器布置图

4. 采集设备

加速度采集可利用高精度动态数据采集仪或强震记录仪，能可靠地记录水电站、山体斜坡、建筑、桥梁、电视塔、风力发电塔等在地震、轨道列车、台风、爆破等强震作用下的地震动响应情况。配合加速度计、地震动数据远程接收与在线分析软件、振动信号分析软件构成结构振动监测系统，配有短信速报模块、数据远程上传模块、太阳能供电设备，实现强震等事件信息以短信、邮件等速报功能。

5. 传感器的安装和使用

拾振器在钢屋盖即将进入使用期间开始进行现场调试和采集。把拾振器的拨动开关置于适当位置，再将拾振器与被测点用粘合剂固结牢，并使水平拾振器的几何轴线大致呈水平，铅垂向拾振器的几何轴线与水平面大致呈垂直，然后将拾振器的输出端与采集器的输入插座相连。拾振器的测量方向分为铅垂向和水平向，可从拾振器方座上 H、V 符号辨别。H 代表水平向、V 代表铅垂向，水平向和铅垂向拾振器测振时应按图 14-5 所示放置。

6. 监测频率

施工阶段结构振动监测在主体结构基本完成后实施，使用期间结构振动监测自主体结构施工完成就开始采集数据，整个周期持续至运营期 3 年。在每次大风（8 级或以上）及地震过程中，监测结构动力特性（频率、振型、阻尼参数）情况。

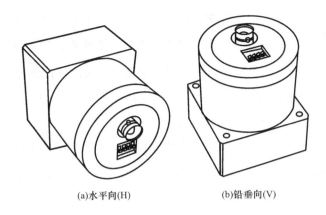

(a)水平向(H)　　　　　　　(b)铅垂向(V)

图 14-5　拾振器测量方向图

14.3.2　风速风向监测

1. 监测点布置原则

(1) 结构中绕流风影响区域，宜采用流体动力学数值模拟或风洞试验的方法分析；

(2) 风速仪应安装在工程结构绕流影响区域之外；

(3) 风速仪测点要求场地开阔、周围干扰小，宜将风速风向传感器安装在结构顶面的专设支架上。

2. 监测点布置位置及数量

结合此工程钢结构所处的地理环境以及当地气象资料，设健康监测项目风速风向监测点 1 个，风速风向仪布置在屋面结构最高处。具体监测位置如图 14-6 所示。

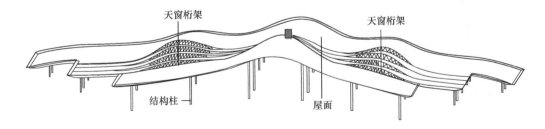

图 14-6　风速风向仪布置图

3. 风速风向监测传感器

风速监测采用三杯风速风向传感器，外形照片如图 14-7 所示。

风速传感器(变送器)采用传统三风杯风速传感器结构，风杯选用ABS材料强

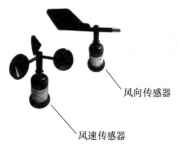

图 14-7 风速风向传感器

度高、启动好；可广泛用于广告道闸、气象、海洋、环境、机场、港口、实验室、工农业及交通等领域。风向传感器（变送器）内部采用精密角度传感器，并选用低惯性轻金属风向标响应风向，动态特性好。

4. 采集设备

单通道风速风向采集模块能测量风速和风向，并将测量的数据存储。优点是：体积小、安装方便，传感器采用金属制造，性价比高、抗干扰能力强。对于自动测试布线困难复杂，需长期监测的应用场合，是一种理想选择。

风速风向仪安装示意图如图 14-8 所示。

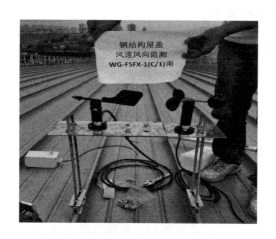

图 14-8 风速风向仪安装示意图

5. 监测频率

风速监测在使用期间实施，自主体结构施工完成就开始采集数据，整个周期持续至运营使用后 3 年，监测所选择观测点的风速风向情况。

14.3.3 风压监测

结构的风场具有明显的三维特征，流场特性相当复杂，经常伴随着气流的分离、再附、旋涡脱落等现象，从而造成风荷载的分布非常复杂，这类问题很少能够用纯解析的方式予以解决，其研究也主要依靠风洞试验。目前，国内外的试验研究主要集中在悬挑屋盖、平屋面和球形屋面，主要研究其静力风荷载特性。屋盖结构的几何形状对屋面风压分布有重大影响，不同形式的屋面，其表面风压分布有很大区别。同时，即使屋面整体形式相同，由于局部构造（如挑檐、女儿墙等）和屋面坡度的不同，其局部或整体风压分布仍可能有很大差别。而风荷载的现场实测更好地反映了结构的实际风荷载分布。因此，就有必要对工程进行风荷载现场实测来确定结构的风荷载分布，以更好地进行结构的抗风设计。

1. 监测点布置原则

结合屋面的形状，分别在檐口、波峰、平坡、天窗等位置布置；风压测点宜根据风洞试验的数据和结构分析的结果确定；无风洞试验数据情况下，可根据风荷载分布特征及结构分析结果布置测点。

2. 监测点布置位置及数量

根据项目结构特点及设计文件与要求，选择 18 个风压监测点，具体监测位置如图 14-9 所示。

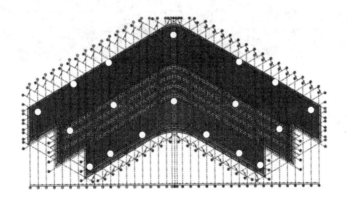

图 14-9　风压传感器布置位置

3. 风压监测传感器

风压传感器选用压差传感器，其外形如图 14-10 所示。风压传感器的工作原理：风压传感器的压力直接作用在传感器的膜片上，膜片产生与介质压力成正比的微位移，使传感器的电阻发生变化，用电子线路检测这一变化，并转换输出一个对应于这个压力的标准信号。传感器的静态特性是指对静态的输入信号，传感器的输出量与输入量之间

图 14-10　压差传感器

所具有相互关系。

4. 采集设备

风压采集设备可采用通用信号采集模块 JMZX-I，这是一种全自动无人值守的电流电压信号自动采集模块，根据型号不同分别可接 32 路、16 路或 8 路信号采集，可广泛应用于桥梁、建筑、铁路、大坝、实验室等工程领域的信号自动检测。外形如图 14-11 所示。

图 14-11　风压采集设备

5. 传感器的安装与使用

在屋面板上安装支座，在支座上安装风压传感器，使风压传感器进风管垂直于屋面板，旋转调零点（Z）进行调零。风速风向仪安装示意图如图 14-12 所示。

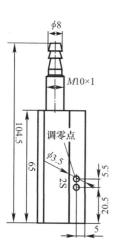

图 14-12　风压传感器安装示意

6. 监测频率

风压监测在结构使用期间实施，自主体结构施工完成就开始采集数据，整个周期持续至运营使用后 3 年，监测所选择观测点的风速变化情况。

14.3.4　雪荷载监测

1. 监测点布置原则

在积雪较厚的位置进行布置。

2. 监测点布置位置及数量

为获取雪荷载对结构的影响，在屋面曲线波谷处均匀布置雪压计、雪厚计，具体如图 14-13 所示，分别布置 12 个。

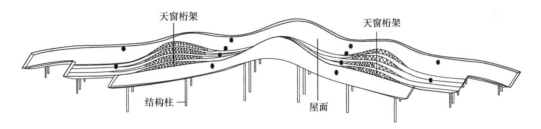

每个雪荷载监测点布置一个雪压计、雪厚计。

图 14-13　雪压计、雪厚计布置

14.3.5　应力监测

1. 监测点布置原则

(1) 有限元软件模拟受力比较大的点作为应力监测控制点；

(2) 结构重要构件：提升点附近杆件、提升倾斜柱、结构跨中杆件等；

(3) 监测控制点要具有代表性和规律性：监测点组合起来要能对结构的整体安全性进行评估，体现整个结构的应力分布。

(4) 根据《建筑与桥梁结构监测技术规范》GB 50982—2014 第 3.3.2 条要求，在施工期间重点监测以下构件的应力：

1) 在施工模拟分析中，应力变化显著或应力水平较高的构件；

2) 提升点附近杆件、作为提升支点的钢柱、悬挑根部杆件等应作为关键监测点。

2. 监测点布置位置及数量

应力监测位置为主要受力构件，初步确定共计监测点数为 120 个。

每个监测杆件根据受力特性确定传感器的布设位置，受压杆件传感器布置在压力较大的截面，受拉杆件传感器布置在拉力较大的截面。根据设计文件与要求确定应力监测点。

（1）航站楼钢屋盖中共有四道天窗桁架，在柱顶区域（N 轴、S 轴、W 轴、AC 轴、AG 轴、AL 轴）的天窗桁架部位，每一轴线处各布置 8 个测点，共计 48 个测点。如图 14-14 所示。

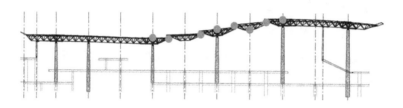

图 14-14　柱顶区域天窗桁架周边测点布置图（每一轴线 8 个测点）

（2）在非柱顶区域（Q 轴、OAA 轴、AJ 轴）的天窗桁架部位，每道天窗桁架各布置 2 个测点，如图 14-15 所示，共计 24 个测点。

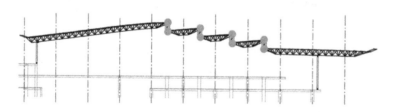

图 14-15　非柱顶区域天窗桁架周边测点布置图（每一轴线 8 个测点）

（3）屋盖结构 12a 轴、12b 轴、14a 轴、14b 轴、21a 轴、21b 轴部位，在柱顶支座附件上弦、跨中下弦分别布置测点，共计 48 个测点，如图 14-16 所示。

（4）上述三项共计 120 个测点，每个测点同时检测构件应力和温度。

3. 应力监测传感器

应力监测传感器可采用表面型智能弦式应变计和光线光栅应变传感器两种。

（1）表面型智能弦式应变计广泛应用于桥梁、建筑、铁路、交通、水电、大坝等工程领域的混凝土及钢结构的应力应变测量，以充分了解被测构件的受力状态。

表面型智能弦式应变计采用振弦理论设计制造，钢弦两端采用焊接锚固，钢弦内置张力结构，安装方便，且对安装座无剪力要求，固定更可靠。具有高灵敏度、高精度、高稳定性的优点，适于长期观测。弦式传感器内置高性能激振器，采用脉冲激振方式，具有测试速度快、钢弦振动稳定可靠、频率信号长距离传输不失真、抗干扰能力强特点。智能弦式传感器（HAT 型）内置智能芯片，全数字检测，具有智能记忆功能。传感器中能存贮传感器型号、电子编号、标定系数、出厂日期等参数。其中"电子编号"功能，能防止因传感器导线被剪或导线编号丢失后，致使无法使用的现象。能自动识别传感器，并读取存储在传感器中的标定系数，自动转换为目标物理量值。测量保存时传感器能同时备份最近 800 次的测量值。其外观如图 14-17 所示，工程应用照片如图 14-18 所示。

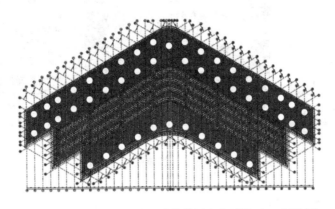

图 14-16　天窗桁架以外区域构件测点布置图（48 个测点）

图 14-17　表面型智能弦式应变计

（2）光纤光栅应变传感器属于光纤传感器的一种，基于光纤光栅的传感过程是通过外界物理参量对光纤布拉格波长的调制来获取传感信息，是一种波长调制型光纤传感器。它可以实现对温度、应变等物理量的直接测量。

光纤光栅应变传感器具有以下优点：抗电磁干扰；电绝缘性能好，安全可靠；耐腐蚀，化学性能稳定；体积小、重量轻，几何形状可塑；传输损耗小，可实现远距离遥控监测；传输容量大，可实现多点分布式测量；测量范围广，可测量温度、压强、应变、应力、流量、流速、电流、电压、液位、液体浓度等。同时，在长期荷载作用下具备良好的稳定性和抗疲劳性能；传感器服役环境复杂，要求传感器具备良好的抗冲击能力；需要有效地消除外界温度变化导致的"伪应力"信息，具备温度自补偿性能。如图 14-19 所示。

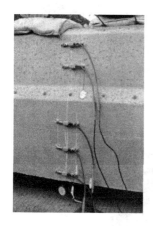

图 14-18　表面型智能弦式应变计

图 14-19　光纤光栅应变传感器

4. 采集设备

现场应力采集采用智能综合测试仪，它是一种便携式、多功能、智能读数仪。该仪器能对钢弦传感器、电感调频类传感器、半导体温度传感器进行测量。具有检测速度快、精度高、使用简单方便等特点。仪器体积小、重量轻，采用可充电电池供电，携带极为方便。

该仪器配合表面型智能弦式应变计使用，能在仪器内自动记录传感器编号、系数，自动计算应变、自动检测温度的结果并作温度修正，保存记录测试结果，供以后查阅或送计算机处理。智能综合测试仪外观如图 14-20 所示。

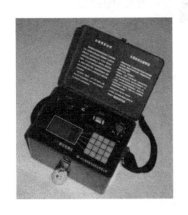
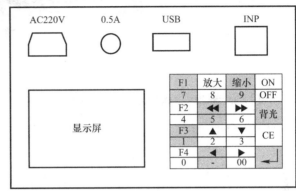

图 14-20　智能综合测试仪

使用期间采用弦式传感器数据采集模块对应力数据进行采集，弦式传感器数据采集模块是一种全自动无人值守的采集模块，分别可接 8 支、16 支、32 支智能或非智能型弦式传感器（应变计、应力计、压力盒、渗压计、温度计、位移计）等，可广泛应用于桥梁、建筑、铁路、大坝、实验室等工程领域的全自动检测。如图 14-21 所示。

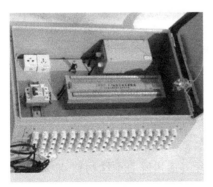
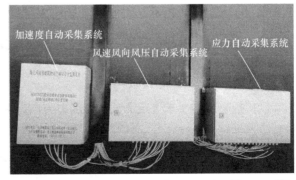

图 14-21　应力自动采集系统

当采用光纤光栅应变传感器时，使用传感器信号综合同步解调仪进行数据采集。同时，采用光纤光栅配置程序，可实现同时控制、同步测量、高速解调、即时分析。如图 14-22 和图 14-23 所示。

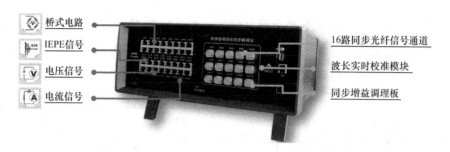

图 14-22　传感器信号综合同步解调仪

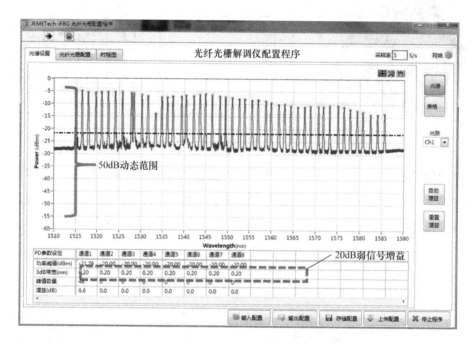

图 14-23　光纤光栅配置程序

5. 振弦式应变计的安装与使用

（1）根据结构要求选定测试点与测力方向，要求应变计与受力方向相同（受力方向与应变计轴线平行）。

（2）应变计通常有焊接（适用钢结构）、膨胀螺栓（适用混凝土结构）、胶粘（适用钢和混凝土结构）等方式固定，可根据测试要求决定采用适合的方法。

振弦式应变计的安装采用焊接的方式，整个仪器的安装分为三个步骤：

1）将安装模管（长 133mm 不锈钢圆管）装入安装座，安装模管两端头与安装座侧面平齐，保证标距 120mm，然后用 M6 螺栓将安装模管固定。钢结构表面用粗纱布进行打磨处理，通过点焊的方式，将安装座固定在钢结构上，待安装座冷却后取下安装模管，将应变计装入安装座内，应变计应处于两安装座正中间，且出线盒朝上。如图 14-24 所示。

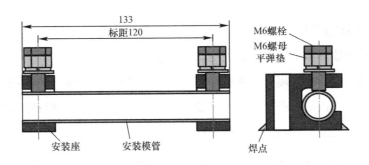

图 14-24　固定安装座

2）先检查两边 M6 螺栓上的螺母是否退到螺栓螺杆最底部，用扳手将两端螺栓拧紧，再将两端螺母拧紧直到弹垫变形压平（双层锁紧）。如图 14-25 所示。

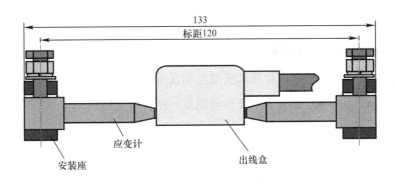

图 14-25　安装传感器

3）测量应变计读数，应变值应能稳定，否则要重新安装。

6. 监测频率

（1）施工阶段一：钢结构安装、卸载、竣工验收完成，不低于设计要求的监测频次，跟随施工进展同步监测，原则上每次加载前、后同步监测一次；

（2）施工阶段二：工程整体验收完成，不低于设计要求的监测频次，跟随施工进展同步监测，原则上工程整体完成后应监测一次。

使用期间采用自动监测系统，实时采集各个传感器的数据，自主体结构施工完成就开始采集数据，整个周期持续至运营使用 3 年，对数据进行汇总整理，并在突发性事件（如强烈地震、强台风或其他严重事故等）之后对结构进行评估。

当观测区受地震、洪水、爆破等异常外界因素影响时，应无条件同步进行监测。

14.3.6 变形监测

1. 监测点布置原则

（1）有限元软件模拟变形比较大的点作为监测控制点；

（2）结构重要构件：提升点附近杆件、提升倾斜柱、结构跨中杆件等；

（3）监测控制点要具有代表性和规律性：监测点组合起来要能对结构的整体安全性进行评估，体现整个结构的变形分布；

（4）根据《建筑工程施工过程结构分析与监测技术规范》JGJ／T 302—2013 第3.1.4 条要求，在施工期间重点监测以下构件的变形：

1）结构重要性突出的构件或节点；

2）变形显著的构件或节点；

3）施工过程中需准确了解或严格控制结构位形的构件或节点；

4）设计文件要求的构件和节点。

2. 监测点布置位置及数量

变形监测分为结构关键点位移和变形监测及隔震层结构构件的水平位移和竖向变形监测，根据设计文件与要求确定变形监测点，初步确定结构关键点位移和变形监测点数为 21 个。具体监测位置如图 14-26 所示。

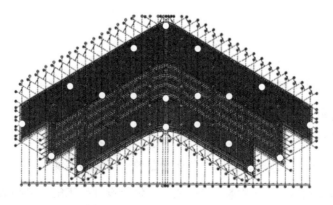

图 14-26 屋面变形测点布置图

3. 支承屋盖柱柱顶倾角测点布置

布置原则：支承屋盖柱柱顶倾角测点在航站楼屋盖范围内均匀布置，结合实时监测反力的钢支座布置位置同时布置倾角计，共 8 个测点。具体监测位置如图 14-27 所示。

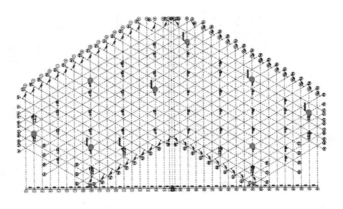

图 14-27　支撑屋盖柱柱顶倾角测点布置图

4. 监测仪器设备

结构施工期间位移监测需要选定点 3 个方向的位移数据进行静态观测，本项目采用高精度、高精密全站仪及棱镜或反射片配合进行观测，测角精度达到 $1''$，测距精度达到 $\pm$（1mm＋1ppm×D）。监测方式如图 14-28 所示。

5. 监测频率

结构施工过程中，不低于设计要求的监测频次，跟随施工进展同步监测，原则上每次加载前、后同步监测一次；在每次大风过程中（8 级或以上），监测所选择观测点的变形变化情况，提交监测情况汇报表。

使用期间采用自动监测系统，实时采集各个传感器的数据，自主体结构施工完成就开始采集数据，整个周期持续至运营使用 3 年，对数据进行汇总整理，并在突发性事件（如强烈地震、强台风或其他严重事故等）之后对结构进行评估。

(a)后视点棱镜

(b)球节点处反射片变形监测点

图 14-28　变形监测现场（一）

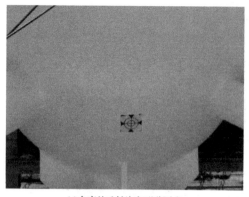
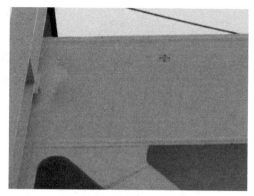

(c)支座处反射片变形监测点　　　　　　(d)桁架节点处反射片变形监测点

图 14-28　变形监测现场（二）

14.4　隔震层健康监测实施方法

某机场航站楼平面分为 1 个主楼和 3 个平行指廊。航站楼主体结构分为 20 个单元，其中主楼（D 段）为一个独立的结构单位，采取隔震设计。如图 14-29 所示。

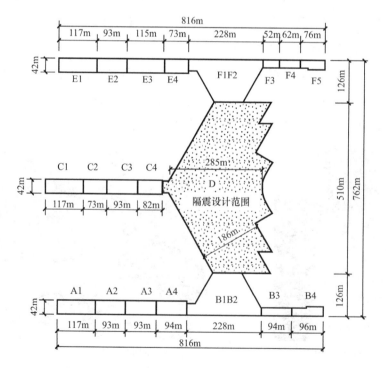

图 14-29　主体结构单元划分和隔震设计范围示意图

在基础承台顶面采用隔震措施，隔震层跨层设置，一部分位于首层底板以下，地下室区域则位于底板以下。如图 14-30 所示。

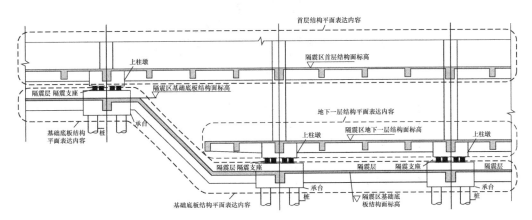

图 14-30　隔震层典型剖面示意图

14.4.1　强震仪布置

布置原则：强震仪布置在隔震层。为了便于观察和记录，选取运营阶段隔震层主要出入口位置周边的隔震支座处，分别在基础承台面和上柱墩处布置测点，共 2 个测点。具体监测位置如图 14-31 所示。

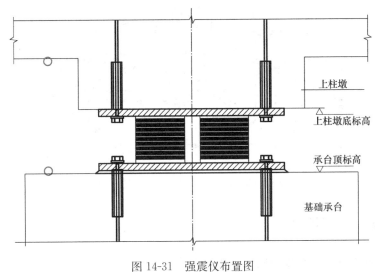

图 14-31　强震仪布置图

14.4.2　隔震层温度、湿度监测测点布置

布置原则：隔震层温度、湿度监测测点在隔震层范围内均匀布置，共 6 个测点。

具体监测位置如图 14-32 所示。

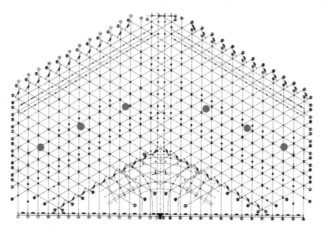

图 14-32 隔震层温度、湿度监测测点布置图

14.4.3 隔震支座水平位移和竖向变形监测测点布置

布置原则：在结构后浇带划分而成的三个区域内，沿周边选取 6 个支座布置测点，并在每个区域中部布置 1 个测点。共 21 个测点。具体监测位置如图 14-33 所示。

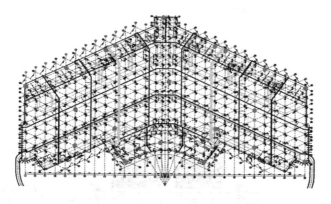

图 14-33 隔震支座水平位移和竖向变形监测测点布置图

14.4.4 监测频次

（1）隔震支座每月至少进行一次施工监测。

（2）停工时和复工时应分别进行一次监测。

（3）施工期间当出现以下情况，应提高监测频次：

1）监测数据达到或超过预警值；

2）结构受到地震、洪水、大风、爆破、交通事故等异常情况影响；

3）工程结构现场、周边建（构）筑物的结构部分及其地面出现可能发展的变形裂缝或较严重的突发裂缝等可能影响工程安全的异常情况；

（4）使用期间监测为长期实时监测，系统能够不间断工作；

（5）提供技术服务的时间为投入运营使用后不得少于 3 年。

14.5　结构健康监测系统

1. 健康监测系统

监测系统主要包括以下几个部分：

（1）传感系统：通过传感器将待测的物理量转变为电信号。

（2）数据采集和分析系统：一般安装于待测结构中，采集传感系统的数据并进行初步处理。

（3）数据传输及存储系统：将采集并处理过的数据传输到监控中心。

（4）数据诊断及评估系统：利用具备诊断功能的软硬件对接收到的数据进行诊断，判断损伤的发生、位置、程度，对结构健康状况做出评估，如发现异常，发出报警信息。

其架构如图 14-34 所示。

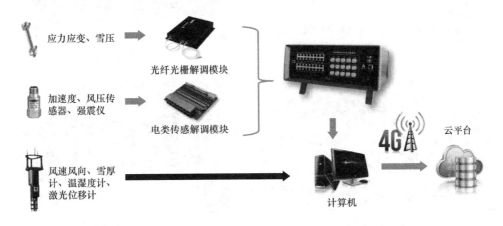

图 14-34　健康监测系统组成

2. 基于 "云平台" 的监测系统管理平台

健康监测系统是基于"云平台"的可视化监测系统管理平台，具有良好的人机交互环境、分布/集中式混合存储、实时在线结构形态评估等优点，能够及时发现和分析结构的损伤，评估其安全性。采用无线方式布置。如图14-35所示。

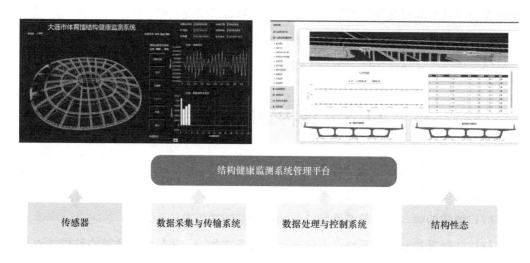

图 14-35　基于"云平台"的监测系统管理平台

开发各类监测系统软件，可实时显示监测数据和变化曲线。如图14-36所示。

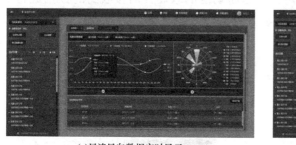

(a)风速风向数据实时显示

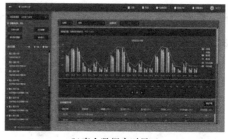

(b)索力数据实时显示

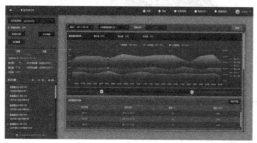

(c)温度数据实时显示

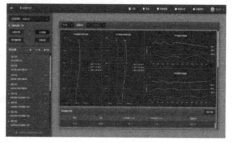

(d)位移、应变数据实时显示

图 14-36　监测系统软件

通过结构健康监测平台能够对实测数据进行大数据分析挖掘处理，对数据进行不同维度的统计分析以获知结构响应规律。如图 14-37 所示。

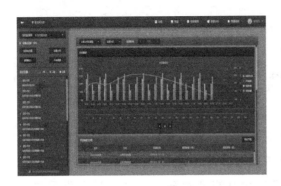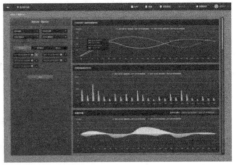

图 14-37　数据统计、对比分析

通过结构健康监测平台能够对任意时段的历史数据进行查询、分析，并自动生成监测报表，同时通过数值模拟结果和相关国家规范确定各监测物理量报警阈值，当监测数据超过预警值，通过邮件、短信等方法在结构灾变发生以前进行预警，从而采取相应措施保障结构安全。

预警分为三级预警：（1）三级警告：结构监测物理量达到报警阈值的 50%，需要对该测点位置进行重点检查；（2）二级警告：结构监测物理量达到报警阈值 90%，该测点位置可能出现损伤，需要进行维护；（3）一级警告：结构监测物理量已达到报警阈值 100%，该测点位置已经发生结构损伤，需及时进行维修处理。

14.6　监　测　成　果

监测报告为总结性报告，在监测期结束后提交。监测报告应能满足监测方案的要求，内容完整、文理通顺、结论明确；应为施工期间工程结构性能的评价提供真实、可靠、有效的监测数据和结论。总结性监测报告应具有项目概况相关内容。

除项目概况外，阶段性和总结性监测报告均应包括以下内容：

（1）监测方法和依据。包括：监测依据的技术标准、监测期、频率、监测参数、采用的监测设备情况、监测部位分布及测试截面上测点分布、监测方法及数据处理方法等。

（2）监测结果。包括：各期的成果汇总、监测期间的各测点监测参数变化情况、监测结果与模拟分析对比结果、预警方法及其安全评估、对监测期间的异常情况的处理记录及结果等。

(3) 监测结论与建议。

(4) 附图、附表等相关附件。

14.7 结构健康监测机构分析及参考

结构健康监测是个新型行业,主要涉及各类传感仪器、数据采集设备研发生产,监测软件和管理平台的开发,工程监测服务。主要由三类企业,第一类是从事工程检测业务的科研院所;第二类是高校从事此类研究工作,进而发展成企业,从事相关监测业务;第三类是既生产相关仪器设备,又具备开发软件平台的民营企业,综合能力较强。以上各类企业各有特点和优势,工程可根据实际情况和工程需要选择。

表 14-1 列举了近年来在国内结构健康监测领域发展迅速的机构,由于信息掌握程度有限,仅供参考。

结构健康监测机构参考一览表 表 14-1

序号	企业名称	企业地址	检测范围	证书	企业特点
1	上海同磊土木工程技术有限公司	上海	建设工程质量检测、建设工程勘察、检验检测服务		建筑工程监测为主
2	杭州华新检测技术股份有限公司	杭州	装配式建筑检测、北斗高精度实时变形监测、公路水运工程检测、房屋结构检测鉴定、钢结构工程检测、结构健康监测、户外广告设施、通信铁塔检测	中国合格评定国家认可委员会检验机构认可证书	建筑工程检测为主
3	深圳市简测智能技术有限公司	深圳	监测顶层设计、技术咨询、解决方案、产品提供、工程施工、数据云平台服务为一体的端到端服务		建筑工程监测、软件平台开发
4	陕西省建筑科学研究院有限公司	西安	地基基础检测、主体结构工程检测、钢结构检测、节能检测、建筑物结构、使用功能、安全可靠性综合检测、评估、鉴定等	中国合格评定国家认可委员会检验机构认可证书	建筑工程为主
5	深圳生富检测技术有限公司	深圳	钢结构工程检测	中国合格评定国家认可委员会检验机构认可证书	钢结构工程为主

续表

序号	企业名称	企业地址	检测范围	证书	企业特点
6	中交公规土木大数据信息技术（北京）有限公司	北京	承担桥梁、隧道监测、检测；承接计算机网络工程；信息咨询（除中介服务）；计算机系统集成；数据处理（数据处理中的银行卡中心、PUE 值在 1.5 以上的云计算数据中心除外）等		公路工程为主
7	中铁大桥科学研究院有限公司	武汉	铁路、公路、市政、水运、港口、码头、管道、建筑、岩土工程、桥梁、隧道、材料的检验检测、监测、工程测量、评估咨询等		铁路工程为主
8	江西飞尚科技有限公司	南昌	集产品研发、制造、销售、技术开发咨询和提供云计算服务为一体的高新技术企业，是基于物联网的结构状态与安全监测设备研发、生产及系统集成的高科技公司		仪器设备生产及软件开发为主
9	北京基康科技有限公司	北京	结构安全监测仪器供应商和物联网系统解决方案服务提供商，专注于在轨道交通、桥梁、隧道、地质灾害、港口码头、机场、高层高耸建筑、场馆大跨空间结构、文物遗产等细分行业安全监测应用领域，提供全周期的物联网监测系统总体解决方案和应用服务		仪器设备生产为主
10	湖北中震科技集团有限公司	咸宁	地震预警系统和预警工程、减灾及安全仪器及系统、地球科学仪器、地震工程、测绘工程、物探工程的开发、研制、技术咨询、技术服务；地质勘查与地质灾害防治；地球科学仪器计量检测与维修；通信技术应用；传感器研制与生产；光机电一体化设计与加工		隔震工程为主
11	四川金码科技有限公司	成都	桥梁、隧道、边坡、地铁、高铁、桩基、大坝、基坑、路基、地基、机场及大型工民建结构等结构监测		公路工程为主

14.8　监测仪器设备及监测系统

结构健康监测的效果取决于以下因素：

（1）传感器的灵敏性和精度，以及数据传输和采集设备的性能。高质量的仪器设备能减少测量误差，提高监测效率。

（2）测试数据的分析处理，现场采集的数据不仅包含着大量的结构信息，还有很多测量噪声。而尽量克服噪声的干扰，从测试数据中准确地捕捉出能反应结构损伤的特征信息是关键的一步。其中仪器设备是硬件条件，测点的空间布置和测试数据的分析处理为软件条件。

（3）最近发展起来的智能感知材料与传感元件，如光导纤维、电阻应变计、疲劳寿命计、压电材料、碳纤维、半导体材料和形状记忆合金等将被应用到结构健康监测中。这些感知材料和传感元件使结构具有感知特性，能更好地实现结构的实时监测与安全预警的功能。同时，无线传感器网络与互联网先进通信技术的发展为结构健康监测信号的传输提供了有效手段，结合高性能的计算机工作站，对现场采集的实时数据进行存储、调用、在线分析成为可能。

第十五章 智慧工地

15.1 概　述

15.1.1　基本概念

建筑行业是我国国民经济的重要物质生产部门和支柱产业之一，同时，建筑业也是一个安全事故多发的高危行业。如何加强施工现场安全管理、降低事故发生频率、杜绝各种违规操作和不文明施工、提高建筑工程质量、加快施工效率，是摆在各级政府部门、工程建设各方面前的重要挑战。在此背景下，伴随着技术的不断发展，信息化手段、移动技术、智能穿戴及工具在工程施工阶段的应用不断提升，智慧工地应运而生。智慧工地是智慧地球理念在工程领域的行业具现，是一种崭新的工程全生命周期管理理念。

智慧工地是指运用信息化手段，基于 BIM 技术，围绕施工过程管理，建立互联协同、智能生产、科学管理的施工项目信息化生态圈，并将此数据在虚拟现实环境下与物联网采集到的工程信息进行数据挖掘分析，提供过程趋势预测及专家预案，实现工程施工可视化智能管理，以提高工程管理信息化水平，从而逐步实现绿色建造和生态建造。

智慧工地将更多人工智能、传感技术、虚拟现实等高科技技术植入到建筑、机械、人员穿戴设施、场地进出关口等各类物体中，并且普遍互联，形成"物联网"，再与"互联网"整合在一起，实现工程管理干系人与工程施工现场的整合。智慧工地的核心是以一种"更智慧"的方法来改进工程各干系组织和岗位人员相互交互的方式，以便提高交互的明确性、效率、灵活性和响应速度。

近几年，我国先后颁布了《关于促进建筑业持续健康发展的意见》（国办发〔2017〕19 号）、《2016—2020 年建筑业信息化发展纲要》（建质函〔2016〕183 号）等政策，要求切实推进信息技术与建筑工程施工现场管理的深度融合，有效提升施工现场现代化管理水平，积极推动建筑施工行业转型升级，进一步促进建筑业持续健康发展。传统的工程现场管理模式已逐渐不符合可持续发展的市场需要，施工企业迫切需要利用先进的科技手段来促进项目现场管理的创新发展，真正构建一个智能、高效、绿色、精益的施工现场管理一体化平台——"智慧工地"。实现以"数据为核心"规范"两项"标准（硬件标准、数据标准），打造"三项能力"（感知能力、决策预测能力、创新能力），实现"四个智慧化"（管理智慧化、生产智慧化、监控智慧化、服务智慧化）即智慧工地的最终目标。

15.1.2　智慧工地建设目标

（1）建立应用型智慧工地系统，提升项目层整体管理水平；

（2）满足现场设备集成管理，协助项目部对现场业务进行梳理，将工作流程化、标准化、数字化；

（3）利用大数据 AI 等信息化手段，将数据进行整理、统计、分析、挖掘，使其提高工作以及管理效率；

（4）对异常数据提出预警并对项目决策提供数据支持，以此满足项目施工的核心任务：进度管理、安全（风险）管理、质量管理；

（5）通过信息化手段提升企业制定的工程标准化进程；

（6）建立系统优化升级服务体系，过程中不断提升应用水平；

（7）总结智慧工地建设过程中的经验，树立标杆示范项目；

（8）用施工全过程精细化数据辅助项目管理，从"智能工地"迈向"智慧工地"。

15.1.3　智慧工地总体框架

智慧工地系统分为四个层级：

（1）第一层级：领导决策"驾驶舱"，包括业务协同、远程监管、大屏展示、数据中心及移动端应用，其为建设方和企业总部提供各类数据和远程信息，以供决策服务。

（2）第二层级：项目管理指挥部，包括进度、质量、安全、物料、人员等平台应用和数据集成，为总承包项目部进行项目业务管理。

（3）第三层级：现场数据采集，包括 BIM 技术、安全、质量巡检、物料验收、劳务系统、视频监控、计划管理等。

（4）第四层级：IoT 物联网数据。通过人脸闸机、摄像头、环境监测、各类设备监测系统、车辆管理系统等，通过物联网技术，采集各类数据。

智慧工地系统总体架构如图 15-1 所示。

本书智慧工地平台的架构及系统组成参考了广联达科技股份有限公司和陕西华筑科技有限公司的相关案例，以便参考。

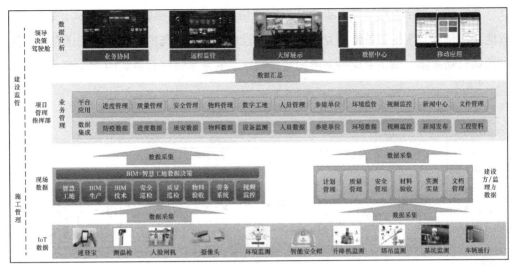

图 15-1　智慧工地系统总体框架

15.2　智慧工地的构成

15.2.1　总体实施方案

利用 IoT、BIM、大数据、AI 等核心技术，集成项目软、硬件系统，数据汇总、分析，智能识别风险并预警，为各方项目管理层建设一个数据实时汇总、生产过程全面掌握、项目风险有效降低的"项目大脑"。

根据使用方管理需求不同，建设施工方智慧工地管理系统和建设方智慧监管系统，如图 15-2 所示。

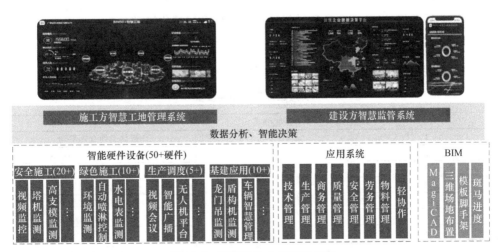

图 15-2　智慧工地总体实施方案

为实现工程全流程管理，参建各方在线协同，实现工程管理的数字化、在线化、智能化，建立基于施工单位、监理单位和建设单位全员参与的业务平台管理系统。通过数据自动采集，满足参建各方不同管理需求。其业务逻辑关系如图15-3所示。

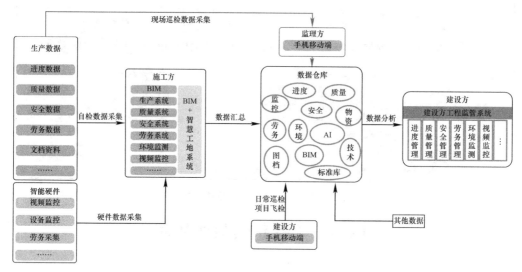

图 15-3　智慧工地业务逻辑关系图

15.2.2　硬件建设

智慧工地系统硬件设备建设分为智慧工地平台、劳务实名制管理系统、安全管理监控系统、质量安全管理系统、绿色施工系统等部分。详见表15-1。

15.2.3　现场岗位级智慧工地-APP

(1) 智慧工地移动 APP 端，含 IOS、Android 双系统；

(2) 实现手机 APP 端对项目进行智能管控以及智慧化管理；

(3) 实现智能物联技术的数据对接，达到远程智能管理目的；

(4) 实现后期模块的可拓展性以及各层级权限的可配置性；

智慧工地系统硬件设备　　　　　表 15-1

序号	系统分类	系统名称
1	智慧工地平台	智慧工地管理平台
2		综合指挥调度中心系统
3		沉浸式体验厅
4		机场建设应用展示
5		自动引导播放系统
6		集中控制系统
7		信息发布系统
8		音频扩音系统

续表

序号	系统分类	系统名称
9	劳务实名制管理系统	一卡通系统
10		实名制门禁系统
11	安全管理监控系统	互联网远程视频监控系统
12		AI 智能视频分析系统
13		VR 安全体验系统
14		无人值守安全教育系统
15		塔机运行监测系统
16		高支模监测系统
17		施工电梯运行监管系统
18		卸料平台监测报警系统
19		深基坑监测系统
20		危险区域报警（周界）系统
21		生活区智能烟感报警系统
22		盲区可视化管理系统
23	质量安全管理系统	智能实测实量系统
24	绿色施工系统	环境监测及降尘联动系统
25		水电无线节能系统
26		高支模监测系统
27		智能照明控制系统
28		大体积混凝土自动养护系统
29		雨水回收系统
30	其他	体检机器人
31		现场物料管理系统
32		人员定位管理系统
33		机械设备（台班）监测管理系统
34		车辆识别系统

（5）含统计、消息提醒、项目概览、通信录等功能模块。

15.2.4 智慧工地-PC 后台

项目管理人员及时了解现场管理数据，后台统计汇总各台账明细，并形成统计分析和数据报表导出。智慧工地-PC 后台如图 15-4 所示。

（1）实现各类智能应用在统一平台进行管理；

（2）实现后台管理的可配置性包括组织机构管理、人员用户录入、系统权限编辑等；

（3）实现各智能设备物联在后台的统一管控性；

（4）实现各智能设备物联数据统计分析；

（5）实现各岗位级应用数据报表导出、相关单据即时导出打印；

（6）实现各岗位级应用：劳务、进度、质量、安全相关数据进行多维度的分析。

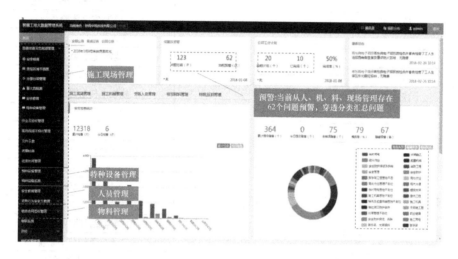

图 15-4　智慧工地-PC 后台示意图

15.2.5　BI 大数据总控看板

（1）总控看板分为两级联动：管理端（PC 后台端）、现场级（配合硬件大屏展示）；

（2）实现项目"一个屏幕、统一管控"的智慧工地使用目的；

（3）实现各岗位级应用、各智能设备物联的大数据展示；

（4）实现各类数据信息即时性展示、视频监控实时性展示等功能；

（5）可实现 BIM 预览及 BIM 漫游展示功能（由项目提供 BIM 建模文件）；

（6）整体 UI 展示效果，实现项目亮点宣传目的。

总控看板界面如图 15-5 所示。

15.2.6　各专业管理系统

智慧工地平台专业管理系统主要包括现场安全管理、质量管理、特种机械管理、劳务管理、生产进度管控及物资验收管理 6 个系统，其主要内容见表 15-2～表 15-7。

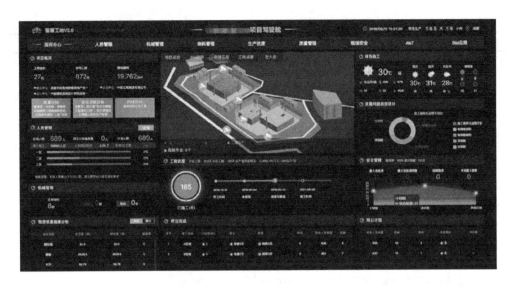

图 15-5　总控看板界面示意图

安全管理系统　　　　　　　　　　　　　　　　　　表 15-2

项目	功能	平台界面
安全隐患排查	根据现场实际情况，建立安全检查任务，并在任务平面图对应位置，快速完成巡检任务，系统支持离线使用，符合项目实际。可基于施工过程中施工内容及对应的安全风险建立巡检任务，依据施工进度阶段性提示危险因素排查项。 安全检查结果跟踪及隐患整改复查，明确责任，保证项目安全检查及隐患整改工作落实。人员巡检任务完成情况对比、隐患分类统计、超期隐患预警提示	
安全验收管理系统	现场施工作业前或过程中通过系统对现场设备以及施工用器具进行安全验收，包括安全验收申请及安全验收过程记录，过程拍照留痕，生成安全验收台账。 系统内置安全验收指导库，不同分项工程可设置对应的规范、技术标准对现场情况进行规范指导。验收时根据指导表对现场情况进行验收，规范现场验收	

续表

项目	功能	平台界面
重大危险源管理	通过风险源预识别，风险源评价指南，结合 LECD 判断风险源等级，在平面图对风险源进行集中管控。列出已识别出的危险源清单，展示方案情况及论证情况。汇报并记录危险源的管控情况、测量情况及通过情况。危险源根据其自身等级由不同层级负责进行管控。在工程电子图纸上进行隐患标注，可视化查看隐患及对应的地点位置，标注及销项为手动过程。建立基于 LEC 评价法的分部分项危险因素库、危险源清单库，大数据支撑管理决策	
安全大数据管理系统	系统运行过程产生的安全相关数据全部永久存储在云端，通过设定的安全关键指标（例如：隐患类型分布、超期隐患、重大隐患数、隐患整改率等），可对各模块中的安全相关数据按照类型、时间等维度进行分析，同时根据层级不同展示对应的关键数据。可通过量化的数据分析结果，全面掌握现场安全管控情况及存在安全风险，同时对下阶段重点工作进行指导参考。 系统实时跟踪分析现场存在的安全风险，对于可能影响安全生产的重要安全风险（重大安全隐患超期未整改、重大危险源异常预警等），系统即时预警提醒，保证重大安全风险及时排除	

质量管理系统   表 15-3

项目	功能	平台界面
质量检查	质量检查分为专项检查和日常巡检，公司领导或项目领导可根据企业自身制定的质量管理要求，制定质量检查目标并建立对应的检查任务，保证质量检查任务落实到具体责任人，通过二维码扫描快速定位问题并检查，如有问题选择整改人发送整改单，并抄送给相关负责人，要求整改期限内必须完成，并对检查任务结果跟踪追溯，由相关责任人落地进行复查；也可根据当次的检查目的，进行不同类型的质量检查，可分为巡检、日检、周检、月检等。检查过程留痕，发现问题系统自动推送至相关责任人	

续表

项目	功能	平台界面
整改单自定义	项目整改单可根据实际单据或者业务类型自定义样式，针对不同业务类型、不同项目都可专项设置字段名称及格式，制作好后可直接上传系统。 　现场责任师通过系统操作发布整改任务后，可直接在电脑端打印整改单，省去制作整改单的工时，同时避免人工出错	
质量验收管理系统	现场施工分项每个工序施工完成后，分包单位使用 APP 端提交验收申请，质量负责人收到验收申请后进行质量验收工作，并提交验收结果。若验收不通过，则打回进行整改，发出验收不合格预警，待整改复查通过后预警关闭并结束验收流程。同时，Web 端可实时追踪验收进度，超期未验收会上报进行任务督促，验收完成后生成验收记录，做到事后可追溯。验收数据上传云端提供大统计分析数据基础	 验收合格项目 验收不合格项目
实测实量管理系统	依据施工现场质量管理制度，在系统中建立施工检测分项工程，生成二维码，贴至检测点，检查责任人根据系统中的实测实量任务进行检测，扫描检测点的二维码进入检测点详情，现场测量并提交结果。生成实测实量记录，可在 Web 端查看每个分项工程的检测人及检测数据和详情，若检测结果不合格则进入打回整改	
质量资料管理系统	可分为通用资料、总部资料、分公司资料及项目资料。通用资料中汇总上传管理行业内通用法律法规及质量相关标准规范，总部、分公司、项目资料中汇总上传管理各组织层级相关资料文件。总部可对分公司、项目进行重要资料设置，可查阅重要资料上传情况，预警未上传资料的项目。质量资料云管理可在 APP 中下载及查阅，同时生成二维码可使用微信等扫描查看。方便项目人员及时查阅学习。 　系统将总部层、分公司层所有项目数据上传至云端，统一汇总，统一分析，通过大量的业务口数据进行大数据分析，为总部和公司战略、项目进度、交底方案、分包单位管理提供有效的质量数据支撑，辅助进行更为合理的管理决策；同时可对项目人员工作情况及履职情况进行统计归纳，提供工作考核的部分数据依据	

特种机械管理系统

表 15-4

项目	功能	平台界面
机械信息管理	建立公司设备信息档案库，对各项目存设备数量、具体设备类型及设备当前使用状态可远程掌握管控。系统各模块相互关联，形成设备安全管理体系。某一管理环节出现异常，设备进行状态异常提醒。通过系统可提前预知设备安全风险，做到提前管控，保证风险及时排除。 每台设备在系统中具有唯一标识，系统基于设备各流程中的管理工作，可生成设备全生命周期履历，可查阅设备在之前项目使用过程中产生的隐患、故障等信息，避免问题设备进场	
整改单自定义	可根据企业自身管理标准制定设备检查要求，建立各项目的设备检查计划，自动提醒项目相关人员定期检查，保证各项目按公司标准要求落实检查。现场设备检查过程中，可基于设备检查指导库指导现场设备管理员检查，指导并规范现场设备管理员检查提交隐患的同时，大大简化了系统操作。 现场人员可通过移动端 APP 进行隐患提交，提交后系统自动通知（可选择短信提醒）相关责任人按要求落实整改及复查，可实时跟踪隐患整改进展，超期隐患按层级预警，保证责任落实到人，提交系统的隐患全部销项闭合	
机械维保管理	根据企业自身管理标准制定设备保养要求，建立各项目的设备保养计划，自动提醒项目相关人员定期保养，保证各项目按公司标准要求落实保养。现场设备保养过程中，可基于设备保养指导库指导现场设备管理员保养（保养指导库内容基于行业标准规范及大量客户实际应用数据），指导并规范现场设备管理员设备保养的同时，大大简化了系统操作	

项目	功能	平台界面
机械验收管理	系统支持设备管理工作中各环节流程的验收工作，并且可根据实际使用需求进行增加配置。例如，设备进场前验收、基础验收、设备进场验收等，通过系统可对设备各环节验收进行有效管控，保证使用中设备满足各项验收标准。可根据管理标准，在系统中对各环节的设备验收工作的验收标准进行规定，规范指导现场人员工作，保证设备满足安全标准。同时可将验收工作与设备整个管理周期的工作事项进行对应匹配，可准确掌握各步骤中的验收工作是否按要求完成	
机械监测管理	系统提供设备物联监测平台，提供一整套标准接口，实现全公司范围内设备监测数据的标准化、供应厂商支持灵活化及全公司统一管控平台，避免因各项目现场检测设备供应商不同带来的无法统一管控的问题。现场物联监测设备接入平台后，可与软件进行匹配关联，通过软件实时查看相关监测数据，监测异常时通过系统进行预警报警，实现提前预知风险，提前排除风险，保证设备安全运行	
机械大数据管理	系统运行过程产生的设备相关数据全部永久存储在云端，通过设定的关键指标（例如：设备隐患数、设备检查率、设备保养率等），可对各模块中的设备相关数据按照类型、时间等维度进行分析，同时根据层级不同展示对应的关键数据。可通过量化的数据分析结果，全面掌握现场设备管控情况及存在设备安全风险，同时对下阶段重点工作进行指导参考。系统可基于人员维度进行工作数据分析，通过数据分析对人员工作情况进行量化考核，可作为公司绩效考核的关键组成部分，公司、项目领导可直观查阅了解人员表现情况。　　系统实时跟踪分析现场存在的设备安全风险，对于可能影响安全生产的风险（重大设备隐患超期未整改、设备监测异常预警等），系统即时预警提醒，保证设备安全风险及时排除	 设备运行大数据统计 设备安全风险预警

劳务管理系统 表 15-5

项目	功能	平台界面
人员安全教育系统	(1) 安全教育计划; (2) 安全教育签到; (3) 安全教育现场记录; (4) 安全教育在线考试; (5) 安全教育留档	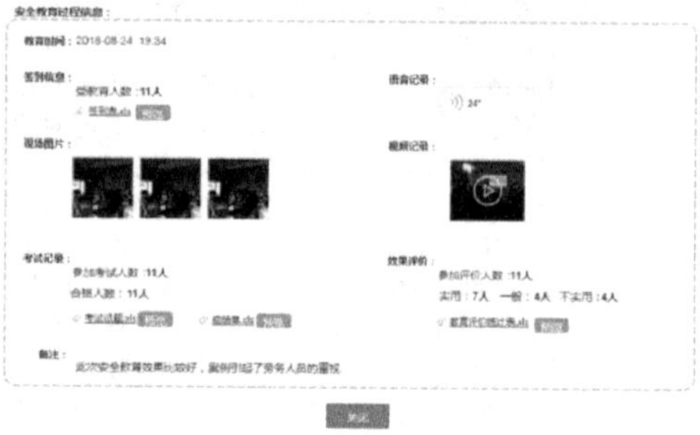
行为安全之星系统	(1) 人员通过 APP 进行快速上报,项目人员 APP 确认、指派整改、验收责任人,形成闭环,提高整改效率,缩短时间周期; (2) 人员可通过系统进行"匿名举报"增加安全隐患提交的可实现性; (3) 项目管理人员可通过"主动观察""隐患识别"等方式进行积分发放; (4) 通过系统 APP 查看排名	

生产进度管控系统 表 15-6

项目	功能	平台界面
基本情况	生产进度管控系统以生产为主体,以 PDCA 为设计原则——生产计划管理、生产任务管理、形象进度管理、进度预警纠偏。采用"施工区域+分部分项"完成对工程的 WBS 拆分,建立总进度计划、年进度计划、月进度计划,形成生产计划管理。 系统自动下发计划任务,进行生产任务管理,任务自动下发到 APP。系统采用"月计划+任务+预警"模式,提醒各层级负责人及时关注进度情况,及时督办逾期进度计划	

续表

项目	功能	平台界面
系统功能	（1）部门协作，以任务为驱动点，责任到人，督促督办，提高团队效率。 （2）项目进度检视及时发现进度偏差，采取纠偏措施。 （3）系统实时预警，掌握进度风险，动态调整计划，直至符合控制目标。 （4）每日、每周、每月、自定义时间形象进度智能报告。 （5）获取过程数据，深入了解和分析过程数据，以更加细化的方式管控施工过程，从而为施工大节点顺利完成提供支撑。 （6）项目级进度看板——今日生产情况数据统计展示，系统根据历史生产水平做同比、环比分析，使管理者清楚今日生产水平。 （7）根据形象进度完成情况，展示最近7天进展情况，也可自定义时间进行形象进度的进展情况查看。 （8）逾期生产任务——看板重点关注逾期任务，红色标记凸显逾期时长，知晓紧急程度，可直接督办相关责任人尽快完成任务	 **月形象进度进展** **逾期生产任务看板**

物资验收管理系统　　　　　　　　　　　　　　　　表 15-7

项目	功能	平台界面
合同填报	在使用物资验收管理系统前，首先要填报相关物资采购合同，填报相关信息	
系统设置	在"系统设置"新增"图纸计算量"，填报物资规格型号	
计划管理	将计划单分类为主材计划单、零星材料计划单。累计验收量：该规格型号物资累计的验收数量，此数据加上当前填写的施工计划量与图纸计算量相比，可计算出该规格型号物资是否超量。 图纸计算量：根据在系统设置当中针对该规格型号的设置系统自动抓取。 超量：施工计划用量＋累计验收量＞图纸计算量即为超量	

续表

项目	功能	平台界面
大数据分析	大数据分析新增"工程节点数据分析"与"超量分析"两类数据分析，合并在"工程数据分析"二级菜单当中。工程节点分析：通过对比同一时间段内某物资验收量与验收金额，从而可推断出该工程节点的进度情况与其物资使用情况是否匹配，物资的使用是否正常。 　　超量分析：通过抓取同一时间段内的某物资的实际收料量与图纸计算量的对比，可分析出是否有超量使用，帮助管理层实时了解项目物资的使用情况	
计划单可编辑	计划单在供应商未进行确认之前均可进行编辑，只要进行编辑该计划单则重新回滚所有确认、审批流程，以保证计划单的准确性与流程的完整性	
BI 大屏真实数据展示	BI 大屏真实数据展示包括物资概况、物资收料情况、物资收量偏差分析、工作考勤数据、物资库存、物资使用趋势、物资消耗情况、工作动态、供应商评价统计、合同使用情况分析及预警情况分析等	

15.3　智慧工地运营商选择与分析

　　建筑业相对其他行业仍然是传统行业，其信息化、智慧化发展相对滞后，智慧工地的提出和起步基本始于 2015 年。早期主要是单个系统进行应用，应用点之间没有形成关联，更没有开发集成管理平台。2018 年后，不少从事建筑软件开发的企业利用自身的优势，迎合了社会对建筑业信息化、智慧化发展的迫切需求，智慧工地软件和硬件研发初具雏形，形成了一批智慧工地运营商。

　　智慧工地运营商可以分为两类，一类是建筑企业下属企业从事弱电智能发展起来，该类企业在硬件建设范围有先发优势，且跟总包单位较为密切，但软件开发方面相对较弱；另一类是软件开发企业，其系统整合和平台集成能力较强，发展势头较猛，会成为将来智慧工地建设的主力。

表 15-8 列举了近年来在国内智慧工地领域发展迅速的集成商，由于信息掌握程度有限，仅供参考。

智慧工地集成商参考一览表 表 15-8

序号	企业名称	企业地址	成立时间	企业特点
1	广联达科技股份有限公司	北京	1998 年	建设工程领域信息化产业首家上市软件公司
2	陕西华筑科技有限公司	西安	2016 年	专注智慧工地解决方案的"双软"认定高新企业，始终专注于施工现场软硬件产品开发与应用，致力于工程施工领域信息化建设
3	杭州品茗安控信息技术股份有限公司	杭州	2011 年	面向工程建设行业，提供基于 BIM 技术的专业软件产品和解决方案，在 BIM 造价、BIM 项目施工、BIM 智慧工地等 BIM 落地应用场景中竞争优势突出
4	深圳市斯维尔科技股份有限公司	深圳	2000 年	以建筑设计、建筑经济、项目管理等建设领域软件开发为主业、同时发展外包服务的高新技术企业
5	中建八局第二建设有限公司智能研究所	济南	2015 年	专门研究工程管理智能化及工程建造过程的智能化问题，创造性地提出了"智慧工地整体解决方案"，形成包含"平安工地""绿色工地"和谐工地""智能工地""云工地"五大部分，逐步实现绿色、安全、节能的智慧建造全过程
6	西安中建智达信息科技有限公司	西安	2017 年	计算机软、硬件及其辅助设备的研发、生产、销售、技术服务及技术咨询；物联网信息咨询服务；物联网技术服务；工程信息化咨询及技术服务
7	上海孚聪信息科技有限公司	上海	2011 年	从事信息技术、计算机软硬件、物联网、安防设备、楼宇智能化设备、自动化设备技术领域内的技术服务、技术咨询、技术开发、技术转让；智能化管理系统技术开发应用，自动识别和标识系统技术开发及应用，工业软件服务，云平台服务，云软件服务等
8	中恒数字建造技术（苏州）有限公司	苏州	2019 年	数字建造技术开发；建筑信息模型技术开发；建筑信息模型技术服务；软件开发；互联网信息服务；信息系统集成服务；信息技术咨询服务；数据处理和存储服务；数字内容服务等
9	智客云科技（广州）股份有限公司	广州	2015 年	通过创新技术实现智慧工地软件管理平台、工业物联网、嵌入式程序定制开发支撑之下的开放平台经营和全渠道融合，进行大数据信息化和边缘计算设备研发

第十六章 飞行区数字化施工

16.1 概 述

16.1.1 背景

飞行区工程是机场的主体工程，占地面积大，主要承担飞机起降、滑行、停靠等功能，飞行区工程质量是机场安全高效运行的保障。

道基是飞行区道面质量的基础。受各类资源限制，"上山下海"已成为机场选址的趋势。"十三五"期间我国续建和新建的机场中高填方和填海机场占比超过 50%。机场工程中道基的地基处理和土石方填筑要求越来越高，施工管理越来越难，质量风险越来越大。如图 16-1 所示。

机场地基处理和填筑具有以下特点：

(1) 飞行区土石方工程量巨大、多标段同时实施、参与建设的施工单位众多、工程具有建设管理链条多、施工过程质量控制失真、信息资料处理时间长等难点；

(2) 地形地质条件复杂，地基处理和土石方填筑工程量大；

(3) 地基处理和填筑为隐蔽工程，出现质量问题难以整改；

(4) 强夯和冲击碾压是主要工法，质量控制缺乏有效手段。

(a)挖山填筑

图 16-1 机场挖山填海（一）

(b)填海造地

图 16-1　机场挖山填海（二）

近些年来，一些机场跑道工程在投入使用不久后，就出现断板、不均匀沉降、滑坡等质量问题，跑道不得不大修或限载运行或停航，这些状况反映出施工过程质量和监控手段存在薄弱环节。传统强夯和冲击碾压工法面临的主要问题：

1. 施工工艺难以达到设计要求

(1) 强夯夯击对位不准、次数靠人工记录、夯沉量测量误差大；

(2) 冲击碾压速度难以控制，遍数和路径无法准确记录；

(3) 存在着人工操作设备、人工测量、人工记录数据、人工判定、人为干扰和判定失误的状况。

2. 施工过程难以监测

(1) 司机操作靠人工记忆，易出现漏夯、漏碾或偷工减料行为；

(2) 施工过程资料难以真实、有效记录，不可追溯。

3. 施工现场难以监管

(1) 作业面大、机械众多，现场旁站监理已无法满足监管需要；

(2) 事后抽检、以点带面检测，无法保障整体工程质量。

采用工程数字化施工管理系统能够解决上述问题，数字化施工管理系统弥补了传统施工组织设计的不足，促进施工管理向数字化、可视化、智能化的方向发展。如何动态、有效、全面地进行建设管理，如何自动、高效、实时地监视、分析与控制施工过程质量，如何远程、移动、安全地传输、存储、分析与集成数信息，从而实现飞行区工程建设管理有序、施工过程质量受控、信息资料处理及时可靠。近年来，研发创新的机场飞行区工程数字化施工和质量监控技术，对于飞行区实现智能化施工创造了良好条件，提高了施工效率，保证了工程质量，具有十分重要的意义。

16.1.2 数字化施工系统简介

飞行区场道工程数字化施工技术是采用现代化传感技术、卫星精确定位技术、物联网技术、移动通信技术，搭建建立数字化施工平台。其工作原理如图 16-2 所示。

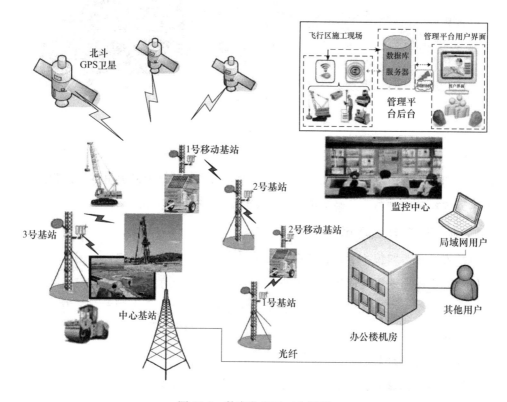

图 16-2　数字化施工工作原理

飞行区场道工程数字化施工系统由强夯质量监测系统、路面压实质量监测系统、路面摊铺质量监测系统、混料拌合站生产监测系统和混合料运输监测系统五部分组成，如图 16-3 所示。

图 16-3　飞行区场道工程数字化施工系统组成示意

数字化施工管控系统需要全面、简明地按照系统使用者不同权限（建设单位、监理单位、施工单位、检测单位）的要求输出相关表格和数据成果。同时采用三级预警机制，按照问题的严重程度分别将预警信息推送给不同的角色。

数字化施工管控系统主要包括以下模块：

（1）压路机压实质量监控模块；

（2）强夯机夯实质量监控模块；

（3）拌合站生产质量监控模块。

数字化施工管控系统包括以下硬件和软件支持：

（1）系统软件平台（含远程数据中心、现场数据中心、数据接口、手机 APP、计算机终端软件、软硬件二次开发、各种终端嵌入式软件）；

（2）GNSS 基准站；

（3）智能压实监控终端系统；

（4）振动传感器；

（5）智能强夯机监控终端系统；

（6）智能拌合站生产监控系统；

（7）现场局域网组网设备等。

16.2　压实质量监控系统

压实质量监控系统主要监控压路机和强夯机的压实施工过程相关的施工参数，通过对施工图纸、各种机械设备的信息采集，经过分析和模拟，用一系列图形和数据统计图表直观地显示压实质量信息。要求系统能够真实有效地反映同一工作面多台机械协同作业的图像和统计数据；能够从计算机、手机或其他移动端随时查看实时的压实作业状况信息，同时也能查看任意时刻的历史施工质量监控数据；能够及时向项目管理人员提供有效、实时的施工过程质量预警报警信息、施工质量日报、施工过程报表、施工质量报表、施工周总结报告、月总结报告等，及时发现问题并提出合理化的建议，项目管理者能够依据这些信息对现场施工进行有效控制和管理。管理者可通过手机、电脑实时掌握压路机的位置、工作状态和工作效果，以利于项目的决策和管理。

16.2.1　压路机压实质量监控模块

（1）智能压实监控终端系统通过在压路机上安装 GPS、北斗、GLONASS 的三星系 RTK 差分定位系统（水平定位精度≤2cm，垂直精度≤3cm）、振动传感器、数据处理及传输模块等实时采集压路机的三维坐标、钢轮振碾数据；通过无线网络上传至数据中心服务器，服务器对每台压路机的数据解析、运算、存储，并生成碾压轨迹、碾压速度、碾压遍数、碾压高程、碾压振动等一系列数值和图表，相关数值传送到机载终端、手机、计算机及监控中心。其工作原理如图 16-4 所示，相关监控模块安装位置如图 16-5 所示。

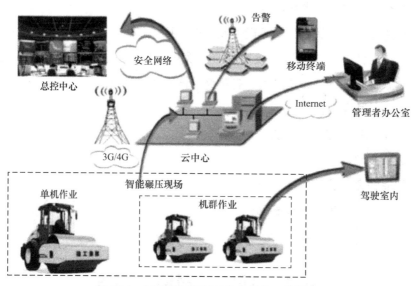

图 16-4 压路机压实质量监控模块工作原理

图 16-5 压路机压实质量监控模块安装部位示意

（2）数字化施工管控系统根据压路机碾压轨迹自动统计碾压遍数，每碾压一个来回计为碾压一遍。系统根据定位模块发送回来的高精度定位定向信息在模拟地图上绘制碾压图形，系统在前端界面用不同的颜色来代表不同的碾压遍数，以提醒压路机操作手、施工单位、监理单位和建设单位各个区域碾压状态。

（3）当多台压路机在同一个作业面协同作业时，模块能够把压路机进行分组，同一个组内的碾压遍数和碾压图像合并计算。

（4）模块能够在压路机驾驶室的机载终端电脑上展示碾压遍数、碾压轨迹、碾压速度、振动状态、实时高程、邻近压路机的相对位置等信息。

（5）当压路机手开始施工时，机手能够通过机载终端的触摸屏按键通知监理员或现场施工管理员开始碾压作业，当碾压作业结束后，压路机操作手通过机载终端的交互通知现场施工管理者和监理员，数字化施工管控系统能立即生成压实质量报告并推送给相应人员，以此判断是否能够结束施工；或者通过信息化平台预分配的账号给监理员或施工现场管理者，由监理员或施工现场管理者进行作业面开始或结束判断。

（6）施工管理者能够通过手机 APP、平板 APP 或计算机来登录系统，获取压路机的实时工作状况，如碾压遍数、振动、速度等信息。也可查看或回放历史施工碾压信息，浏览并下载施工报告。

（7）压实作业结束后，系统自动对当前工作面的压实施工质量进行评估，自动生成压实质量报告，并对项目所有质量报告进行归档存储，形成可永久保存、可追溯查询的电子档案。

（8）系统监控报告包括：实时指导压实施工过程的压实施工过程表和用于对压实施工结果进行质量评价的压实质量统计表。压实施工过程表的图片部分用不同的颜色表示该段路基各区域的碾压遍数分布情况；压实施工过程表的表格部分主要统计该段碾压的施工过程参数，包括压实层位、机械组合、碾压速度、碾压振动等参数。压实质量统计表的图片部分用绿色表示该段的碾压遍数合格区域，用红色表示该段路基的碾压遍数不合格区域；压实质量统计表的表格部分统计了该段路基的压实层位、机械组合等参数，同时还包括了该段中各种碾压遍数区域所占的比例和碾压遍数合格率。如图 16-6 和图 16-7 所示。

16.2.2　强夯机夯实质量监控模块

（1）智能强夯机监控终端系统采用高精度北斗导航定位技术结合高精度传感器技

术，采集在夯实作业过程中机械的位置、夯锤位置、夯锤提升高度、夯击次数等信息，采用双天线 RTK 差分定位技术确定机械的转向和位置信息；采集的数据实时通过无线网上传至管控平台服务器，服务器实时计算当前工作面的夯实状态；系统终端实时显示当前夯击位置的工作状态，并可回溯查看历史工作信息；质量监管人员可随时通过车载终端、监控终端（手机、计算机等）查看当前的夯实状态和历史夯实结果；强夯机手、质量监管人员可随时通过车载终端、监控终端（手机、电脑）实时查看当前的夯实状态和夯实结果。相关监控模块安装位置如图 16-8 所示。

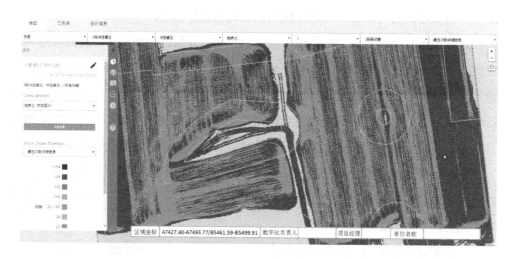

图 16-6　碾压遍数效果

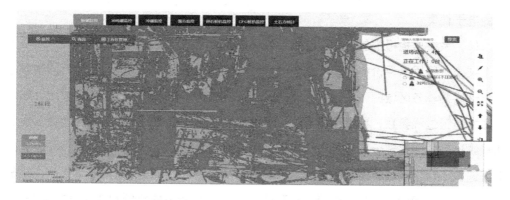

图 16-7　碾压速度监控

（2）模块须支持所有型号的强夯机，能够方便地在不同类型的强夯机上进行监控设备的拆装。配备的数字化设备须防水、防尘、防振，能够保证强夯机设备在恶劣工况条件下长期正常工作。

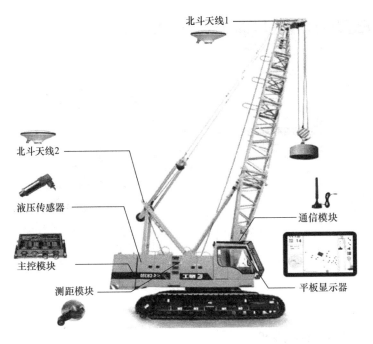

北斗天线1

北斗天线2

液压传感器

主控模块

测距模块

通信模块

平板显示器

图 16-8　强夯机夯实质量监控模块安装部位示意

(3) 模块能够准确采集或计算出夯锤的实际下落位置，能够采集到夯锤的提升高度、判断夯击次数，采集的数据均上传至服务器。

(4) 服务器根据模块上传的数据分析计算孔位的夯击质量信息，包括开始时间、结束时间、位置、夯击次数、不合格次数、沉降差等数据。模块能够预先录入施工指标，模块根据计算的数据一旦发现不满足施工指标，会向系统预设不同权限的管理者推送预警消息，及时通知现场施工管理者加强对不合格施工的机械的监管。如图 16-9 所示。

(5) 系统可将在同一作业面工作的多台强夯机匹配作业流程、设置分组，使同一施工区域的、同一流程中的多台强夯机的数据合并计算，实现了有效指导并监控多台夯实机械的协同夯实系统。协同作业中，系统根据实际的压实机械类型（安装时录入系统），可为不同类型的夯实机械分别提供实时夯实信息服务，不同机械类型可独立展示夯实状态。同时能够自动组合同一区域多台强夯机协同作业的夯击数据。

(6) 强夯机每块区域施工完毕后，模块能够根据每个孔的夯击次数、提升高度、与邻近孔的最小间距、夯击下沉量等信息判断当前施工面的每个孔是否达到要求，并生成强夯机夯实质量监控报告，并推送给施工管理者。

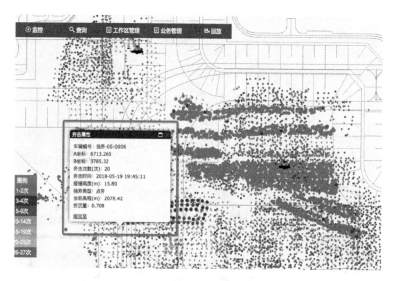

图 16-9　后台控制系统监控界面

16.2.3　系统平台软件

1. 软件平台总体要求

（1）系统平台应在成熟稳定的平台基础上，有相关民航领域工程应用的案例；

（2）系统将安装部署在项目部自有机房的服务器上，所有的系统数据均存储在机房的存储设备上，不同权限管理者仅在设置的权限下使用系统。系统承包商应制定系统管理者权限方案；

（3）系统安装在内部网络中，系统数据需要保密，系统承包商应保障系统数据安全，应编制安全专项方案，通过技术手段、合同管理手段避免数据的外泄。未经允许，任何情况下不得将系统数据转移或复制到本地服务器存储以外的地方；数据传输过程中采用安全措施，保证数据不泄漏。系统平台能够长期应用；

（4）未经授权情况下，不允许远程登录平台；

（5）系统应支持 Chrome 、IE、Safari 等主流的浏览器技术；

（6）软件界面和提交给用户的各种文档应使用简体中文，所有功能实现应简洁、易懂且便于操作；

（7）系统需满足足够数量的账户人登录管理。

2. 浏览界面要求

（1）系统应采用网页浏览界面，能简单和快速地浏览访问。信息浏览需设置授权，按照授权权限访问相关内容，应至少能按边界（区域、标段）、用户角色进行不同授权。

（2）系统需有数据过滤功能，至少能按边界（区域、标段）、日期、时间、用户角色和机械设备进行数据过滤。

（3）系统能在标绘图纸中包含背景图；系统能将图片并插入图纸相应位置；系统能生成带有项目名称、施工坐标、施工单位、监理单位等信息的标准图纸模板。

（4）压实图像要与压实施工情况相吻合，能通过3级以上比例尺地图显示，最大比例尺高于1：300，最小比例尺小于1：1200，在展示过程中，压实图像不能有明显锯齿现象。

（5）实时查看压路机工作状态、强夯机施工状态等，可实现以下功能图形展示：

1）压实实时施工信息。系统应可以实现由项目管理者通过选择压实机械或标段查看压路机实时碾压轨迹，直观地查看施工区域与碾压遍数，可由颜色直观区分超压与漏压区域，实时工况信息如速度、振动等可作为作业规范参考，可以支持多台压路机联合协同作业展示整体的压实状况。

2）压实历史施工信息。系统应可以实现由项目管理者通过选择压实机械或在平面图上随机选择区域显示历史的压实信息，可以查询该区域的压实层数、压实合格率、作业规范度、每层的合格占比等信息，可回放历史作业情况。

3）夯机施工信息。系统应可以实现由项目管理者通过选择强夯机或标段查看夯机实时作业状况，直观地查看施工区域与夯击孔位、单孔次数、实时工况信息如提拉高度、夯击锤数等可作为作业规范参考，可以支持区域内多台夯机联合协同作业展示整体的作业状况。

（6）系统也可以按照属性过滤系统设备信息，过滤属性有：项目名称、标段、设备类型、时间、警告。

（7）预警及报警体系。系统应设定不同等级的预警及报警体系，根据警报等级，通过不同的渠道发送信息给系统中对应的角色。投标人应制定报警体系方案。

（8）坐标系统转换管理。使用GPS基准站技术用于压实管理和夯机管理，使用独立的坐标系，系统应保证能在WGS84或独立坐标系下交替工作，系统应能够做到两个坐标系之间的快速转换。

（9）移动端APP。系统能够通过移动端APP迅速查询登录人权限范围内的现场压路机及夯机施工实施状况，查看安装有视频监控的机械设备及施工区域的实时视频，可在线查看压实及夯机作业报告，可接收系统推送的不同类型通知及报警信息，也可同时接收并行的短信通知。

（10）系统输出报告

1）系统能根据项目实际要求，按天、周、月的周期导出工作报告，够支持 PDF 及 Word 版本工作报告的导出，支持多份报告打包导出。

2）系统能创建自定义的边界，根据施工现场工作项目不同、施工标段不同等进行划分，以便通过精确定位对不同的项目和项目参与方进行管理并输出项目管理者所需的报告（比如具体管理人员管理的几个标段，他接收的信息仅来自这几个标段）。

3）系统报告至少包含：压实报告（每台压路机的信息和每个标段所有压路机的信息，碾压遍数轨迹及合格率统计，振动、速度等工况信息统计）；强夯机作业报告（每台夯机的信息和每个标段所有夯机的信息，夯机轨迹及合格率统计，夯击能、次数等工况信息统计）。

16.3 混料拌合站生产监测系统

混合料拌合站生产监控系统是在已有的质量控制系统的基础上进一步开发而成，集传感器技术、通信技术、计算机软件编程技术等多项前沿技术于一体的智能监管系统。通过建立施工数控信息化系统，并结合围绕信息化平台制定的"过程管理制度"，最大限度控制各种原材料配重的精度、搅拌时间等各项参数，并对合成级配进行核对，用以排除一切人为因素和机械设备控制计量精度的影响，使混合料的生产按设计的施工配合比和预设的控制目标保持均衡、稳定的受控状态。

系统平台实现各种材料用量查询、拌合时间查询、超标统计、产能分析、误差分析、配合比管理、不合格数据短信预警、超标闭合处理、支持生产数据 Excel 表格导出等。其工作原理如图 16-10 所示。

1. 混合料拌合站生产监控系统

可实现以下功能：

（1）全面系统地监测水泥、砂石、沥青、矿粉等原材料在进料、生产等各环节步骤。

（2）实时将采集数据信息传输至信息化平台，处理分析后以图表形式显示级配变化等过程，便于操作人员对混合料进料、生产等各环节的实时监控。

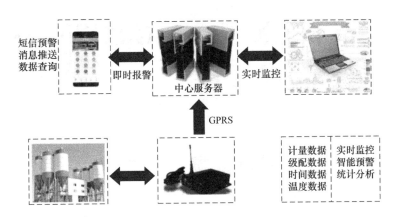

图 16-10　混料拌合站生产监测系统工作原理

（3）通过监测到的实时监控数据，工作人员可以对生产和施工过程中采集到的数据进行分析研究，不断完善优化路面施工工艺。

（4）系统在施工过程中将实时把各质量检测及统计结果通过网络传送给项目管理者，为第一时间发现问题并进行决策提供可靠、有效的依据。

2. 水泥混凝土拌合站采集端

数据采集软件自动运行、自动实时采集、自动实时上传、数据加密不可修改，并支持断点续传。

3. 沥青混合料拌合站采集端

数据采集程序开机自运行，能自动采集到油石比、每一档材料用量、搅拌温度、拌合时间、出料温度等数据，数据同步上传且不可修改，数据传输需加密并支持断点续传。

4. 水稳拌合站采集端

数据采集终端实现：采集软件自动运行、自动实时采集、自动实时上传、数据不可修改，数据传输需加密并支持断点续传。

第十七章 BIM+GIS应用

17.1 概　　述

17.1.1　相关概念

BIM（Building Information Modeling）是建筑信息模型的简称，是以建筑工程项目的各项相关信息数据作为模型的基础，进行建筑模型的建立，通过数字信息仿真模拟建筑物所具有的真实信息。

GIS（Geographic Information System）是地理信息系统简称，是一种特定的、十分重要的空间信息系统。它是在计算机硬、软件系统支持下，对整个或部分地球表层（包括大气层）空间中的有关地理分布数据进行采集、储存、管理、运算、分析、显示和描述的技术系统。

BIM+GIS：传统的 BIM 和 GIS 只是在各自擅长的领域发挥自身的作用，GIS 与 BIM 的原理基本一致，其着眼点都是数据，通过 BIM+GIS 的融合，融合宏观大场景和微观建筑内部详细的数据，实现空间、地理要素的二维与三维、宏观与微观和结合，实现机场项目 BIM+GIS 一张图的建设，在将来的行业管理、企业管理和项目管理中将其价值充分发挥，为实现智慧机场的应用提供底层的基础数据支撑。如图 17-1 所示。

项目业主基于机场项目 BIM 工程建设管理平台，协调项目建设全过程各参与方信息数据共享，涵盖整个全生命数字化建设过程，结合 GIS 数据基础要求，经由 GIS 系统整合 BIM 模型数据和 GIS 模型数据，为后期运维阶段智慧机场运维管理平台提供完备的 BIM+GIS 基础模型数据。通过全生命周期工程数据的不断积累，搜集整理项目中设备材料的设计信息、施工信息、采购信息等，录入竣工模型中，以竣工模型为基础，建立人、空间以及重要资产的多维度关系，形成数字机场电子资产交付。同时针对物联网数据的接入，采用 BIM+GIS 平台做支撑，以此提供给各业务应用部门进行大数据分析，把感知数据、模型数据等进行数模仿真从而进行预测分析、调度优化，打造全生命周期的数字机场、智慧机场。

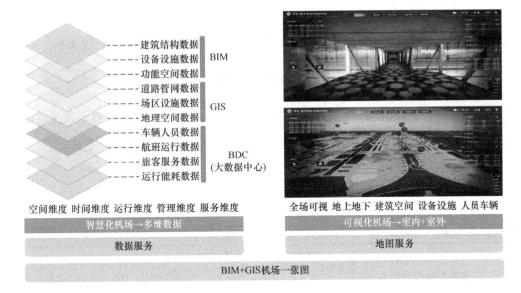

图 17-1　机场 BIM＋GIS一张图

17.1.2　BIM＋GIS 应用目标

1. 总体目标

通过建设阶段采集 BIM＋GIS 基础数据，利用 IT 信息化技术将二者融合，实现创新的建设理念和运管模式。形成全过程 BIM＋GIS 信息整合的机场一张图，助力平安机场、绿色机场、智慧机场、人文机场的建设。

（1）为保证智慧机场后期运维管理，通过 BIM 与 GIS 技术，在工程设计、施工、竣工阶段指导各参与方 BIM 和 GIS 应用，形成的电子资产成果，最终实现工程全生命周期的数字化管理。

（2）建设一个所有的机场业务利益相关者都可以访问的支持机场的设计、施工和运营的全生命周期的关键设施信息的数字孪生机场。

（3）打造 BIM＋GIS 应用案例，树立建筑工程和机场工程两大行业领域的 BIM＋GIS 应用标杆。

2. 应用目标

（1）辅助深化设计、方案交底、平面布置、施工进度模拟等项目管理工作。

（2）满足数字机场电子资产交付要求。

（3）为机场运维管理平台提供完备的 BIM＋GIS 基础模型数据。

（4）满足机场生产运行、旅客服务核心业务及商业物业等机场非核心业务的运维需求。

(5) 通过机场 BIM+GIS 技术应用，打造优秀的 BIM+GIS 应用管理团队。

17.1.3　BIM+GIS 重难点及风险点分析与应对措施

某项目为国内首个 BIM+GIS 技术大型枢纽机场项目，在国内目前无参考经验，BIM 与 GIS 实施专业性较强，涉及专业多、难度大，存在众多重难点及风险点。项目 BIM+GIS 重难点分析及应对措施见表 17-1。

项目 BIM+GIS 重难点分析及应对措施

表 17-1

序号	重难点与风险点分析	举例说明	应对措施
1	工程为国内首例全生命周期应用 BIM+GIS 技术大型枢纽机场建设项目，无相关经验可进行借鉴	工程涉及专业多、协调量大，又为 PPP 模式，全国首例 BIM+GIS 融合的新型管理模式，但理解 BIM+GIS 深度融合的体系概念，执行落实，形成成果需要较长时间	通过项目业主组织咨询公司方向、理念指导，GIS 单位技术支持，多方协调配合，共同在实践中总结反思，逐渐完善形成本工程全生命周期应用 BIM+GIS 技术
2	工程体量大，建模工作量大，资源投入大	(1) 建筑体量大，结构超长超大。 (2) 需要对全专业进行建模，需要大量 BIM 专业人员及软硬件设施。 (3) 与交通中心、地铁站、地道管廊、挡土墙等周边建筑物位置关系复杂	分阶段移交模型，并审核深化，建立明确的模型移交与深化节点，在重点复杂深化节点加大相关 BIM 人员投入，保证深化工作始终置前
3	项目标段多，需多专业之间模型的相互协调应用	(1) 工程界面划分的协调部署、部分场地未移交造成的分阶段施工。 (2) 多专业、多区域间协调与工序穿插，需前置模型深化工作	利用建管平台高效协调沟通，在 BIM+GIS 的组织架构下，实时同步模型，建立 BIM 周例会制度，各参与方均参会，就存在的问题进行沟通
4	模型精度要求高	(1) 竣工模型达到运维标准。 (2) 需保证实物与模型 90% 以上的一致性，满足虚拟漫游效果展示及沙盘演示	明确模型精度具体要求，建立模型审核质量标准，严格按照 BIM+GIS 实施导则及相关模型审核标准执行
5	全生命周期 BIM 应用	(1) 模型的最终目的是与 GIS 相结合实现运维功能。 (2) 本项目模型从设计到施工到运维需要保持数据流传输畅通，施工过程中需要添加大量运维所需信息	成立 BIM+GIS 工作组，由项目公司负责统筹管理，具体由各总包单位牵头，待专业承包商招标确定以后拟成立高峰期不少于 30 人的专业 BIM 团队，负责机场全生命周期 BIM+GIS 应用
6	机电系统众多且复杂，施工要求高，机电深化工作量巨大	(1) 民航信息系统专业性强。 (2) 机电模型同样需满足运营需求。 (3) 机电系统按联合体划分界面，需统一和协调相关深化工作，以及最后的合模工作	根据 BIM 工作部署安排，拟定动态人力资源管理计划，要求各专业分包 BIM 专业工程师集中办公，由 BIM 工作室统一管理，当不同工程阶段有交汇时，各专业 BIM 工程师人数以最多的为准

续表

序号	重难点与风险点分析	举例说明	应对措施
7	幕墙、钢结构、金属屋面造型复杂，需要多个软件结合辅助深化设计	（1）钢结构卸载后自挠变形，会导致原钢构模型无法使用，影响幕墙安装，需要与其他相关专业进行碰撞优化。（2）当地春季大风天气多，风力大，屋面需要着重考虑抗风揭性能，需要结合相关软件进行抗风揭性能模拟	招标业内专业分包，结合本项目配置相应水平资质的BIM人员进行深化设计，根据本项目所属范围内的专业重难点进行多途径模拟分析
8	编码工作繁杂，详细分类编码工作展开进度缓慢	编码标准未确定，需要编码信息不明确，后期工作量大	尽早确立统一对应编码标准，针对需求将录入的编码分类成册并进行宣贯
9	模型属性信息输入工作量巨大	设备类型及设备数量众多，信息录入工作量巨大，无明确信息录入清单及录入信息标准	属性信息通过BIM插件工具录入常规属性，其余属性信息在竣工阶段协调各专业分包增设专职信息录入人员；尽早确定模型属性信息清单及标准

17.2　BIM＋GIS技术路线及组织架构

17.2.1　BIM＋GIS实施技术路线

根据项目业主BIM＋GIS实施相关要求，结合BIM咨询单位制定的相关标准文件，通过对设计BIM模型进行深化、审核、上传建管平台、模型编码、属性信息录入等工作，整合BIM模型，导入GIS平台形成机场数字资产，实现BIM与GIS融合。具体技术路线如图17-2所示。

17.2.2　BIM＋GIS组织架构

BIM＋GIS组织架构依据项目参与各方的权责及工作分工制定，项目各项管理工作应在总体组织架构的指引下进行。项目执行过程中，可根据实际情况调整或更新组织架构。航站楼工程参与单位关系图及项目公司BIM＋GIS组织架构图如图17-3和图17-4所示。

17.2.3　BIM＋GIS各单位职责

1. 机场建设指挥部职责

(1) 统筹指导：负责统筹全生命周期BIM＋GIS工作，制定总体目标，指导

BIM+GIS 实施；

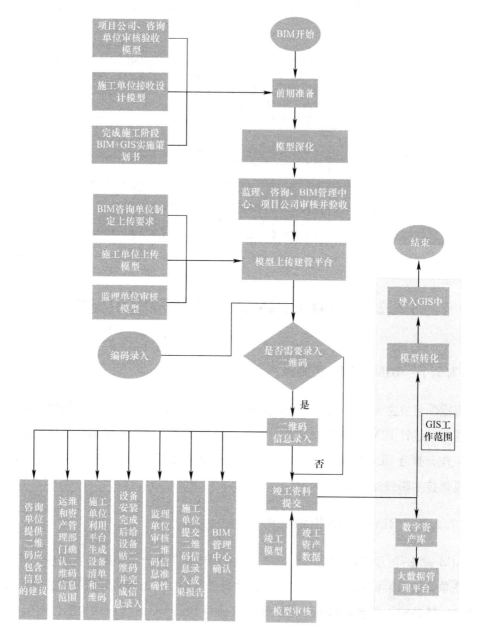

图 17-2 某机场工程 BIM+GIS 应用技术路线图

（2）制定技术路线：包括（但不限于）数字建造及数字资产交付、BIM 与 GIS 深度融合、地理信息平台及应用、数字孪生机场、基于 BIM+GIS 大数据应用等；

（3）管理和评价：负责对 BIM+GIS 咨询单位、GIS 承建单位的管理和评价；

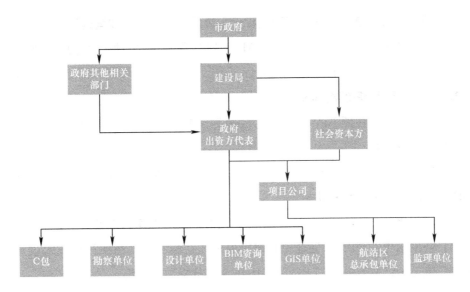

图 17-3　某机场航站楼各参与单位关系图

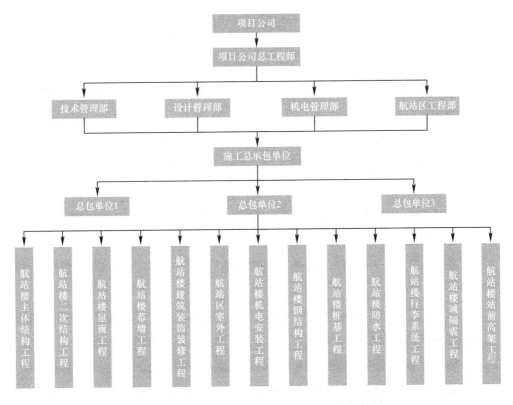

图 17-4　某机场项目公司 BIM＋GIS 组织架构图

（4）组织协调与成果确认：负责 BIM＋GIS 工作的总体组织、协调、策划。负责建立 BIM＋GIS 管控机制并监督执行。对各阶段 BIM＋GIS 工作成果进行评价和确认；

（5）管理建管平台：负责工程建设管理平台的建设、推广和管理工作；

（6）保障数据信息安全：负责对 BIM＋GIS 应用相关的数据信息安全工作，包括工程建设管理平台、BIM 模型、GIS 平台、VPN 等。

2. BIM＋GIS 咨询机构职责

（1）制定标准：按照 BIM 管理中心的策划编制本工程 BIM＋GIS 应用标准、实施管理体系相关文档；

（2）制定管控计划：分析策划工作内容、时间节点及难点和风险点进行，确保各方 BIM＋GIS 工作的协调推进；

（3）宣贯培训：负责 BIM＋GIS 理念、技术、标准的宣贯和培训；

（4）技术指导：对 BIM 管理中心确定的总体目标和技术路线开展技术攻关，确定最佳实施方案；并对各部门 BIM＋GIS 工作进行指导、评价；

（5）成果审核：协助 BIM 管理中心对各方 BIM＋GIS 工作成果的合规性进行审核；

（6）平台保障服务：提供工程建设管理平台的原厂保障服务；

（7）编码及大数据策划：负责工程 BIM 模型构件的统一编码规则制定，统筹 BIM 与 GIS 的编码及基于 BIM＋GIS 的大数据策划；

（8）资产交付平台筹划：提供数字建造及数字资产形成过程的后台应用系统的搭建和运维服务。

3. 项目公司管理职责

（1）负责《GIS 实施总则》《BIM＋GIS 实施导则》《BIM＋GIS 实施大纲》《设计阶段 BIM 实施细则》《施工阶段 BIM 实施细则》等文件下发，监督总包 BIM 实施。

（2）组织总包参加 BIM＋GIS 相关宣贯培训，强化总包单位 BIM 与 GIS 技术管理，监督总包单位完成 BIM＋GIS 策划。

（3）指导 BIM＋GIS 工作，负责对所辖各施工总包 BIM＋GIS 工作的指导、管控、评价。

（4）按阶段、按计划验收总包单位建模情况，监督对于不同阶段不同分区模型整合。确保各施工方技术统一、措施统一、工艺工序统一、模型深度一致。

（5）管控数字化建造：负责所辖工程数字化建造及数字资产交付的统筹和管控。

（6）初验 BIM 模型：负责按照工程 BIM＋GIS 标准对所辖施工总包的各阶段 BIM 成果进行初验，确保 BIM 模型的准确性和完整性。

4. 监理单位职责

监管施工过程的数字化建造：BIM＋GIS 标准符合性监管——模型及构件分类、

命名、编码，构件及设备设施的属性信息的完整度，模型深度等；工艺工序监管——确保模型与实物一致；数字化建造及数字资产监管——确保数字资产属性数据与位置信息正确无误。

施工阶段 BIM 成果审核：负责对施工各阶段 BIM+GIS 交付成果审核。

5. 总承包单位职责

总承包应接受项目公司、BIM+GIS 咨询方的统一管理，负责合同范围内的 BIM+GIS应用，承担其他承包商管理职责，协调整体 BIM+GIS 相关工作。总承包单位配合 GIS 承包方完成 GIS 数据的收集整理工作。总承包对各承包商所提交的 BIM+GIS 成果质量负总体责任，BIM+GIS 工作随工程施工阶段划分为施工准备、施工实施及竣工交付三个阶段。

(1) 施工准备阶段总承包范围内的 BIM+GIS 应用工作

根据指挥部、BIM+GIS 咨询方提供的项目《BIM+GIS 实施大纲》《BIM+GIS 实施导则》，编制并提交本项目施工阶段 BIM+GIS 工作实施方案，提出施工阶段 BIM+GIS 实施工作具体的应用点、应用方案和预期成果。

建立在项目实施期间全程驻场服务的 BIM 项目团队及工作管理组织架构，配置相应的 BIM 实施软硬件环境，协助项目公司、指挥部、BIM+GIS 咨询方确定施工阶段 BIM 工作流程、沟通会议机制、应用成果要求，确定相关责任人。

根据指挥部提供的《施工阶段 BIM 实施细则》的要求，开展基于设计单位提供的施工图设计 BIM 模型的全专业、各类机房、精装修等深化设计工作，提交成果包括但不限于：各专业深化模型、二次结构深化图、工程量清单、节点大样图、轴测图、机房详图等。

(2) 施工准备阶段总承包范围内的 BIM+GIS 管理工作

督促各专业分包单位建立本项目 BIM+GIS 工作管理组织架构，配置相应的实施软硬件环境。

统筹各专业分包单位基于工程项目管理平台进行安装（包括：消防、弱电、精装修等）协调工作；督促各分包单位创建相应专业的施工深化模型，并开展相应的 BIM 应用。

根据 BIM+GIS 咨询方编写的《施工阶段 BIM 实施细则》，按时向 BIM+GIS 咨询方和监理单位提交合同范围区域各分包单位完成的施工深化设计模型和重要（复杂）部位施工方案和施工工艺模拟，并督促各分包单位根据 BIM+GIS 咨询方和监理单位审核的结果进行定期的深化设计模型和施工方案更新。提交各专项施工方案审批申请时，将施工方案模型和模拟文件作为附件一起提交，用于指导现场施工。

项目开工前，总承包督促和协调各分包应基于勘测设计单位提供的矢量电子图（涵盖整个施工区红线范围内的施工图、管线布置、设施设备安装等），进行施工场区全场复核。

（3）施工准备阶段总承包范围内的 BIM＋GIS 整体协调工作

配合指挥部、BIM＋GIS 咨询方的工程建设管理平台搭建，接受 BIM＋GIS 咨询方提供的平台操作培训，根据要求在指挥部提供的工程建设管理平台上建立工作目录，进行权限分配并按指挥部要求上传施工前期各项文件。

协调各承包商参加 BIM、GIS 相关标准规范的宣贯，参加 GIS 承包商提供的数据交付标准、相关软件培训，熟悉 GIS 的管理体系以及相关标准规范要求等。

在 BIM＋GIS 咨询方的统一协调下，配合机场工程其他承包人的 BIM＋GIS 应用工作。

为满足未来机场运维系统通过 BIM＋GIS 进行统一展现的需要，总承包需负责对机场运维信息系统的 BIM＋GIS 需求进行调研，明确机场运维各信息系统对 BIM 模型和 GIS 地图的数据支持及呈现方式等，根据调研形成需求分析报告，并编制 BIM＋GIS实施方案策划书。

（4）施工实施阶段总承包范围内的 BIM＋GIS 应用工作

负责定期完成 4D 进度对比模拟分析，通过虚拟进度与实际进度的比对，分析进度偏差情况，及时调整进度计划。

基于 BIM 深化模型和进度计划进行 4D 施工组织方案模拟，利用 BIM 的三维可视化技术对不同施工组织方案进行比选，优化及调整施工组织计划，并提交三维精装可视化成果模型及相关资料。

通过 BIM 技术的应用，尽量减少施工过程中的施工变更工作，对于总承包范围内的已发生的变更，进行模型的更新和信息的录入。

制定优化管线协调原则及流程，整合施工各专业模型，审核各专业所有设备类管线管道之间、管道和建筑之间的碰撞、干扰和冲突等问题，整理成碰撞报告提交给项目公司、指挥部及 BIM＋GIS 咨询方。

充分利用 BIM 模型，针对复杂区域督促施工关联方进行施工方案的验证及仿真模拟，并提供相应的整改意见，确保施工方案的合理性，避免返工。借助工程建设管理平台的整合和处理使各参与方能够可视化地了解工程项目进展，及时发现施工过程中的风险，并保证施工质量。

根据指挥部提供的《施工阶段 BIM 实施细则》的要求，完成总承包范围内施工实施阶段各类 BIM 模型应用工作。

督促和协调各承包商利用本项目建设的电子沙盘、工程移动管理 APP、管线综合管理系统，对施工动态、图物复核情况进行复核确认。

(5) 施工实施阶段总承包范围内的 BIM+GIS 管理工作

施工过程中，根据工程变更、现场实际情况，督促各分包单位对 BIM 模型进行维护和调整，使其与现场实际施工保持一致。督促和检查各专业分包单位对施工过程中已发生 BIM+GIS 的变更、管线管网及路网的更新和信息的录入。定期提交最新的与实体工程一致的总承包范围内的 BIM 施工模型，该模型应及时、准确地反映当时施工状况的实际情况。设备、材料到场后，指导和管理各分包单位及时统计设备、材料信息，将设备施工、安装信息录入模型。根据 BIM+GIS 咨询方《施工阶段 BIM 实施细则》的要求，督促和管理各专业分包施工实施阶段各类 BIM 模型应用工作。督促和协调各承包商完成机场工程数据资料及施工建造信息的填报采集工作，履行自检报验工作。督促和检查工程原始数据采集，根据 GIS 承包商定义的工程原始图档管理体系、目录结构、采集流程以及操作步骤等。

(6) 施工实施阶段总承包范围内的 BIM+GIS 整体协调工作

在多方会审过程中，督促各专业分包单位将三维模型作为多方会审的沟通基础，要求各专业分包单位在多方会审前，将图纸中出现的问题在三维模型中进行标记，在会审时对问题进行逐个的评审并提出修改意见，并在工程建设管理平台向总承包发送变更通知单。根据项目公司、指挥部、BIM+GIS 咨询方的要求和组织管理，应用 BIM 技术和模型进行施工阶段各个节点的三维协调和交底工作。

督促和协调各承包商在工程建设管理平台（含手机 APP）填报施工进度信息、上传照片，按月提交场区最新施工区地形图；督促和协调各承包商在临建设施开工前、开工后，提供临建区域施工图及相关信息资料，相关资料同步上传工程建设管理平台。落实运维系统所需建模的实施方案及计划，满足后期运维 BIM+GIS 应用需求。

完成项目公司、指挥部、BIM+GIS 咨询方要求的其他 BIM 相关工作。

(7) 施工竣工交付阶段总承包范围内 BIM+GIS 相关工作

根据指挥部提供的《竣工阶段 BIM 实施细则》整理并提交满足项目公司、指挥部对机场运营维护管理需求的竣工文件、资料、BIM 数据、GIS 数据、竣工模型及各类成果。

确保竣工 BIM 模型的几何信息与非几何信息的格式需要满足《竣工阶段 BIM 实施细则》中关于交付成果的要求；竣工 BIM 模型应符合导入 GIS 整体模型相关要求，包括：几何外形的转化及 BIM 信息数据集成。确保竣工模型中编码数据可提取至后期运维管理平台以保证设备管理唯一性要求。资产移交数据应符合机场资产管理运维需求，并提交符合机场资产管理的清单。模型精装要求需符合《竣工阶段 BIM 实施细则》要求。

6. 专业分包

专业分包应接受项目公司、总承包的统一管理，负责合同范围内的 BIM＋GIS 应用。专业分包单位配合总承包方完成 GIS 数据的收集整理工作。BIM＋GIS 工作随工程施工阶段划分为施工准备、施工实施及竣工交付三个阶段。

（1）施工准备阶段

1）专业分包范围内的 BIM＋GIS 应用工作

按总承包要求配备全程驻场服务的 BIM 项目团队，配置相应的 BIM 实施软硬件环境。

根据《施工阶段 BIM 实施细则》的要求，开展基于设计单位提供的施工图设计 BIM 模型的全专业、各类机房、精装修、钢结构、幕墙等深化设计工作，提交成果包括但不限于：各专业深化模型、工程量清单、节点大样图、轴测图、机房详图等。

2）专业分包范围内的 BIM＋GIS 管理工作

专业分包单位创建相应专业的施工深化模型，并开展相应的 BIM 应用。根据《施工阶段 BIM 实施细则》，按时向总承包提交合同范围区域施工深化设计模型和重要（复杂）部位施工方案和施工工艺模拟。项目开工前，专业分包应基于勘测设计单位提供的矢量电子图（涵盖整个施工区红线范围内的施工图、管线布置、设施设备安装等），进行施工场区全场复核。

（2）施工实施阶段

1）专业分包范围内的 BIM＋GIS 应用工作

负责定期完成 4D 进度对比模拟分析，通过虚拟进度与实际进度的比对，分析进度偏差情况，及时调整进度计划。基于 BIM 深化模型和进度计划进行 4D 施工组织方案模拟，利用 BIM 的三维可视化技术对不同施工组织方案进行比选，优化及调整施工组织计划，并提交三维精装可视化成果模型及相关资料。通过 BIM 技术的应用，尽量减少施工过程中的施工变更工作，对于专业分包范围内的已发生的变更进行模型的更新和信息的录入。

2）专业分包范围内的 BIM+GIS 管理工作

施工过程中，根据工程变更、现场实际情况对 BIM 模型进行维护和调整。各专业分包单位对施工过程中已发生 BIM+GIS 的变更、管线管网及路网的更新和信息的录入。定期提交最新的与实体工程一致的承包范围内的 BIM 施工模型，该模型应及时、准确地反映当时施工状况的实际情况。负责专业承包范围内的模型维护与相应编码工作，并交总包单位审核。设备、材料到场后及时统计设备、材料信息，将设备施工、安装信息录入模型。根据 GIS 承包商定义的工程原始图档管理体系、目录结构、采集流程以及操作步骤等，完成机场工程数据资产及施工建造信息的填报采集工作。

(3) 竣工交付阶段

专业分包范围内 BIM+GIS 相关工作：

根据《竣工阶段 BIM 实施细则》整理并提交满足机场运营维护管理需求的竣工文件、资料、BIM 数据、GIS 数据、竣工模型及各类成果。

确保竣工 BIM 模型的几何信息与非几何信息的格式需要满足《竣工阶段 BIM 实施细则》中关于交付成果的要求；竣工 BIM 模型应符合导入 GIS 整体模型相关要求。

资产移交数据应符合机场资产管理运维需求，并提交符合机场资产管理的清单。

17.3　BIM＋GIS 各阶段实施计划与应用

17.3.1　BIM＋GIS 各阶段工作计划

BIM＋GIS 工作计划　　　　　　　　　　　　　表 17-2

序号	阶段	工作内容	执行条件	配合单位	完成时间及结果
1	设计阶段	基于 BIM 技术的模型创建	—	—	—
2		BIM 设计应用	—	—	—
3		BIM 成果审核	施工单位模型深化完成	咨询、施工总承包	模型移交后 20 天内完成
4		BIM 成果验收	施工单位模型深化完成	咨询、施工总承包	模型移交后 20 天内完成

续表

序号	阶段	工作内容	执行条件	配合单位	完成时间及结果
5	施工阶段	完善设计阶段 BIM 模型	设计模型移交完成	设计/咨询	模型移交后 20 天内完成
6		各阶段平面布置模型	—	—	跟随项目进度，在该阶段施工前 1 个月内完成；出具各阶段平面布置三维形象图
7		基于 BIM 模型完成施工图纸会审	设计模型、图纸移交完成	设计/业主	模型审核过程中同步完成，成果汇总至技术管理部
8		土建结构深化设计	工作界面划分明确相应部位深化设计方案完成	—	随施工进行，保证相应部位施工前 1 个月完成，要求对所有复杂节点进行深化并出图
9		机电各专业间碰撞检测及协调深化	机电安装工作界面划分明确，相应机电专业分包招标完成设备选型封样	业主/设计各机电专业分包	分层进行，保证结构施工前 1 个月完成。输出二维施工图、支吊架定位图、预留预埋图等
10		钢结构深化设计	钢结构专业分包招标完成	钢结构专业分包	钢结构施工前 6 个月完成出具焊缝通图、平立面布置图、预留预埋图等
11		幕墙及金属屋面深化设计	幕墙专业分包招标完成	幕墙专业分包	幕墙施工前 3 个月完成。出具预埋件图纸、龙骨图纸、幕墙分格图纸等
12		室内装修	设计出图、专业分包招标完成	精装修专业分包	装修施工前 2 个月
13		弱电工程	弱电图纸设计及深化完成	弱电单位	随机电管线深化设计进度
14		建管平台 4D 施工模拟及进度计划优化	平台部分，需平台完成需求交底	咨询	随工程进度持续更新以协助工期管理
15		预制构件的数字化加工模拟	相应机房/管线/钢结构构件完成预制化构件出图	机电、钢结构专业分包	配合机电、钢结构深化设计、制作、安装同时进行
16		模型施工过程信息录入	相应设备选型施工完成	各专业分包、设备供应商	全周期，确保精度控制
17	竣工阶段	竣工资产交付	施工总承包单位交付竣工模型	总包、专业分包	竣工前 3 个月，确保精度控制
18	运维阶段	数字孪生机场平台	运营方需求确认	机场公司/项目公司	—
19		基于 BIM+GIS 的大数据应用	运营方需求确认		

17.3.2 设计阶段 BIM 应用

1. 制定 BIM+GIS 标准

项目 BIM 实施前期应指定详细的 BIM+GIS 实施标准。将 BIM 咨询单位编制《BIM+GIS 实施大纲》作为项目 BIM+GIS 实施总体技术纲领，针对 BIM 与 GIS 技术层面，明确项目 BIM+GIS 融合的应用规则、应用方向；《BIM+GIS 实施导则》为项目具体的 BIM+GIS 实施管理文件，用以明确各参与方的职责分工、工作流程及管理制度。同时各参与方应按要求编制各阶段的 BIM 实施细则及模型编码标准及 GIS 实施总则。

2. BIM 设计及优化

(1) 基于 BIM 技术的模型创建

设计阶段，设计师可以通过建立 BIM 体量模型，导出进行初步的性能分析，分析结果可以帮助调整建筑布局形态，实现较舒适的自然通风环境和最佳视野；概念设计阶段，可协助建筑师与各方进行直观的方案交流、沟通，并协助设计师进行经济指标统计、建筑日照分析等功能，为深化方案设计提供科学的判断；方案深化设计阶段，设计师可将模型导入专业分析软件进行深入的性能分析，分析结果及时帮助建筑师进一步优化，提高设计产品的综合性能。

(2) BIM 设计应用

碰撞检查：通过运用三维信息模型可视化碰撞功能，可以检查建筑、结构、机电、钢结构、幕墙等专业设计中各种碰撞问题，协助优化设计错漏，优化设计方案。同时对各种空间装修完成的净高提供检查，提升设计品质。

工程量统计：利用 BIM 统计功能，通过对相关数据的收集，可以辅助设计师快速、高效地对设计中的项目主要经济指标进行比较判断，且模型数据会随着设计深化自动更新，确保项目统计信息的准确性。

辅助装修方案选择：为不同的装修方案建立精装修模型，通过 BIM 的渲染、动画漫游等功能，给用户提供多种套餐装修解决方案，实现及时沟通、互动，且不同方案所涉材料的清单、经济数据等可以即时获取，方便、实用。

(3) BIM 成果审核、验收

设计模型移交前由项目 BIM 人员进行各专业模型初步审核，形成模型审核记录反馈项目公司与设计单位。见表 17-3。

设计模型审核内容表　　　　　　　　　　　表 17-3

序号	审核内容		配合单位	输出
1	模型元素完整性	按照规范、咨询公司相关要求，需设计模型包含的元素是否齐全	项目公司/咨询	模型审核问题统计表
2	设计模型细度	是否达到 LOD 300 要求标准	项目公司/咨询	
3	图模一致性	图纸与模型表达是否一致	项目公司/咨询	
4	专业模型规范性	各专业模型构件命名、类型属性、元素信息等是否按约定的统一建模准则创建	项目公司/咨询	
5	专业间设计校核	建筑结构与其他专业模型是否存在碰撞、脱节、预埋件缺失等问题	项目公司/咨询	
6	其他	咨询公司要求的其他规则	项目公司/咨询	

1）交付成果：包括交付范围、交付时间及流程、模型审查流程、成果深度等。

2）交付范围：合同范围内涉及的建筑、结构、机电、幕墙、屋面等专业模型。

3）交付时间：设计模型交付时间应根据项目业主要求分阶段交付，在不影响施工深化模型及现场实际施工情况下可根据现场施工进度进行调整。

4）审查流程：设计单位提交的设计阶段 BIM 模型可在咨询单位及总承包单位共同审查合格后提交业主单位审查，具体的成果审查流程如图 17-5 所示。

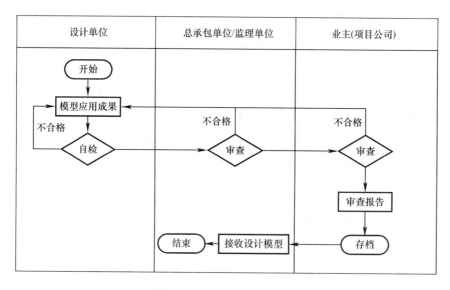

图 17-5　设计模型审查流程

5）成果深度：设计成果交付深度以咨询单位出具的《BIM＋GIS 实施大纲》所要求的深度为宜。

施工过程中可将各专业深化设计成果进行线上审核，及时反馈审核意见及建议。

相比于传统的图纸审核法，通过 BIM 模型审核深化成果更加方便、直观，提升沟通效率。

3. GIS 平台建设

GIS 平台建设涵盖地理信息数据、BIM 基础数据、工程建设数据、时空位置数据和运行时序数据的"机场一张图"，通过数据共享服务，为机场用户和业务应用提供多种格式的数据接口，打造以数据驱动的三维可视化、数据可视化的业务场景。设计阶段 GIS 配合建立好 GIS 平台。

17.3.3 施工 BIM 应用

BIM 技术管理总体实施思路为：以 BIM 总承包管理为核心，督促各专业分包单位配置相应的实施软硬件环境，开展相应的 BIM 应用，创建相应专业的施工深化模型，并建立本项目 BIM＋GIS 工作管理组织架构；统筹各专业分包单位基于项目公司、指挥部工程项目管理平台进行安装（包括：消防、弱电、精装修等）协调工作。

1. 施工 BIM 管理

为实现 BIM 应用目标，经充分分析，确定适合工程的施工阶段 BIM 应用点见表17-4。

项目施工阶段 BIM 计划应用点　　　　　　　　　　表 17-4

序号	应用项目	详细应用点	达到效果
1	施工方案模拟	特殊施工方案模拟 施工方案交底	利用 BIM 模型可视化特点，建立方案模型，模拟方案施工过程，找出可能存在的问题，可视化技术交底
2	深化设计	通过深化模型的建立，解决各专业的碰撞、设计不合理等问题，解决施工前期图纸错误	（1）检测建筑与结构板差标高、管井的位置是否存在问题。 （2）检测混凝土结构与钢构搭接是否存在问题。 （3）对结构钢筋与钢结构、复杂混凝土柱、梁交叉节点进行重点可视化优化和分析。 （4）对施工过程中出现的问题和复杂施工节点利用 BIM 模型进行讨论和交流。 （5）对楼梯间、坡道的空间进行检测。 （6）钢结构深化设计，导出钢构件深化图。 （7）机电安装深化设计，导出综合排布深化图
3	总平面管理	现场机械定位管理 现场施工道路规划 现场堆场布置 现场施工阶段组织	提供场地施工组织三维模型图，对现场的机械布置、加工区、物料堆放、车辆进出、生活区、办公区临建搭建、临水、临电、排污等市政设施等进行可视化展现。利用 BIM 的总平面管理指导现场的施工组织合理有序

续表

序号	应用项目	详细应用点	达到效果
4	进度计划管理	项目整体进度计划模拟	（1）基于BIM5D和进度计划建立项目整体的施工进度模拟，可视化展示各个项目单体各个时间段进度情况，审查总进度计划的合理性（以楼层为单位，只是反映施工的先后顺序）。 （2）工程例会中的月进度汇报利用BIM进度动画模拟展示
		项目实时进度管理	（1）基于BIM模型和现场实际施工进度情况建立实时动态进度模型，便于总包、业主快速直观了解项目整体的进度情况，对滞后进度进行方案做出应对。 （2）工程例会中的周进度汇报（目前和计划）利用BIM进度动画模拟展示
5	碰撞冲突检查	检测安装各专业碰撞	（1）优化工期，体检预知在设计中存在不合理的地方。 （2）提升质量：大幅减少施工，改善工程质量。 （3）提升安全：提前预知问题，减少危险因素，大幅提升工作效率
		检测安装与结构碰撞检查	
		出碰撞报告	
		预留洞口定位报告	
		净高检查	
		土建与钢结构碰撞检查	
6	构件预制指导	对于在工厂预制的构件，利用BIM模型精确模拟指导预制加工	提供精确的尺寸（三维图纸、二维图纸）
7	资源计划管理	利用BIM计算出的工程量调控物资、人员调配	通过BIM模型拥有的信息，对于行工程、人机料的进度计划安排
8	可视化交底	利用软件制出施工演示动画	利用演示动画清晰地向业主或者其他单位展示出施工工艺流程
9	工程算量	工程量精算	能够利用BIM软件与相关软件结合，快速计算出工程量，列出工程量清单，作为成本测算依据
10	质量管理	施工流程管理	能够有效地控制施工流程、物料追踪，从而提高施工质量
		物料追踪管理	
11	安全管理	现场危险源预测	能够在三维模型中提前预知危险源、危险因素，制定出相应应对措施
12	绿色施工管理	利用BIM技术能量分析功能	计算出整个工程的能量分布
13	施工总承包管理	利用BIM模型数据源对项目进行综合管理	建立协同工作平台，将项目全专业各部门纳入到平台中进行管理
14	多项目扩展	建立公司BIM数据库	整理总结项目BIM实施内容，运用效果等，将项目运用经验放入BIM公司数据库，以利后期的BIM工作开展

2. 施工 BIM 应用分析

（1）施工协同管理

采用 BIM＋GIS 建管平台进行多方协同工作，共享项目信息，提高管理效率。客户端无须安装任何 BIM 软件，实现 BIM 模型的浏览、多方校审、合并模型、族库管理等协同应用。

（2）施工进度管理

1）进度计划管理

利用 BIM 模型对于现场施工进度进行动态可调整的 4D 施工模拟，形象地展示施工进度和各专业之间协调关系，辅助确定合理的施工方案、人员、设备配置方案等。

2）流水段划分

借助 BIM 技术进行施工作业流水段划分管理，将整个工程的施工工序与施工工艺划分成若干个便于管理的工作单元，使项目的施工流水、进度计划、资源配置变得更加合理，工作面内外工作协调更加一致。

（3）施工现场平面布置

施工现场平面布置与施工人员的工作、生活息息相关，涉及施工材料、机械设备、施工区、办公区及生活区等多区域的合理分配，且施工现场平面布置是施工组织设计的重要组成部分，通过 BIM 三维可视化技术辅助技术部门分阶段建立多个施工阶段现场平面布置图，根据现场安全文明施工方案要求进行修整和布置，通过模拟及漫游，可以更加直观准确掌握现场施工平面布置情况，提高施工场地的利用率。

（4）施工模拟管理

BIM 工作室将对项目施工重点、难点区域以及重要的施工方案进行施工模拟展示。施工模拟包含：施工进度模拟（如整体施工进度 4D 模拟）、重要方案的施工模拟（如大型设备的吊装模拟、垂直运输模拟）、重要区域的施工模拟（如各大机房设备、管线安装模拟）、复杂区域施工组织模拟（如地下室、办公区走道等专业和工种较多区域的施工工序模拟）等。根据项目特点，拟应用于施工模拟应用点见表 17-5。

项目施工模拟应用点统计表   表 17-5

名称	应用点	目的	实施效果
工艺模拟	异形混凝土结构施工工艺	确定施工顺序及便于现场交底指导施工	明确施工工序及控制要点（如圆柱模板体系加固的间距布置等）
	清水混凝土施工工艺	便于技术交底指导施工	明确清水混凝土各施工工序步骤，确定每道工序注意事项及控制要点
	钢环梁施工工艺	便于现场交底指导施工	明确钢环梁钢筋及钢构件施工工序步骤，确定每道工序注意事项及控制要点

续表

名称	应用点	目的	实施效果
方案模拟	群塔作业防碰撞施工方案	验证群塔安装高度是否合理	确定塔式起重机的安装和顶升高度与相邻塔式起重机安装顶升高度的关系
	超长混凝土结构楼板、大跨度钢桁架屋盖施工方案	便于现场交底指导施工	说明三维 BIM 模型的施工工序，确定每道工序的注意事宜及控制要点
	超高超厚结构模板支撑方案	直观表现架体搭设样式，便于交底验收	确定架体的搭设要求，纵横立杆的间距布置，剪刀撑的布置，连墙件的布置等
	地铁下穿航站楼部位结构施工	便于现场交底指导施工	分清施工界限，有效指导施工平面布置及与航站楼进度间协调
	综合管廊综合布线	优化排布，碰撞检测	优化管线排布、保证室内净高，提前设置结构与砌体结构预留洞，节约资源，避免返工

1）复杂节点钢筋绑扎顺序优化。建立 BIM 模型进行方案模拟，优化不同型号钢筋绑扎顺序，指导现场施工，如图 17-6 所示。

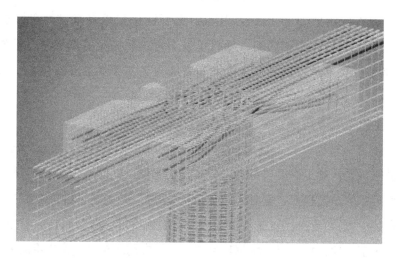

图 17-6 钢筋绑扎模拟

2）管线穿插施工模拟。管线复杂密集区域的交叉施工一直为机电安装施工的重难点，基于 BIM 模型的可视化动态模拟，可优化施工资源配置、工序穿插顺序，提高施工效率。如图 17-7 所示。

（5）物资与质量管理

1）质量管理

结合工程项目管理平台，将 BIM 模型上传至平台，实现现场质量与安全问题与模型挂钩、模型与现场照片对比、线上批注审阅等管控功能，包括质量、安全资料表格的线上审阅，资料内容实体在模型定位等，做到问题可追溯、过程有记录。

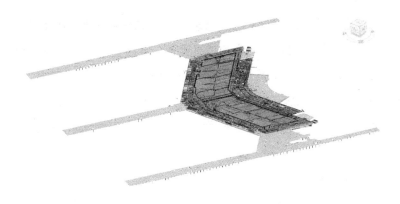

图 17-7　管线穿插模拟

2）物资管理

在钢筋混凝土结构施工过程中，为减少钢筋、模板的堆放闲置时间，利用 BIM 模型，为每一面墙生成包含构件 ID 的二维码，与后台钢筋加工信息、配模信息、混凝土用量信息相关联，实现材料的集成化加工、模块化运输，加强精细化管理。如图 17-8所示。

施工机械"一机一码"，记录设备信息、检测信息、使用方法、负责人、设备加工误差等。

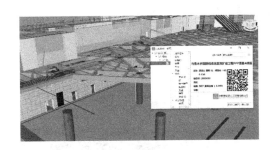

图 17-8　墙体二维码逆向定位

3）构件跟踪

应用于跟踪预制构件、钢结构等，通过构件跟踪能够明确构件施工工艺、阶段及时间，将每一个构件都责任到人。现场人员实时记录并反馈构件施工信息，各环节参与者都能准确得知，避免了以往信息无法获取或者获取不及时的情况。同时通过管控点数据的录入，能够对质量进行过程监控，还能实现过程中构件的实测实量，后期通过软件自动汇总输出，大大提高了工作效率。

4）物资计划

通过建立信息模型，分析影响物资需求计划动态化的因素，提出基于 BIM 的物资需求计划。根据现场物资管理内容和信息管理，分析现场物资信息化管理的特点和现状，提出利用 BIM 技术的适用性，以及物资需求计划在物资管理中的重要性。

通过将 BIM 技术引入施工现场物资管理，编制物资需求计划，实现动态的物资管理，有效地提高现场物资的精细化管理水平，对于现场的物资管理具有重要的现实意义。

（6）预算与成本管理

利用工程建设平台，快速将模型依据现场实际的流水段分区情况进行切分，同时基于质量安全、进度计划、构件工程量、清单工程量四个维度进行分区管理。当流水段快速切分后，可以帮助工程部相关工作人员从某些报量或核量产生的手算工作中解放出来，大大提高工作效率。

（7）安全管理

1）三维、四维技术可视化交底管理

采用 BIM 技术进行技术交底，将各施工步骤、施工工序之间的逻辑关系、复杂交叉施工作业情况、重大方案施工情况直观地加以模拟与展示。基于 BIM 可视化平台，进行图文并茂说明。以直观的方式在降低技术人员、施工人员理解难度的同时，进一步确保技术交底的可实施性、施工安全性等。如图 17-9 所示。

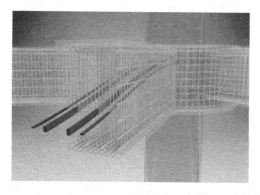

图 17-9　三维可视化交底

2）危险源的辨识及管理

将施工现场所有的生产要素、生成构件等都绘制在主体施工 BIM 模型中。在此基础上，采用 BIM 技术通过 BIM 安全分析软件对施工过程中的危险源进行辨识、分析和评价，快速找出现场存在危险源施工点并且进行标识与统计，同时输出安全分析报告。

3）安全策划管理

采用 BIM 技术，对需要进行安全防护的区域进行精确定位，事先编制出相应的安全策划方案，比如施工洞口"五临边"、施工安全通道口、超高层施工主体各阶段外围水平防护等。提前根据项目重难点、施工安全需求点编制安全防护策划方案，并

且基于 BIM 技术创建 BIM 安全防护模型，反映安全防护情况、优化安全防护措施、统计安全防护资源计划，做到安全策划精细化管理。如图 17-10 所示。

图 17-10　安全疏散模拟

(8) 技术质量管理

1）方案比选

根据建立的三维综合管线模型，利用 BIM 技术可视化和参数化的特点对不同的方案的系统性能、美观布置、成本造价等方面进行比较分析，最终选择最优设计方案。如图 17-11 所示。

方案一
机房管道、设备等原始布置

方案二
机房管道排布、制冷机组优化

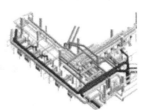
方案三
机房排布最终优化

图 17-11　方案比选

2）方案交底

机场系统繁多，隔震层、地下室夹层、钢结构、金属屋面等结构复杂，可采用 BIM 三维出图编制施工技术交底，并对复杂系统、工序、做法，创建虚拟样板使交底简明易理解。以隔震支座为例，出具类似交底文件，必要时制作工序模拟视频。如图 17-12 所示。

图 17-12 方案交底

3）图纸会审

当工程体量大、专业多、管线复杂时，基于 BIM 技术的图纸会审可发现设计阶段图纸问题，相关专业人员依据施工图纸审查施工图设计模型，发现图纸中隐藏的问题，并将问题进行汇总。在完成模型创建之后通过软件的碰撞检查功能，进行专业内以及各专业间的碰撞检查，发现图纸中的设计问题。

在多方会审过程中，将三维模型作为多方会审的沟通媒介，在多方会审前将图纸中出现的问题在三维模型中进行标记，会审时，对问题进行逐个的评审并提出修改意见，可以大大地提高沟通效率。在进行会审交底过程中，通过三维模型对会审的相关结果进行交底，向各参与方展示图纸中某些问题的修改结果。如图 17-13 所示。

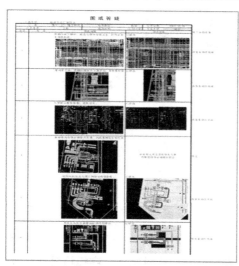

图 17-13 基于 BIM 技术的图纸会审及答疑

4）图纸管理

在 BIM 中建立工程资料档案，将施工管理中、项目竣工和运维阶段需要的资料档案列入 BIM 模型中，实现高效管理与协同。

5）设计优化

针对现有设计成果提出更快捷、更经济的合理化建议。

（9）BIM 模型深化

1）深化设计各方职责

深化设计各方职责见表 17-6。

各方深化设计职责表

表 17-6

序号	单位	执行内容	完成时间及结果
1	施工总包	负责建筑结构深化设计工作，统筹协调、确认其他专业深化设计工作	相应部位施工前 1 个月完成深化设计图纸、模型
2	专业分包	负责专业承包范围内的深化设计工作	相应部位施工前 1 个月完成（钢结构、幕墙等需较长加工时间的，需提前 2 个月）深化设计图纸、模型
3	项目公司	对图纸及模型进行初步审核并发送设计单位，监督深化设计实施	
4	设计单位	负责确认深化设计方案是否符合规范要求和设计初衷	平台及线下的深化方案相关审批文件

2）土建深化设计

① 土建深化设计模型细部要求

土建 BIM 模型深度遵循"适度"原则，构件深度包括几何表达精度和属性信息深度两方面，参考《建筑信息模型施工应用标准》GB/T 51235 以及《BIM＋GIS 实施大纲》标准。

② 土建深化设计实施标准

墙体预留洞口定位，对机电管线洞口进行深化排布，在砌筑施工时做到管线洞口一次预留到位，避免后期砌体墙的打砸、开凿、修补，达到节材、节能的目的。如图 17-14 所示。

构造柱及部分功能房间排砖，对地砖、墙砖进行三维正向排布，模型精度达到 LOD 400，出具排布图、用料表，最大程度使用整砖，减少现场材料消耗，通过高精度施工图，实现现场精细化管理。如图 17-15 所示。

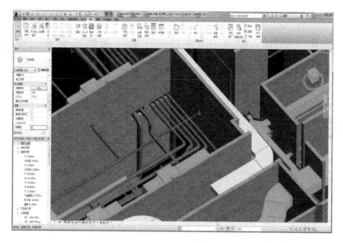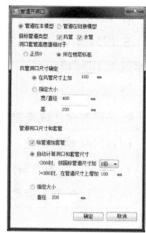

图 17-14　利用工具集机电预留洞口深化设计

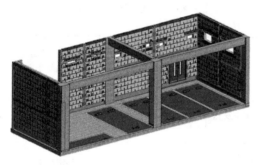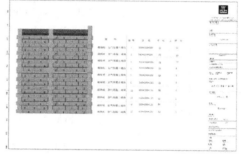

图 17-15　机房排砖与部分砌体排砖

　　钢结构与土建协调深化，在熟悉图纸的同时，对钢结构特殊节点进行统计，并标注于图纸。在此基础上，通过土建与钢结构模型的整合，检查钢构件的预留预埋、翼缘板的位置、斜撑位置、钢柱钢梁尺寸等是否能与土建协调，存在矛盾时应及时调整，避免钢构件加工错误，并提前做好现场进度策划。

　　预应力深化设计，时后张缓粘结预应力梁、后张无粘结预应力楼板，通过 BIM技术对梁板钢筋排布，使得预应力结构施工时波纹管能够顺利穿入，从三维视图角度优化施工节点工艺。如图 17-16 所示。

　　预应力深化设计流程可参照幕墙深化设计流程，具体时间节点根据工程进度计划实际编排。

　　③ 土建深化设计成果交付要求

　　参照《建筑信息模型施工应用标准》GB/T 51235 中规定的深化设计模型细度标

准，完成深化设计阶段土建模型，满足咨询公司制定的模型创建标准、命名规则、元素信息等要求。

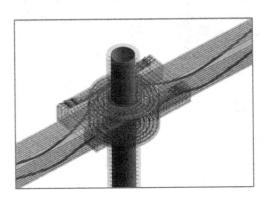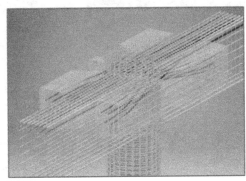

图 17-16　BIM 技术对预应力梁柱节点深化设计

3）机电深化设计

机场机电工程体量庞大、专业系统复杂，涵盖了建筑电气、给水排水及暖通、通风与空调、消防工程、弱电智能化工程、行李系统等工程，地下室管线综合复杂，新设备、新系统多，功能性用房管线密集，专业间交叉多。利用 BIM 技术做好项目深化设计工作、优化施工工序，减少材料浪费、避免返工、拆改，提高工程安装精度质量、加快工程进度等是 BIM 实施策划的重点工作之一。

机电 BIM 模型深度遵循"适度"原则，构件深度包括几何表达精度和属性信息深度两方面，参考《建筑信息模型施工应用标准》GB/T 51235 以及《BIM＋GIS 实施大纲》标准。

机电深化设计实施标准，以机电为纽带，承上协调建筑、结构，启下配合幕墙装修，通过多专业间设计协调，满足各专业间施工要求，同时最大化提升建筑使用空间。拟对航站楼区域机电工程全专业模型深化设计，确保管线合理排布，实现综合模型与综合管线图（CSD 图）、各专业施工图三者一致，标准如图 17-17 和图 17-18 所示。

现场实施严格依照 BIM 深化设计图纸，确保现场实施与 BIM 模型图纸一致，控制误差，做到"设计现行，BIM 控制，场模合一"。

对局部管线密集区域支吊架进行设计及计算校核，出具支架施工方案，进行支架生根预埋，确保结构安全。按照支吊施工方案对每个支吊架进行模型落位，出具支吊架施工图纸。如图 17-19 所示。

图 17-17　管线综合实施标准示例

图 17-18　功能房间深化设计实施标准示例

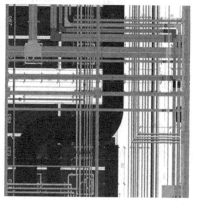

图 17-19　支吊架设计及定位

机电深化设计成果交付要求：

参照《建筑工程信息模型应用统一标准》GB/T 51235 中规定的深化设计模型细度标准，完成深化设计阶段机电模型。满足模型创建标准、系统颜色区分、元素信息等要求，满足其他运维要求。

工程系统重点区域实施要求，针对工程重难点区域，如行李系统的整体优化、民航信息系统、登机桥活动端等系统区域的设计优化将着重加强协同管控,有针对性地进行碰撞检查、施工漫游、模拟等,定期进行模型校核会议,严格落实场模合一,确保区域优化的经济性合理性和安全性。

4)钢结构深化设计

利用 Tekla Structures 对工程钢结构进行深化设计,通过将所有加工详图(包括布置图、构件图、零件图等)利用三视图原理进行投影、剖面生成深化图纸,图纸上的所有尺寸,包括杆件长度、断面尺寸、杆件相交角度均在杆件模型上直接投影产生。通过深化设计产生的加工数据清单,直接导入精密数控加工设备进行加工,保证了构件加工的精密性及安装精度。如图 17-20 所示。

图 17-20　钢结构节点设计

钢结构深化设计模型细度见表 17-7。

钢结构深化设计模型元素及信息　　　　　　　　　　表 17-7

序号	模型元素类型	模型元素及信息
1	上游模型	钢结构施工图设计模型元素及信息
2	节点	几何信息包括: 1. 钢结构连接节点位置,连接板及加劲板的位置和尺寸; 2. 现场分段连接节点位置,连接板及加劲板的位置和尺寸; 3. 螺栓和焊缝位置。 非几何信息包括: 钢构件及零件的材料属性、钢结构表面处理方法、钢构件的编号信息、螺栓规格
3	预埋件和预留孔洞	几何信息包括:位置和尺寸

5)幕墙深化设计

幕墙的深化设计采用 Revit+Rhinoceros 相结合的方式进行,根据现场提供的

CAD平面图和建筑立面图上的玻璃板块进行幕墙表皮建立，然后对其进行板块分割，对板块的尺寸、形状可以进行精确的统计。

针对特殊部位，采用 Rhinoceros 软件进行节点细化，优化施工方案，调整材料的加工制作，在保证设计效果的前提下提高施工效率，创造经济效益。

对幕墙生产制造深入了解，从基础技术的掌握保证深化设计的合理性和有效性。

通过现场的测量放线，土建的结构往往具有一定的偏差，与幕墙完成面有冲突，通过调整模型，对幕墙分格、进出位、表皮划分进行调整，使图纸表达更准确。利用幕墙 BIM 深化设计模型，明确幕墙与结构连接节点、幕墙分块大小、缝隙处理、外观效果、安装方式，用模型指导幕墙加工制作及施工。因幕墙工程量大，具备条件且必要时，可利用幕墙 BIM 模型对玻璃幕墙逐一编号，且与工程进度计划信息关联，生产及运输过程将根据 BIM 模型中的编号进行加工、运输跟踪。如图 17-21 所示。

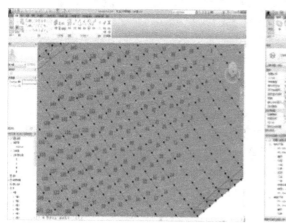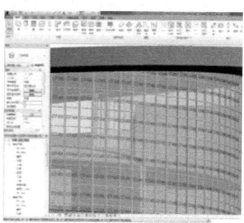

图 17-21　利用 BIM 模型对幕墙及金属屋面进行分块编号

幕墙深化设计模型细度见表 17-8。

幕墙深化设计模型细度表　　　　　　　　　　　表 17-8

专业	模型元素	元素信息
玻璃幕墙	玻璃面板 玻璃胶片 隔声岩棉 防火岩棉 保湿岩棉 连接件 预埋件 螺栓、螺母	几何信息： 　构件长度、面板宽度、面板高度、面板厚度、面板面积、构件体积、构件切割尺寸、孔位加工定位尺寸、构件定位信息。 非几何信息： 　1. 构件自重、构件数量、构件规格、安装信息； 　2. 构件防腐防火要求（油漆型号、干膜厚度、涂覆道数、喷涂位置）
铝板幕墙		
石材幕墙		

6）精装修深化设计

精装修深化设计中的节点设计、墙顶地面装饰造型设计、龙骨排布设计、专业协调等工作采用 BIM 技术可大大提高效率。在精装修深化设计 BIM 应用中，可基于施工图设计模型和设计文件、施工做法文件创建精装修深化设计模型，完成节点深化设计、输出。

精装修深化设计细度见表 17-9。

精装修深化设计细度表　　　　　　　　　　表 17-9

类别	模型元素类型	模型元素及信息
龙骨	木龙骨、轻钢龙骨、钢龙骨、铝合金龙骨	几何信息：几何大小等形状信息； 非几何信息：规格型号、材料和材质信息、生产厂家等产品信息
门窗	木门窗、铝合金门窗、钢塑门窗	几何信息：基本门窗大小等形状信息； 非几何信息：规格型号、材料和材质信息、生产厂家等产品信息
定制家具	板材家具、实木家具	几何信息：基本家具尺寸大小等形状信息； 非几何信息：规格型号、材料和材质信息、生产厂家等产品信息
装饰面层	涂料、壁纸、石膏板、吸声板、木饰板、布艺	几何信息：尺寸大小等形状信息，面积计算公式； 非几何信息：规格型号、材料和材质信息、生产厂家等产品信息
	玻璃饰面、金属饰面、墙地砖、石材、矿棉硅酸钙板	几何信息：尺寸大小等形状信息，面积计算公式； 非几何信息：规格型号、材料和材质信息、生产厂家等产品信息

3. 模型编码

航站楼项目涉及专业多，工程实体信息量大，如文字、数字、图片、图纸、图像信息等。要有针对性地来梳理需要的信息，避免产生数据、信息断层。

（1）编制目的

BIM 编码是设备在全生命周期中唯一的身份标识，用于对模型和信息进行分类，以便于检索利用，使模型和信息可以跨系统、跨平台传递，保持构件条目的唯一性。

（2）编码责任单位

各施工单位使用指挥部提供的编码插件，负责各自合同范围内的深化模型的编码工作。

（3）编码工具

使用专用编码工具进行编码，并进行编码工具使用培训。如图 17-22 所示。

（4）编码工具功能及特性

1）编码特性

规则同步，编码工具采用客户端＋服务端的形式；服务端用于维护管理编码规则库，并向各参建单位同步规则。

图 17-22　编码工具

2）自动识别

根据模型中包含的信息（例如：文件名称、构件名称、系统分类）自动判断规则库中是否包含类似含义，如果包含则自动生成编码，无需要人工选取。如图 17-23 所示。

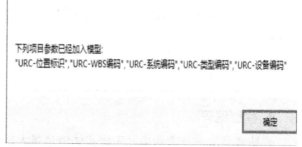

图 17-23　初始化自动识别

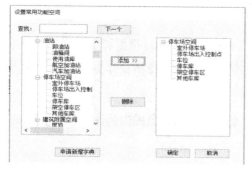

图 17-24　新增字典扩充规则

3）规则扩充

由于航站楼项目构件种类繁多、信息复杂，编码规则在使用过程中需要不断扩充，插件支持编码规则的扩充与审批。如图 17-24 所示。

4）属性维护

支持模型属性批量导入导出，可以辅助建模人员快速完成信息的录入与维护。

（5）模型编码录入

各区域负责的区域在深化模型完成后，开始进行模型编码的录入工作。按照位置分级标识（区域、楼层、空间）航站楼内构件的标识，具体流程如下：

1）第一级录入区域 AB（南指廊区域、国内三角区）、C（中指廊区域）、D（主楼区域）、EF（北指廊区域、国际三角区）；

2）第二级录入楼层分别为地下一层、一层、二层、三层、三层夹层、屋面；空间区域分别为公共空间、各功能用房空间及其他不用业态空间；

3）第三级录入系统类别标识（水系统、风系统、电系统、消防系统）；

4）第四级录入设备名称（如空调、水泵、消火栓等）。

编码录入示意如图 17-25 和图 17-26 所示。

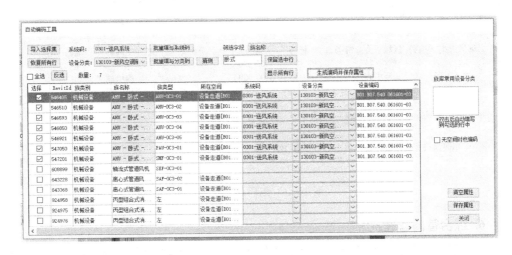

图 17-25　编码录入

4. 数字资产采集

（1）属性信息采集在模型深化完成且编码完成后进行；

（2）施工单位通过建管平台识别模型信息并生成二维码，现场通过扫描二维码输入设备信息；

（3）项目公司审核通过后移交项目业主。

5. 工程建设管理平台应用

基于 BIM 工程建设管理平台为各工程参与方提供协同工作的环境，实现以 BIM 为核心的协同工作、协同管理模式。通过平台对整个工程建设流程进行管理和控制，提高各参与方协同工作的效率，实现工程进度、质量、安全等信息的可视、动态、精细化管理，为工程建设提供辅助支持。管控的核心和前提是 BIM 模型，因此需要对业主单位、咨询单位、监理单位、施工单位及其分包商，基于建管平台实现对 BIM

模型本身的管理工作。借助工程建设管理平台可实现事务协同、BIM 协同、文档管理和工程质量、安全、进度管理等。

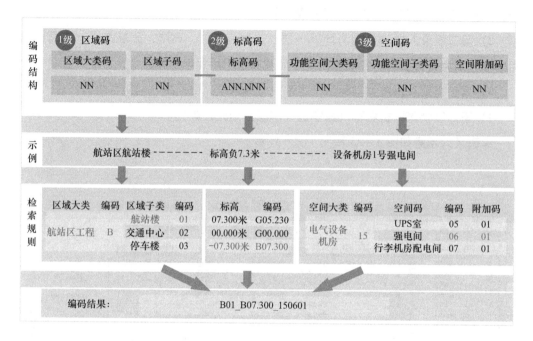

图 17-26　编码录入示例

6. 综合管网管理系统

综合管网包括全场地下管线、地面管线以及建筑物内部管线，具体内容包括：管电管井、阀门、给水管线、排水管线、污水管线、雨水管线、中水管线、燃气管线、热力管线、供冷管线、输油管线、通信管线、安防管线、电力管线、消防管线、综合管沟及附属设施等。

施工总承包单位在管线动工前提交施工图和管线属性表单，完工后提交竣工图、竣工属性表单及施工现场照片，并保证提交图纸的准确性和完整性，指挥部各工程管理部、项目公司及监理单位对职责范围内的数据进行审核。

7. 各专业分包 BIM 协同机制

拟采用 BIM 设计协同软件，该软件应具备以下特点：

（1）云协同工作，办公人员可以异地协同工作，多专业同步深化模型；

（2）族库管理，限定了族的权限，确保了族的正确使用，防止族污染；

（3）安装插件：集成翻模工具（支持从 CAD 图纸转化土建梁板柱、机电风管、桥架、管道喷淋等）、机电算量（支持自定义规则）、支吊架布置、管综工具（支持一键对齐、一键开洞、管线连接等)。

该协同平台应用,极大地提高了模型深化效率,下一步将进行各专业分包推广联合使用。

17.3.4 竣工阶段应用

施工单位竣工阶段 BIM 模型完成后,分区、分层、分专业提交项目公司审核,审核完成后提交咨询单位审核,合格后进行移交指挥部。

1. 构建竣工模型

在竣工验收时,将竣工验收信息与后期运维有关的属性等信息添加到对应施工模型中,并根据项目实际情况进行修改和调整,以保证模型与工程实体一致性,模型信息具备准确性、完整性、系统性、科学性。

2. 主要交付成果与计划

施工单位 BIM 交付内容可依据施工总承包合同的具体要求,在 BIM 合同中没有明确约定交付物时,应至少交付以下内容,见表 17-10。

施工单位交付成果　　　　　　　　　　　　　　表 17-10

序号	交付内容	文件格式要求	移交计划	接收单位	备注
1	BIM 模型文件	rvt	相应部位施工前 2 周	项目公司	精度见 BIM 实施大纲
2	BIM 模板文件	rte	相应部位施工前 2 周	项目公司	含交付清单
3	碰撞检测报告		相应部位施工前 2 周	项目公司	基于最终交付版 BIM 模型的报告,非过程版
4	净高优化分析报告	word、PDF	相应部位施工前 2 周	项目公司	
5	管线综合优化报告		相应部位施工前 2 周	项目公司	
6	动画视频及漫游文件	成果文件:MP4、avi	相应部位施工前 2 周	项目公司	除成果文件外还应交付制作源文件
7	深化设计 BIM 交底说明	word、PDF	相应部位施工前 2 周	项目公司	
8	竣工阶段各专业 BIM 模型	rvt(含编码、属性信息、资产信息)	竣工前一个月	项目公司指挥部	

17.3.5 BIM+GIS 融合

BIM 模型整合在建管平台实施,轻量化及 BIM+GIS 融合由 GIS 单位实施。

第十八章 不停航施工管理

18.1 概 述

在机场改扩建不停航施工的过程中，工程项目的风险管理起着极为关键的作用，在该项工程施工的过程中如何正确识别、评估工程的风险，并采用有效的方法进行处理、控制，降低各种安全隐患，确保该工程项目可以顺利地完成，已经成为我国民用机场建设过程中面对的主要课题和社会各界所热议的话题。

不停航施工主要针对民用机场和军民合用机场民用部分的下列工程：

(1) 飞行区土质地带大面积沉陷的处理工程、飞行区排水设施的整修维护工程等；

(2) 跑道、滑行道、机坪的整修维护工程及道面"盖被工程"；

(3) 跑道、滑行道、机坪的改扩建工程；

(4) 扩建和更新改造助航灯光及其电缆的工程；

(5) 影响民用航空器活动的其他工程。

机场管理机构应当根据《民用机场不停航施工管理规定》制定不停航施工管理实施细则，承担施工期间的安全管理责任，与工程建设单位、空中交通管理部门签订安全保证责任书，明确各项安全措施。同时，应当加强对施工人员和车辆的管理，严格实行飞行区及其他限制区域通行证制度。

不停航施工实施细则应当包括下列内容：(1) 机场管理机构对工程建设单位的监督检查制度；(2) 机场管理机构与空中交通管理部门、航空营运人及其他驻场单位的协调工作制度。

18.2 不停航施工的特点

1. 安全要求高

飞机在正常起降时对净空和视程的要求非常高，为了更好地实现这一要求，施工过程中所使用的机械高度不可以直接穿透净空面；运土车的渣土不可以洒在飞机的跑道上，飞机跑道附近的边缘也不可以存有渣土，所以一定要通过洒水来起到降尘的效果；临时助航灯光的横排灯的水平方向、垂直方向在设置的过程中，一定要满足民航的相关要求和标准；同时，为了更好地保障机场通信导航监视系统可以在正常的环境下运行，要采用有效的方法加强对地下电缆管线的保护，并对其有高度的重视和关注。

2. 涉及部门多

工程施工之前，需要获得地区民航管理机构审批同意。相关作业需要与民航空管机构、机场管理机构协调，对施工的范围进行分析和观察，检查施工范围是否存在消防、管线、导航等重要设备。取得相关图纸以及数据之后，再用机械或者是人工开挖的方式对线路的分布情况以及线路的走向进行确定，并根据实际情况设置较为明显的标识，进行警示，有效降低原管道线路对航空器所造成的影响。

3. 施工时间受限

对影响航站楼旅客出行和飞行区航空器起降的施工作业，需要限定其作业时间。这将导致施工作业时间缩短，要求组织好各项作业安排，将影响降至最低。

4. 施工成本高

由于受不停航施工影响，有效施工受限，机械利用率低，施工成本加大。同时，为保障工程进度及不影响机场运行，往往需要采取特殊的施工工艺，如每天退场时需对现场进行临时覆盖，以及其他保证机场不停航施工的措施等，都会增加施工的成本。

18.3　不停航施工申报

18.3.1　申报流程

机场管理机构应当在工程实施前按照相关规定的要求报民航地区管理机构审批。

民航地区管理机构应当将4D及其以上机场的不停航施工的批准文件和申报资料报民航总局机场管理职能部门备案。

不停航施工申报流程如图18-1所示。

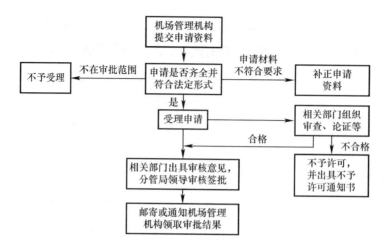

图 18-1 不停航施工申报流程图

18.3.2 申报所需资料

(1) 申请文件（原件）。

(2) 民航主管部门对该工程初步设计或开工的批复文件一份。

(3) 工程建设单位或其委托的工程组织机构编写的施工管理实施方案一份。

(4) 机场管理机构与工程建设单位、空中交通管理部门签订的安全保证责任书各一份。

(5) 民航总局关于调整航空器起降架次和航班运行时刻的批复文件。

(6) 各类应急预案（原件）。

(7) 保证飞行安全和航班正常的安全措施一份。其内容应当包括：

1) 施工总平面图及施工组织设计方案，包括施工区域围界，标志线、标志灯布置，堆料场位置，大型机具停放位置，施工车辆通行路线，施工人员进出施工现场道口等；

2) 影响飞机滑行、停放的情况和临时采取的措施；

3) 影响机场消防、应急救援通道的情况和临时采取的措施；

4) 涉及跑道入口内移的，对道面标志、助航灯光临时采取的措施；

5) 对临时设置的进入飞行区及其他限制区的出入口的控制措施；

6) 对施工中的飘浮物、灰尘的控制措施；

7) 对施工噪声及其他污染的控制措施；

8) 施工机具影响机场运行标准的情况和控制措施；

9）在经批准的施工期间，对机场飞行程序、起飞着陆最低标准影响和变动的情况；

10）影响机场导航设施正常工作的情况和采取的措施。

18.4　基　本　要　求

为最大限度地减少不停航施工对机场正常运行的影响，避免危及机场运行安全，保障飞机的运行安全。项目公司将加强对不停航施工的监督管理，确保施工期间机场的安全运行。

（1）施工组织管理方案应当参照不停航施工管理的要求对影响安全的情况采取必要的措施，并尽可能降低对运行的影响。

（2）施工前，建设单位应当对原有地下管线进行核实，防止施工对机场运行安全造成影响。

（3）实施不停航施工，应当服从机场管理机构的统一协调和管理。

（4）保证飞行安全和航班正常的安全措施。

18.5　不停航施工总体规定

机场工程不停航施工应遵守以下法律法规：

（1）《中华人民共和国民用航空法》。

（2）《民用机场不停航施工管理规定》。

（3）《民用机场管理条例》。

（4）《民用机场运行安全管理规定》。

（5）机场管理机构制定的不停航施工管理实施细则。

18.6　不停航施工一般规定

18.6.1　对跑道端安全区、无障碍物区和其他净空限制面的保护措施

（1）进入飞行区从事施工作业的人员、机具和车辆，必须事先取得塔台管制人员

的同意。在航空器起飞或者着陆前 1h，施工单位应当清理恢复现场，填平、夯实沟坑，将施工人员、机具、车辆撤离施工现场，由机场现场指挥部门或场务维护部门检查合格后通知塔台。

（2）工程建设单位应当与机场现场指挥机构建立可靠的通信联系，施工期间应当设人值守。

（3）在机场有飞行任务期间，禁止在跑道端之外 300m 以内、跑道中心线两侧 60m 以内的区域进行任何施工作业。

（4）在跑道端 300m 以外、跑道中心线两侧 60m 以外区域施工的，机具、车辆的高度不得穿透障碍物限制面。

（5）除特别批准外，在滑行道、机坪道面边线以外施工的，应当与道（坪）边线保持 7.5m 加上本机场使用最大机型翼展宽度 1/2 的距离。

（6）施工期间，未经机场公安消防管理部门检查批准，不得使用明火，不得使用电、气进行焊接和切割作业。

（7）在滑行道、机坪道面边以外进行施工的，当有航空器通过时，滑行道中线或机位滑行道中线至物体的最小安全距离范围内，不得存在影响航空器滑行安全的设备、人员或其他堆放物，并不得存在可能吸入发动机的松散物和其他可能危及航空器安全的物体。

18.6.2 对飞行区出入口的控制措施和对车辆灯光和标识的要求

（1）临时关闭的跑道、滑行道或其一部分，应当按照《民用机场飞行区技术标准》MH 5001 的要求设置关闭标志。并同时关闭该跑道、滑行道或其部分的助航灯光。

（2）已关闭的跑道、滑行道或其一部分上的灯光不得开启。被关闭区域的进口处应当设置不适用地区标志物和不适用地区灯光标志。

（3）在机坪区域进行施工的，对不适宜于航空器活动的区域，必须设置不适用地区标志物和不适用地区灯光标志。

（4）施工区域与航空器活动区应当有明确而清晰的分隔，如设立施工临时围栏或其他醒目隔离设施。围栏应当能够承受航空器吹袭。围栏上应当设旗帜标志，夜晚应当予以照明。

（5）施工区域内的地下电缆和各种管线应当设置醒目标识。施工作业不得对电缆和管线造成损坏。

（6）在施工期间，应当定期实施检查，保持各种临时标志、标志物清晰有效，临时灯光工作正常。航空器活动区附近的临时标志物、标记牌和灯具应当易折，并尽可能接近地面。

（7）邻近跑道端安全区和升降带平整区的开挖明沟和施工材料堆放处，必须用红色或橘黄色小旗标示以示警告。在低能见度天气和夜间，还应当加设红色恒定灯光。材料和临时堆放的施工垃圾应当采取防止被风或飞机尾流吹散的措施。

18.6.3　施工场地的使用以及清洁等要求

（1）施工期间，应当保护好导航设施临界区、敏感区的场地。航空器运行时，任何车辆、人员不得进入临界区、敏感区。不得使用可能对导航设施或航空器通信产生干扰的电气设备。

（2）易飘浮的物体、堆放的材料应当加以遮盖，防止被风或航空器尾流吹散。

（3）因施工使原有排水系统不能正常运行的，应当采取临时排水措施，防止因排水不畅造成飞行区被淹没。

（4）因施工而影响机场消防、应急救援通道和集结点正常使用时，应当采取临时措施。

18.6.4　施工人员、车辆的有关管理规定

（1）进入飞行区从事施工作业的人员，应当经过培训并申办通行证（包括车辆通行证）。人员和车辆进出飞行区出入口时，应当接受检查。飞行区施工临时设置的大门应当符合安全保卫的有关规定。

（2）施工人员和车辆应当严格按照施工组织管理方案中规定的时间和路线进出施工区域。因临时进出施工区域，驾驶员没有经过培训的车辆，应当由持有场内车驾驶证的机场管理机构人员全程引领。

（3）施工车辆、机具的停放区域和堆料场的设置不得阻挡机场管制塔台对跑道、滑行道和机坪的观察视线，也不得遮挡任何使用中的助航灯光、标记牌，并不得超过净空限制面。

（4）施工单位应当与机场现场指挥机构建立可靠的通信联系。施工期间应当派施工安全检查员现场值守和检查。安全检查员必须经过无线电通信培训，熟悉通信程序。

18.7 不停航施工保护措施

18.7.1 净空区保护

机场净空区是为保证飞机起飞着陆和复飞的安全，在机场周围划定的限制地貌、地物高度的空间区域。新规定的机场净空区由升降带、端净空区和侧净空区组成，其范围和规格根据机场等级确定。

升降带是为了保证飞机起飞着陆滑跑的安全，以跑道为中心在其周围划定的一个区域；端净空区为保证飞机起飞爬升和着陆下滑安全，限制物体高度的空间区域；侧净空区是从升降带和端净空区限制面边线开始，至机场净空区边线所构成的限制物体高度的区域，由过渡面、内水平面、锥形面和外水平面组成。

净空区示意如图 18-2 所示。

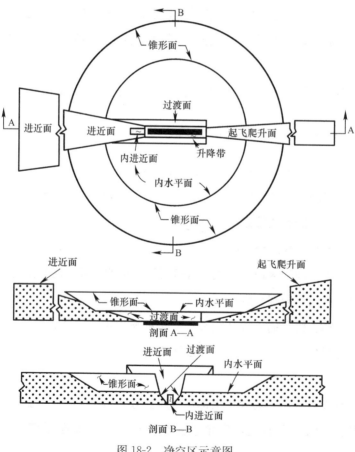

图 18-2 净空区示意图

对位于内水平面的大型机械设备包括塔式起重机、履带式起重机，其高度应控制在净空评估高度范围之内。大型机械施工安全保证措施见表 18-1。

大型机械设备安全保证措施 表 18-1

序号	类别	安全保证措施
1	进出场报备	1）对进出场大型机械设备型号、规格提前向机场管理机构进行报备，办理进出场证明； 2）将塔司使用的对讲机向机场管理机构进行报备
2	塔式起重机	1）塔式起重机高度需要满足要求； 2）设置装设频闪的航空障碍灯； 3）安装塔机防碰撞装置； 4）吊钩视频追踪系统
3	履带式起重机	1）场地应平整坚实，若不平整坚实，应对地面进行平整夯实后方可进行作业。 2）在制定区域进行吊装作业。 3）操作人员和起重指挥人员必须持有《特殊工种操作证》。 4）安全装置必须随时保养，严禁搬动和拆卸。修理或维护保养时，必须在非工作状态，严禁在作业中对机械进行维护或者保养
4	设备验收	项目部应组织租赁、安装单位联合对机械进行进场验收，对不合格零部件组织进行维修至合格或退场更换处理
5	日常维护	1）对机械安装、拆除、顶升加节附着等作业进行旁站监督。 2）公司机械管理员对公司初次使用规格型号的塔机、施工电梯等设备的初次安装和爬升附着、拆除作业旁站监督，并组织对各环节的检查、验收

18.7.2 FOD 治理

(1) FOD 识别辨识

FOD（即可能损伤航空器的某种外来的物质、碎屑或物体）识别辨识见表 18-2。

FOD 识别辨识 表 18-2

序号	区域		内容
1	施工区	地基基础阶段	扬尘、水泥袋、彩条布、混凝土养护薄膜、棉毡等
2		主体结构施工阶段	扬尘、彩条布、混凝土养护薄膜、棉毡、编织袋
3		装饰装修阶段	扬尘、包装箱、材料保护膜、塑料袋、加工废料
4	办公区		纸箱、塑料袋、塑料瓶

危险源分析：办公区和施工现场主要来自施工过程中产生的易漂浮物体，影响机场正常运行，在大风预警天气影响较大，抓好日常管理工作与特殊天气针对性方案的

落实是本工作的重中之重。

（2）FOD 治理施工措施

FOD 治理施工措施见表 18-3。

FOD 治理防护措施

表 18-3

序号	类别	保证措施
1	天气监测	1）加强与气象部门联系，时刻关注大风天气； 2）每道工序完成后，及时清理易漂浮物体； 3）针对 4 级以上大风天气，对现场进行全面检查，确保无残留易漂浮物体； 4）6 级以上大风天气，停止施工并对现场进行清理
2	扬尘控制	1）土方覆盖，设洗车槽，控制扬尘； 2）定型固定式围挡，标准化临边防护上设置自动喷淋降尘； 3）塔式起重机和外架上设置自动喷淋降尘； 4）场内配置足够的雾炮降尘
3	管理措施	1）针对 FOD 治理，对项目管理人员、分包管理人员、工人进行层层交底； 2）针对施工过程中出现的 FOD 案例定期组织工人学习培训； 3）针对施工过程中的流动人员，开展进场 FOD 治理交底，做到 FOD 治理无死角与分包签订 FOD 治理管理协议
4	组织措施	1）项目部建立以项目经理为首的 FOD 专项治理小组，明确小组各成员职责，保证各项措施落实到位； 2）各区段分包单位建立以现场负责人、施工员、安全员为主的 FOD 治理小组，保证治理措施落实到位
5	技术措施	1）加强施工管理，加强现场除尘、降尘措施，确保符合指标要求； 2）使用钢管、石块对彩条布、塑料薄膜、棉毡进行加固； 3）对现场垃圾池、垃圾箱进行封闭式处理

18.7.3　电磁环境保护

根据《运输机场运行安全管理规定（2018 修正）》第一百七十四条："机场电磁环境保护区域包括设置在机场总体规划区域内的民用航空无线电台（站）电磁环境保护区和机场飞行区电磁环境保护区域。"机场飞行区电磁环境保护区域，是指影响民用航空器运行安全的机场电磁环境区域，即机场管制地带内从地表面向上的空间范围。第一百七十八条："机场管理机构应当建立机场电磁环境保护区巡检制度，发现下列有影响航空电磁环境的行为发生时应当立即报告民航地区管理局：（一）修建可能影响航空电磁环境的高压输电线、架空金属线、铁路（电气化铁路）、公路、无线电发射设备试验发射场；（二）存放金属堆积物；（三）种植高大植物；（四）掘土、采砂、采石等改变地形地貌的活动；（五）修建其他可能影响机场电磁环境的建筑物或者设施以及进行可能影响航空电磁环境的活动。"电磁环境保护措施见表 18-4。

电磁环境保护措施 表 18-4

序号	类别	保证措施
1	减少无线电设备的使用	高频无线通信设备，以避免与机场使用的无线对讲机形成干扰。施工过程中采用手势、哨子等方式进行指挥、传递信息
2	无线电设备的使用	1）所有进场的无线电设备均需备案，表明无线电波频率。不符合要求的不得进场。 2）塔机与信号指挥人员应配备对讲机，对讲机经统一确定频率后必须锁频，使用人员无权调改频率，要专机专用，不得转借
3	金属堆积物	1）金属必须在指定场地进行堆积。 2）金属堆积物高度不得超过 1.5m，钢柱堆积不超过 3 层

18.7.4 地下管线保护措施

地下管线保护措施见表 18-5。

地下管线保护措施 表 18-5

序号	保护阶段	相应保护措施
1	施工前准备措施	1）开工前联系管线单位，核实图纸中管线位置，施工时严格按照交底情况及施工方案进行施工。针对重点管线，在施工前制定管线专项保护方案。 2）土方开挖前，对地下管线进行查探。 3）强化各项交底工作，重点加强各工序施工对管线影响及应急预案的交底。 4）做好土方开挖施工部署，分层开挖，小步快走。 5）提前做好信息化施工策划，加强监测监控，建立信息共享平台，根据相应的监测数据调整措施。 6）配置性能良好、数量足够的机械和材料，以确保施工的正常进行。 7）施工前落实好施工及应急所需的机械、材料和人员
2	土方开挖施工期间保护	1）严格按照设计和施工方案组织施工，加强施工过程控制。 2）土方开挖前，对于重点保护的管线，必须先联系产权单位，在其协助下先挖深沟，探明管线位置。 3）加强施工过程的各项监测，监测数据通报相关各方。如发现异常，现场将加大监测频率并及时调整施工部署。 4）土方开挖前应在管道附近做明显标志，并做好班前交底。施工时由专业工程师监督，开挖时过程中加强观察，以免损伤管道。 5）基坑开挖过程中专人指挥，时刻监控土体情况，发现有塌方迹象，立即停止开挖。 6）出现险情时，立即按照应急预案采取相应的应急措施
3	后续使用阶段保护	根据设计要求和施工工况，对于管线后续永久使用阶段的保护措施进行深化，管线产权单位方认可后实施

参 考 文 献

［1］ 叶志明. 土木工程概论［M］. 北京：高等教育出版社，2010.

［2］ 董石麟. 空间结构的发展历史、创新、形式分类与实践应用［J］. 空间结构，2009，03.

［3］ 智研咨询集团. 2019-2025年中国钢结构行业市场运行态势及投资战略咨询报告［R］，北京，2019.

［4］ 中国装饰协会. 2016—2017年度中国建筑装饰行业综合数据统计公告［R］. 北京，2019.

［5］ 唐际宇. 三维曲面玻璃幕墙创新研究与工程应用［M］. 北京：中国建筑工业出版社，2020.

［6］ 中国钢结构协会房屋建筑钢结构分会，中国建筑防水协会金属屋面技术分会. 关于对全国金属围护系统行业10强企业的通报［R］. 北京，2016.

［7］ 刘立烨. 机场停机坪和跑道布局优化研究［D］北京：中国民航大学，2020.